PBD를 위한

건축화재 안전설계 포인트

일본건축학회
Architectural Institute of Japan 저

한국화재소방학회
Korean Institute of Fire Science and Engineering 역

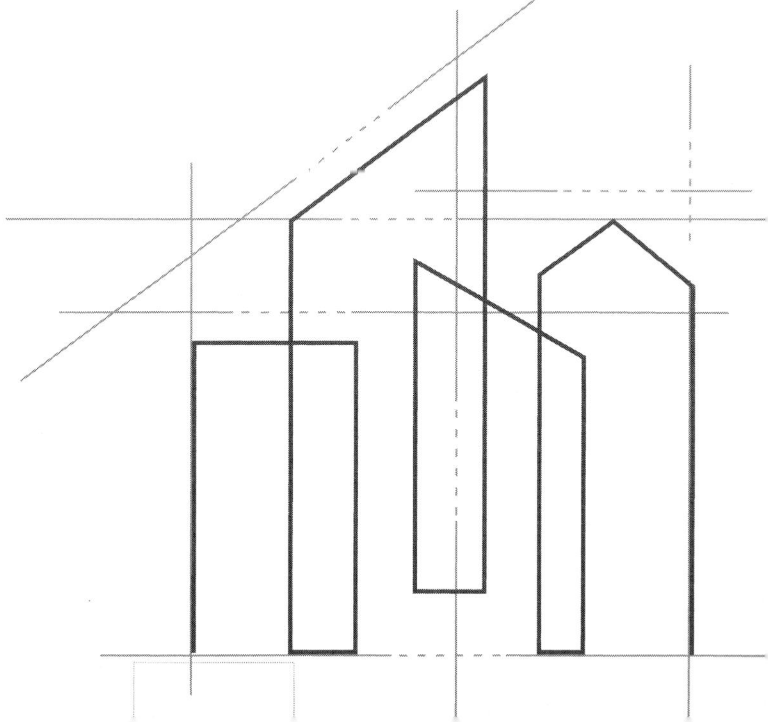

자유아카데미

本書のご利用にあたって

本書は，作成時点での最新の学術的知見をもとに，技術者の判断に資する技術の考え方や可能性を示したものであり，法令等の補完や根拠を示すものではありません．また，本書の数値は推奨値であり，それを満足しないことが直ちに建築物の安全性を脅かすものでもありません．ご利用に際しては，本書が最新版であることをご確認ください．本会は，本書に起因する損害に対しては一切の責任を有しません．

ご案内

建築火災安全設計の考え方と基礎知識

Principle and Basic Knowledge for Building Fire Safety Design

본서의 이용에 있어서

본서는 작성 시점에서의 최신 학술적 지식을 바탕으로 기술자의 판단에 이바지하는 기술의 개념이나 가능성을 제시한 것으로, 법령 등의 보완이나 근거를 제시하는 것은 아닙니다. 또한 본서의 수치는 권장치이며 이를 만족하지 않는다고 해서 바로 건축물의 안전성을 위협하는 것은 아닙니다. 이용 시에는 본서가 최신판인지를 확인해 주십시오. 본회는 본서로 인한 손해에 대해서는 일체의 책임을 지지 않습니다.

일반사단법인 일본건축학회

총괄번역 및 검토자

권영진 호서대학교 안전소방학부 교수

번역

구인혁 호서대학교
홍해리 와세다대학
김봉찬 한국건설기술연구원
김혜원 동경이과대학
윤웅기 한국건설기술연구원
진승현 호서대학교
이병흔 호서대학교

검토자

이재영 동의대학교
신이철 방재시험연구원
서동구 한국건설기술연구원
강승구 강원도립대학교
박현우 동경이과대학
허예림 호서대학교
장근호 (주)우원엠앤이

발간사

일본건축학회의『건축화재안전설계의 개념과 기초지식』의 한국어 번역판을 출판하며

안녕하세요. 한겨울 추위로 인한 독감과 코로나19의 끈질긴 어려움 속에서도 우리 학회 회원분들께서는 건강하시리라 믿습니다.

(사) 한국화재소방학회는 그동안 화재소방분야의 폭넓은 연구활동과 학문적 역량을 강화시키기 위하여 부단히 노력하여 온 덕분에 대내외적으로 학회의 위상이 높아지고 연구자의 증가는 물론 연구내용 또한 상당히 향상되고 있습니다. 이 모든 것은 화재소방 분야 발전을 위하여 토대를 만들어 주시고 봉사하여 주신 한국화재소방학회 회원 여러분들 덕분으로 이에 깊은 감사를 드립니다.

이번에 우리 학회의 건축도시방재분과위원회에서는 성능기반 화재안전설계의 중요 포인트에 대한 학술적 기반조성을 목표로『PBD를 위한 건축화재안전설계 포인트』를 출판하게 되었습니다. 본 서적은 일본건축학회에서 장기간에 걸친 연구결과를 집약한 것으로 국내에서도 실무자 및 연구자들에게 매우 유용한 참고자료가 될 것으로 생각합니다. 향후 본 내용을 토대로 좀 더 내용을 확대하여 재출판할 계획 또한 가지고 있습니다.

앞으로도 한국화재소방학회는 화재소방 분야에서 재난대처에 대한 그동안의 연구내용들을 정리하고 부족한 부분에 대하여 보완할 수 있도록 노력하겠습니다. 대한민국의 안전문화 확산을 위하여 안전분야에서 묵묵히 자신의 소임을 다하시는 모든 회원분들께 다시 한번 감사함을 전하면서 본 번역서를 위하여 노력하여 주신 건축도시방재분과위원회 위원님들과 권영진 위원장님께도 감사함을 전합니다.

(사) 한국화재소방학회
회장 정기신

역자 서문

본 책자는 일본건축학회 방화위원회에서 2019년 3월에 출판한 『建築火災安全設計の考え方と基礎知識』 내용을 (사) 한국화재소방학회의 건축도시방재 분과위원회에서 번역한 것으로 국내의 성능기반 화재안전설계에 관한 학술적 기반을 조성하는 것을 목표로 출판되었습니다. 책임 번역자인 저는 그동안 우리나라의 성능기반 화재안전설계가 주로 시뮬레이션으로만 이루어지고 있는 상황을 학술적 기반이 갖추어지지 못한 것으로 판단하여 2007년에 『PBD를 위한 화재하중·설계화재모델』부터 시작하여 총 일곱 권을 출판하여 일본건축학회의 중요한 학술정보를 국내에 전파하고 보급하고자 노력하였습니다. 동일한 목적으로 23년도에는 본 책자를 출판하여 건축화재안전설계에 대한 일본건축학회의 학술적인 방법을 소개하고자 합니다.

본 책자는 역자가 소방청의 소방안전기술 사업단(화재·인명안전중심 특정소방대상물 소방시설 평가 플랫홈 개발(총괄 심규철))에서 3세부 주관 책임자로서의 연구활동과 국토부 물류시설 화재안전성 및 위험도관리기술연구단에서 배연설비 기술개발 세부 연구책임자로서의 연구활동을 바탕으로, 한국의 인명안전코드 개발과 연기제어 기술개발에도 도움을 줄 수 있다는 판단하에 출간하게 되었습니다. 제1장의 경우에는 한국의 화재상황도 부분적으로 추가하여 그 내용을 보강하였습니다.

현재 국내 소방법의 경우, 2011년 7월 1일부터 성능위주설계가 실시되고 있고 건축법의 경우에도 조만간 성능기반 설계가 실시될 상황으로 건축화재안전설계에 대한 학술적인 정리는 매우 중요한 이슈가 될 것입니다. 이러한 상황에서 본

일본건축학회의 지침은 매우 유익할 것으로 판단되며 향후 본 내용을 토대로 면밀하게 검토된 후, 한국의 상황을 고려한 화재성상예측 지침으로 업그레이드되어 재탄생할 수 있기를 바랍니다.

본 책을 출판하는 데는 많은 분들의 도움이 있었습니다. 먼저, 다방면으로 지원하여주신 정기신 회장님께 진심으로 감사드립니다. 또한 건축도시방재 분과위원회 위원님들, 소방청의 소방안전기술사업단, 국토부의 물류시설 연구단, 그리고 출판을 위해 노력해 주신 자유아카데미에도 깊은 감사를 드립니다.

역자대표 (사) 한국화재소방학회

부회장 권영진

서문

「건축물의 화재안전설계」란 용어는 시대의 변천과 더불어 많이 사용되고 있으나 현재의 설계적인 실무에서는 법규의 시방기준에 따르는 것이 대부분으로, 아직은 그 실체가 명확하지 않은 상황으로 판단된다. 이러한 경향은 일본뿐만이 아니라 다른 국가에서도 마찬가지이다. 건축물의 화재안전규칙의 작성은 미국에서 시작되었으나 대부분이 시방규정의 형태로 쓰였으며, 다른 국가들도 이러한 방법으로 규준하고 있다. 시방규정에서 각 부분의 사용재료, 설치해야 할 설비에 대하여 세목적인 규칙을 기술하고는 있으나 건축물의 전체적인 화재안전설계의 개념에 대한 내용은 전무한 상황이다. 결과적으로 건축설계자의 대부분은 화재안전설계의 개념과 방법도 잘 이해하지 못한 채로 시방규정만을 만족하도록 설계하고 있는 실정이다. 그러나 사람의 개성이 다양하듯이 건축물의 용도나 공간의 특징의 폭도 매우 넓으므로 동일한 방법이 항상 합리적이고 유효하다고 말할 수는 없다.

건축물의 화재안전규칙은 화재로 인해 입었던 심각한 피해 결과를 토대로 건축물에 필요한 대책을 하나씩 설계와 시공규칙으로 축적해 온 것으로, 현재에도 중요하고 유효하게 쓰이고 있는 것도 많이 있다. 그러나 제정 당시의 건축화재에 대한 지식이나 화재를 막기 위한 기술은 물론 화재대책에 할애하는 건축주의 비용도 한정적인 상황에서 화재대책과의 타협을 통하여 작성된 규칙까지 많이 계승되고 있다. 즉, 여러 상황이 크게 변화된 현재 상황에 적절히 대응된다고 할 수 없으며, 법상으로는 적합하여도 화재안전이 충분하게 보증된다고는 할 수 없다.

건축물의 화재안전을 위한 규칙은 매우 많으므로 개별적인 규칙의 목적이나 중요도를 파악하기 어려운 점도 있다. 2000년 건축기준법의 개정에 따른 검토에서 처음으로 「화재안전설계의 목적」을 정의함으로써 이러한 규칙의 정비가 시도되었다. 그러나 이러한 것들과 함께 필요한 또 하나의 축은 「화재 리스크」의 개념이다. 화재 리스크는 「화재가 발생·확대하는 확률」과 「그 결과로서 나타나는 손해」의 곱으로 나타나며, 화재안전에 대한 많은 규칙이 설정되어 온 목적은 이 화재 리스크를 줄이기 위한 것이다. 따라서 손해규모가 잠재적으로 크다면 그와 같은 사태가 발생할 수 있는 확률을 줄이기 위하여 다양한 규칙이 부가되어야 하고, 반대로 작다면 부가된 규칙은 경미해야 한다. 화재안전에 대한 법규의 구성은 대체적으로 이와 같은 구조로 되어 있고, 경험적으로 봤을 때 규칙 중에 화재 리스크는 고려되고 있는 것으로 보인다. 본서의 특징은 이 화재 리스크의 관점에서 화재안전설계 개념의 설명을 시도했다는 것이다. 최초의 시도이므로 향후 개선의 여지는 많이 남아 있지만 화재 리스크의 관점은 화재안전설계의 목표의 명확화와 유연성에 기여할 것으로 사료된다.

본서가 건축물의 안전에 효율적인 화재안전설계에 일조할 수 있기를 기대한다.

2019년 3월

일본건축학회

차례

4장
출화 방지 및 화재확대 방지

5장
조기 발견, 조기 피난 시스템

6장
연기제어 계획

7장

건물용도와 피난안전설계

8장

구조 부재와 내화성능

9장

소방활동의 확보

10장

유지관리

1장

화재안전설계의 의의

건축물을 설계할 때는 건축기준법의 방화 규정 등 화재 안전에 관한 많은 규칙을 지켜야 한다. 그러나 현재 그러한 규칙이 왜 필요하며, 또한 얼마나 중요 것인지는 충분히 이해되고 있지 않다. 이러한 규칙들은 과거부터 현재까지 우리 사회가 수없이 겪어온 심각한 화재 피해로부터, 도시나 건축물의 화재에 대한 취약점을 배우고, 이를 개선하기 위해 정해 온 것으로, 그 규칙을 준수함으로써 화재 안전에 대한 수준이 높아지고 있다. 그러나 건축물은 사회 발전과 더불어 빠르게 변화하고 있으며, 과거에 만든 규칙이 무조건 합리적이고 효과적이라고는 할 수 없게 되었다. 따라서 화재안전설계에서는 과거의 경험을 통해 충분히 학습함과 동시에 본질적으로 무엇이 중요한지에 대해 심사숙고할 필요가 있다.

01 화재의 현황과 과거의 화재 사례

역사적으로 보면, 일본만큼 대규모 시가지 화재를 빈번히 경험해 온 나라는 별로 없다. 대형 화재의 원인은 기상적인 원인에 의한 평상시 화재, 지진에 수반하는 화재, 전쟁에 수반하는 화재가 있지만, 인류 역사상 최대의 화재는 일본에서 일어나고 있다. 한편 대형 건축물 화재를 가장 빈번히 경험하고 있는 것은 미국을 비롯한 서구 국가들이다. 일본에서도 많은 희생자를 낸 건축물 화재는 많지만 유럽 등지의 과거 대규모 화재 희생자 수는 월등히 많다. 이는 일본에 유럽과 미국의 건축이 도입되었을 때에 방화 기술도 함께 배울 수 있었던 것과 밀접한 관련이 있다.

현재 일본에서의 대규모 화재 사고는 감소하고 있는 경향이나, 그것은 일본뿐만 아니라 세계의 화재 사고에서 얻은 경험을 바탕으로 방화 대책 개선에 노력을 거듭한 결과이다. 앞으로도 건축물이나 도시의 양태는 계속 변화하여 화재 안전에 관해서도 새로운 과제가 만들어질 것이다. 안전하고 합리적인 건축 및 도시의 화재안전설계를 생각할 때는 화재의 현황과 과거의 화재 피해로부터 얻은 교훈에 대해 가능한 한 폭넓게 알아 두는 것이 중요하다.

1. 통계로 보는 화재의 현황

(1) 출화 건수와 소손

화재는 어디에서나 일상적으로 발생하고 있는 가장 가까운 재해이지만, 해마다 화재 건수는 감소하고 있다. 소방기관이 파악한 화재는 건물 화재 · 임야 화재 · 차량 화재 · 선박 화재 · 항공기 화재 · 기타 화재로 분류된다. 2017년도 소방백서[1]에 따르면 2006년에 발생한 전체 화재의 출화 건수는 53,276건이었는데, 2016년에는 36,831건이었다(그림 1-1). 전체 화재의 50~60%는 건물 화재가 차지하며 2016년에는 20,991건이었다. 화재 건수의 감소는 사망자 수의 감소로도 이어진다. 건물 화재로 인한 사망자는 전체 화재로 인한 사망자의 70~80%이며 2016년에는 1,114명으로 집계됐다. 동일 연도의 교통사고 건수는 약 47만 건으로, 그 중 사망자 수는

3,904명인 것과 비교하면, 1건당 사망자 수는 약 10배로 많다. 화재로 인한 손상된 건물의 수(소손 동수)와 피해 세대 수도 해마다 감소하고 있어 2016년 중에는 3만여 채가 소손되고 약 1.8만 가구가 피해를 입었다. 건물 손상 바닥면적도 최근 10년간 대체로 감소하는 경향이지만, 2011년은 동일본 대지진이 있어, 건물 화재가 218건·건물 손상 바닥면적이 138,050 m² 발생한 것이 그 해의 급증 원인이 되고 있다.

한편 한국의 경우 소방청 국가화재정보센터에서 파악한 화재유형은 건축·구조물 화재, 선박·항공기 화재, 위험물·가스제조소등 화재, 임야 화재, 자동차·철도

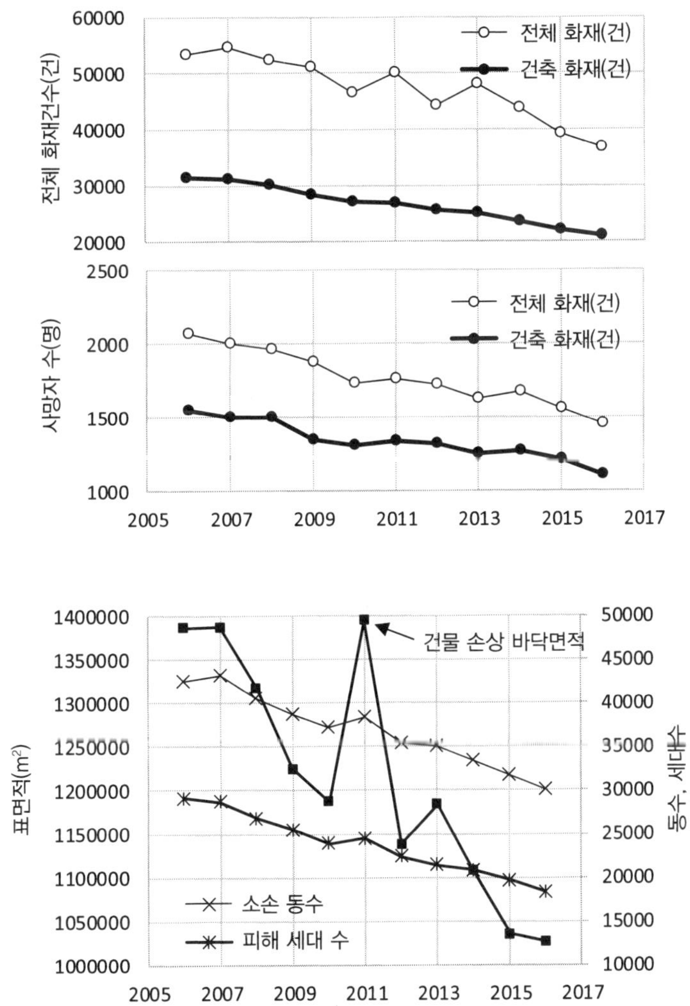

그림 1-1 지난 10년간 일본의 화재 피해 상황[1]

화재, 기타 화재로 분류된다. 2009년부터 화재통계를 살펴보면 2009년에 발생한 전체 화재의 출화 건수는 47,318건이었는데 2021년에는 36,276건이었다(그림 1-2). 전체 화재의 60~66%는 건물 화재가 차지하며 2021년에는 23,997건이었다. 한국

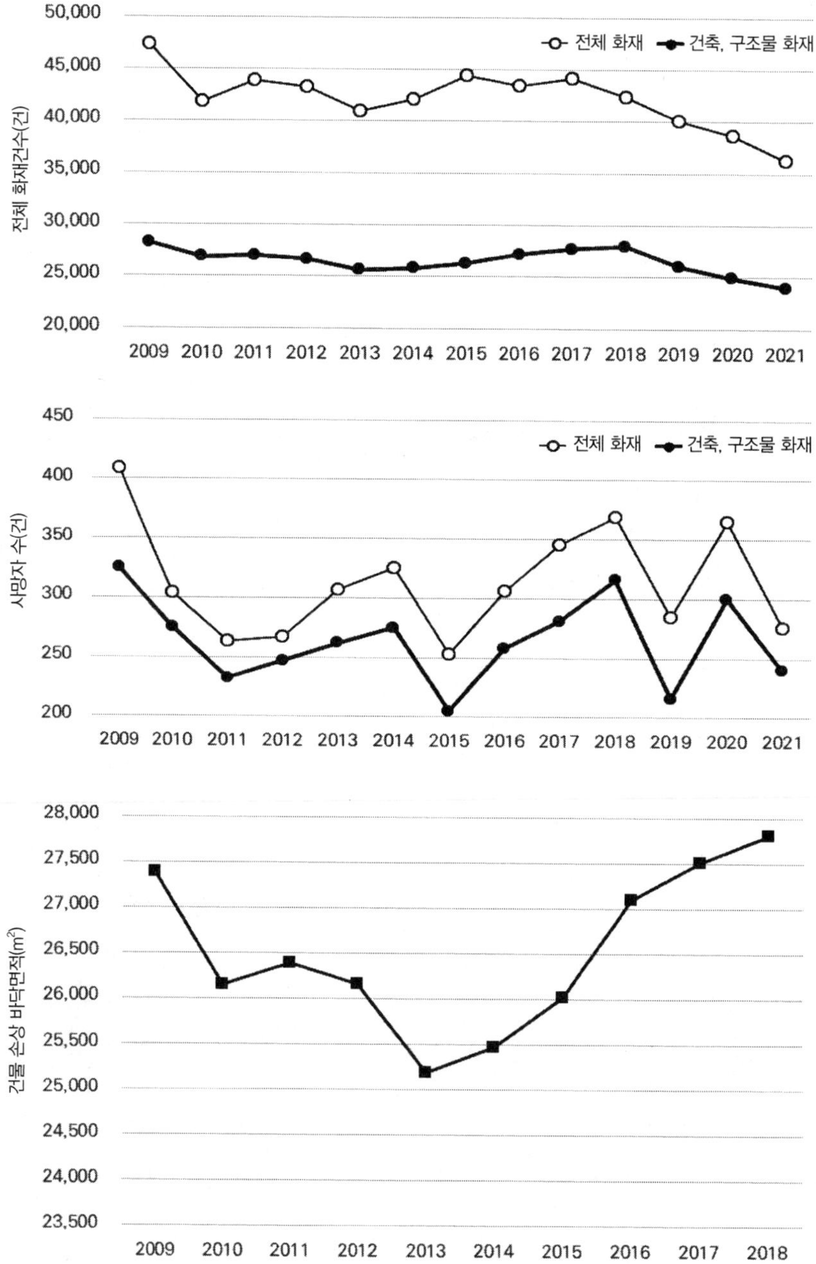

그림 1-2 한국의 연간 화재 피해 상황

역시 화재 건수의 감소에 따라 사망자 수가 감소하는 추세이지만 특정 연도에 발생한 대규모 화재 피해로 인해 화재 건수 대비 사상자 수가 높은 것을 알 수 있다.

화재 건수는 감소하는 추세이나 건물 손상 바닥면적은 2013년도까지 지속적으로 감소하다가 2014년 이후 반등하여 지속적으로 증가하는 실정이다.

(ⅰ) 용도별 출화 건수

건축물 용도별 출화 상황을 표 1−1에 나타냈다(표의 우측은 데이터를 도식화한 것이다). 표 안의 출화율은 대상물 수에 대한 출화 건수의 비율로 주택 이외의 건축물 용도별 출화 상황[3]을 보면 음식점이 출화하기 쉽다는 것을 알 수 있다. 건물 화재의 54.1%(11,354건)는 주택이다. 총 주택수가 약 6천만 호[2]라면, 1년에 1만 호당 약 2건의 출화가 일어나는 셈(출화 비율 0.02%)이다. 단, 주택은 화재 건수가 많지만 모수 자체도 많을 것이며, 공동주택과 같이 세대수와 동수에서 차이가 발생하는 경우도 있다는 것을 염두에 두어야 한다.

한국의 건축물 용도별 출화 상황은 표 1−2와 같이 주거용도에서 발생한 화재가 가장 많다. 출화율은 위락용도가 가장 높으며, 공장발전용도, 창고작업용도, 건강관리용도, 운수용도 순서로 나타난다. 산업기반시설인 공장발전 및 창고작업용도, 운수용도, 자동차용도를 제외하고 살펴보면 의료용도나 숙박숙면용도와 같이 재실

표 1−1 건축물 용도별 출화 상황[1,2,3]

대상물 종류/용도	대상물 수	출화 건수	출화율(%)
주택**	6×10^7	11354	0.02
음식점	86232	568	0.66
공장·작업소	502171	1787	0.36
극장·영화관 등	4387	10	0.23
상점	152574	343	0.22
여관 호텔	61184	133	0.22
사무실	447098	823	0.18
학교	129380	234	0.18
창고·헛간	323713	565	0.17
병원·진료소	64255	106	0.16
사회복지시설	100828	117	0.12
특정 복합용도 방화 대상물	355879	2194	6.11
비특정 복합용도 방화 대상물	246308	974	3.95

* 본 표에서 취급하는 방화 대상물 수는 총면적 150 m^2 이상, 대상물 수는 2012년 3월 기준, 출화 건수는 2012년 기준이다.
** 주택 대상물 수는 문헌3, 출화 건수는 문헌1에서 인용하였다.

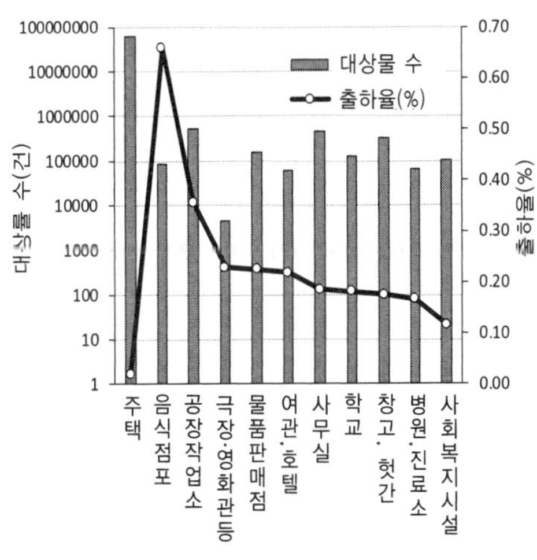

자가 취침용도로 사용하거나 피난능력이 저하된 상태로 상주하고 있어 1건의 화재로 다수의 사상자가 발생할 수 있는 특성을 보인다. 따라서 각 용도의 특성에 따른 피해 영향을 파악할 필요가 있다.

표 1-2 한국의 건축물 용도별 출화 상황

대상물 종류/용도	대상물 수	출화 건수	출화율(%)
집회용도	79,716	260.5	0.33
운동용도	15,378	93	0.60
주거용도	4,589,585	11,030	0.24
서비스용도	329,205	1,330	0.40
음식점용도	168,348	2,688	1.60
위락용도	6,720	219	3.25
노유자용도	46,397	117	0.25
의료용도	23,987	169	0.71
건강관리용도	3,941	82	2.08
교육연구용도	88,310	344	0.39
업무용도	209,442	782	0.37
숙박수면용도	52,537	430	0.82
판매용도	282,942	927	0.33
군사문화재용도	9,229	21	0.23
운수용도	2,315	29	1.26
자동차용도	28,485	251	0.88
공장발전용도	96,997	2,589	2.67
위생동식물용도	335,536	1,105	0.33
창고작업용도	84,585	1,800	2.13

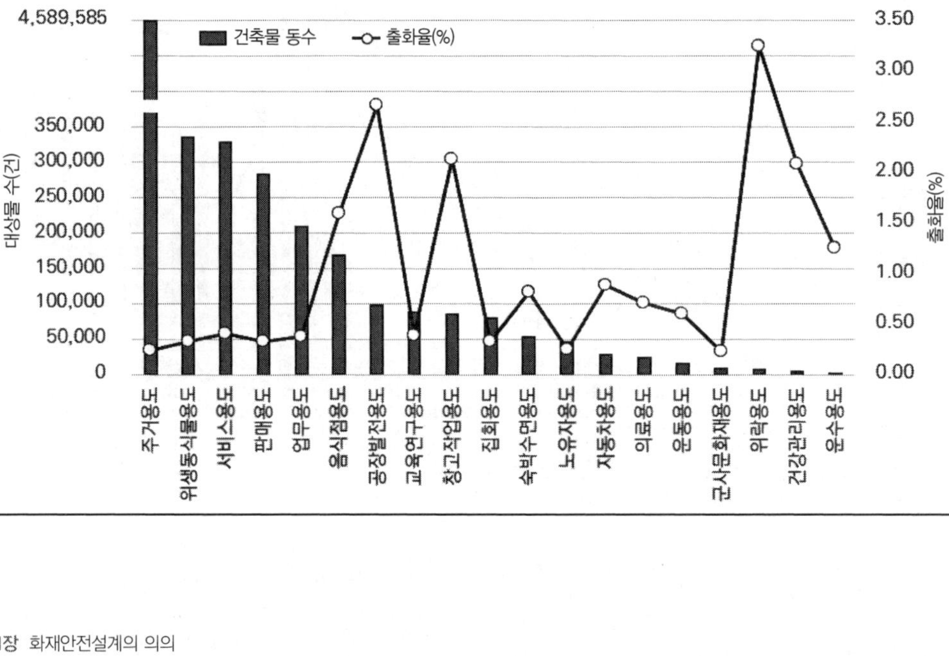

(ⅱ) 층수별 출화 건수

표 1-3에 건축물 층수별 출화 건수를 나타내었다(표의 오른쪽 그림은 표의 데이터를 도식한 것이다). 출화 건수는 14층의 건축물에서 급증하고 있는데, 대체로 층수와 출화율은 비례관계에 있다. 이러한 건축물에서 공동주택이 차지하는 비율이 높고, 층수가 증가함에 따라 세대 수도 증가하므로, 건축물별로 보면 출화 건수가 증가하기 때문에 층수와 출화 건수의 상관관계가 높아진다. 15층 이상의 건축물의 경우 내화 기준 3시간을 요구받기 때문에 층수를 14층 이내로 억제하고 규모를 가로방향으로 넓히는 경향이 있다. 따라서 출화 건수가 14층에서 상대적으로 높게 나타나고 있다고 판단된다.

표 1-4는 한국의 건축물 층수별 출화 건수를 나타낸 것이다. 출화 건수는 11층까지 증가하며, 12층부터는 출화율이 감소함을 보인다. 이는 건축물의 피난 · 방화구조 등의 기준에 관한 규칙 제14조 방화구획의 설치기준에 따라 11층 이상의 층은 스프링클러나 이와 유사한 설비를 설치하게 되면 600제곱미터마다 방화구획을 설치하도록 규정하고 있다. 즉, 화재안전 기준의 영향으로 11층 이상의 건축물부터는 출화율이 감소하는 것으로 판단된다.

표 1-3 건축물 층수별 출화 건수[3]

건축층수	대상물수	출화 건수	출화율(%)
15층 이상	185.4	16.6	8.95
14층	492.8	77.4	15.71
13층	250.4	15.7	6.27
12층	568.7	26.2	4.61
11층	1371.8	55.2	4.02
10층	2173	49.3	2.27
9층	3286.6	48.0	1.46
8층	4373.4	59.7	1.37
7층	6137.7	71.7	1.17
6층	8522.5	75.8	0.89
5층	24905.5	228.6	0.92
4층	35115.7	210.7	0.60

* 대상물 수 · 출화건수는 도쿄시내의 4층 이상 건축물 1980~1989년의 평균이다.

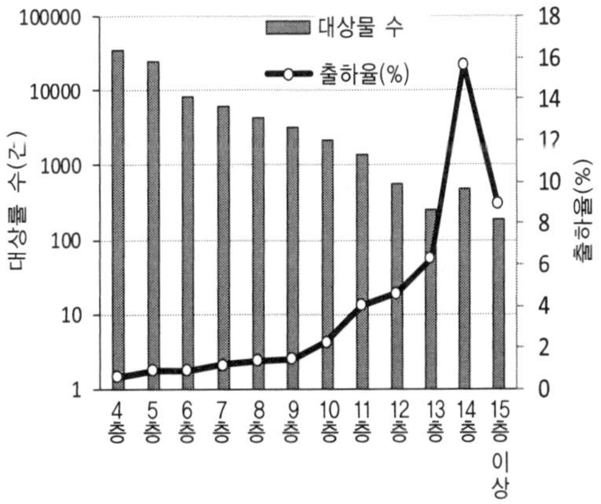

표 1-4 한국의 건축물 층수별 출화 건수

건축층수	대상물 수	출화 건수	출화율(%)
15층 이상	228255.7	210.7	0.09
14층	148147.0	251.7	0.17
13층	38340.0	350.3	0.91
12층	17073.0	575.3	3.37
11층	9636.3	938.0	9.73
10층	6759.3	448.7	6.64
9층	10236.3	117.7	1.15
8층	3242.3	132.0	4.07
7층	7137.7	134.7	1.89
6층	5222.7	153.0	2.93
5층	5974.0	166.7	2.79
4층	72841.7	185.3	0.25

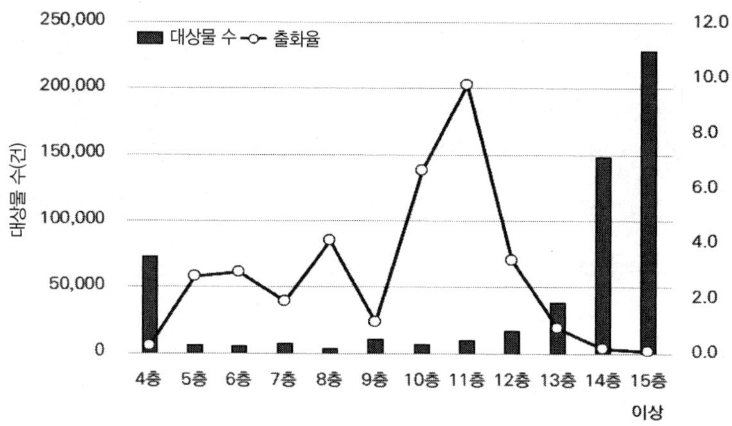

(ⅲ) 구조종별 소손 규모

표 1-5에 건축물 구조와 화재손해의 관계를 나타내었다(표의 오른쪽 그림은 표의 데이터를 그래프화한 것이다). 화재 건당 평균 소손 면적은 목조건축물이 가장 크며, 건물 화재의 40.5%를 차지하고 있다. 연소확대율이란 화원건축물 이외의 다른 건물로 연소확대된 화재건수의 비율이며, 목조건축물이 32.2%로 크다. 이러한 손해 규모는 건축물의 방화·내화 수준이 높아질수록 감소한다. 예외로 방화목조보다 준내화 비목조 쪽이 1건당 소손 면적이 커지지만 이는 준내화비목조가 목조나 방화목조보다 대규모 건축물(공장이나 작업장)에서 이용되는 경우가 많은 구조이며, 해당 건축물 내부에 화재확대를 막는 대책이 충분하지 않았기 때문으로 판단된다. 내화

표 1–5 화원 건축물의 구조별 손해상황[1]

구조종별	출화 건수	연소확대율 (%)	소손 바닥 면적(m^2)	손해액 (천엔/건)
목조	8507	32.2	78.5	3974
방화목조	1874	14.5	25.4	2088
준내화 목조	307	13	30.7	2338
준내화 비목조	2382	9.7	64.3	6709
내화조	5859	2.7	6.1	1401
기타, 불명	2062	31.9	53.4	3023
건축전체	20991	19.5	48	3281

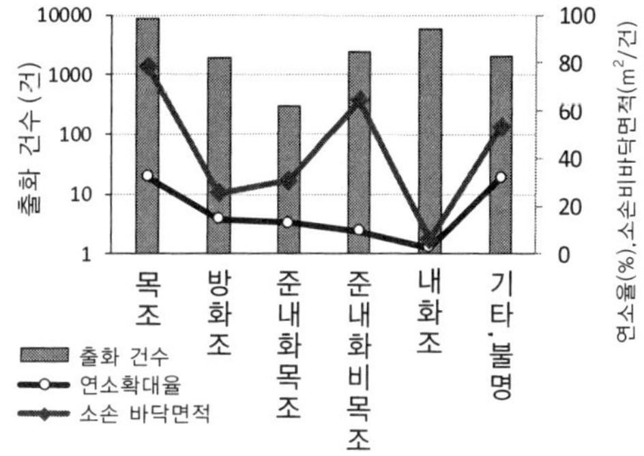

조가 대규모 건축물에서 이용되는 구조임에도 불구하고 화재손해가 매우 작은 것은 내부의 화재확대를 막을 수 있어, 가장 화재에 강한 구조이기 때문이다. 그러나 내화조이며 세대별로 작게 방화구획되는 공동주택에서의 화재가 데이터의 대부분을 차지하고 있는 것이 이유일 가능성도 부정할 수 없다.

(2) 출화 원인

출화 원인을 그림 1–3에 나타냈다. 전체 화재(그림 1–3 왼쪽 그림)에서는 '방화'에 의한 출화 건수가 해마다 감소하고 있지만, 실화를 제외한 출화 원인의 제1위를 18년 연속 유지하고 있다. '방화 의혹'까지 포함하면 5,814건으로 전체 출화 건수의

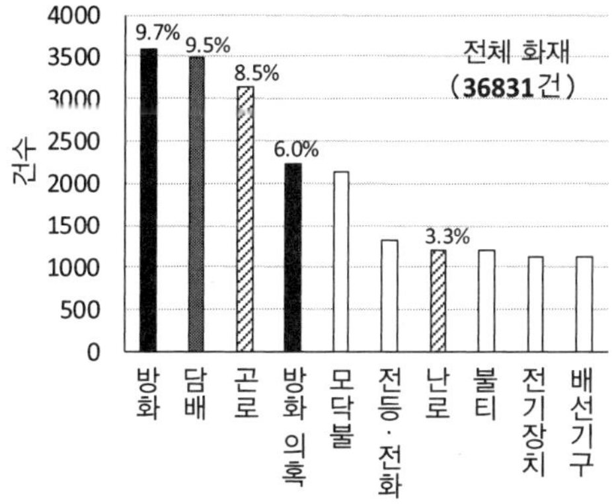

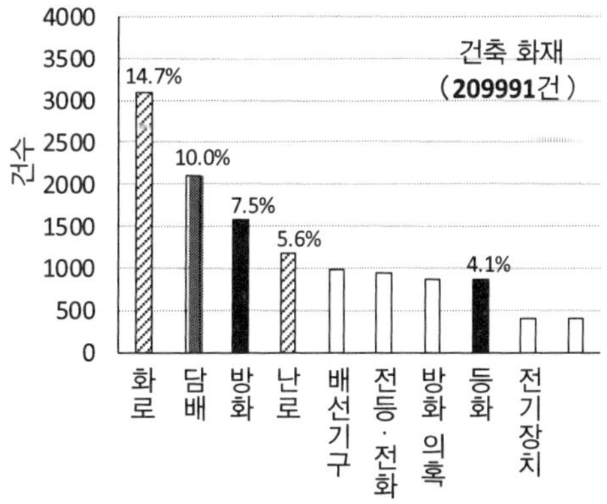

그림 1–3 출화 원인[1]

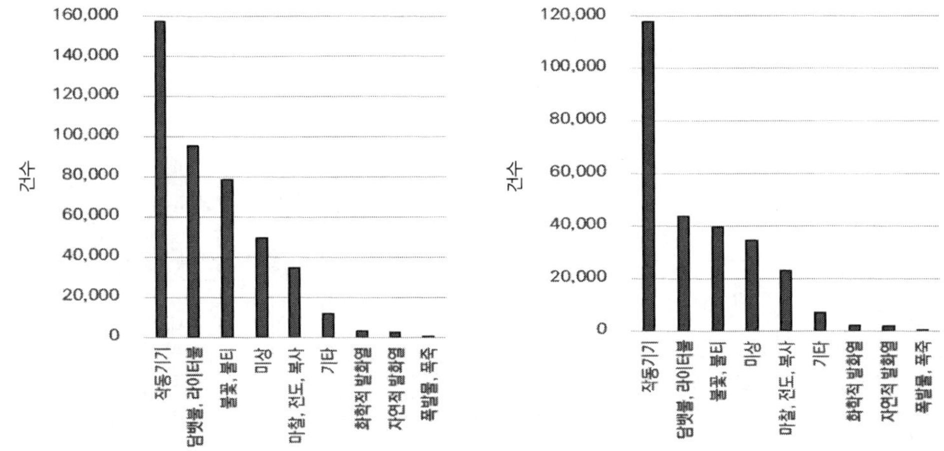

그림 1-4 한국의 출화 원인

15.8%를 차지한다. 화재 원인 2위는 '담배'가 3,483건으로 전체 화재의 9.5%를 차지한다. 그 착화물은 이불류가 가장 많고 그다음은 종이류이다. 이는 잠자리에서 담배를 피우거나, 담배꽁초 등의 무단 투척 등 부주의한 행동으로 화재가 일어나고 있는 것을 나타내고 있다.

건물 화재의 절반은 주택 화재이며, 출화 원인도 그와 관련된 것이 많다. 건물 화재의 출화 원인(그림 1-3의 오른쪽 그림)은 화로가 가장 많은 3,090건이고, 건물 화재 출화 원인의 14.7%를 차지한다. '방화'는 '방화 의혹'를 포함하면 2,451건(건물 화재의 11.7%)으로 출화 원인의 2위를 차지한다.

한국의 출화 원인은 그림 1-4와 같다. 작동기기(전체 36%, 건축 43%) 및 담뱃불·라이터불(전체 22%, 건축 16%)에 의한 화재가 전체 화재 및 건축화재에서 가장 높다.

건축화재 중 작동기기에 의한 착화물은 전기 및 전자 61,874건, 식품 12,900건으로 가전제품에서 화재가 가장 많이 발생하고 그다음으로는 식품 조리 중 화재가 발생하는 것으로 나타나고 있다. 담뱃불·라이터불에 의한 착화물은 종이 및 목재 등에선 16,383건, 쓰레기류에서는 13,685건이다. 출화 원인 및 착화물 통계를 조사한 결과를 보면 주로 부주의로 인한 화재가 가장 많이 발생하는 것을 알 수 있다.

(3) 소손 바닥면적 및 피해액

그림 1-5는 건물 화재의 피해액 및 소손 바닥면적을 나타낸다. 피해액(그림 1-5

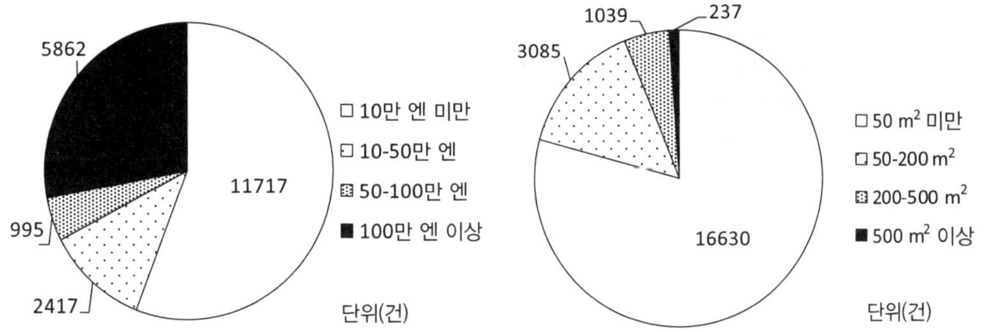

그림 1-5 건물 화재 피해액(왼쪽) 및 소손 바닥면적(오른쪽)[1]

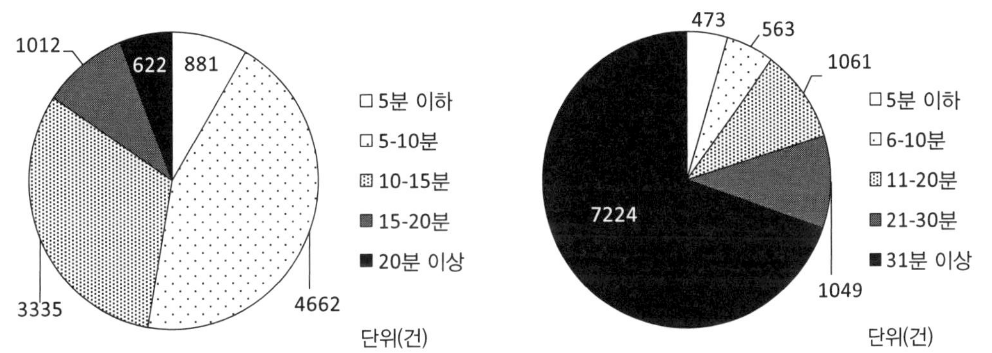

그림 1-6 건물 화재의 방수 시작 시간(왼쪽) 및 진화 시간(오른쪽)[1]

왼쪽 그림)의 과반수는 건당 10만 엔 미만으로, 약 80%가 소손 바닥면적 50 m^2 미만의 화재이며(그림 1-5 오른쪽 그림), 건물 화재의 다수는 조기에 진압되었다. 건물 화재의 소방활동에 대해서 그림 1-6에 나타냈다. 건축 화재의 50.1%(10,512건)는 소방대가 출동하여 방수를 했으며, 절반 이상은 화재 인지 후 10분 이내에 방수를 시작했다(그림 1-6 왼쪽 그림). 또 소방대가 방수한 건물 화재의 약 30%는 방수가 시작된 후 30분 이내에 진화되었다(그림 1-6 우측 그림).

그림 1-7은 한국의 화재 피해액 및 소손 바닥면적을 나타낸 것이다. 피해액의 약 54%는 건당 100만원 미만이며, 소손 바닥면적의 약 87%는 50 m^2 미만의 화재로서 건축화재의 다수는 일본과 같이 조기에 진압되는 것으로 나타났다.

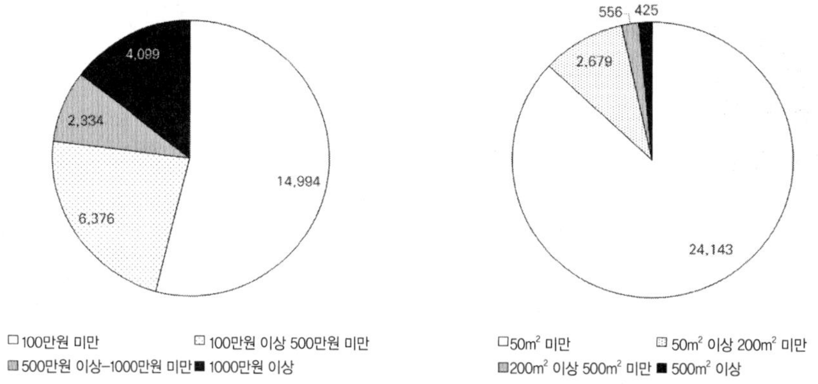

그림 1-7 한국의 건축 화재 피해액(왼쪽) 및 소손 바닥면적(오른쪽)

(4) 사상자 수

화재로 인한 사상자 수는 해마다 완만하게 감소하고 있다(그림 1-1). 시기별로 보면, 화기를 사용할 기회가 많은 12~3월의 기간에 연간 사망자의 절반 이상이 발생하고 있다[1]. 시간대에서는 23~6시가 많다.

2016년의 화재 종류별 인적 피해를 그림 1-8에 나타냈다. 화재에 의한 사상자의 상당수는 건물 화재에 의해 발생하여, 사망자 수 총 1,452명의 76.7%(그림 1-8 안쪽 원), 부상자 수 총 5,999명의 85.7%(그림 1-8 바깥쪽 원)를 차지한다. 그림 1-9에 건축물 용도별 사망자 발생 상황을 나타냈다. 건물 화재 사망자 1,114명의 약 90%는 주택(일반주택+공동주택+병용주택=987명)에서 발생하고 있으며, 학교 등(1.2%), 극

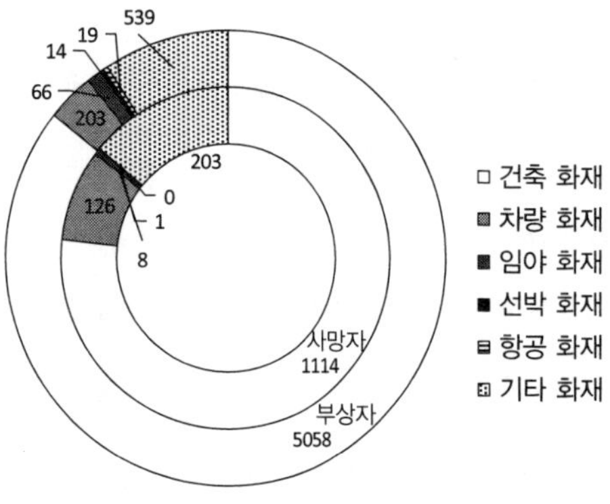

그림 1-8 화재종별 인적 피해[1]

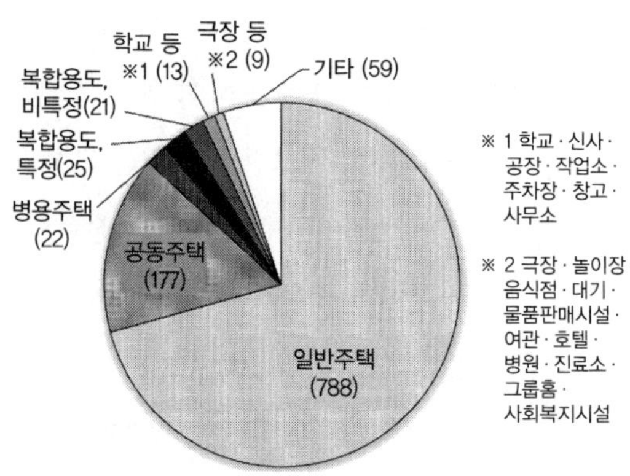

그림 1-9 건축물 용도별 사망자 발생수[1]

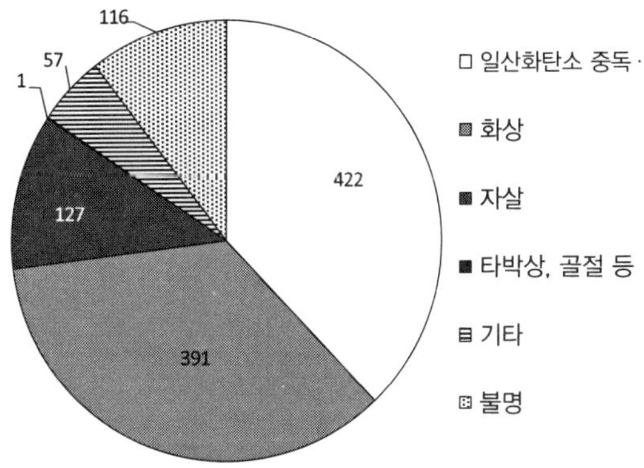

그림 1-10 건축 화재 사망 요인[1]

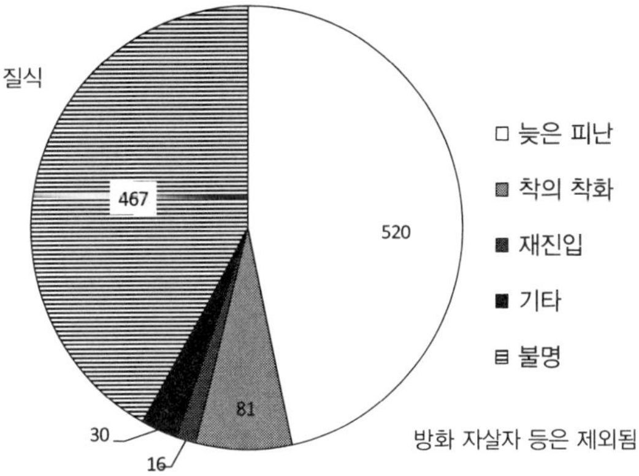

그림 1-11 전체 화재로 인한 경위별 사망자 발생현황[1]

장 등(0.8%)은 매우 적다.

건물 화재의 사망요인(그림 1-10)으로 가장 많은 것은 연기에 의한 일산화탄소 중독 · 질식(37.9%)이며 그다음으로는 화상(35.1%)이다. 단, 직접적인 요인은 화상에 의한 사망이어도, 연기를 흡입함으로써 행동능력을 현저히 저하시켜 피난이 늦어지는 등 연기가 간접적으로 영향을 줄 수 있다. 방화 자살자는 127명(11.4%)이었다.

전체 화재에서 방화 자살자 등을 제외한 사망자의 사망에 이른 경과(그림 1-11)를 보면 '늦은 피난'이 전체의 46.7%을 차지하고 있다. 그중에서도 '피난행동을 하고 있지만, 미처 피난하지 못한 것으로 보이는 사람(피난 중 화상 · 가스를 흡입하여 병원 등에서 사망한 경우를 포함)'이 가장 많아 전체의 16.9%를 차지한다.[1] 인적피해를 최소화하려면 화재의 발견과 조기 피난이 중요하다.

2004년 소방법 개정으로 의무 설치되는 주택용 화재경보기 설치율은 일본 전국적으로 81.7%(2017년 6월 1일 시점)이다. 또 2008년부터 부엌의 가스레인지 전 화구에 안전센서 장착이 가스사업법 등에 의해 의무화되었으며, 보급률도 해마다 증가하고 있다. 이러한 다양한 주택 설비 · 제품의 안전대책이 실시된 결과, 주택 화재로 인한 사망자 수(방화 자살자 등 제외)는 885명으로 2005년부터 감소 추세를 보이고 있다. 주택 화재 사망자 중 619명은 65세 이상의 고령자로 약 70%를 차지하고 있어 고령자 대책도 중요한 과제이다.

한국에서 화재로 인한 사상자 수는 2009년 대비 감소하고 있는 추세이다. 시기별로는 난방기구를 가장 많이 사용하는 12~3월에 사망자 수가 증가하게 한다.

2021년 화재 종류별 인적 피해를 조사 한 결과는 그림 1-12와 같이 나타났다. 화재에 의한 사상자는 건축화재에서 대부분 발생한다. 총 사망자 276명 중 건축화재로 인한 사망자는 240명으로 약 87%를 차지하고 있으며, 부상자 역시 건축화재로 인해 1,854명 중 1,587명으로 약 86%를 차지하고 있다. 그림 1-13과 같이 건축물 용도별 사망자 발생 현황을 살펴보면 주거시설(단독주택, 공동주택, 기타주택)이 사망자의 약 79%를 차지고 하고 있다.

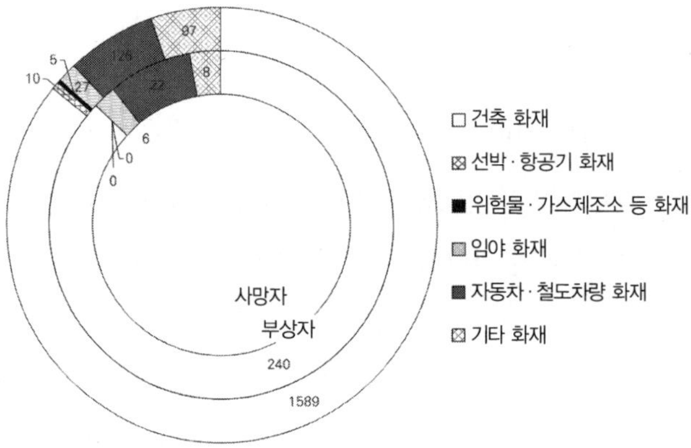

그림 1-12 한국의 화재종별 인적 피해

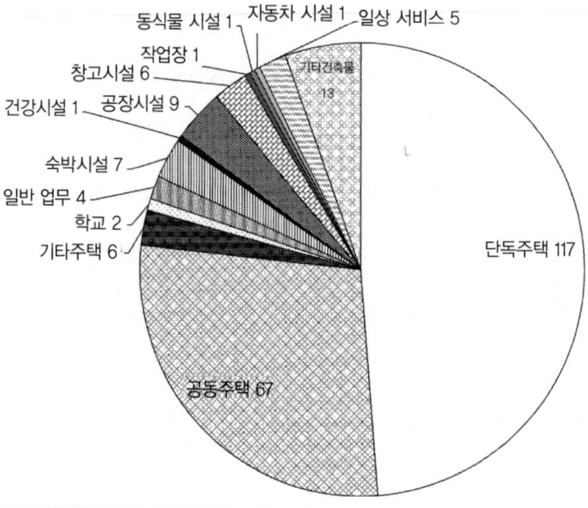

그림 1-13 한국의 건축물 용도별 사망자 발생 수

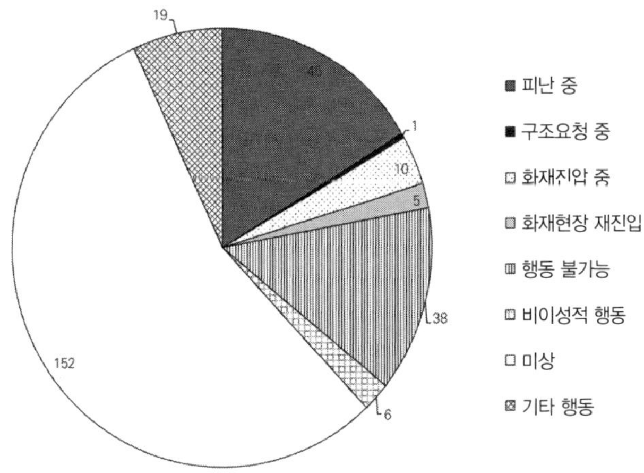

그림 1-14 한국의 전체 화재로 인한 경위별 사망자 발생 현황

전체 화재에서 사망으로 이어지는 경위(그림 1-14)를 살펴보면 미상을 제외하고 피난 도중 사망하는 경우가 약 16%를 차지하고 있으며, 그다음으로는 행동불가능으로 발생하는 사망자가 14%를 차지하고 있다.

2. 과거의 중대한 건물 화재 사례

건축법규의 방화기준 등 현재의 건축물 방화 대책은 과거 화재 사고의 교훈을 정리한 것이다. 시대가 변하면서 새로운 용도나 형태의 건축물이 지어지고 있지만, 그것들이 화재에 대해서 어떤 약점을 가지고 있는가는 화재 사고가 일어나야 비로소 인식하게 된다. 해외로 눈을 돌리면 엄청난 희생자를 낸 화재가 셀 수 없이 많다. 표 1-6은 세계적으로 유명한 화재 사례의 일부를 보여 준다. 특히 빈번히 대형 건물 화재 사고를 경험한 미국에서는 1900년 전후부터 그 화재 사고의 분석 연구와 각종 방화기준 작성에 착수했으며 그 결과는 추후 세계 각국의 방화기준의 본보기로 참고되었다.

여러 나라의 대규모 화재만큼은 아니지만, 일본에서도 과거에 큰 피해를 입은 건물 화재가 많다. 인명 손실이 컸던 것을 선택 및 정리하여 표 1-7에 나타냈다. 이러한 화재의 영향을 받아 건축기준법의 방화규정이나 소방 관련 법규의 제정·개정 등 건축 방화대책의 강화가 추진되었다. 이들 화재 중 대표적인 것을 간단히 소개한다.

표 1-6 많은 희생자를 낸 해외 화재 사례

발생년도	화재 건축물	소재지	사망자 수(부상자 수)
1876	브루클린 극장	브루클린, 미국	296
1881	링 극장	빈, 오스트리아	640
1887	오페라 극장	파리, 프랑스	124
1903	이로쿼이 극장	시카고, 미국	602(250)
1911	트라이앵글 공장	뉴욕, 미국	145
1937	안동극장	안동, 중국	650
1942	코코넛그로브 나이트클럽	보스턴, 미국	492
1961	니테로이 서커스회장 화재	니테로이, 브라질	503
1967	리노버시온 백화점	브뤼셀, 벨기에	322
1971	대연각호텔	서울, 한국	163
1974	조엘마 빌딩	상파울루, 브라질	189(345)
1977	비벌리 힐스 서퍼 클럽	켄터키, 미국	164
1980	MGM 그라운드 호텔	라스베이거스, 미국	84(679)
2000	낙양 크리스마스	낙양, 중국	309
2003	스테이션 나이트클럽	로드아일랜드, 미국	100(230)
2009	레임호스 나이트클럽	페름, 러시아	156(80)
2013	산타마리아 나일론	산타마리아, 브라질	239(169)
2017	그렌펠 타워	런던, 영국	70
2018	러시아 쇼핑센터	케메로보, 러시아	64

표 1-7 건물 화재 사례 연표

연도(년)	사건	주요건물 화재 사례	용도	사망	부상	원인
1914	제1차 세계대전 발발					
1919	도시계획성, 시가지건축물법 공포					
1921	유흥시설 단속규정(경시청령)					
1923	관동대지진					
1931	만주사변	견사 시장	시장	16	수십 명	영사 필름 인화
1932	상하이사변 5.15사건	백목점	백화점	14	91	전구 스파크
		후카가와 아파트	공동주택	23	3	부엌의 실화
1939	제2차 세계대전 발발	일본 셀룰로이드 공장	공장	32	245	담배 인화
1943	돗토리 지진	포대가게	영화관	208		영사 필름 인화
1949	소방법 공포	쓰가루병원	병원	10	7	
1950	건축기준법 공포 한국전쟁 발발	오카야마현 사립 청각장애 학교기숙사	기숙사	16		부엌의 실화
1951	샌프란시스코 강화조약 미일 안전보장 조약 체결	오하라 극장	영화관	39		영사 필름 인화
		히코네 견사 공장	공장	23	22	

1955		성모원	노인 H	99	9	휴대용 핫팩
		식장정신병원	병원	18	0	불명
1958		도쿄 다카라즈카 극장	극장	3	25	불티 비산
1959	이세만 태풍	다라키병원	병원	12	23	
		비호로 은영사	영화관	12	23	보일러실
1960	칠레 지진해일	키메가키병원	병원	16	0	난로 정비불량
1964	도쿄 올림픽	길경관	공연장	7	4	담배
1966		금정빌딩	주상복합	12	14	연초
		키쿠후지호텔	호텔	30	29	석유난로
1968	가스미가세키빌딩 준공	이케노보 만월성 화재	호텔	30	44	경비원 대기실에서 출화
1969		반광호텔	호텔	30	35	횃불
1970	오사카 만국박람회	천륙가스 폭발사고	–	79	420	누출가스에 인화
		양모 정신병원	병원	17	1	방화
1971	오키나와 반환조인	스시유루	여관	16	15	불명
1972		천일 백화점	백화점	118	81	담배
1973	제1차 오일쇼크	재생하치만병원	병원	13	3	모기향
		대양 백화점	백화점	103	121	불명(방화?)
1976	사카타시 대화재	미사와빌딩	주상복합	15	8	방화
1978	나리타공항 개항	이마마치 회관빌딩	주상복합	11	2	조명전원 코드
1980	이란–이라크 전쟁 발발	가와지 프린스	호텔	45	22	아세틸렌 화염
		골든가 폭발	지하가	15	223	누출가스에 인화
1082		호텔 뉴재팬	호텔	33	34	담배
1983	미야케섬 대분화	자오관광호텔	호텔	11		전기스파크
		츠마코이 LP가스 사고	식당	14	28	누출가스에 인화
1985		정박설비 기숙사		8	0	불명(방화?)
1986	체르노빌 사고	호텔 대동관 구관	호텔	24	0	가스레인지
1987		소청회 요양원	노인 H	17	25	불명(방화?)
1988	세토대교, 세이칸 터널 개통					
1989	중국 베이징 천안문 사건 동유럽 제국 민주화	닛카츠촬영소	촬영소	1	26	화약
		스카이시티남사	공동주택	0	6	오디오세트
1990	동서독 통합	나가사키 아마가사키점	백화점	15	6	불명(방화?)
1995	한신아와지 대지진 지하철 사린사건					
2001	미국 동시다발 테러	가부키쵸 잡거빌딩	잡거	44	3	불명(방화?)
		치바요시카이도시 작업원 숙소	숙소	11	0	
2004	니가타현 지진 수마트라 해역 대지진	돈키호테 연쇄방화	상업시설	3	8	방화

2006		나가사키 그룹홈	노인H	7	3	라이터에 의한 착화로 추정
2007	노토반도 지진 니가타현 지진	다카라즈카 노래방	주상복합	3	5	튀김기 출화
		아와타니구 온천시설	목욕탕	3	4	천연가스 폭발
2008	리먼 쇼크	오사카 개인실 비디오점	잡거	16	10	방화
2009	규슈 북부 야마구치 집중호우 아이티 지진	군마 정양홈	노인 H	10	1	담배의 부주의로 추정
		오사카 코가나구 파칭코점	주상복합	4	19	방화
2010	칠레 해역 지진	삿포로 미라이톤	노인 H	7	2	난로
2011	동일본 대지진					
2012		후쿠야마호텔 화재	호텔	7	3	전기 쇼트
		고쿠다케 화학 공장	공장	1	21	가연성가스 착화
		일본 촉매 공장	공장	1	36	아크릴산의 중합
2013		나카사키 그룹홈	노인 H	5	7	가습기 불량
		후쿠치야마 불꽃놀이 화재	–	3	57	가솔린 인화
		후쿠오카시 성형외과	병원	10	5	전기 쇼트
2014	아베노 하루카스 준공 온타케 산 분화	미에요카이치 화학공장 폭발	공장	5	13	열교환기 폭발
		아이치 히가사마이시 제철소 폭발	공장	0	15	벨트컨베이어 연소
2015		가와사키시 간이 숙박소	숙소	10	18	방화
		히로시마 음식점 화재	주상복합	3	3	
2016	구마모토 지진 이토이가와시 대규모 화재					
2017		아스쿨 창고 화재	창고	0	2	타이어 공회전

① 시로키야 화재

일본 도쿄 니혼바시에 있던 백화점 시로키야에서 1932년 12월 16일 아침 9시 30분경에 화재가 발생했다(그림 1-15). 출화 장소는 4층 완구 매장, 출화 원인은 전구의 스파크로 알려져 있다. 화재는 5~7층으로 연소(延焼)하였고, 연기는 엘리베이터와 계단을 통해 전파돼 4층부터 최상층인 8층까지 연기에 휩싸였다. 경찰청 소방부는 펌프차 29대, 사다리차 3대 등을 동원해 진화활동을 벌였으나 사다리차는 5층

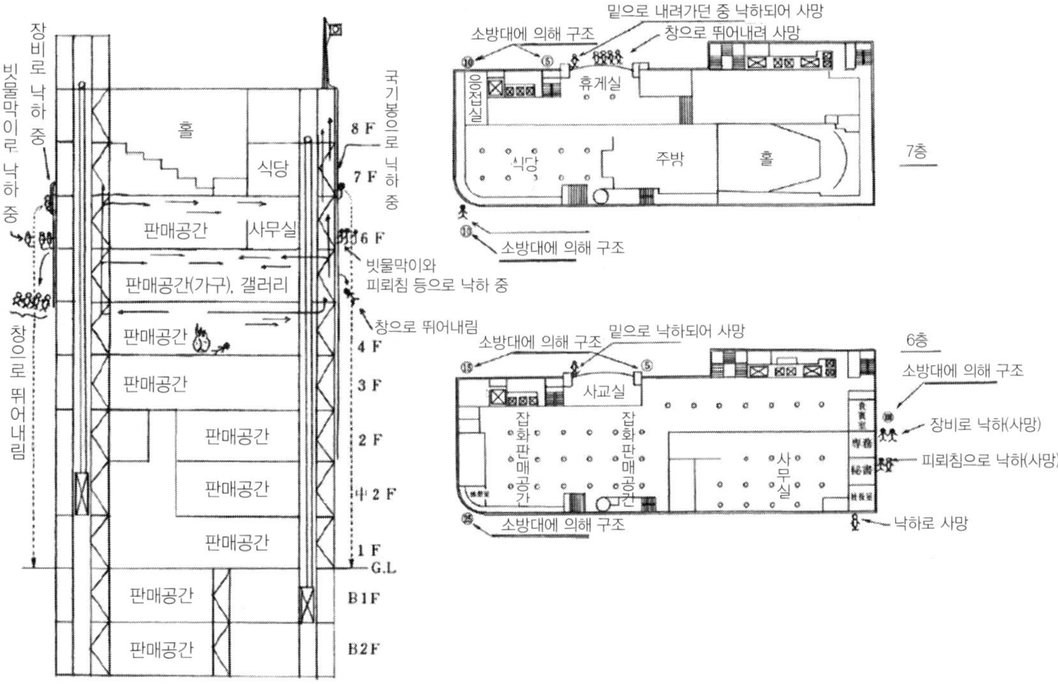

그림 1-15 시라키야 화재[4]

까지만 내려왔고 펌프도 송수압력이 올라가지 않아 5층 이상에는 물을 뿌리지 못했다. 당시는 연말이었기 때문에 방문객이 약 1,600명으로 많아 사망자 14명, 중상자 47명, 경상자 44명이라는 대참사가 발생했다.

사망자 14명 중 13명은 연기에 쫓겨 도망치던 중 커튼과 허리띠 등을 연결하고 밧줄 대신 창문으로 탈출하려다 밧줄이 끊어지거나 힘이 빠져 추락사한 사람들이다. 계단에서 아래로 대피할 수 없었기 때문에 많은 고객은 소방대 사다리차나 구조망을 통해 구조되었고, 점장의 피난 유도에 의해 옥상으로 피난하여 어려움을 피할 수 있었다.

메이지 이후, 특수 건축물을 내화 건축물로 하도록 전환되고 있었지만, 방화구획이나 화재 경보 설비 등의 방화 대책까지는 법률로 의무화되어 있지 않았다. 이 화재를 계기로 그 필요성이 인식되어 1966년에 피난규정도 포함한 특수건축물규제가 제정되었다. 백화점의 피난을 위한 옥상광장의 규정도 이 화재의 경험을 토대로 제정되었을 것으로 생각된다.

② 센니치 백화점 건물 화재

오사카시 미나미구의 번화가 센니치 백화점은 1972년 당시에는 지하 1층~7층에 놀이시설·백화점·슈퍼마켓·상점·게임코너·카바레 등이 입주하는 전형적인 상가 건물이었다. 5월 13일 22:27경 3층 여성의류 매장에서 출화하였다. 이 시각에는 6층 이하의 부엌 등은 폐점되어 있었지만, 3층에서는 리모델링 공사가 진행되고 있었으며, 출화 원인은 공사업자의 담뱃불 부주의로 의심되고 있다. 초기 진화에 실패한 화재는 진열되어 있던 의류제품에 착화·확대되어 에스컬레이터 개구부에서 4층과 2층으로 번지면서 발생한 대량의 연기가 공조 덕트와 계단 등의 수직통로를 통해 유일하게 영업 중이던 7층 카바레, 플레이타운으로 흘러 들어갔다.

그림 1-16의 왼쪽 그림은 연소(굵은 화살표) 및 연기(가는 화살표)의 경로를 나타낸 빌딩 단면도이다. 화재 당시 7층 플레이타운에는 손님과 여종업원 등 181명이 있었는데 이 중 118명이 사망해 화재 사상 최대의 참사로 기록됐다. 7층의 피해자 분포를 그림 1-16 오른쪽 그림에 나타냈다. 그림에서 볼 수 있듯이 플레이타운 구역에는 4개의 계단이 있었는데 계단 A, E, F는 출화 시 잠겨있거나 폐쇄되어 있던 데다가 모두 연기의 침입경로가 되어 피난이 불가능했다. 계단 B는 유일하게 피난

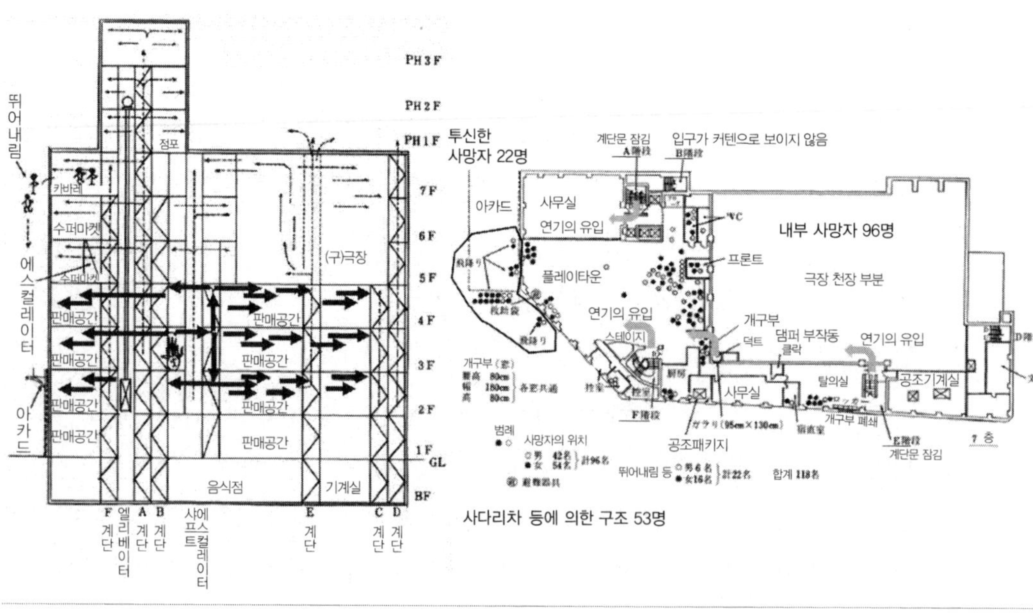

그림 1-16 센니치 백화점 빌딩 화재 연소와 연기 경로 및 7층 피해자 분포(문헌 5 가공)

가능한 계단이었으나, 외투보관실(cloakroom) 뒤에 있고 전면에 커튼이 쳐져 있어 소재를 알고 있던 종업원 2명만 대피했다.

배기 덕트 댐퍼가 노후화되어 작동하지 않은 점, 전기공사 작업에 따라 에스컬레이터 셔터가 개방 상태여서 구획을 형성하지 못한 점도 짙은 연기가 급속히 7층으로 확산되는 원인이 되었다. 화재 소식을 듣고 오사카시 소방국은 600명 가까이 되는 소방대원을 파견해 필사적인 구출에 나서 53명의 구조에 성공했지만 플레이타운 내에서 연기에 휩싸인 질식사가 96명, 연기에 견디지 못하고 창문을 통해 추락하는 경우가 22명이었다.

이 화재의 충격이 채 가라앉지 않은 이듬해 1973년 11월에는 103명의 사망자를 낳은 구마모토 대양 백화점 빌딩 화재가 발생해 또다시 세상에 큰 충격을 주었다. 1965년대 이후 이러한 내화 건축물에서 연기에 휘말려 다수의 사망자가 발생한 화재가 빈발하고 있어 화재 시 연기 제어의 중요성이 널리 인식되게 되었다. 천일 백화점 빌딩 화재에서는 건축기준법이나 소방법에 부적합한 수차례에 걸친 개축(스프링클러·자동화재경보설비의 미정비 등), 방화관리체제의 문제, 종업원에 의한 피난 유도의 부적합, 비상계단문 잠금장치에 의한 피난 경로의 결여 등 많은 요인에 의해 피해가 확대되었으며 화재 후에 복합용도건축물의 하드면과 소프트면의 방화규제가 강화되었다.

③ 호텔 뉴 재팬 화재

1987년 도쿄의 중심지인 치요다구 나가타초에 있던 호텔 뉴 재팬(지상 10층 건물)에서 화재가 발생했다. 2월 8일 오전 3시경으로, 대다수의 투숙객은 취침 중이었다. 출화는 9층 객실로, 원인은 숙박객의 담배 부주의로 알려져 있다. 불은 9층에서 10층으로 번졌다. 관리자가 비상벨을 정지시킴으로써 화재 발견이 늦어졌으며 소방서의 최초 신고는 부근을 지나다 화재 사실을 깨달은 보행자에 의해 이루어졌다고 한다. 심야에 발생한 화재였기 때문에 잠을 자고 있던 다른 방의 손님이 화재를 알았을 때는 이미 복도에 고온의 연기가 가득 차 있어 도망칠 수 없는 상태였다. 또 이 화재에서는 객실문의 구획벽이 창가 부분에서는 합판을 이용해 시공되어 있어서 화재가 연이어 옆방으로 옮겨붙은 것도 피해를 키운 요인으로 지적됐다. 다수

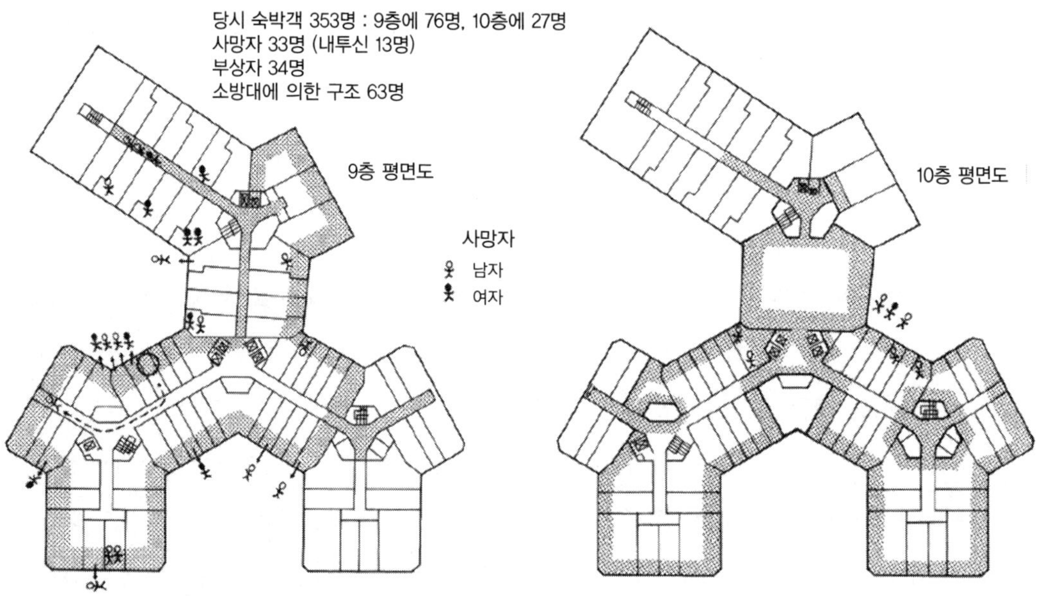

그림 1-17 호텔 뉴 재팬의 구획상황과 피해상황[6]

의 복도가 120도 각도로 교차하고 있어 피난 경로를 파악하기도 힘든 구조였기 때문에(그림 1-17), 결과적으로 투숙객은 방이나 복도에서 연기에 휩싸이거나 창문으로 뛰어내려 33명이 사망하는 대참사가 발생했다. 도심에 위치한 호텔이라 외국인 투숙객도 많았고 사망자에도 외국인 투숙객이 다수 포함되어 있었다.

소방 기관에서 소방차 등 차량 123대(헬기 2대 포함), 소방 직원 627명, 소방단원 22명이 출동하여 소화와 구조에 나섰다. 복도에 자욱한 연기의 열로 인해 비상계단 문이 닫히지 않아 객실에 갇힌 투숙객을 복도 쪽에서 구조할 수 없었기 때문에, 대원들은 옥상에 올라가 밧줄을 늘어뜨려 객실의 창문으로 손님을 구출하여 매달고 비상계단이나 사다리차를 이용해 지상까지 내려 보냈다. 이렇게 해서 희생자의 두 배가량인 63명이 구출됐다. 만약 이런 소방관들의 구조작업 없이 비상계단을 사용할 수 없는 상태였다면 훨씬 더 많은 인명을 잃었을지도 모른다.

④ 윈저빌딩 화재

외국의 화재 사례이지만, 화재로 인한 구조 붕괴의 사례로서 스페인 수도 마드리드 중심가에 있던 윈저빌딩 화재의 개요를 소개한다. 이곳은 지하 5층, 지상 32

층, 높이 106 m의 초고층 건물이었다. 화재는 2005년 2월 12일 오후 11시에 21층에서 발생했으며, 짧은 시간에 위층뿐만 아니라 아래층도 연소되어 4층 이상의 모든 층이 소실되었다(그림 1–18). 출화 원인은 전기 계통의 트러블 또는 방화가 의심되고 있으나 확실히 밝혀지지 않았다. 주말 늦은 밤이라 빌딩 안에 사람이 없어 다행히 사망자는 없었다.

화재가 급속도로 위층으로 번지게 된 큰 원인은 이 건축물의 바닥과 외벽 문의 75 mm 틈새가 목판으로 막혀 있을 뿐 층간 구획이 미비했기 때문이다. 또한, 이 건축물의 코어부는 RC구조였지만, 외주부는 강구조이며 여기에는 내화피복이 되어 있지 않았다. 그 결과 17층 이상의 층에서는 중심 부분을 남기고 외주부가 모두 무너져 버렸다.

이 초고층 빌딩의 화재로 인한 손실은 엄청났다. 명확히 알 수는 없지만 윈저빌딩 자체의 화재손해나 휴업손실을 합하면 5000억 원 정도이며, 또한 주변 도로, 철도 등의 운행정지, 인근 시설의 휴업손실 등 사회적 손실도 5000억~1조 원에 이를 것으로 추정되고 있다. 대규모 건축물이 구조 붕괴했을 때의 손해가 얼마나 방대한지를 알려주는 화재 사례라고 할 수 있다.

그림 1–18 윈저 빌딩 화재 전(왼)과 화재 후(우)

표 1-8 한국의 대형 화재사례

발생년도	사건	화재사례	용도	사망	부상	화재원인
1966	중국 문화대혁명	서울 중구 남산아파트	공동주택	22	0	연탄난로
1967	–	부산 서구 태광메리야스 공장	공장	5	1	미상
1967	–	인천시 세탁소	제2종 근린생활시설	5	1	난로
1968	소방법, 건축법 시행령 제정	서울 종로구 한국일보사	업무시설	7	3	용접
1969	경부 고속도로 건설	경기도 안성군 주택	단독주택	3	53	불장난
1970	–	인천시 3부합판공장	공장	2	9	난로
1971	–	서울 중구 대연각호텔	숙박시설	163	63	LP가스
1972	–	서울 종로구 시민회관	제1종 근린생활시설	40	11	전기합선
1974	서독 월드컵 개막	서울 동대문구 대왕코너	종합상가 (판매시설)	88	35	전기합선
1977	그랜빌 철도 참사 발생	서울 중구 로방싸롱	위락시설	14	1	전기합선
1978	–	서울 동대문구 유신식당	제1종 근린생활시설	9	18	석유난로
1980	이란–이라크 전쟁 발발	광주시 동구 거북이싸롱	위락시설	23	2	전기합선
1982	–	대구시 중구 금호관광호텔	숙박시설	10	22	방화
1983	대한항공 007편 격추 사건	대구시 중구 초원의 집	위락시설 (디스크 클럽)	25	69	전기합선
1984	부산 대아호텔 화재 사건	부산시 부산진구 대아호텔	숙박시설	38	68	석유난로
1987	–	서울시 강서구 공항창고	창고시설	9	80	화약류 폭발
1988	1988 서울 올림픽	경기도 안양시 섬유봉제공장	공장	20	3	미상
1990	동서독 통합	경남 울산시 유곡탕(대중사우나)	제1종 근린생활시설	10	4	불장난
1991	소련 해체	대구시 서구 거성관 나이트클럽	위락시설	16	4	방화

발생년도	사건	화재사례	용도	사망	부상	화재원인
1992	–	강원도 원주시 왕국회관	종교시설	14	25	방화
1993	구포 무궁화호 열차 전복 사고	충남 논산군 서울신경정신과의원 (논산정신병원화재)	의료시설	34	2	담뱃불 추정
1995	삼풍백화점 붕괴사고	경기도 용인군 경기여자기술학원	–	37	16	방화
1999	전일본공수 61편 납치 사건	경기 화성군 씨랜드 청소년수련원	수련시설	23	7	모기향불
2000	–	경기 성남시 아마존미시촌 단란주점	위락시설	7	0	전기합선
		서울시 광진구 김경빈신경정신과의원	의료시설	8	25	원인 미상
2001	911테러 발생	서울 서대문구 홍제동 주택화재	단독주택	6	3	방화
		경기 광주시 예지학원	제2종 근린생활시설	10	23	원인 미상의 불씨
2002	2002 한일 월드컵 개최	경남 마산시 마도장 여관	숙박시설	9	6	노숙자 방화
2003	–	대구 중구 지하철 화재	운수시설	192	148	방화
		충남 천안시 천안초등학교 축구부 합숙소	공동주택 (기숙사)	9	16	주방냉장고 전기합선
2005	인도네시아 규모 8.7 강진 발생	대구 수성구 수성시티월드사우나	제1종 근린생활시설	5	53	유증기 폭발 추정
2007	태안 앞바다 기름유출 사고	전라남도 여수시 여수 출입국관리사무소	업무시설	9	18	방화의심
2008	–	경기도 이천시 코리아냉동창고	창고시설	40	10	원인 미상
2010	아이티에 규모 7.0 강진 발생	부산광역시 해운대구 우신골든스위트	주상복합	0	7	전기적 요인
2011	–	수원시 장안구 황제모텔	숙박시설	2	10	전기적 요인

발생년도	사건	화재사례	용도	사망	부상	화재원인
2012	도쿄 남부 규모 7.0 지진	부산광역시 부산진구 시크노래타운 3층	제2종 근린생활시설	9	33	전기적 요인
2014	세월호 참사 발생	경기 고양시 고양종합터미널 지하 공사장	운수시설	8	116	가스누출
2015	중국 쓰촨성 규모 5.0 지진 발생	경기 의정부시 대봉그린아파트	주거시설	5	125	화기사용 부주의
2017	-	충북 제천시 노블휘트니스	근린생활시설	29	40	부주의
2018	포항 지진 발생	서울시 종로구 서울장 여관	숙박시설	6	4	방화
		경남 밀양시 세종병원	의료시설	39	151	전기적 요인
		서울시 종로구 국일고시원	제2종 근린생활시설	7	11	부주의
2019	파리 노트르담 대성당 화재 발생	경기도 김포시 요양병원	의료시설	3	56	기타
		광주광역시 석천모텔	숙박시설	3	30	방화
2020	코로나바이러스감염증-19 유행 및 팬데믹	경기도 이천시 물류센터 신축공사장	창고시설	38	12	미상
		전라남도 고흥군 윤호21종합병원	의료시설	3	27	미상
		경기도 용인시 양지SLC물류센터	창고시설	5	8	부주의
		울산광역시 남구 삼환아르누보 아파트	주상복합	0	7	미상
2021	-	남양주 주상복합건물	주상복합	0	41	부주의

⑤ 대연각호텔 화재[16]

1971년 12월 25일 서울시 중구 충무로동에 위치한 대연각호텔 건물에 화재가 발생하여 163명이 사망하고, 63명이 부상당하는 인명피해를 냈다. 호텔 로비의 커피숍에서 화재가 시작한 것으로 추정하고 있다. 커피숍 카운터에는 프로판 가스 화덕이 있었으며, 화덕의 가스를 공급하기 위해 20 kg의 용기에 가스관 플라스틱 호스가 길게 연결되어 있었고 화재 발생 당시 예비로 20 kg 용기를 여분으로 배치해 놓았다. 화재 원인으로는 예비 용기의 가스를 잘못 방출하여 인화되었거나, 가스가 대량으로 샜거나, 안전밸브가 열려 있었음에도 불과 가까운 곳에 사용함으로써 화재가 발생한 것이 아닌가 추측하고 있다.

대연각호텔의 건축구조는 지하층 및 지상 22층이며, 수직 석조벽 구획에 의하여 두 가지 용도로 사용되고 있었다. 건물 서쪽 반 부분은 2층에서 20층까지 은행, 회사 등의 사무실로 사용되었으며, 동쪽의 반 부분은 6층에서 20층까지 223개의 객실이 있는 호텔로 사용되었다.

화재 발생 후 저층부에는 100명 이상이 침대 시트로 끈을 만들어 점프하여 피난하거나, 고가사다리를 타고 구조되었다. 또한, 6명이 옥상에서 헬리콥터로 구출되기도 했으나 많은 사람이 구조의 손길이 닿을 수 없는 곳에 갇혀 곤경에 직면했다.

대연각호텔 주변 그리고 인근 건물 옥상에는 무수한 시신들이 흩어져 있었다. 163명의 희생자 중 121명은 화재 현장에서 발견되었으며, 38명은 화재 시 뛰어내리다가 사망했고, 2명은 헬리콥터로 구조되다가 떨어졌으며, 2명은 병원에서 사망하였다. 희생자 중 남자는 96명, 나머지는 여자였다. 국적별로 보면 한국인 147명, 일본인 10명, 중국인 3명, 미국·인도인 등이 3명이었다. 시신 17구의 신원은 미확인되었다.

많은 사람이 뛰어내리다 사망하였는데, 어떤 사람은 충격을 줄이기 위해 매트리스를 안고 뛰어내리기도 하였다.

⑥ 논산 서울신경정신과 의원 화재[17]

1993년 4월 19일 새벽 2시경 충청남도 논산시에 위치한 서울 신경정신과 의원에서 화재가 발생했다. 출화 장소는 여자병실 부근으로, 화재가 발생하여 칸막이벽을 타고 입원실과 로비를 통해 화재가 확산되어 건물 전체가 전소했다. 이 화재로 인해 34명이 사망했다.

시설에 출입을 할 수 있는 입구는 주 출입구 외에는 없었으며, 시설 특성상 환자의 이탈을 방지하기 위해 출입구를 제외한 개구부는 모두 쇠창살이 설치되어 있어 소방대 도착 이후 원활한 구조 활동이 힘든 상황이었다. 이 밖에도 건축구조가 조립식판넬로 구성되어 있었으며, 내장재 역시 화재에 취약한 합판, 스티로폼으로 시공되어 있어 화재가 급격하게 확산된 것으로 판단된다.

이 화재는 건축물의 재료나 피난로의 구성이 화재로부터 재실자의 안전을 확보하기 힘든 조건들이 다수 존재하고 있었고, 특히 다수의 인명피해가 발생한 원인 중 하나가 환자가 침대에 묶여 있어 자발적인 피난이 불가능한 상태였다는 것이다. 이로 인해 소방대가 구조 활동을 시작한 시점에서 34명의 입원치료환자 중 2명만이 생존해 있었고 나머지 환자는 모두 사망한 상태였다.

⑦ 대구 지하철 화재[18, 19]

2003년 2월 18일 오전 9시 52분 대구 도시철도 1호선 중앙로역에서 방화로 인해 화재가 발생하여 사망 192명(신원확인 185명, 신원미확인 6명, 인정사망 1명), 부상 151명의 인명피해가 발생하였다. 재산피해는 전동차 2편성(12량)과 지하 2층 다수의 상가 등 총 570억 원이었다.

화재발생원인은 앞서 언급했듯 방화이다. 방화범이 휘발유를 플라스틱 통에 담아 전동차에 탑승하여 중앙로역 승강장에 정차한 전동차 안에서 가스라이터로 불을 붙이며 화재가 시작되었다. 당시 전동차 및 승강장 안의 내장재는 불연재가 아니다 보니 화재는 급격하게 확산되었다. 최초 화재가 발생한 전동차는 1079호였으나 다수의 사상자가 발생한 전동차는 1079호가 아닌 반대편 승강장에 도착한 1080호였다.

다수의 사상자가 발생하게 된 원인은 단순 방화로 인해 화재가 빠르게 확대된 것만이 아닌 복합적인 요소들이 결합된 것이다. 이 화재는 세월호 침몰 사고가 일어나기 전까지 최대 인원이 사망한 사고이다.

화재 피해가 확대된 원인을 살펴보면 화재발생 직후 지하철공사 기계설비 사령실의 폐쇄회로 화면에 화재경보 문구 및 경보음이 울렸지만, 비화재보가 잦다는 이유로 종합사령실에 보고하지 않았다. 이후 1079호에 탑승하고 있던 40대 남자승객이 화재 발생을 신고함으로써 소방본부 중앙상황실에 최초 신고가 접수되어 소방대가 출동하였다. 소방대가 출동하는 사이 중앙로역 역무원이 종합사령실에 화재 사실을 신고하였지만 종합사령실에서는 사태의 심각성을 인지하지 못하고 화재 신고를 하지 않았으며, 1080호에 중앙로역 진입 시 조심하여 들어가라 호출하였지만 이미 1080호는 중앙로역 승강장에 도착하였다. 도착 후 출입문이 자동으로 열림과 동시에 다량의 연기가 전동차 안으로 유입되자 기관사가 즉시 출입문을 다시 닫았고 곧이어 전동차의 전원이 끊어지게 되어 전동차가 움직일 수 없게 되었다. 기관사는 종합사령실에 위급 상황을 보고하였으나 사령실은 상황을 정확히 판단하지 못한 채 "대기하고 승객들에게 안내방송을 하라"는 지시만이 있었을 뿐 별다른 지시가 없어 기관사는 "잠시 후 출발할 것이니 기다려 달라"는 안내방송을 하였다.

그 사이 1079호에서 발생한 화재가 1080호로 옮겨붙으면서 상황실과 기관사와의 통신이 두절되어 휴대전화로 교신을 재개하였다. 상황이 악화되자 종합사령실 운전사령은 전동차의 전원을 내리고 대피하라 지시하여 기관사는 전동차의 마스터키(Master Controller Key)를 뺀 후 대피하게 된다. 전동차의 마스터키를 제거하게 되면 배터리작동이 중지되면서 모든 출입문이 폐쇄되어 수동으로 문을 열어야 하지만 당시 1호, 4호를 제외한 나머지 2, 3, 4, 5, 6호의 승객들은 출입문을 열지 못해 다수의 사망자가 발생하게 되었다. 전동차에서 탈출한 승객들은 역사의 대합실로 올라왔지만 방화셔터가 작동된 이후라 피난로는 이미 막힌 상태였다. 또한 화재발생 직후 작동해야 하는 스프링클러나 재연설비가 정상 작동하지 않아 더 큰 피해를 초래했다. 화재가 발화한 직후(09:53:00) 기관사가 마스터키를 제거하고 탈출(10:10:00)하기까지 20분이 안 되는 시간 동안 승객의 피난에 중점을 두지 않은 대응이 대형 인재로 이어지게 된 점이 매우 아쉬운 부분이다.

⑧ 우신골드스위트 화재[20, 21]

2010년 10월 1일 11시 반경 해운대구 우동에 위치한 지상 38층, 지하 4층 건물인 우신골든스위트 주상복합 오피스텔에서 화재가 발생했다. 이 화재로 다행히 사망자는 없었으나 부상자 7명이 발생하였다. 화재는 4층 공동구역 재활용 작업실에서 원인미상의 화재가 발생하여 상층부로 빠르게 화재가 확대되었다.

해당 건물은 철골 철근 콘크리트조이며 연면적 68,917 m2, 바닥면적 1935 m2의 건축물로써 화재안전설비가 설치되어 있어야 했다. 그러나 4층 부분은 건축법상 건축면적에 포함되지 않아 화재안전설비가 설치되어 있지 않았다. 또한 배관 및 전선이 실내에서 외부로 나가는 지점에 마감처리가 되어 있지 않았으며, 건축물 외부에 부착된 외장재가 화염에 취약한 알루미늄 외장재로 시공되어 있어 4층에서 시작한 화재가 외장재를 착화시키면서 순식간에 건물 최상층까지 확대되었다.

이 화재 이후 국내에서는 외장재에 대한 불열 · 준불연 성능을 확보하도록 법령이 제정되었다.

⑨ 고양종합터미널 화재[22, 23]

2014년 5월 26일 오전 9시경 경기도 고양시 일산동구 백석동에 위치한 종합터미널에서 화재가 발생하여 사망 8명, 부상 115명이 발생하였으며, 약 600억 원(6개월 이상의 영업 중지에 의한 피해 포함)의 재산피해가 발생하였다.

해당 터미널은 지상 7층, 지하 5층의 규모로서 운수시설, 판매시설, 문화 및 집회시설의 용도가 같이 있는 복합건축물이다. 지하 1층이 지하철 3호선 백석역과 연결되어 있어 '초고층 및 지하연계 복합건축물 재난관리에 관한 특별법'에 의거하여 지하연계 복합건축물에 해당한다. 화재 당시 영화관(지상 5~7층), 터미널(지상 1, 2층)만 운영 중이었고 이외 지역은 공사 중이거나 입주하기 전이라 빈 상태였다.

화재 발생 원인은 지하 1층 푸드코트가 입주할 공간에서 도시가스배관 용접공사 중 천장 단열재로 설치된 우레탄 폼으로 불꽃이 튀어 발생한 것으로 조사되었다. 화재 발생 직후 20분만에 진화되었지만 화염과 연기가 수직 공간으로 빠르게 확산되어 사망자 전원이 유독가스에 질식하여 사망에 이르렀다.

이렇게 다수의 사상자가 발생한 원인으로는 방화구획 구조변경 공사로 방화구획 부재들이 철거되어 있는 상태였으며, 방화셔터 및 방화스크린이 작동하지 않은 것을 들 수 있다. 이로 인해 연기의 유동을 억제하지 못하였으며, 연기가 수직 개구부를 통해 빠르게 확산되어 화재가 발생한 것을 인지했을 때는 이미 연기가 다량으로 유입되어 피해를 확대시켰다.

⑩ 제천 스포츠센터 화재[22]

2017년 12월 21일 제천시 하소동에 위치한 9층 건물의 노블휘트니스 스파 1층 주차장 천장 내부에서 천장배관에 설치한 해빙용 보온등(4개)의 축열(과열) 또는 정온전선의 절연파괴로 보온재에 착화되어 화재가 시작되었다. 이후 주차된 차량으로 확대되었고, 건물 내부의 수식, 수평 관통부와 외벽 드라이비트를 통해 빠르게 확산되었다. 이 화재로 사망자 29명, 부상자 40명 등 총 69명의 사상자와 약 20억 3,500만 원의 재산피해가 발생했다.

주차장에서 화재가 시작하여, 고온의 화염과 연기는 1층 건축물 내부로 통하는 개구부에 설치되어 있는 창호와 주 출입구의 유리문을 파손하고 건축물 내부로 확산되었다. 1층 사무실 및 로비로 화염이 확대되어 화재 당시 주 출입구를 통한 피난이 불가하였다. 건축물 내부로 확산된 화재는 FE/V 승강로, EPS실 화물용 승강로 등 건물 내부 샤프트 공간을 통해 상층부로 빠르게 확산되었다. 2층 여성 목욕탕은 화재로 인한 탄화흔적은 발견하지 못하였지만 방화문 및 E/V 승강로에 설치된 방화문의 틈을 통해 연기가 구획실 내부로 확산되었으며, 출입구인 주 계단 쪽은 이미 화연으로 가득 차 피난하기 힘든 상태였다. 양방향 피난이 가능한 비상구가 존재하였지만 해당 공간에는 선반이 설치되어 있어 통로(50 cm)가 매우 좁아진 상태였다. 게다가 피난유도등조차 보이지 않는 상태라 재실자가 인지하지 못하여 피난이 이루어지지 않아 많은 사상자를 발생시켰다. 3층 이상의 층부터 증축된 9층까지 화재가 확산된 것을 확인할 수 있었으나, 샤프트 공간을 기준으로 탄화흔적이 많이 발견되었다. 따라서 제천스포츠센터 화재사례에서는 필로티 구조물의 주차장과 건축물 내부의 구획미비, 계단실 구획 미비, 승강기 문의 차연성능 미비, 외벽 개구부의 방화성능 미비 등 방화구획의 문제점이 나타났다.

⑪ 밀양 세종병원 화재[22, 24]

2018년 1월 26일 오전 7시 반경 경상남도 밀양시에 위치한 세종병원에서 화재가 발생하여 사망 39명, 부상 151명의 많은 인명피해가 발생하였다. 병원 1층에 위치한 탕비실 천장 전기배선 절연파괴로 인해 화재가 시작되어 건축물 최상층까지 연기가 확산되었다. 화재 당시 중증 환자 및 거동이 불편한 환자의 대피에 많은 어려움이 있어 피해는 더욱 클 수밖에 없었다.

화재확대 상황을 살펴보면 1층 탕비실 천장에서 발생한 화재는 천장과 주위 가연물을 통해 빠르게 1층 전체로 화재가 확산되었다. 또한 1층에 존재하는 모든 가연물에 탄화흔적이 발견되었으며, 석고보드와 합판을 이용해 가벽을 설치하였지만 화염의 확산을 방지하는 데 역부족이었다. 또한 외벽 개구부의 창문은 모두 파손되어 있는 상황이다. 1층 전체로 확산된 화재는 계단실과 E/V 승강로 등 건축물 내부 샤프트 공간을 통해 화재는 상층부로 빠르게 확산되었다.

밀양 세종병원 화재사례에서는 방화문의 성능적인 미비, 계단실 구획미비, 승강기 문의 차연성능 미비, 외벽 개구부의 방화성능 미비의 방화구획 관련 문제점이 도출되었다.

⑫ 삼환아르누보 아파트 화재[20]

2020년 10월 8일 23시 7분에 시작되어 약 15시간 40분간 화재가 진행된 대형화재로, 화재는 3층 야외테라스의 목재 데크에서 발생하여 건축물 전체로 확대되고 7명 부상, 약 100억 원 이상의 재산피해를 발생시켰다.

목재 데크에서 시작된 화재는 벽면과 알루미늄 복합 패널 외장재 사이의 중공층을 통해 V자 화재확대패턴을 띠며 상층부로 수직 확산되었다. 15층 피난안전구역은 내부는 방화문으로 구획되어 있고 외부는 외기와 면해 있었다. 평상시에는 주민들의 휴게공간으로 사용되고 유사시 피난안전구역으로 사용된 공간이었다. 15층 피난안전구역을 조사한 결과, 3층으로부터 확대된 화염이 외부로부터 유입되어 SMC패널로 시공된 천장재를 통해 수평확산이 이루어진 뒤 건물 후면부로 관통하여 수직 확산되어 건축물 전체로 확대되었다.

16층 이상 층의 전소 세대 일부는 외부의 열기로 인해 창이 파괴됨에 따라 외부의 화염이 내부로 유입되어 실내가 전소되었다. 이로 인해 또 다른 분출화염이 발생해 상층부에 큰 피해를 입혔다.

화재확대의 주요 원인은 ① 외단열공법으로 시공된 외벽의 가연성 외장재(알루미늄 복합 패널)로 인한 수직확대, ② 피난안전구역의 개구부 연소확대 방지 미비와 가연성 천장재(SMC 패널)로 인한 수평확대, ③ 열에 의한 창의 파손으로 화염의 내부 침투 발생 및 전소, ④ 내부방화구획 파괴에 의한 분출화염의 추가적인 발생을 꼽을 수 있다.

3. 시가지 화재

일본은 예로부터 세계적으로 큰 도시가 발전해 온 나라라고 할 수 있고, 도시가 목조건축물로 이루어져 왔기 때문에 필연적으로 시가지 대화재의 위험에 노출되어 왔다. 일본 다음으로 시가지 대화재가 많은 것은 미국이며, 피해가 가장 큰 것은 시카고 대화재(1871년, 소실면적 850 ha, 사망자 300명)와 샌프란시스코 대지진에 의한 대화재(1906년, 1,220 ha)이지만, 1923년 발생한 간토 대지진에서의 대화재(소실면적 2836 ha, 소실주택 212,353동, 소사자 9,1781명)[8]에 비해 피해 규모는 매우 작다. 세계적으로 유명한 런던 대화재(1966년)도 소실면적 175 ha, 사망자 6명으로 일본의 과거 시가지 대화재 피해규모가 상당히 큰 것을 알 수 있다.

일본에 있어서 대화재에 시달리지 않는 도시는 오랜 숙원이며, 상당한 노력을 기울여 왔다. 그 결과, 50년 전 정도부터 대화재는 드문 현상이 되었으나 지진 시의 동시다발 화재에 의한 시가지 화재의 위험은 아직 잠재하고 있다. '대화재'의 정의는 여러 가지가 있지만, 1946년 소방백서의 자료에 있는 '건축물의 소실 면적이 33,000 m^2 이상인 화재'가 기준이 되고 있다.

(1) 일반적인 시가지 화재

목조 가옥 문화를 가진 일본의 도시는 그 숙명으로 예로부터 엄청난 시가지 대화재가 발생해 왔다. [도쿄시사고(변재편)(『東京市史稿(変災編)』)]나 〈일본재이사(日本災異史)〉 등의 자료에는 에도시대 한해에만 에도에서의 대화재가 약 100건 발생했다고 기록되어 있다. 명력(明暦)의 대화재(1657)의 피해는 당시 50만 명 정도였던 에도의 인구 중 10만 명이 희생되었다고 할 정도이며, 소실면적도 2,570 ha로 광대하여, 평상시의 화재로서는 세계 역사상 최대의 화재라고 할 수 있는 것이었다. 에도시대에는 이러한 대화재가 빈번히 일어났으며, 에도 시대 대형 화재의 대표적인 것을 표 1-9에 나타냈다.

같은 무렵 오사카에서도 종종 큰불이 일어났으며, 1724년의 묘치 화재(소실면적 408 m^2), 1837년의 오오시오 화재(115 m^2), 1863년의 신마치 화재(150 m^2)는 오사카의 3대 대화재로 알려져 있다. 에도 말기의 교토에서도 650 m^2가 소실된 모토하루의 대화재(1864년)가 발생했다.

표 1-9 에도의 대화재(발췌)[9]

서기	명칭	소실	사망자
1601	–	에도 전소	다수
1641	오케야 화재	97정, 무가의 저택 121	수백 명
1657	명력(明暦) 대화재	400정, 무가의 저택 860	10만 명
1668	–	132정, 무가의 저택 2,400	–
1682	7 화재	3리 10정, 다이묘, 하타모토, 데라샤 340	3,500명
1692	주당 화재	326정, 다이묘, 하타모토, 데라샤 540	–
1703	미토양 화재	남북 2리 동서 3리, 무가의 저택 300, 마치야 20,000	3만 명
1717	고시가와 화재	200여 정, 다이묘 무가의 저택 420	100여 명
1772	메구로 유키히토자카 화재	934정, 무케 데라샤 550	14,700명
1806	병인(차정) 화재	530여 정, 무가, 사사 140	1,000명
1829	사쿠마쵸 화재	다이묘, 하타모토 200, 마치야 380,000	2,800명
1834	갑오 화재	480정, 토장 820, 다리 82	4,000명

메이지 시대에 이르러서도 시가지 대화재의 발생은 계속되었다. 「일본의 대화재」에는 1868년부터 1953년까지 86년간 전국에서 발생한 대화재가 수록되어 있으며, 거기에 따르면 매년 평균 22.3건의 대화재가 발생해 8,257호의 가옥이 소실되고 있었다. 메이지 이후, 서양의 건축기술과 소방설비를 도입하면서 관민 모두 대화재 예방의 노력이 이루어졌고, 그 결과 그림 1-19에서 볼 수 있듯이 메이지 말기에 이르러 대화재가 겨우 종식으로 향하는 경향이 나타났다. 그러나 세계대전 후에는 다시 각지에서 대화재가 부활했다. 이는 전후 도시가 황폐화되고 물자가 부족해지면서 소방설비의 유지·향상에 돌릴 여력이 없었기 때문이다. 그 후, 전후 부흥이

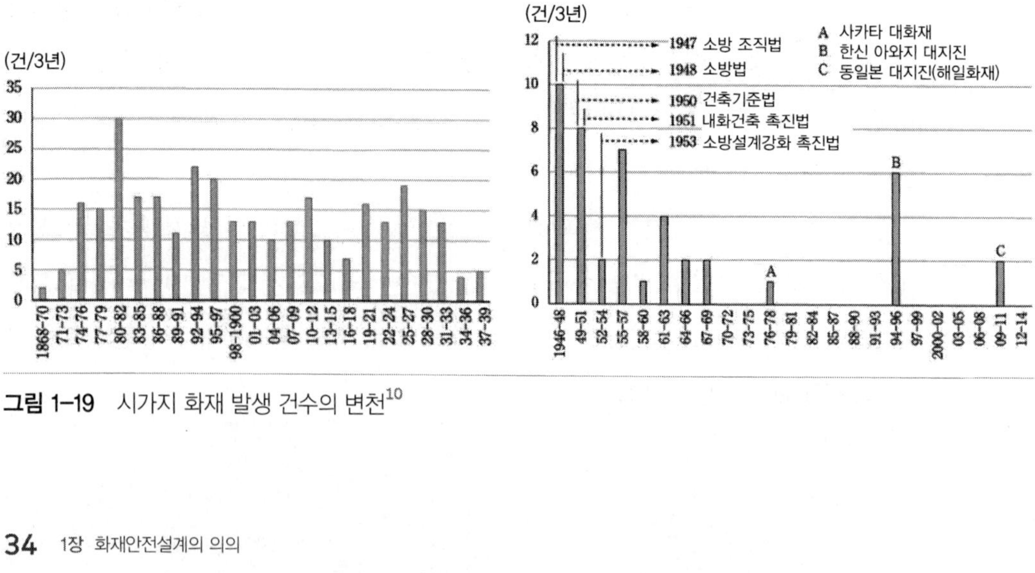

그림 1-19 시가지 화재 발생 건수의 변천[10]

진행됨에 따라 소방력도 보충되어 대화재는 다시 한번 사그라들었다.

1976년에는 야마가타현 사카타시에서 발생한 화재는, 때마침 강풍으로 인해 시가지 중심부로 확대되었다. 하룻밤에 걸쳐 1,774동, 면적으로 22.5 ha가 소실된 대규모 화재였다. 이 시기에 대화재는 거의 발생하지 않았고, 시가지 화재는 거의 박멸된 듯하였으나, 오랜만에 발생한 대화재였다. 이 대화재를 마지막으로 지진화재를 제외하고 한동안 대규모 시가지 화재는 발생하지 않아 기존의 시가지 대화재 빈도가 격감한 것은 틀림없는 사실이다. 그러나 아직 도시지역에는 목조 밀집 시가지가 남아 있어 잠재적인 화재 위험이 해소되었다고는 할 수 없다. 2016년 12월 22일에 이토이가와시에서 발생한 시가지 화재도 그 증거라고 할 수 있을 것이다. 해상의 푄 현상으로 발생한 강풍이 출화한 화재의 기세를 강화하였고, 비화로 인한 연소(延燒) 다발이 현지 소방의 소화 능력을 훨씬 넘어서서, 진화까지 30시간을 소요하며, 147동, 40,000 m^2의 시가지가 소실했다. 이 화재는 목조 밀집 시가지의 방화대책, 지역 소방력 강화, 고령화·저출산에 따른 화재 예방 체제 구축 등의 필요성을 설명하고 있다.

(2) 지진으로 발생하는 시가지 화재

세계에서 발생하는 규모 6 이상의 지진 중 약 20%는 일본과 그 주변에서 일어나고 있다고 한다. 일본은 세계의 지진 다발국이라고 해도 좋을 것이다. 예로부터 '지진에는 화재가 따라온다'고 하였듯이, 실제로 과거 주요 지진에서도 동시다발 화재가 발생하였고, 이로 인해 지진 후 시가지가 대규모로 소손된 경우도 많다.

① 관동대지진

1923년 9월 1일 11시 58분 32초에 간토(관동)지구에 큰 피해를 준 대지진이 발생했다. 이른바 관동대지진이다. 당초 진원은 사가미만 앞바다, 진도 7.9로 발표되었지만, 이후의 연구로 가나가와현으로부터 보소반도에 이르는 폭 70 km, 길이 130 km에 이르는 광대한 진원지역이 움직인 대지진이었다는 것을 알았다. 가나가와현이나 보소반도는 이 진원지역 위에 있으므로 요코하마 등에서의 건축물 붕괴나 화재는 가장 파괴적이었지만 도쿄는 진원지역에서 약간 벗어나 있다. 그럼에도 불구하고 관동대지진이 도쿄의 지진으로 기억되고 있는 것은, 그 후에 일어난 대화재 때문이다. 지진 발생 직후부터 피해지역 곳곳에서 628건의 화재가 발생했는데 옛 도쿄시 15구에서는 130여 건의 화재가 발생했으며 그중 약 80건이 연소 화재로 확대되었다. 때마침 간토 지역은 저기압이 통과 중이며 10 m/s 이상의 강풍이 불고 있어 많은 불티가 발생하여 시가지를 삼켜버렸다. 연소는 9월 3일 오전 10시까지 46시간에 걸쳐 계속됐으며 연소면적은 전체 시 면적 79.4 km^2의 43.6%인 34.7 km^2에 달했다. 도쿄시의 소실 건축물은 약 366,000채, 또한 도쿄부 가나가와현 지바현에 걸친 소실건물의 합계는 447,000동에 달한다. 관동대지진의 도쿄시 화재 연소를 그림 1-20에 나타냈다.

피해지역 사람들은 화재와 연기에 쫓겨 이리저리 대피하였다. 어린이나 가재를 짊어지거나 짐수레에 싣고 대피하는 이들도 많았지만 도로와 다리가 혼잡해 오도 가도 못 하고 가재에는 붉은 눈보라처럼 불티가 튀었다. 사람들은 점점 대피할 곳을 잃고 불에 타 죽는 자, 불이나 연기에 쫓겨 강에 뛰어들어 익사하는 사람이 엄청난 수로 증가했다. 몇 안 되는 공터로 피난한 사람도 예외 없이 비극을 맞았다. 화재 선풍에 휩쓸려 34,000여 명이 숨졌다는 피복창고 터의 비극이 그 가장 유명한 예다. 관동대지진으로 도쿄시에서의 사망자는 전체 약 7만 명으로 가옥 붕괴로 인한 압사는 4%에 불과하며 대부분은 소사 및 화재 관련 사망자(65,902명, 96%)였다[8]. 관동대지진 전역에서 사망자가 105,385명으로 60% 이상의 사람이 도쿄시 지진 후

그림 1-20 간토 대지진의 도쿄시 화재 연소도(문헌 11 일부 가공)

대화재로 사망했음을 보여 준다.

② 한신 아와지 대지진

1995년 1월 17일 5시 46분, 한신 아와지 대지진이 발생하였다. 진도 7.2, 진원은 아와지 섬 중앙부에서 아카시 해협을 가로질러 고베시를 종단하고 니시노미야시에 이르는 길이 약 50 km, 깊이 약 20 km에 걸쳐서 움직인 단층이었다. 이 단층을 따라 속칭 '진도 7의 띠'라 불리는 격렬한 흔들림의 지역이 발생해 가옥의 전·반파 약 21만 동, 사망자 약 6,400명이라는 큰 피해를 냈다. 아직 이른 아침이라 많은 사람들이 화기를 사용하기 전이었음에도 불구하고 지진으로 무려 293건의 화재가 발생했다.[12] 출화 원인은 약 60%가 전기와 가스에 의한 것이다. 시내 곳곳에서 동시에 불길이 치솟아 재해 시에는 거의 무풍에 가까운 기상조건에서 연소속도는 20~40 m/h였음에도 불구하고 초기 진화되지 않아 화재는 연소확대되었고, 소실면적은 약 70 ha, 소실 건축물은 약 1,700동, 화재 사망자는 559명에 이르렀다. 화재 사망자는 대부분 붕괴된 가옥에서 나오지 못하는 사이 확대된 화재에 타 숨졌다.

한신 아와지 대지진은 일본의 현대적 대도시가 경험한 첫 대지진으로, 그 특징 중 하나는 출화의 약 절반이 내화 건축물 등 비목조 건축물이었다는 점이다. 그때까지 지진 화재라고 하면 목조 시가시가 연소하는 이미지였지만, 향후는 내화 건축물에서의 화재에도 주의를 기울일 필요가 있다. 또 도시가 피해를 입었을 경우, 그 안에 있는 소방기관이나 설비도 당연히 피해를 입어, 초기 대응이 늦어진다는 것도 기억해야 할 교훈이다.

③ 동일본 대지진

2011년 3월 11일 14시 46분, 산리쿠앞바다를 진원으로 하는 진도 9의 거대 지진이 발생했다. 이 지진에서는 쓰나미 피해가 워낙 거대했기 때문에 일반의 관심은 그쪽으로 쏠렸지만, 330건의 화재도 발생했으며, 그 약 절반은 쓰나미가 덮친 연안 지역에서의 출화였다. 착화한 가연물이나 석유탱크 등에서 유출된 석유 등이 쓰나미에 의해 확산되면서 시가지 화재, 임야 화재, 차량 화재, 선박 화재, 탱크 화재 등 다양한 유형의 화재가 발생했다. 이 시가지 화재에 의한 소실면적은 한신 대지진의 화재 면적을 넘는다.

사실 쓰나미와 관련된 화재는 1964년의 니가타 지진이나 1993년의 홋카이도 남서쪽 해역 지진 등에서도 일어나고 있다. 그러나 지진해일(쓰나미)로 화재가 일어난다는 것이 역설적인 개념이어서 아주 특수한 일로 치부돼 온 것이다. 앞으로는 '지진에 화재는 따라온다'와 동시에 '해일에 화재는 따라온다'라는 인식도 필요할 것으로 사료된다.

참고로 동일본 대지진에서의 화재도 한신 대지진과 마찬가지로 전기에 관련된 원인이 많았으며 약 절반은 비목조 건축물에서의 화재였다.

(3) 전시의 공습에 의한 화재

제2차 세계대전 말기, 일본의 전황은 날로 악화되어 남양 제도에 전개되던 일본군 기지들이 미군에 차례로 함락됨에 따라 이들 기지에서 발진하는 B29 전략폭격기에 의해 본토에 대한 소이탄 폭격이 더욱 심해졌다. 목조 가옥이 밀집한 일본의 도시는 소이탄 공격에 매우 취약하며, 도쿄 대공습(1945년 3월 10일)에서는 B29 전략폭격기 334대에 의한 2시간 반 정도의 공습으로 투하된 1,677톤의 소이탄에 의해 도쿄 시가는 대화재를 일으키고, 때마침 강풍에 휩쓸려 맹렬한 기세로 확대된 불은 시가지 면적 43 km^2, 가옥 268,000채를 6시간 동안 불태웠으며, 10만 명을 넘는 사망자가 발생했다(그림 1-21).

그림 1-21 도쿄 대공습에 의해 초토화된 도쿄 시가[9]

도쿄 대공습에 이어 종전까지 일본 전역에 투하된 소이탄은 모두 16만 톤, 피해를 본 도시는 160곳, 일반 시민 사망자 33만 명, 소실 호수는 227만 호에 달했다. 이 소실 호수는 메이지 이후의 대화재에 의한 전체 소실 호수의 3배에 해당한다. 여기에 물자 부족으로 인한 주택공급 부족과 전쟁 징집자 등으로 전쟁피해복구원은 종전 시 2천만 명의 국민이 살 집을 잃었을 것으로 추정하고 있다. 이 전쟁 화재로 인한 참상은 매우 충격적이었으며 이로 인하여 도시불연화의 필요성이 각인되었다. 종전 직후인 1945년 9월, 타나베 헤이스케 학회의 제창에 의해 일본건축학회는 불연방재화에 의한 도시부흥 재건을 국가에 제언, 1947년에는 도시불연화촉진위원회를 설치했다. 이듬해인 1948년에는 이에 찬동한 학회, 손보업계, 건설업계, 정치가 등이 참가한 가운데 도시불연화동맹이 결성되어 활발한 불연화운동이 전개되었다. 전재부흥원·건설성에 의한 공영주택의 불연화 사업, 주택금융공고에 의한 불연주택의 유도(1950년~), 내화건축촉진사업(1952~1961년), 주택공단에 의한 내화집합주택의 건설(1955년~), 방재건축블록 조성사업(1961~1969년) 등은 도시 불연화를 위한 노력의 예이다. 이러한 사업·운동에 의해서 국민의 도시방화에 대한 의식이나 도시의 모습이 개선되어 갔다.

02 방화 관련 법규

역사적으로 시가지 대화재에 시달리던 일본에게 도시의 불연화는 오랜 숙원이다, 이 때문에 방화 법규의 핵심은 도시 화재 방지였다. 따라서 RC 등 불연 건축물은 화재의 문제가 없다고 믿었으나 실제로 불연 건축물이 많아지면서, 그것 역시 여러 방화상 문제가 있음이 밝혀지고 있다. 거기에서 불연 건축의 선구자인 서양의 방화 법규를 참고하면서 일본의 화재 사고가 터질 때마다 그것을 교훈 삼아 방화 규칙이 정비되어 왔다.

1. 방화 관련 법규의 변천

방화 관련 법규 변천을 요약하여 표 1-10에 나타내었다. 현재의 건축기준법의 전신인 시가지건축물법이 1919년에 제정되었다. 이는 주로 시가지 화재 방지에 중점을 둔 것이었다. 다음으로 1923년에 특수 건축물 내화 구조 규칙이 교부되었다. 특수 건축물의 용도, 수용 인원 또는 규모에 따라 주요 구조부를 내화 구조로 할 것을 요구하고 있다. 당시의 상황을 고려하면 피난안전대책에 대해서도 건축물의 불연화를 신뢰하였을 것으로 생각된다. 또 부차적 효과로서 도시의 불연화에 대한 기여도 기대했을지도 모른다. 그러나 1923년에 시라키야 화재가 발생해(1장 01의 2. 참조), 내화 건축물이라도 방화 피난 규제가 필요하다는 인식이 높아졌다. 그래서 1936년 특수건축물 규칙이 제정되어 피난계단·비상구·방화구획 등의 피난규정이 정비되었다. 1949년에는 소방법이, 1950년에는 건축기준법이 제정되었지만 전후의 부흥으로 빌딩의 건설이 진행되면서 빌딩 화재가 증가했다. 1950년대부터 공연장이나 극장 등의 집회시설에서 화재가 발생하면서 1959년 건축기준법이 개정되어 목조 이외의 특수건축물에도 내장제한 등이 적용되었다.

그 후 일본에서 처음으로 초고층 빌딩이 되는 가스미가세키빌딩이 계획됨에 따라 1964년에 11층 이상에는 고층구획을 요구하는 조문이 신설되는 등의 개정이 이루어졌다. 1970년경에 천일 백화점 화재 등 많은 사망자를 내는 화재가 잇따라 발생했다. 대규모 인적 피해가 발생한 원인으로는 이용되던 건축재료에서 발생한 연기가 계단 등의 수직관통공간을 통해 급속히 위층으로 연소확대된 것을 들 수 있다. 이를 교훈으로 1969년 건축기준법이 개정되어 수직관통구획 신설, 내장 제한 강화 등이 포함되었다. 1969년에는 건축기준법 시행령에서 특별피난계단 부속실, 1970년에는 일반 거실에 배연설비 설치 및 구조기준이 제시되었다. 이는 그때까지의 건축물 간 혹은 건축물 내에서의 연소 방지 위주였던 건축기준에서, 피난 안전을 확보하기 위한 구체적 대책이 제시된 획기적 개정이었다.

이후 오랫동안 이들 사양규정에 기초한 건축기준법 체계가 계속되었으나 2000년에 건축기준법에 성능규정이 도입되었다. 이것은 안전하게 피난할 수 있는 것, 혹은 화재의 열에 의해 건축물의 골조가 붕괴되지 않는 것이 공학적으로 확인되면, 일부 사양 규정의 적용을 면제할 수 있는 것으로, 일본의 방화 관련 법규에 있어서 큰 변혁점의 하나라 할 수 있다. 이와 같이 일본의 건축 방화대책은 화재 발생 예방과 확대방지와 관련된 필요한 조치를 강구하고 인명과 재산 보호를 도모하는 것을 목적으로 법 정비가 이루어져 왔다.

표 1-10 방화 법규 역사 요약 연표

연도	시사·화재	경찰 관계	건축기준법 관계	소방법 관계
1868		히가시진 경시청 시부 소방조		
1881		경시청 소방 본서		
1889	일본제국 헌법 발포			
1890		극장 단속 규칙		
1891		관물장 단속 규칙		
1892		권공장(백화점의 전신) 단속 규칙		
1894		도쿄시 건축조령		
1895		여인숙 영업 단속 규칙		
1900		대좌식, 문고리찻집, 창기, 연극, 탕야 단속 규칙		
1901		기석(연예장) 단속 규칙		
1902		권공장(백화점의 전신) 단속 규칙		
1909	오사카 키타구 대화재	오사카 기타구 대화 오사카부 건축 단속 규칙		
1917		활동사진 흥행 단속 규칙		
1919			시가지 건축물법 제정	
1920			시가지 건축물법 6대 도시로 적용 확대	
1921		흥행장 및 흥행 단속 규칙		
1923	간토 대지진(9/1)		특수 건축물 내화 구조 규칙	
1926			시가지 건축물법 41개 주요 도시에도 적용 확대	
1931	만주 사변			
1932	시라키야 화재			
1936			특수 건축물 규칙 제정	
1939	제2차 세계대전 발발		방공 건축 규칙 공포	
1941	대미 영관전 포고			
1943	호테이야 화재		시가지 건축물법 시행정지	
1945	종전			
1949	쓰가루병원 화재			소방법 공포·시행
1950			건축기준법 공포·시행	
1951	오하라 극장 화재			

1955	성모의 정원 화재			
1959			지하가의 규정, 내장 규정 등	소방용 설비 등 정령 규정화
1964			고층 방화구획, 내장제한 등	
1965	카스미가세키빌딩 준공			
1966	금정빌딩 화재			자동 화재 경보 설비·대피기구의 규제 강화 등
1966	키쿠후지 호텔 화재			
1968	이케노보 만월성 화재			
1969	반광호텔 화재		수직관통구획, 내장제한·대피시설 강화, 지하상가 방화구획	연기감지기 기준 제정, 경보법규 개정
1970	양모 정신병원 화재		배연설비, 비상용 조명, 비상용 진입구, 비상용 승강기	
1972	천일 백화점 화재			방화관리자 제도 확충, 스프링클러 설비 설치 기준 강화, 복합 방화 건축물 규제 강화
1973	다이요 백화점 화재		상폐식·연기감지기 연동 방화호 기준, 직통계단 설치 강화, 내장제한 강화	특정 방화 대상물에 대한 소방용 설비 등의 소급 적용, 소방설비사 등에 의한 정기점검 보고제도
1974				소방용 설비 등의 소급 적용
1975			건축 방재 계획 지침 간행	
1980	골든가 폭발 사고			준지하가 규제 강화, 가스누출 화재경보설비 설치 의무화
1982	호텔 뉴 재팬 화재			
1985	정신박약시설 기숙사 화재			
1987	소청회 송수국 화재			스프링클러 설비 설치기준 강화(사회복지시설)
1990	나가사키야 아마가사키점 화재			스프링클러 설치기준 강화(판매) 6,000 m2->3,000 m2
1991				불꽃감지기 기준 제정
1993				아날로그 감지기 기준 제정, 아날로그(R형) 수신기 제정

1995	한신 아와지 대지진			자동 시험 기능 부착 감지기 제정
1997				조작반의 기준 제정
2000			성능규정화, 검증법 도입	
2001	가부키쵸 상가 빌딩 화재			자동화재 경보설비 설치대상 강화
2004				소방용 설비의 성능 검증 도입, 종합조작반의 기준 개정
2006	평온한 마을 화재			
2007	다카라즈카 노래방 화재			자동화재경보설비 설치기준 강화
2008	오사카 개인실 비디오점 화재			
2009				소방용 설비의 설치 강화
2011	동일본 대지진			
2013	치매 그룹홈 화재			자동화재경보설비 설치기준 강화, 스프링클러 설비 설치기준 강화

건축방화를 정리하면 연소확대 방지·내화 성능 확보·피난 경로 확보라는 '패시브 방화'와 소방실비 등을 통한 피난 행동 지원·소방 구조 활동 지원이라는 '액티브 방화'로 크게 나눌 수 있다(그림 1-22).[14] 건축물의 화재안전 복석에 대헤 건축기준법이나 소방법으로 정해져 있는 주요 항목을 정리하여 표 1-11에 나타냈다.[15] '출

표 1-11 건축화재안전의 목적과 방화규정 주요 항목[15]

목적	건축기준법	소방법
출화 방지	내장 제한	화기 사용 설비의 규제
피난 안전	직통계단, 대피계단·특별피난계단 설치, 계단폭, 배연설비(건축), 방화구획, 비상용 조명장치	자동 화재 경보 설비, 비상 경보 기구·설비, 피난 유도등·유도 표지, 피난 기구
주변에 대한 위해방지	방화구획, 주요 구조부의 내화성능, 방화벽	실내 소화전, 스프링클러 설비
시가지 화재 억제	연소 우려가 있는 부분의 방화 조치, 방화·준방화 지역에 요구되는 조치	소방용수
원활한 소방활동	비상용 승강기, 비상용 진입구, 방화구획	연결송수관, 배연설비(소방), 비상용콘센트

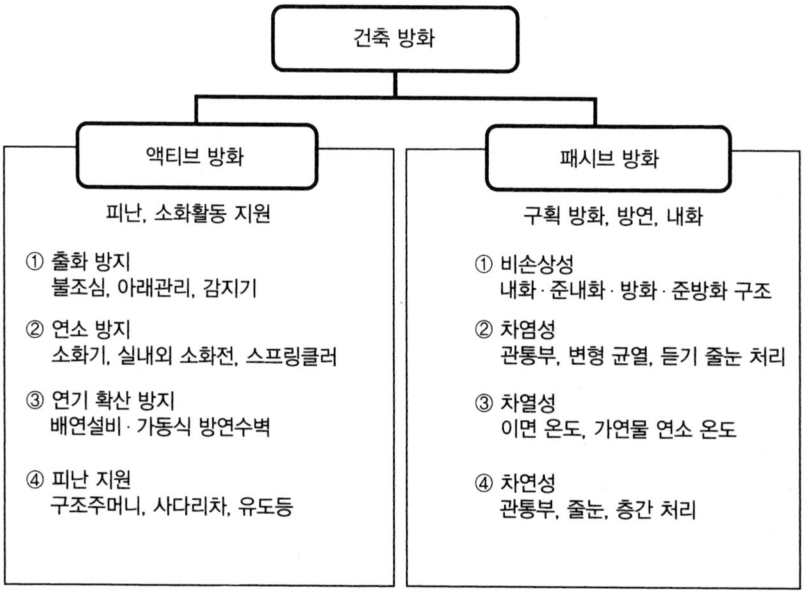

그림 1-22 건축 방화 대책 항목[14]

화방지'의 내장제한(제4장), '피난 안전'의 배연설비(제6장), '주변에 대한 위해 방지'의 주요 구조부의 내화 성능(제8장), '원활한 소방활동'의 비상용 진입구(제9장) 등 표 안의 항목 대부분은 본 책자의 각 장에서 해설하고 있으므로 목차를 참조하면서 내용을 확인해 주기 바란다.

2. 법적으로 요구되는 화재안전 요건

건축물 방화대책은 건축기준법의 방화규정 및 소방법에 따르는 바가 크지만, 양쪽 모두 궁극적인 목적은 국민의 생명과 재산 보호 및 공공의 안녕과 복지이다. 이를 확보하기 위한 수단으로써, 건축물이나 방화설비의 설계 · 건설 · 관리라는 지극히 기술적인 내용에 관여하지 않을 수 없기 때문에 화재안전과 관련된 다양한 기술적 기준이 정해져 있는 것이다. 이들 법규는 강제적인 법규의 성격상 재산권 및 기타 국민의 권리를 침해하지 않도록 요구 내용과 수준은 최소한의 필수적인 것으로 한정된다. 따라서 법규를 충족하기만 한다면 충분히 안전할 것이라는 생각은 금물이며 안전 확보는 국민의 노력 없이는 불가능하다.

건축기준법의 규정은 건축물의 여러 부위, 재료, 설비 등을 구체적으로 어떻게

해야 하는지를 직접 지시하는 형태여서 왜 그럴 필요가 있는지에 대해 명기하지 않아 이해하기 어려운 측면이 있다. 그러나 방화 총 플로우(1982~1986년)와 건축기준법에 성능규정 도입(2000년)을 통해 건축기준법과 관련규정 및 일본에서의 화재와 방화법규 제정의 역사적 경위분석이 이루어진 결과, 건축기준법이 화재안전을 위해 건축물에 요구하는 최소한의 요건은 다음과 같이 정리되었다. 각 요건의 상세한 내용에 대해서는 1장 03의 2를 참조하기 바란다.

(1) 단일 건축물의 화재안전상의 요건

① 출화 방지

② 현저한 위험물에 대한 안전 조치

③ 인명 안전 확보

- 적절한 피난계획 수립, 연소에 의한 위험이 현저한 재료의 사용 제한, 안전한 피난 장소 확보, 안전한 피난 경로 확보

④ 타인의 재산 등 이익·권리의 보호, 타인의 건축물·공간으로의 연소방지 및 붕괴방지

⑤ 소방활동 확보

- 소방활동 거점 확보, 소방활동 거점으로의 경로 확보, 화재규모 제한

(2) 시가지 화재안전상의 요건

① 방화지역 건축물 요건 –시가지 화재의 연소차단, 도시방재 간선도로 확보, 도시방재거점 확보

② 준방화지역 건축물의 요건 –시가지 화재 연소확대 억제

03 화재안전설계의 역할

1. 설계 페이즈(phase)와 화재안전설계

건물 화재로부터 인명·재산의 피해를 경감하기 위해서는 방화구획·연기제어·내화설계·피난계획 등 다양한 화재안전 대책을 조합해 유기적으로 건축물을 설계하는 것이 중요하다. 방화설계는 때때로 추후에 실시되기도 하지만, 법규를 형식적으로 만족시키는 것만으로는 안전성을 신뢰할 수가 없으므로, 불충분한 설계가 되어 버린다. 건축물의 기본계획과 기본설계 단계부터 피난이나 내화에 대한 방화설계를 동시에 병행하여 착수할 필요가 있다. 설계 페이즈(phase)와 화재안전설계의 관련 예를 표 1-12에 나타냈다.

표 1-12 설계 페이즈(phase)와 방화설계의 관계

설계 단계	피난 대책	내화 대책
기본 계획 건축물의 기능 · 규모 · 부지 · 공정 등의 기획 입안	• 용도, 규모, 입지에 기초한 대피상 법규요구 확인 • 대피계획, 방화구획 확인	• 용도, 규모, 입지에 기초한 내화상의 법규요구 확인 • 구조종별 골조계획, 방화구획 확인
기본 설계 기본설계도서 작성	• 계단의 배치, 치수 합계(개소수) • 피난 시설의 구성 • 대피층 및 최종 대피 경로	• 무내화피복강재, 목질부재를 계획하는 공간의 사용형태 • 내화피복 합리화 계획(내화피복 시방 계획)
실시 설계 의장 · 구조 · 각종 설비 등의 실시설계 도서 작성	• 층 대피, 전관 대피 시간 • 내장 사양 • 대피 경로 등의 방배연 설비의 시방 • 각종 연동 제어	• 무내화 피복강재, 목질부재를 실현하는 공간의 설계 화재성상 및 이격거리 • 내화피복재 시방
시공 공사 감리	• 칸막이 변경 대응	• 칸막이 변경 대응 • 내화피복 시방 무내화 피복 범위 변경 대응
준공 후 유지 관리	• 소방계획(대피 유도 포함) 작성 지원 • 칸막이 변경에 대한 대응	• 칸막이 변경에 대한 대응

2. 성능으로 파악하는 화재안전

건축기준법은 강제력을 갖는 법규이므로, 일본 국토에 들어서는 모든 건축물은 모든 요건을 충족해야 하지만, 이 때문에 지나치게 높은 기준을 부과하면 건축주의 재산권이나 자유를 과도하게 제한할 수 있다. 따라서 화재가 발생했을 경우의 영향 정도를 가미하면서 기준을 최소 필요 수준으로 조정하고 있다. 즉, 건축기준법의 방화규정만 준수한 건축물이 완벽하게 화재에서 안전하다고 할 수 없다. 같은 화재안전 시스템도 설계 방법에 따라 유효성에 큰 차이가 난다. 건축물의 설계에서는 이것들을 염두에 두고, 필요한 장소에 필요한 대책을 실시해야 한다. 화재안전의 관점에서 바람직한 설계는 건축물마다 다르지만 그 모두를 망라할 수는 없다. 그러므로 화재안전설계에서 앞 절의 요건을 충족하기 위해서는 어떤 성능이 요구되는지를 이해해 둘 필요가 있다.

(1) 단일 건축물의 화재안전상의 요건

(i) 출화 방지

건축물에 고정되는 재료나 설비는 일상적인 화기나 발열 기구의 사용 또는 이러한 취급에 있어서 경미한 과실로 인하여 쉽게 불이 날 우려가 있는 방법으로 사용하여서는 아니 된다.

(ii) 현저한 위험물에 대한 안전 조치

폭발성, 이연성 물질 등 화재위험성이 현저히 높은 물질을 사용 또는 저장하는 장소는 다른 일반 부분으로 화재위험이 번지지 않도록 조치하여야 함

(iii) 인명 안전 확보

건물 화재 시 인명 안전을 확보하는 수단은 주로 피난에 의하므로 인명 안전은 피난 안전과 거의 동일하다. 이를 위해서는 다음이 필요하다.

① 적절한 피난계획 수립

건축물의 설계는 화재 시의 피난계획을 미리 고려한 것이어야 한다. 건축기준법

에서는 피난경로의 치수와 사양, 피난행동 지원을 위한 설비 설치를 요구하고 있지만 그 건축물의 화재 시에 어떻게 피난해야 하는지에 대한 기술은 없다. 결과적으로 피난계획은 건축물이 완성된 후에 건물 관리자가 뒤를 이어 입안하는 것이 대부분이다. 하지만 피난계획 방침을 먼저 세우고 그에 맞춰 피난시설이나 지원설비를 마련하는 것이 아니면 피난을 위한 설계는 할 수 없다. 피난계획의 방침은 평상시 예상되는 재실자, 화재발생 시각에 따른 모든 시나리오, 건축물의 공간특성이나 재실자 특성 및 설비되는 방화시스템의 특성을 고려할 때 현실적인 것이어야 한다.

② 연소에 의한 위험이 현저한 재료의 사용 제한

연소성이나 연소 가스의 유독성이 높은 재료를 그 위험성에 대한 지식이 부족한 일반인이 사용하는 공간에 사용하지 말아야 한다.

③ 안전한 피난 장소 확보

건축물에는 피난자에게 화재로부터 최종 안전을 제공하는 피난 장소가 확보되어야 한다. 대부분의 경우 이러한 피난 장소는 건축물 주변의 공공도로이지만 건축물의 계획이나 주변 환경에 따라서는 부지 안이나 건축물 내에 설치해야 할 필요성이 생기는 경우도 있다.

④ 안전한 피난경로 확보

피난 장소까지의 피난경로에는 다음 조건이 요구된다.

- 재실자의 존재 가능성이 있는 위치부터 최종 피난 장소까지 연속적이고 명확할 것
- 출화 위치에 따라 통행이 불가능해질 가능성이 작거나 대체 피난경로가 있을 것
- 피난에 지장이 없는 통과 용량, 시방의 것일 것
- 각 부분은 그곳에서의 피난이 계속되는 동안, 연기·화열·붕괴·파손 등 화재에 기인하는 위험으로부터 안전할 것

(iv) 타인의 재산 등 이익·권리의 보호

건축기준법 제1조는 재산 보호에 대해 특별히 누구의 재산인지를 구분하지 않지만, 만약 건축주의 재산이라면 보호하기 위한 대책에도 비용이 필요하므로 강제법

규로 개인 재산의 사용처를 강제하게 되어 개인의 재산권 침해로 이어질 수 있다. 재산 보호는 기본적으로 타인의 재산으로 해석해야 한다. 화재로 타인의 재산권을 침해하지 않으려면 타인의 건축물·공간으로의 연소방지 및 붕괴방지가 필요하다.

(v) 소방활동의 확보

건축물 방화법규의 역사적 발전 경과를 보면 방화법규는 소방조직의 존재를 전제로 발전해왔음을 쉽게 알 수 있다. 소방대의 존재로 건축물의 방화비용은 최소한으로 억제되고 있으며, 따라서 건축물에는 화재 시 소방대가 개입함으로써 사회의 안녕이 신속하게 회복될 수 있도록 할 의무가 있다. 이를 위해서는 건축물에 다음이 요구된다.

① 소방활동 거점 확보

여기서 말하는 소방활동 거점은 저층의 건축물이라면 주위의 공공도로나 부지로 간주해도 되지만, 고층의 건축물에서는 계단실이나 부속실, 비상용 엘리베이터의 승강로비 등 소방대가 화재에 대응하기 위해 실질적으로 사용할 수 있는 전진기지로서의 소방활동 거점을 건축물 내에 마련할 필요가 있다. 또 소방활동 거점은 소방활동에 대한 위험을 가능한 한 낮추고 건축물 각부가 충분히 소방되도록 적절히 배치해야 한다.

② 소방활동 거점에 대한 경로 확보

소방활동 거점으로 가는 경로란 소방대가 소방차 등으로 화재건축물에 접근하는 곳부터 소방활동 거점에 이르기까지의 경로를 모두 포함한다. 예를 들어 계단 부속실이 소방활동 거점이라면 경로는 부지 내 통로·건축물의 현관·로비·계단 등으로 구성되며, 건축물 외부 거점이라면 소방차 사다리, 부지 위가 거점이라면 부지 내 통로 등이다.

소방활동 거점으로 가는 경로는 소방대가 안전하고 신속하게 소방활동 거점에 도달할 수 있을 뿐만 아니라 예상치 못한 사태에 대비해 신속히 대피할 수 있도록 유지되어야 한다. 고층빌딩에서 비상용 엘리베이터 승강로비와 특별피난계단 부속실을 겸용하는 계획은 소방대의 신속·안전한 도달과 피난이 가능하도록 하는 계획의 예라 할 수 있다.

③ 화재 규모의 제한

건축물은 소방대의 소화활동에 의하여 화재의 진압이 가능하도록 화재의 규모를 제한하고 이를 위하여 필요한 소화설비를 마련하여야 한다. 화재 규모를 제한하는 대표적 수단은 방화구획이다. 일반적으로 지상에서 방수가 가능한 저층 건축물은 소화활동이 쉽고 고층으로 갈수록 어려움이 가중된다. 이 때문에 고층의 면적구획이 저층에 비해 작게 정해져 있는 기준은 합리적이라고 할 수 있다. 최근에는 고층 구획의 면적도 커지는 경향이 있지만 크게 할 경우에는 그에 따른 소화설비의 강화도 요망된다. 또 층의 구획에 따라 문 개구 등으로부터의 방수의 사각이 생기는 구획도 있어, 가능한 한 소화의 용이성을 고려하여 계획해야 한다.

(2) 시가지의 화재안전상 요건

건축기준법에서는 시가지에 방화지역과 준방화지역을 지정하여 각 지역의 건축물에 방화상의 제한을 둠으로써 대화재 방지를 도모하고 있다.

(i) 방화지역의 건축물 요건

방화지역은 관공서나 규모가 큰 상업 시설이 집중되어 있는 지구에 면적으로 지정되는 경우와 주요 도로의 연선을 따라 지정되는 경우가 있다. 전자는 지역 내를 면적으로 불연화하여 화재로부터 지켜내는 것과 다양한 긴급재해 대응을 위한 방재거점이 되는 것을 의도하며, 후자는 도로 양쪽에 띠 모양으로 내화건축물의 벽을 만들어 시가지 화재의 연소방지, 아울러 피난이나 긴급차량을 위한 경로 확보를 의도하고 있다.

방화지역의 건축물은 화재가 발생한 경우에 다른 건축물로 연소하지 않고, 다른 건축물의 화재로부터 쉽게 착화되지 않아야 한다. 또한 화재로 인하여 붕괴되어 도로, 공원, 그 밖의 공공시설의 기능을 손상시켜서는 안 된다. 때문에 방화지역 내의 건축물은 연소에 대한 저항력이 강하고, 또 불이 났을 때도 붕괴하지 않는 내화성능을 가져야 한다.

(ii) 준방화지역 건축물 요건

준방화지역은 건축물 밀도가 비교적 높은 시가지에 면적으로 지정되어, 지역 내 건축물의 방화성능을 일정 수준 높임으로써 시가지 화재의 연소속도를 억제하고 소화활동이나 피난지원을 도모하고자 의도하고 있다. 준방화지역 내 건축물은 화재가 발생했을 때 인근 건축물에 쉽게 연소를 확대시킬 우려가 없으며 또한 인근 건축물의 화재로부터 쉽게 착화되지 않아야 한다.

시가지 화재 방지는 지역주민의 상호협력에 의한 방호시스템이다. 근처 건축물이 일정수준의 연소방지성능을 갖추고 있다면 건축물을 연소확대시키지 않기 위한 대책비용이 경감된다.

04 건축의 화재안전설계와 화재 리스크

건축의 화재안전설계는 시방 규정에 따라 실시하든, 성능적 화재안전설계에 의해 실시하든, 그 목적은 화재로부터 인명 · 재산 · 사회의 안전을 도모하는 것이다. 그러나 인간의 생활이 가연물의 사용에 의해 지탱되고 있는 이상 화재위험은 완전히 없어지지 않는다. 따라서 인간사회는 화재안전과 관련된 여러 대책을 강구하여 화재에 의한 리스크의 저감을 도모하고 있으며, 건축의 화재안전설계는 그 중요한 부분을 담당하고 있는 것은 앞 절 03의 2.에 열거한 화재안전상의 요건과 다름없다.

1. 건축물의 화재 리스크

일반적으로 리스크라고 하는 말이 사용될 때 사람에 따라, 또 문맥에 따라 몇 가지 다른 의미로 사용되는 경우가 적지 않다. 예를 들면, 어떤 위험한 현상이나 행동, 그것들이 일어날 가능성 혹은 확률, 혹은 일어날 수 있는 결과의 크기 등이다. 그러나 건축물의 화재안전설계 혹은 화재안전기준을 논의할 때의 화재 리스크는 화재로 인한 손해의 규모와 그러한 화재가 발생할 확률의 곱, 즉 화재손해의 기대치로 정의하는 것이 일반적이며 식 1–1과 같다.

$$R = PC \tag{1–1}$$

여기에 C는 화재손해 규모, P는 그 손해를 발생시키는 화재가 발생할 확률이다. 화재손해는 인적 손해일 경우 화재로 인한 사상자 수, 물적 손해일 경우 건축물의 소실 규모, 연소건물 수, 건축물 붕괴 규모 등이 된다. 건축설계 단계에서는 화재손해가 발생하지 않으므로 화재손해 규모 C는 잠재적 손해 규모다. 화재 발생 확률 P는 단순한 출화 확률이 아니라 손해 C를 발생시키는 규모의 화재까지 될 확률이므로 만약 C가 인적 피해라면 식 1–2와 같은 확률의 곱이라고 볼 수도 있다. 다만, P_f는 출화 확률, P_h는 출화한 화재가 위험한 규모로 성장하는 확률이다.

$$P = P_f P_h \tag{1–2}$$

또한 건축물 붕괴와 관련된 손해라면 거실화재로 성장한 화재가 문제가 되므로 화재 발생 확률 P는 식 1–3과 같이 표시할 수 있다. 다만, P_R은 위험한 규모로 성장한 화재가 거실화재로 성장할 확률이다.

$$P = P_f P_h P_R \tag{1–3}$$

이처럼 P를 관련된 단계별로 나누어 생각하는 것은, 그 단계마다 어떠한 대책으로 손해가 발생하는 화재 확률 P를 줄일 수 있기 때문이다. 참고로 최초 출화율만큼은 화재안전설계와 무관해 보일 수 있다. 그러나 건물의 규모와 출화율은 매우 큰 관계가 있다.

표 1–3은 건물 층수가 증가하는 동시에, 1동당 출화율이 현저하게 증가하는 것을 나타내고 있다. 표 1–1의 주택의 1세대당 출화율이 0.02%인 것을 이용하고, 또한 표 1–3의 대부분의 건물은 공동주택일 것으로 판단하여, 1동당 세대수 및 1층당 평균 세대수를 구한 것이 그림 1–23이다. 건물 층수가 9층 이하에서는 출화율

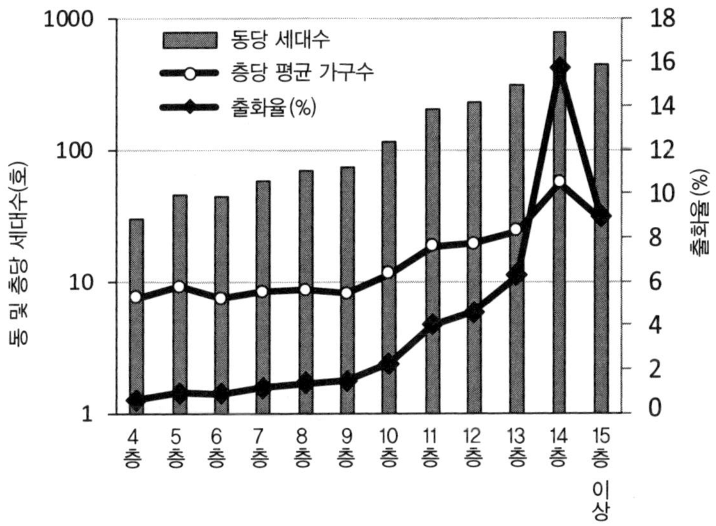

그림 1-23 공동주택 세대수와 출화율

은 완만히 증가하나 10층 이상이 되면 1동당 가구 수가 증가하고 출화율도 급격히 증가한다. 상기 화재 리스크를 적용하면 100세대가 입주하는 공동주택의 경우 동당 출화율은 세대당 출화율에 비해 100배가 되고 입주자 수도 100배가 되므로 잠재적 화재 위험은 100×100=10,000배가 된다.

주택마다 화기를 가지며, 다양한 특성의 재실자가 취침·기상 음주·흡연 등 다양한 생활 행동을 하고 있는 용도에서는 출화율이 비교적 높아질 것이다. 그러나 출화율이 비교적 낮은 용도에서도 건물 규모의 증가와 함께 잠재적 화재 리스크가 증가하는 성질은 변하지 않는다.

2. 화재 리스크의 제어

건축물에서의 화재 리스크 R을 0으로 할 수는 없지만 일정 이상으로 커지지 않도록 제어하는 것은 건축화재안전설계로 가능하다. 그 방법은 식 1-1에서 밝혀진 바와 같이 화재손해의 잠재적 규모 C 및 그 손해가 발생할 확률 P 중 어느 하나를 작게 하면 된다.

화재손해 대상이 건축물 내 소손이면, 잠재적 규모 C를 작게 하는 대표적 방법은 방화구획을 통해 불이 났을 경우의 확대 범위를 작게 억제하는 것이다. 이 방법으로 화재 리스크 제어가 가능한 건축물의 대표적 용도는 공동주택이다. 공동주택은 공동구획에 의해 세밀하게 방화구획되어 있기 때문에 대규모가 되어 동으로서의 출화율이 높아져도 화재 리스크는 작게 억제된다. 화재손해가 옆 동이나 시가지로의 연소라면, 내화 건축이나 도로에 의한 연소 방지대를 세심하게 만들수록 화재 리스크는 억제된다.

인적 손해에 관해서라도 구획 면적을 작게 할수록 화재가 났을 경우의 구획 내 인적 손해 규모 *C*를 작게 할 수 있지만 구획 면적이 작을수록 출화율이 작아지므로 그 인적 손해 발생 확률 *P*도 동시에 작아진다. 이 구획은 비화재실로의 연기 확대를 한정하여, 인적 손실 규모를 제한하는 효과도 있다. 참고로, 만약 이 연기 확대가 비화재실로 피난 완료 시점까지 억제된다면 방화구획이 아니더라도 방연구획만으로 좋을 수도 있다.

고층건축물의 수직관통구획도 화재나 연기의 확대 범위를 일부 층으로 한정한다는 점에서 피해규모 *C*를 한정하는 구획의 하나로 볼 수도 있다.

용도 등의 관계에서 공간 면적을 작게 할 수 없는 경우 화재 리스크 *R*을 줄이기 위해 손해 발생 확률 *P*를 작게 할 수 있다. 대표적인 것은 스프링클러 설비에 의한 초기 진화이다. 스프링클러에 의한 초기 소화 성공률도 100%는 아니지만 초기 화재가 실화재로 성장할 확률을 1/5~1/3로 저감해주는 것으로 보인다.

3. 화재 리스크의 허용

건물 화재뿐만 아니라 각종 방재대책에서 일정 정도의 리스크가 남는 것을 허용한다는 논의는 감정적인 반발을 불러오는 경우도 많다. 그러나 실제로는 일정 정도의 리스크를 우리 사회는 항상 허용하고 있다고 봐야 한다. 최근의 통계에 의하면, 소화(小火)를 포함하여 1년간 화재를 경험하는 세대의 비율은 1/5000 정도, 즉 개개의 세대에 있어서는 5000년에 1회 정도의 확률이 된다. 또 화재로 인한 사망자는 연간 약 1300명으로 결코 적은 수라고는 할 수 없지만, 모든 사인에서 차지하는 비율은 1/1000 정도에 불과하다. 1억 2~3천만 인구를 감안하면 연간 10만 명당 1명 정도, 즉 일본인 1명이 화재로 인해 사망할 확률은 10만 년에 1회 정도가 된다. 적절한 비유는 아닐지 몰라도 10만 년은 100세의 인생을 1000회 살 수 있는 길이다. 지나친 걱정이 아닌 한 평소에 화재로 죽을 것을 걱정하는 사람이 없어도 이상할 게 없다.

생활 속에서 전기나 가스 같은 에너지나 목재의 가연물을 모두 제외하면 화재는 더욱 줄어들겠지만 그런 생활은 불가능하다. 리스크를 줄이는 것 자체는 바람직한 일임이 틀림없지만, 그것은 비용이나 일상 시의 불편 증대를 수반하지 않고서는 얻을 수 없다.

따라서 우리는 인명 리스크뿐만 아니라 재산, 사회에 대한 리스크 등 어떠한 종류의 화재 리스크에 대해서도 그것을 0으로 할 것이 아니라 어딘가에 타협할 수 있는 수준을 발견하고 만족해야 한다. 여기에서는 그러한 화재 리스크를 허용 화재 리스크라고 한다. 허용 화재 리스크는 각각의 개인마다 만족하는 값은 다르겠지만 사회 구성원 누구나 어쩔 수 없이 타협할 수 있는 값이어야 한다.

사실 허용 리스크 형태로 표현되지는 않았지만 법규 안에 화재 리스크 허용에 대한 고려는 포함되어 있다고 봐야 한다. 예를 들어 다음 시행령에는 기준이 적용되는 건물의 용도, 규모의 하한, 완화 조건이 부착돼 있다. 동일한 것은 소방법 소화설비의 설치기준에 대해서도 말할 수 있다.

건축법 시행령 제115조의3 내화건축물 또는 준내화건축물로 하여야 하는 특수건축물
동 제112조 방화구획
동 제129조 특수건축물의 내장제한
동 제121조 2 이상의 직통 계단의 설치가 필요한 건축물

이들 규정이 적용되지 않는 한계건물을 기준으로 하여 그 조건을 분석하여 인적 손실, 건물붕괴 등 대상으로 하는 손실내용에 대해 화재 리스크의 형태로 정리하여, 허용 리스크 R_a를 식 1–4와 같이 정한다.

$$R_a = \overline{P}\overline{C} \qquad (1-4)$$

단, $\overline{P}$, $\overline{C}$는 각각 기준 건물의 화재 확률 및 잠재적 화재 손실이다.

그러면 임의의 건축물에서의 화재 리스크 R은 $R \leq R_a$를 충족해야 하므로 식 1–5

의 조건을 만족하도록 설계하면 된다.

$$PC \leq \overline{P}\overline{C} \tag{1-5}$$

4. 방재설비의 신뢰성과 화재 리스크

기준 건물은 소규모이므로 $C < \overline{C}$가 되는 경우가 많다. 따라서 식 1-5를 충족시키기 위해서는 $P < \overline{P}$가 되어야 하는 경우가 적지 않다. 이것을 가능하게 하는 것이 방재설비 시스템이다. 그러나, 여기서 문제가 되는 것은, 어떠한 방재설비의 작동 신뢰성도 100%가 아니라는 점이다. 예를 들어 방연구획에서 연기의 확대를 방지한다고 해도 건물의 실에는 출입을 위한 문이 있으므로 만일 문의 폐쇄 확률이 0.8이라면 방연구획은 0.8의 확률로만 달성되는 셈이다. 따라서 하나의 방재설비가 오작동일 경우도 고려하여 방재설비시스템을 계획해야 한다.

식 1-5는 극히 개념적으로 화재안전설계의 예를 설명했는데, 좀 더 구체적인 화재 리스크 개념의 적용 예로서 방재설비에 스프링클러와 배연설비가 설치되어 있는 거실에서의 피난 안전에 대해 생각하면, 그림 1-24에 나타낸 것처럼 방재설비의 작동/미작동에 의해 4개의 시나리오가 발생하고, 각각의 시나리오가 발생할 확률($P_1 \sim P_4$)은 방재설비의 작동확률을 이용해 계산할 수 있다. 여기에 사상자 수($C_1 \sim C_4$)를 곱해서 더하면 피난 리스크(R)가 되어 식 1-6이 성립한다.

$$R = P_1C_1 + P_2C_2 + P_3C_3 + P_4C_4 \tag{1-6}$$

또한, 스프링클러는 대개의 경우 화재규모가 일정 이상이 되면 작동하여 화재를 소화 혹은 억제해주므로 그림 1-24에 나타낸 바와 같이 화원의 발열속도 상한은 스프링클러 작동의 한계발열속도를 생각하면 된다. 그러나 스프링클러가 고장나거나 화원의 조건으로 소화·억제에 실패할 가능성도 있다. 이때 화재는 실내 전체의 화재로 성장하고 발열속도도 현격히 커진다고 상정할 필요가 있다. 스프링클러의 신뢰성은 대체로 높으므로 화원은 스프링클러 작동의 한계발열속도를 초과하지 않을 확률이 되고, 이 시나리오에서는 연기 위험 확대가 완만하므로 피난만으로, 혹은 피난과 배연으로 안전이 확보되는 경우가 많다. 스프링클러와 배연이 모두 오작동하는 시나리오에서의 사상자 수(C_4)는 방재설비시스템이 존재하지 않는 것과 같게 되는데, 그 시나리오의 발생확률(P_4)이 작은 만큼 피난 리스크는 저감되고 있는 것이다.

또 다른 예로 그림 1-25에 나타낸 층 피난의 예를 고려해 피난 지원과 관련된

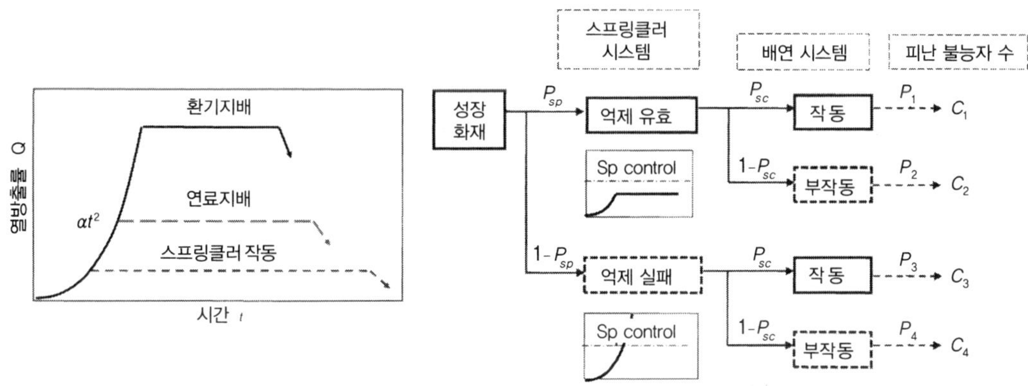

그림 1-24 화원의 발열속도에 기초한 방화설비의 작동/미작동 시나리오

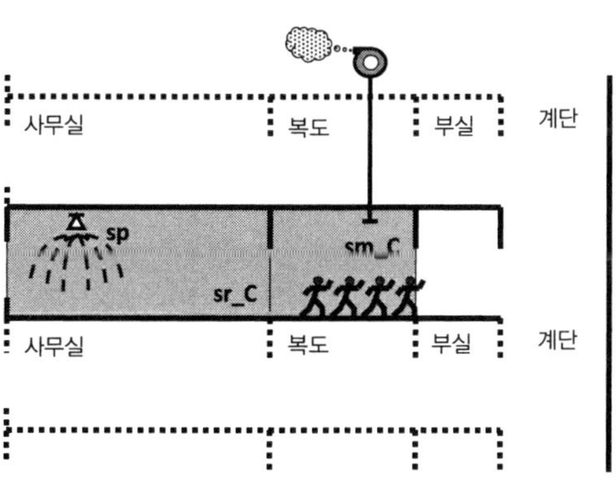

시나리오 No.	스프링클러 @거실	문 @거실 –복도	배연 @복도	시나리오 확률(P_i)
F01	유효 ($P_{sp}=0.8$)	폐쇄 ($P_{dc}=0.6$)	작동 ($P_{SC}=0.8$)	0.384
F02			부작동 ($1-P_{SC}=0.2$)	0.096
F03		개방 ($1-P_{dc}=0.4$)	작동 ($P_{SC}=0.8$)	0.256
F04			부작동 ($1-P_{SC}=0.2$)	0.064
F05	무효 ($1-P_{sp}=0.2$)	폐쇄 ($P_{dc}=0.6$)	작동 ($P_{SC}=0.8$)	0.096
F06			부작동 ($1-P_{SC}=0.2$)	0.024
F07		개방 ($1-P_{dc}=0.4$)	작동 ($P_{SC}=0.8$)	0.064
F08			부작동 ($1-P_{SC}=0.2$)	0.016

그림 1-25 층 피난 시 방재설비의 작동확률 시나리오 사례와 발생확률

방재설비로서 거실에 스프링클러, 거실–방화문의 문, 복도에 배연이 있는 것으로 하고, 이들의 작동확률을 각각 0.9, 0.6, 0.9로 가정해 본다. 이 경우 방재설비가 3개 있으므로 8개의 시나리오가 생기고, 각각의 시나리오의 발생확률은 그림 1–25 오른쪽 표에 나타낸 것과 같은 값이 된다. 가장 있을 법한 시나리오는 스프링클러와 배연설비가 모두 유효한 시나리오이지만, 그 조건에서는 층의 피난 안전을 확보하는 것은 용이하다. 반대로 모든 방재설비가 기능하지 않는 시나리오에서 피난 안전 확보는 상당히 어려워질 것으로 생각되지만, 발생확률이 매우 적기 때문에 피난 리스크는 작다.

이와 같이 방화설비는 개개의 신뢰성이 100%는 아니지만, 복수의 설비를 조합한 방재시스템을 구성함으로써 신뢰성을 높이고 화재 리스크를 저감하는 것이 방재설비를 다중으로 설치하는 것의 의의인 것이다.

05 설계 시 고려해야 할 포인트

(1) 과거 화재로부터 현재의 화재안전설계를 이해한다.

일본은 역사적으로 시가지 대화재나 건물 화재로 인해 인적으로나 물적으로 큰 손해를 입어 왔다. 현재의 방화법규 등 방화규칙이나 대책은 그러한 화재와의 사투 속에서 만들어진 것이며, 그 노력의 결과로 화재 피해는 경감되고 있다.

시간의 경과와 함께 사회는 변화하며, 이와 함께 건축의 형태나 용도도 변화하고 다양화되므로 종래의 방화 규칙이 모두 현대에도 유효하고 효율적이라고는 할 수 없다. 조상의 지혜 중에서 무엇을 계승해야 하는지, 또 현재의 상황에 비추어 볼 때 새롭게 무엇을 필요로 하는지에 대해 항상 생각해 갈 필요가 있다.

(2) 법규를 따를 뿐 아니라 화재 위험성을 고려한다.

건축물은 다양하기 때문에 법규 규칙에 따르면 어떤 건축물도 충분히 안전하다고 할 수는 없다. 화재안전의 관점에서 건축물이 어떤 성능을 필요로 하는지, 그 성능을 실현하기 위해 규칙을 어떻게 운용해야 하는지 생각해 볼 필요가 있다.

건축물은 각각 용도의 목적에 따르도록 설계되는 것은 당연하다. 방화규칙은 그것이 현저히 곤란해지지 않는 수준으로 정해져 있으므로 어느 정도의 화재 리스크가 남아 있는 것은 어쩔 수 없다. 그러나 화재안전설계에서는 중대한 재해로 이어지는 부분은 신중하게 보고 신뢰도 높은 방지대책을 마련해야 한다.

건축물에는 방화문·스프링클러·배연설비 등 여러 개의 방화시스템이 마련된다. 이들 모두의 작동 신뢰성이 100%는 아니지만 여러 개의 방화 시스템이 마련되면 모든 것이 작동하지 않을 확률은 작아지고 그만큼 불리한 화재 조건이 일어날 확률도 줄어든다.

참고문헌

1. 平成29年度消防白書
2. 総務省統計局: 平成25年住宅·土地統計調査, 2013
3. 日本建築防災協会編: 国土交通大臣登録平成27年度版特殊建築物等調査資格者講習会テキスト1, 2015
4. 白木屋: 消防防災博物館, 2018.9.16アクセス http://www.bousaihaku.com/bousaihaku2/images/exam/pdf/a001.pdf
5. 千日デパート: 消防防災博物館, 2016.11.30アクセス http://www.bousaihaku.com/bousaihaku2/images/exam/pdf/a077.pdf
6. 株式会社ホテルニュージャパン: 消防防災博物館, 2017.7.20アクセス http://www.bousaihaku.com/bousaihaku2/images/exam/pdf/b016.pdf
7. 丹羽博則: スペイン超高層ビル火災の被害調査報告、大林組技術研究所報, No.70, pp.1−8、2006
8. 諸井孝文·武村雅之: 関東地震(1923年9月1日)による被害要因別死者数の推定, 日本地震工学会論文集, Vol. 4 No. 4 pp. 21−45, 2004
9. 京都大学防災研究所編: 防災学ハンドブック, 朝倉書店、2001
10. 日本火災学会編: 火災便覧(第4版), pp.55−56, 2018
11. 震災予防調査会: 大地震による東京火災調査報告書、震災予防調査会報告、第百号(戊), 1926

12. 消防庁: 阪神·淡路大震災について(確定報), 2006.5.19発表
http://www.fdma.go.jp/bn/%E9%98%AA%E7%A5%9E%E3%83%BB%E6%B7%A1%E8%B7%AF%E5%A4%A7%E9%9C%87%E7%81%BD%EF%BC%88%E7%A2%BA%E5%AE%9A%E5%A0%B1%EF%BC%89.pdf

13. 消防庁災害対策本部: 平成23年(2011年)東北地方太平洋沖地震(東日本大震災)について第157報, 2018.3.7. 発表
http://www.fdma.go.jp/bn/higaihou/pdf/jishin/157.pdf

14. 日本火災学会編: はじめて学ぶ建物と火災, 共立出版, 2007

15. 日本建築学会編: 火災安全設計の原則, 日本建築学会, 2013

16. 소방청 국가화재정보시스템

17. 유병학, "장애인(유형별) 피난 매뉴얼 개발에 관한 연구", 동신대학교 대학원, 석사학위논문, pp. 34-36, 2010

18. 대구광역시, "대구지하철 중앙로역 화재사고 백서", 2005

19. 김봉식, "효과적 재난관리를 위한 위기관리시스템 형성에 관한 연구 (대구지하철화재사고 분석을 중심으로)", 석사학위논문, 공주대학교경영행정대학원, 2005, pp. 28-38

20. 조휘제, "건축물의 창호 시스템 및 수직 스팬드럴 관련 화재안전정책 개선을 위한 실험적 연구", 석사학위논문, 호서대학교대학원, 2022, pp. 14-17

21. 신현철, "초고층 건축물 화재 대응 방안에 관한 연구", 석사학위논문, 목원대학교 산업정보대학원, 2011, pp. 14-26

22. 한지우, "건축물 화재사례 및 화재위험성 분석을 통한 국내 방화구획 기준 개선방안에 관한 연구", 석사학위논문, 호서대학교대학원, 2019, pp. 17-20

23. 이의평, "고양 종합터미널 화재의 대형피해 발생원인 및 유사 대형화재에 대한 예방대책 분석", 과학수사학회지, Vol. 12, No. 1, 2018, pp. 39-48

24. 이의평, "사례연구: 밀양 세종병원화재의 다수 사상자 발생원인 분석", 과학수사학회지, Vol. 14, No. 2, 2020, pp. 134-145

2장

화재 현상

화재를 물리적·화학적 측면에서 보면 연소와 그에 따른 제반 현상이라 할 수 있다. 거기에는 출화를 시작으로 연소확대, 연기 확산, 나아가 화염 분출, 시가지에서의 연소확대 등 다양한 현상이 포함된다. 이러한 현상을 상세하게 이해하는 것은 쉽지 않지만 건축물의 합리적인 화재안전설계를 실시하기 위해서는 화재의 기본적 성질을 이해하고 어떤 현상이 발생하는지 이미지를 구축해 두는 것이 필수적이다.

01 연소와 화염

1. 연소의 성질

(1) 연소

본서에서 취급하는 화재는 연소현상 중 사람의 의도에 반하거나 방화로 인해 발생하여 소화가 필요한 것을 말한다. 연소는 화학 용어로는 산화 반응을 나타내는 용어이지만, 화재에서의 연소는 쉽게 화염을 떠올리면 된다. 연소가 일어나기 위해서는 「가연물」, 「산소(공기)」, 「열에너지(온도)」가 동시에 갖춰져야 하며 이들을 연소의 3요소라고 한다. 반대로 말하면, 이 조건을 무너뜨림으로써 연소를 멈출 수 있다. 가연성 물질에는 기체(가스)·액체·고체 상태가 있다. 가연성 가스의 연소는 일정 비율로 섞인 연료–공기(산소)의 혼합가스에 착화원이 공급되면 개시된다. 이 연료–공기 혼합가스의 가연범위는 기체의 종류, 착화원의 종류나 세기, 혼합가스의 압력이나 온도에 의존한다. 대기압하, 25℃에서는 연료의 체적분율(%)로 수소 4~75, 일산화탄소 12.5~74, 가솔린 증기 1.3~7.1 등이다[1]. 가연성 물질이 액체나 고체인 경우 이들이 그대로 타는 것이 아니며, 사실은 화염이나 기타 열원으로부터 열을 받아 기화 혹은 열분해함으로써 가연성 가스를 생성하는 것이다. 이것이 산소와 반응함으로써 연소된다(그림 2–1)[2]. 목재 등은 열분해하여 고체에서 직접 가연성 가스가 발생하는 가연물이며, 이들의 탄소 성분의 일부가 가연성 가스가 되지 않고

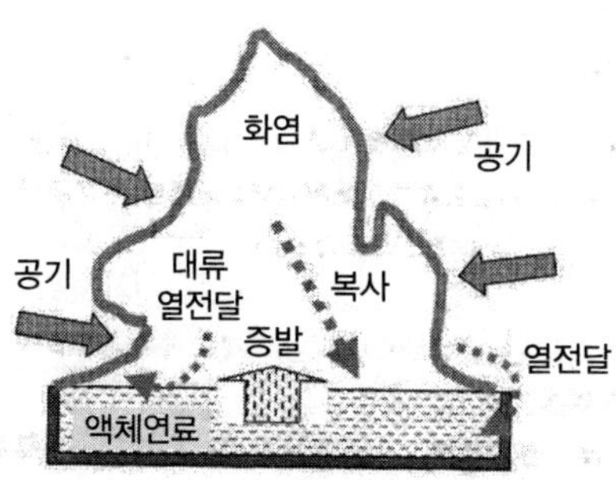

그림 2–1 가연물에서 열과 물질의 흐름(가연물–액체의 예)[2]

숯 등의 잔재가 된다.

(2) 착화

가연성 가스가 공기와 혼합해 가연 혼합물을 형성하고 거기에 어떤 착화 에너지가 주어지면 착화가 발생하여 가연물의 연소가 시작된다. 가연성 물질 근처에 불씨가 있을 때 일어나는 착화를 인화라 한다. 가연성 물질에 가해지는 열량이 크면 그 자체의 온도가 상승하여 불씨 역할을 하기 때문에 불씨가 없어도 착화는 발생한다. 이때의 착화는 발화라고 한다. 주요 가연성 물질의 인화온도와 발화온도를 표 2-1에 나타냈다. 이들은 재료에 따라 다르며 모두 인화온도보다 발화온도가 높다. 인화온도는 가연혼합가스 형성에 필요한 가연성 가스를 방출하는 최저온도, 발화온도는 착화를 위한 불씨를 형성하는 최저온도라고 보면 된다. 단순히 착화점이라 하는 경우에는 인화온도를 의미하는 경우가 많다.

표 2-1 일반적인 가연성 물질의 인화온도와 발화온도[3]을 일부 편집

가연성 물질		인화온도(℃)	발화온도(℃)	가연성 물질		인화온도(℃)	발화온도(℃)
기체	메탄	–	537	고체	폴리에틸렌	341	349
	프로판	–	467		폴리염화비닐	371	454
	메틸알콜(메탄올)	11	464		경질 폴리우레탄	310	416
액체	내누유	282	445		느티나무	264	426
	가솔린	–45	300~320		목탄	253	250~320

(3) 연소의 억제

연소를 억제하거나 정지시키려면 앞서 기술한 연소의 3요소 중 하나를 제거하면 되지만, 가연물이 없는 경우에는 당연히 연소되지 않으므로 여기에서는 열에너지 또는 공기(산소)가 연소에 기여하지 않도록 하는 경우를 서술한다.

물에 의한 소화는 물의 증발잠열을 이용해 가연물로부터 열에너지를 빼앗아 연소를 억제하는 대표적인 예이다. 기름이나 특수한 위험물 등의 화재에서는 물을 사용한 소화가 부적절하므로, 이산화탄소 가스나 거품 등을 이용하여 소화하는데 이는 화재에 대하여 산소 공급을 차단함으로써 연소를 정지시키는 소화 방법이다.

고체나 액체의 연소에는 산소와의 반응 이외에 기화에도 열에너지가 필요하다. 외부로부터 열의 공급이 없고, 화염으로부터 가연물 표면에 전달하는 열이 작으면, 가연물은 기화할 수 없고 연소는 지속되지 않아 소화된다. 이러한 성질을 자기 소화성이라 한다. 약제를 함침시켜 난연처리한 건축자재는 이런 성질을 이용하는 것이다.

2. 가연물의 연소

건축물의 화재안전설계에서는 대상 공간에서 예상되는 화재의 규모나 성상을 상정할 필요가 있는데, 이를 위한 기초 데이터가 되는 것이 공간 내 가연물의 상태와 연소성상이다.

(1) 화재하중

화재하중이란 화재가 발생 경우, 연소하여 건물의 구조 안정성이나 피난 안전성 등 화재안전을 저해하는 요인이 되는 가연물의 양을 말한다. 예전에는 목질계 가연물이 대부분이어서 질량(kg)으로 나타냈지만 현재는 다양한 가연물에 대해 공통으로 사용할 수 있는 잠재발열량(MJ 이나 kJ)으로 나타내고 있다.

건물 내의 가연물은 크게 건물의 구조재나 내장재 등의 고정 가연물과 수납되는 가구나 집기 등의 적재 가연물로 구분된다. 고정 가연물은 건물 설계 시 혹은 준공 시 정해지기 때문에 구체적으로 계측할 수 있다. 실제 화재 시 대규모 연소확대의 매개체가 되는 것은 적재 가연물이다.

(2) 발열량

연소는 가연물과 산소가 반응해 CO_2나 H_2O 등을 생성하는 화학반응이기 때문에 연소에 의해 가연물이 소비될 때는 산소도 소비된다. 따라서 발열량은 연료의 소비량당으로 나타낼 수도 있고 산소 소비량당으로도 나타낼 수 있다. 또한 화재의 연소에서는 산소는 공기 중에서 공급되므로 연소에 의해 산소를 잃어버린 공기의 질량당으로 나타낼 수도 있다.

대표적인 가연성 물질(기체·액체·고체(합성 고분자 재료·자연 재료))이 완전연소했을 때의 발열량을 표 2-2에 나타냈다. 표 안의 값은 왼쪽부터 순서대로 가연물의 단위질량당, 연소에 소비된 산소의 단위질량당 및 연소에 소비된 공기의 단위질량당을 나타낸 것이다. 가연물의 단위질량당 발열량은 다양하지만, 그 종류에 관계없이 연소에 소비되는 산소 또는 공기의 단위질량당 발열량은 거의 같다. 이는 화재성상을 조사할 때 매우 편리한 성질이다. 예를 들어 건물 실내에는 다양한 종류의 가연물이 수납돼 있지만 재료 구성은 정확히 알 수 없는 경우가 많다. 하지만 실내 연소에 얼마나 많은 공기(산소)가 사용되는지를 알면 발생하는 열량을 추정할 수 있다.

건물 내에 수납되는 대표적인 적재 가연물의 발열량을 조사한 예를 표 2-3에 나타냈다. 본래라면 건물 각각의 적재 가연물의 종류와 양 및 개수를 상정해 화재 시 방출되는 총 발열량을 고려하여 화재안전설계를 실시해야 하지만, 적재 가연물은 건축물 준공 후 반입되는 것이므로 건물 설계 시에는 불분명한 경우가 많다. 그래서 화재안전설계를 행할 때는 가연물 조사데이터 등을 참고하여, 또한 적절한 안전율을 가미하여 설계적재 화재하중을 설정할 필요가 있다. 단위 바닥면적당 발열량(이하 발열량밀도(MJ/m^2))은 건축물이나 실 용도에 따른 구성재료에 따라 다르다. 건

표 2-2 대표적인 가연성 물질의 발열량[2, 4]

가연물		발열량		
		가연물 단위질량당 kJ/g	연소에 소비된 산소의 단위질량당 kJ/g(O_2)	연소에 소비된 공기의 단위질량당 kJ/g(공기)
기체	일산화 탄소 CO	10.10	17.69	4.10
	프로판 C_3H_8	46.46	12.80	2.97
	메탄 CH_4	50.01	12.54	2.92
액체	I-부탄올 $C_4H_{10}O$	33.13	12.79	2.98
	벤젠 C_6H_6	40.14	13.06	3.04
합성 고분자 재료	폴리염화비닐	16.43	12.84	2.70
	폴리에틸렌	43.28	12.65	2.95
	폴리스티렌	39.85	12.97	2.72
	나일론-6,6	29.58	12.67	2.95
	연질플라스틱	36.10	–	–
	경질플라스틱	27.7	–	–
자연 재료	목재(견목)	17.76	12.51	2.91
	나뭇잎(단풍나무)	19.30	12.28	2.86
	셀룰로스계 재료	17.50	–	–

표 2-3 실제 수납 가연물의 발열량[2, 4, 6]

수납 가연물		kJ/g	수납 가연물		kJ/g
침구 의류	옷감	19.60	가구	등받이 의자	9.88
	이불	3.96	가전 제품	청소기	12.76
	매트리스	23.37		프린터	9.07
	담요	15.70		액정모니터	2.35
	긴팔 와이셔츠	18.18	기타	신문지	18.40
	니트 상하의	17.83		골판지	16.04

축기준법의 내화성능검증법 고시 기준[5]에서는 목재의 발열량 16 MJ/kg을 기준으로 표 2-4와 같이 설정되어 있다. 표에는 일본에서 실측된 결과에 대해서도 병기하고 있으며[4], 평균값이 반드시 고시 기준보다 낮지는 않으므로 고시 기준을 참조하여 건물의 사용 상황에 따라 안전하게 화재하중을 설정할 필요가 있다고 할 수 있다.

표 2-4 공간용도에 따른 발열량 밀도[4, 5]

고시상 거실의 종류			고시[5] MJ/m^2	실측결과(일본)[4] MJ/m^2			
				평균	표준편차	데이터 수	비고
(1)	주택의 거실		720	320	104	38	단독주택/전체
				582	187	136	공동주택/전체
				229	147	11	단독주택/거실
				564	329	69	공동주택/거실
				238	259	36	단독주택/침실
				637	306	86	공동주택/침실
	주택 외 건축물의 침실 또는 병실		240	168	24	15	호텔/객실
(2)	사무실 기타 이와 유사한 것		560	482	181	10	사무실(사무계)
				570	80	6	사무실(기술계)
	회의실 기타 이와 유사한 것		160	125	74	13	회의실
(3)	교실		400	303	108	104	교실
	체육관의 강당 기타 이와 유사한 것		80	22	28	8	체육관
	박물관, 미술관 기타 이와 유사한 것		240	273	77	63	전시부스
(4)	백화점 점포, 물품 판매점 기타 이와 유사한 것	가구 또는 서점, 기타 이와 유사한 것	960	2515	343	7	서점
		그 외의 부분	480	307	138	6	백화점 매장
	음식점	간이식당	240	55	3	2	사원식당
		그 외의 식당	480	274	190	6	역사/식당

<table>
<tr><td rowspan="4">(5)</td><td rowspan="4">극장, 공연장, 관람장, 집회장 및 기타 이와 유사한 용도로 제공하는 실</td><td rowspan="2">객석
부분</td><td>고정석</td><td>400</td><td>–</td><td>–</td><td>–</td><td></td></tr>
<tr><td>기타</td><td>480</td><td>–</td><td>–</td><td>–</td><td></td></tr>
<tr><td colspan="2" rowspan="2">무대부분</td><td rowspan="2">240</td><td>72</td><td>–</td><td>1</td><td>극장/무대</td></tr>
<tr><td>332</td><td>0</td><td>6</td><td>극장/무대 윙</td></tr>
<tr><td rowspan="2">(6)</td><td rowspan="2">자동차 차고 또는 자동차 수리공장</td><td colspan="2">차고 기타 이와 유사한 것</td><td>240</td><td>–</td><td>–</td><td>–</td><td></td></tr>
<tr><td colspan="2">차도 기타 이와 유사한 것</td><td>32</td><td>–</td><td>–</td><td>–</td><td></td></tr>
<tr><td rowspan="4">(7)</td><td colspan="3">복도, 계단 및 기타통로</td><td>32</td><td>37</td><td>32</td><td>15</td><td>복도·계단</td></tr>
<tr><td rowspan="3">현관 홀, 로비 기타 이와 유사한 것</td><td colspan="2">극장, 영화관, 공연장, 집회장 및 기타 이와 용도의 백화점 및 판매점의 점포</td><td>160</td><td>–</td><td>–</td><td>–</td><td></td></tr>
<tr><td colspan="2" rowspan="2">그 외</td><td rowspan="2">80</td><td>197</td><td>106</td><td>4</td><td>사무실/로비</td></tr>
<tr><td>45</td><td>–</td><td>1</td><td>호텔/로비</td></tr>
<tr><td rowspan="2">(8)</td><td colspan="3" rowspan="2">승강기 그 외 설비의 기계실</td><td rowspan="2">160</td><td>579</td><td>259</td><td>2</td><td>학교/기계실</td></tr>
<tr><td>66</td><td>46</td><td>4</td><td>역/기계실</td></tr>
<tr><td>(9)</td><td colspan="3">옥상광장 또는 발코니</td><td>80</td><td>184</td><td>165</td><td>139</td><td>공동주택/발코니</td></tr>
<tr><td rowspan="4">(10)</td><td colspan="3" rowspan="4">창고 기타 물품보관용 실</td><td rowspan="4">2000</td><td>16982</td><td>2282</td><td>6</td><td>종이창고</td></tr>
<tr><td>4562</td><td>1283</td><td>3</td><td>사무실/창고</td></tr>
<tr><td>677</td><td>310</td><td>21</td><td>학교/도서관</td></tr>
<tr><td>1058</td><td>148</td><td>2</td><td>극장/대도구창고</td></tr>
</table>

주) – 표시는 데이터가 존재하지 않는 항목

(3) 발열속도

발열량은 어떤 양의 가연물이 전부 연소했을 때 발생하는 총 열량이지만 화재 형상이나 연기의 확산 속도 등은 단위 시간당 발열량에 지배되는 성상도 많다. 이것을 발열 속도 Q(kW=kJ/s)라고 한다. 발열 속도 Q는 가연물의 단위질량당 발열량 ΔH_f(kJ/kg)와 가연물의 질량 감소 속도 m_b(kg/s)를 이용하여 식 2-1로 나타난다.

$$Q = \Delta H_f \cdot m_b \tag{2-1}$$

실험에서 이용되는 에탄올 등의 액체연료라면 ΔH_f를 알 수 있으며 m_b도 대체로 일정하게 연소한다. 때문에 액체연료의 발열속도는 거의 일정하여, 정상화원으로 실험에 이용하기 좋다. 그러나 실제 화재에서는 단일 가연물 하나하나의 ΔH_f나 m_b

는 불분명한 경우가 많아 식 2-1을 이용해 단일 가연물의 발열 속도를 추정하기는 어렵다. 그림 2-2는 질량은 동일하고(30±2 kg), 재질이 다른 4종의 의자를 연소시켰을 때의 시간에 따른 발열 속도 변화를 비교한 것이다. 재질에 따라 최대 발열 속도 Q_{max}(kW)와 최대발열속도에 도달하기까지의 시간이 크게 다르다는 것을 알 수 있다. 그러나 화재 성장 과정에서 발열 속도는 대체로 시간의 제곱에 비례해 증가하는 경향을 보인다. 이 경향은 다른 가연물에서도 흔히 볼 수 있으며 성능적 화재 안전설계에서는 설계화원으로 식 2-2와 같이 정식화된 화원이 이용된다.

$$Q = \alpha\left(t - t_0\right)^2 \tag{2-2}$$

여기서 α는 발열 속도의 증가 속도를 나타내는 계수로 화재성장률(kW/s²)이라 불린다. t는 착화 후의 시간(s), t_0는 착화에서 화염 확대까지의 시간 지연(s)이다. 화재 안전설계에서는 훈소 상태(편집 주: 불이 붙지 않고 연기만 나고 있는 상태)의 시간을 고려하지 않고 연소가 성장단계에 이른 후의 시간을 대상으로 하는 경우가 많으며, 이 경우 t_0를 0초로 가정한다. 식 2-2로 표시되는 화원을 일반적으로 t^2 화원이라고 한다.

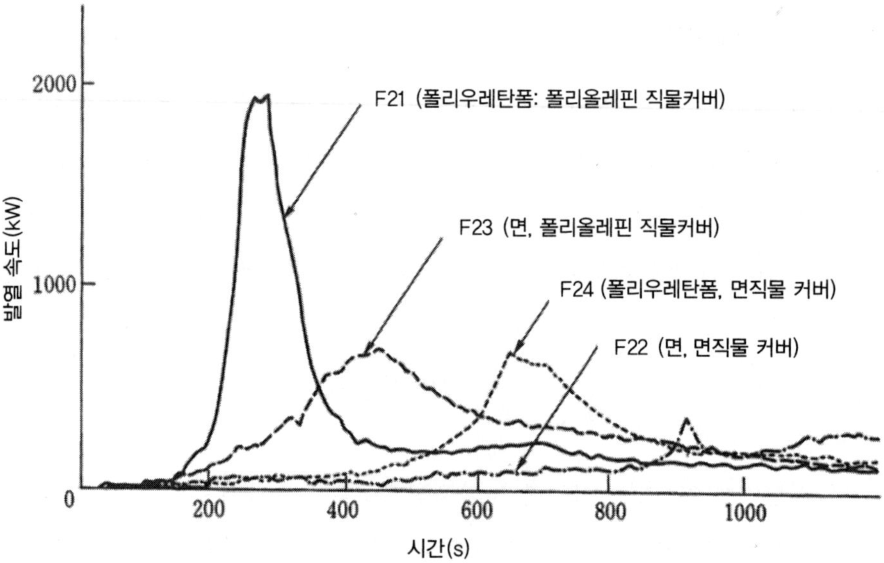

그림 2-2 재질에 따른 의자의 발열속도[2, 7]

NFPA(미국방화협회)에서는 일반적인 물품의 화재 성장 속도를 Slow(완만), Medium(평균적), Fast(급속), Ultra-Fast(초급속)의 4단계로 분류하고 있다[8]. 이를 화재성장률 α의 값으로 나타내면 각각, 대략 α = 0.003, 0.01, 0.05, 0.2에 해당한다. 그림 2-3의 발열속도 1시간 곡선에서, 각 단계에서의 곡선과 동등한 성장 성상을 나타내는 가연물의 구체적 예를 그림 안에서 볼 수 있다. 이들의 화재 성장 속도는 단일 가연물을 강제로 착화시킨 연소실험에 의한 결과다. 실제 거실 화재에서는 가연물에서 가연물로 연소가 확대되므로 실내 발열속도 증가는 단일 가연물과는 다르다. 실내에서의 화재를 모의한 실험이나 복수 가연물의 연소 실험의 예는 있지만, 착화원, 가연물의 종류나 배치, 출화 시의 환경 조건은 실험 때와 동일하지 않다. 출화나 연소확대는 그러한 우연한 조합으로 결정되므로 그에 따라 화재성장속도도 다양한 값이 되지만, 공간의 용도에 따라 존재하는 화기나 가연물이 다르면 화재성장속도의 경향에 용도별 특색이 나타날 가능성을 생각할 수 있다.

그림 2-4는 출화에서 진압까지의 시간과 소손면적을 기초로 실의 용도별 화재성장률 α의 출현빈도를 분석한 소방통계의 예[9]이다. 이에 따르면, 통계치만을 고려한 경우, 주택과 그 외의 용도에서 화재성장률의 출현 빈도 경향은 약간 다르지만,

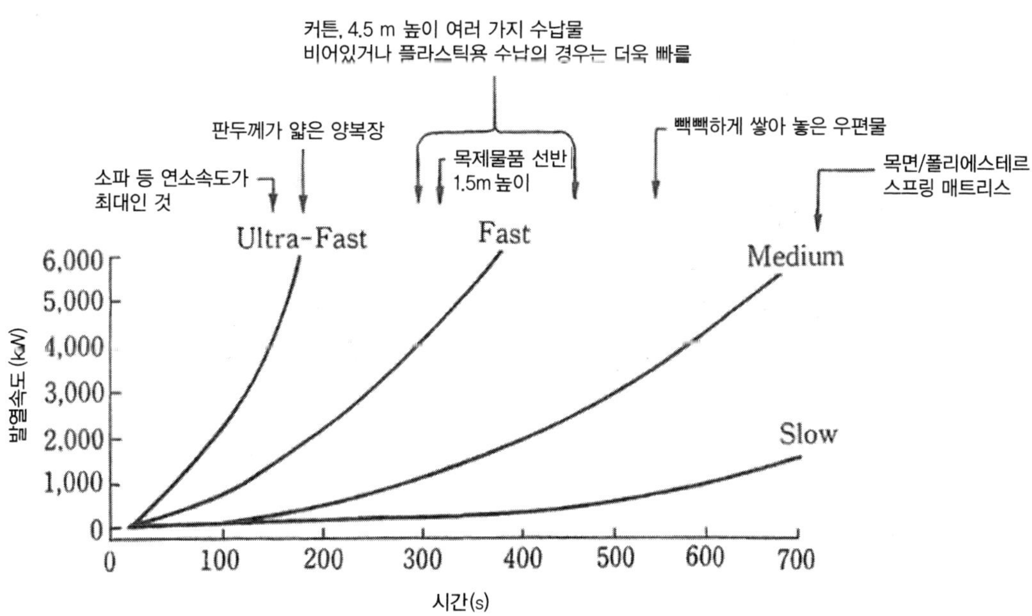

그림 2-3 t^2 화원의 성장곡선[2]

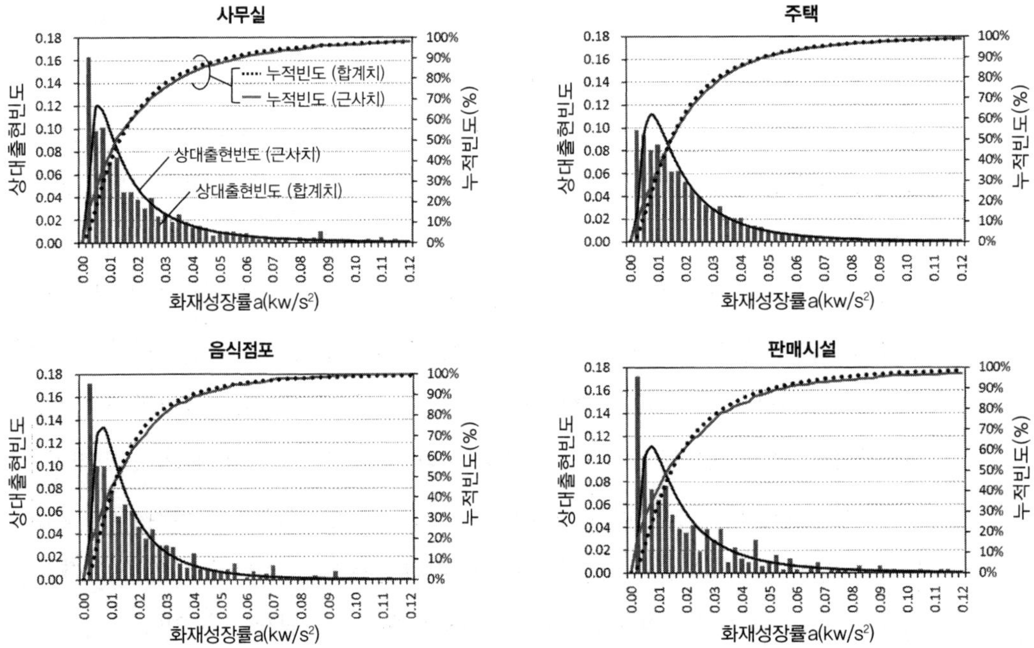

그림 2-4 화재통계에 따른 화재성장률 α의 출현빈도분포[9]

그 평균이나 편차의 차는 그다지 크지 않고, 어느 용도라도 로그 정규 분포에 대체로 근사함을 알 수 있다. 이에 따라, 어디까지나 추측이긴 하지만 그림의 용도에서의 실제 화재에서는 용도에 관계없이 착화원이나 착화 가연물이 되기 쉬운 것이나 그 빈도는 비슷할지도 모른다.

3. 화염의 성질

(1) 유염연소와 무염연소

화재에 있어서 연소의 대부분은 화염을 수반하는 연소이다. 이것을 유염연소라고 한다. 화염은 가연성 물질과 산소의 산화 반응 속도가 매우 크기 때문에 반응 부분의 온도가 고온으로 되어 그 결과, 육안으로 느껴지는 빛을 발하는 것이다. 화염이 클수록 가연물이 왕성하게 기화 또는 열분해되고 있으며 연소에 의한 발열량도 크다는 것을 의미한다.

한편 화염을 동반하지 않는 연소형태도 존재하며, 무염연소라고 불린다. 바비큐의 숯불이나 향의 불은 적열한 탄소 표면에 공기 중의 산소가 충돌하여 연소한다. 이런 유형의 무염연소는 표면연소라고도 한다. 또 솜방석 등에 담뱃불 등이 떨어졌을 때처럼 화염을 동반하지 않고 타는 완만한 연소도 있으며 훈소라고 불린다. 무염 타입의 연소는 유염연소에 비해 발열량이 현격히 적기 때문에 방화 대책은 대부분 유염연소를 대상으로 계획된다. 다만, 무염연소는 산소공급이 적은 상태에서의 연소이기 때문에 일산화탄소 등 유독가스가 발생하기 쉽고, 또 훈소는 장시간 지속되다 보면 확대되어 유염연소로 발전하기도 한다.

(2) 예혼합 화염과 확산 화염

예혼합 화염은 연료와 공기가 미리 혼합되어 있는 혼합기에 점화했을 때 생기는 화염으로, 엔진이나 버너와 같은 인위적 연소가 많다.

한편, 가연성 가스와 공기가 확산에 의해 서로 섞임으로써 가연혼합영역을 형성한 다음에 연소할 때의 화염은 확산 화염이라 불린다. 연소반응 영역에서의 발열에 의해 고온으로 달궈진 탄소가 발광하는(화염이 생기는) 것이 우리 눈에 보이는 화염이다.

확산화염에는 정온공기 중의 촛불처럼 연소반응 영역에서 연료와 공기의 이동에 흐트러짐을 일으키지 않는 층류 확산 화염과 큰 발열에 따른 부력이 상승 기류에 흐트러짐을 일으켜 화염의 높이나 형상이 시간 공간적으로 심하게 변동되는 난류 확산 화염의 두 종류가 있다. 층류 확산 화염은 비교적 소규모 연소 시에 한정되

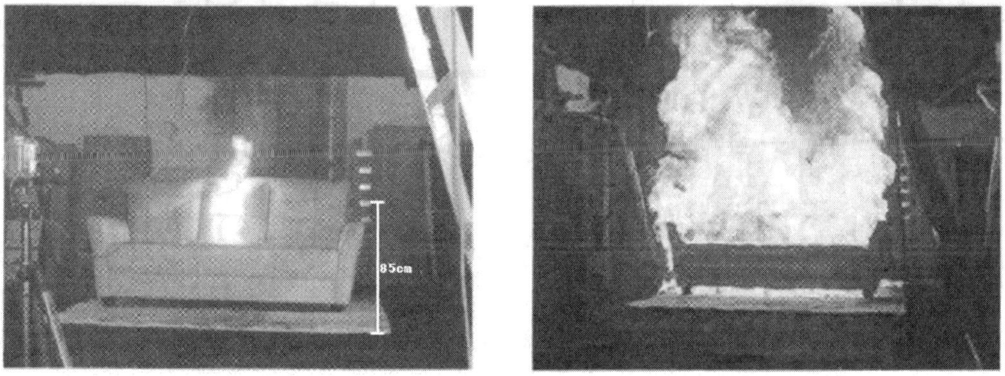

착화 1분 후 (약 20kW)　　　착화 3분 후 (약 3600kW)

그림 2-5 연소확대에 따른 화염의 변화[10]

며 연소가 진행될수록 난류 확산 화염이 된다. 화재로 생기는 화염은 모두 난류 확산 화염이라고 간주해도 된다. 난류 확산 화염의 예로서 그림 2-5에 3인용 소파의 연소실험에서의 착화 시와 확대 시의 화염 형상을 나타냈다.

(3) 화염영역과 화염높이

난류 확산 화염에서는 화원으로부터의 높이에 따라 그림 2-6에 나타낸 3개의 영역이 존재한다. 즉, 화원 근방에서 항상 화염이 존재하는 연속화염영역, 연속화염영역의 상부에 있으며 화염의 존재와 소멸이 주기적으로 반복되는 간헐화염영역, 그리고 간헐화염영역의 상부에 있으며 상승기류만 존재하고 화염이 존재하지 않는 영역(부력 플륨영역이라 불린다)이다.

그림과 같이 난류 확산 화염은 주기적으로 신축하므로 화염높이는 일괄적으로 정할 수 없으며 연속화염높이(상시화염이 존재하는 영역의 높이), 간헐(최고)화염높이(간헐화염의 선단에 대응하는 높이) 및 평균화염높이(연속화염높이와 간헐화염높이의 평균)의 3가지 정의로 나타낸다.

화염높이는 주위로의 열복사 정도를 결정하는 중요한 요소가 되는 것으로 화재 안전설계 시, 주기적으로 흔들리는 간헐화염높이보다 연속화염높이와 평균화염높이에서의 열전달을 고려하는 경우가 많다.

화염높이 L(m)은 많은 연구에서 실험식이 제안되었으며, 그 일례로 Hasemi 등은 자유공간 내에서 화염높이 L에 대해 다음 식 2-3을 제안하고 있다.[11]

$$L = \gamma D \begin{cases} Q^{*2/3} & (Q^* < 1) \\ Q^{*2/5} & (Q^* \geq 1) \end{cases} \tag{2-3}$$

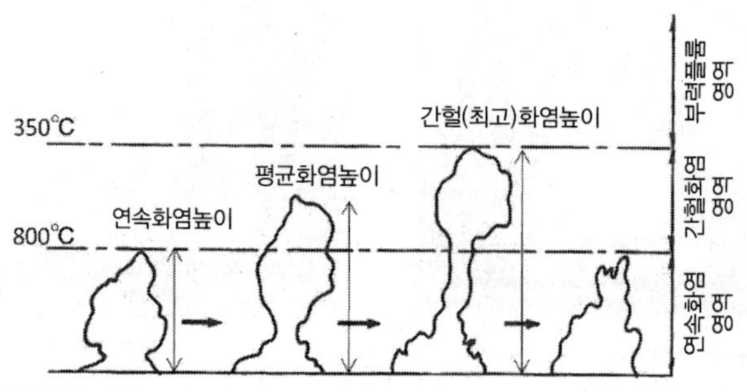

그림 2-6 난류확산화염의 화염영역과 화염 높이[2]

여기서 D는 화원직경(m), c_p, T는 각각 공기의 정압비열(kJ/kgK), 밀도(kg/m^3), 절대온도(K)이다. γ는 실험상수이며 연속화염에서는 γ=1.8, 평균화염에서는 γ=3.4가 된다. 또한 Q^*는 무차원 발열속도이며, 식 2-4로 정의된다.

$$Q^* = \frac{Q}{c_p \rho T \sqrt{g} D^{5/2}} \approx \frac{Q}{1116 D^{5/2}} \tag{2-4}$$

화염높이는 주변 벽과의 위치 관계에 따라서도 달라진다. 그림 2-7은 실험에서 측정된 의자 등의 적재 가연물의 간헐(최고)화염높이이다. 같은 발열속도의 가연물이라도 자유공간에 비해 벽 끝이나 구석 부분의 화염높이는 늘어나고 구석 부분에서는 자유공간의 약 2배나 되는 화염높이가 나타난다. 이는 화원이 벽에 근접해 있으면 화원으로 향하여 말려드는 공기량이 제한되고 그 결과로 화염이 길어지기 때문이다. 열복사의 강도는 절대온도의 4승에 비례하기 때문에 화염으로부터의 복사, 특히 연속화염으로부터의 복사는 매우 크다. 화염높이가 커지면 주위의 수열점에서 본 화염의 형태계수가 커져 복사수열량이 증가한다. 따라서, 주변 가연물로의 연소확대 방지나 국소 화재에서의 구조체의 내력 저하를 고려할 경우에는, 화염 높이가 얼마가 되는지를 미리 검토해 둘 필요가 있다.

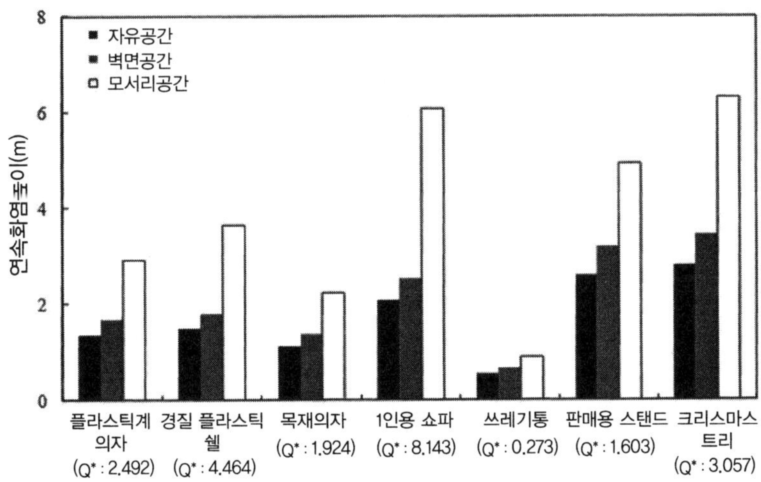

그림 2-7 발열속도와 가연물의 화염 높이[4]

(4) 화염의 축상온도

화염의 중심축상부 온도의 상승치 ΔT(K)는 연속화염영역에서는 화원면으로부터의 높이 z(m)나 발열속도 Q(kW)에 관계없이 일정값을 취하고, 자유 공간에서는 약 800℃가 되는 것으로 알려져 있다. 간헐화염영역에서는 높이에 따라 온도 상승값은 $(z/Q^{2/5})^{-1}$에 비례하여 감쇠하고, 평균화염높이에서 약 500℃, 간헐화염 선단에서도 300℃가 된다. 또한 부력 플륨영역에서는 $(z/Q^{2/5})^{-5/3}$에 비례한다. 이 화원 바로 위에 생기는 부력 플륨을 화재플륨이라고 부른다. 일례로 그림 2-8에 0.7 m 틀의 600 kW인 정사각형 화원을 자유공간에 두었을 경우의 화염 중심축상의 온도 분포를 나타냈다.

이는 그림 2-2에서의 F23이나 F24의 가연물이 연소했을 때 최대 발열속도가 된 상태에 해당한다. 가연물이 의자이고 주요 연소 부위는 좌면이나 등받이임을 감안하면 통상의 거실이라면 고온의 화염이 천장에 도달하는 것을 알 수 있다.

(5) 화염의 확대

가연물 표면에 착화하게 되면, 점차 그 주변으로 확대되는 경우가 많다. 이는 화염 근처의 가연물 표면이 화염이나 열기류에 의해 가열되어 착화온도에 도달함으로써 연소면이 확대되기 때문이며 원래의 화염과 합류하여 더 큰 화원이 된다.

바닥면에 있는 화염의 경우, 화염도 화재플륨에 의해 상승하므로 화염 주변 바

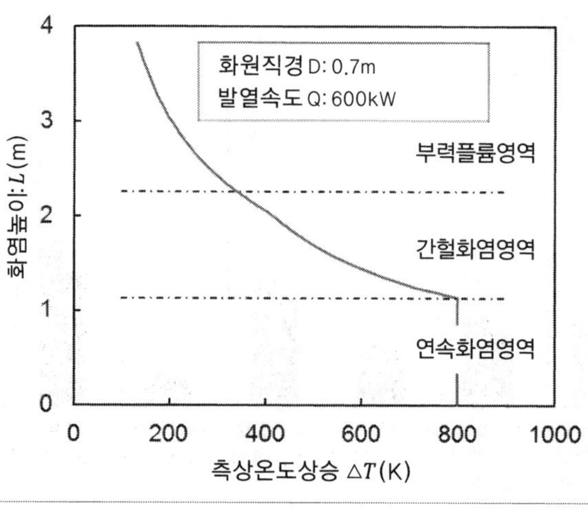

그림 2-8 화염 및 화재플륨의 온도상승

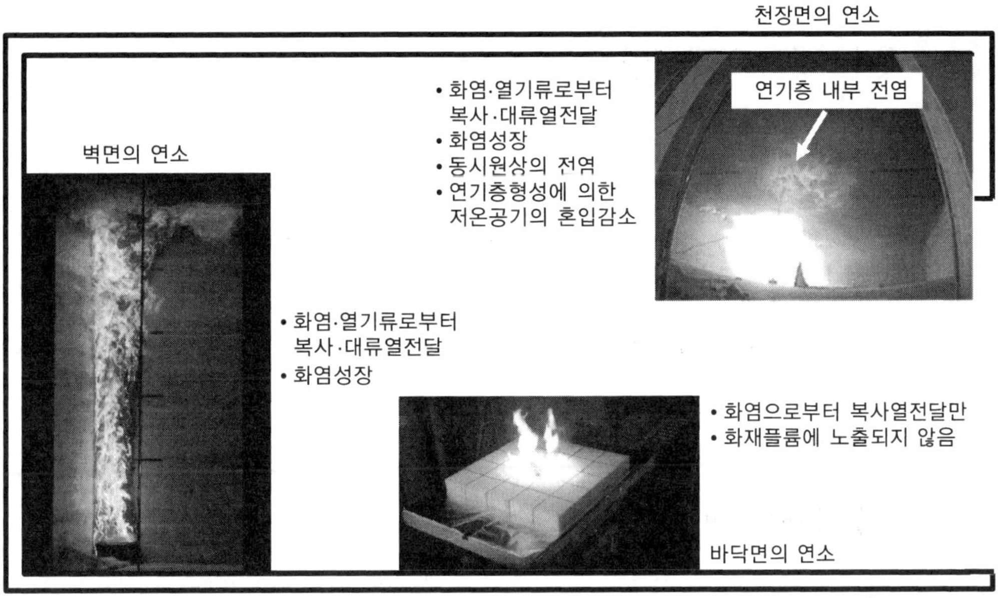

그림 2-9 실내의 내장부분과 화염전파의 관계

닥면에 있는 가연물은 화염에 노출되지 않고 가연물로의 열전달은 화염으로부터의 복사열뿐이다. 한편, 그림 2-9와 같이 연직벽(구석부 포함)이나 수평천장이 연소하는 경우는 화염의 근처에서 복사 열전달에 노출되고 화재플륨의 열기류에 노출된다. 게다가 어느 쪽도 주위 공기의 혼입이 적기 때문에, 화염은 길고, 화재플륨의 온도는 높아진다. 특히 천장면의 경우는 천장 아래에 고온의 연기층이 생기므로 비교적 저온인 주위 공기가 혼입되기 어렵고 온도가 높아진다. 그 결과, 같은 물질에 착화하더라도 바닥과 같은 상향면에 비해 벽과 같은 연직면이나 천장 같은 하향면이 더 빠르게 연소확대된다. 이 성상에 따라 벽이나 천장의 내장재나 비품류의 커튼 등도 일단 불이 붙으면 급속히 번지는 경향이 있다. 이 때문에 벽이나 천장 등 재료의 방화성능을 높여 두는 것은 매우 중요하다.

02 건물 내의 화재성상

건물 화재는 출화하여도 자연히, 혹은 초기 진화 활동으로 진화되는 경우도 적지 않지만, 진화되지 않고 성장해 대규모 화재로 발전할 수도 있다. 그러한 화재에 대해서, 어떻게 재실자의 안전이나 구조 안정성 확보, 소방활동 지원을 행하는지가 화재안전설계의 중요한 과제이다. 이를 위해서는 건물 내 화재 성상이나 연기 확산 과정과 원인을 알아두는 것이 필요하다.

1. 실내화재의 진전

그림 2-10은 건물의 한 실에서 출화한 화재의 전형적인 성장 과정을 나타낸 것이다. 실내화재는 성장기, 플래시오버(Flashover, 그림 2-10의 F·O.), 최성기, 감쇠기 등 네 단계로 크게 나뉜다.

(1) 성장기의 화재성상

화재 성장기 단계에서는 최초로 착화한 가연물, 혹은 주위의 소수 가연물이 연

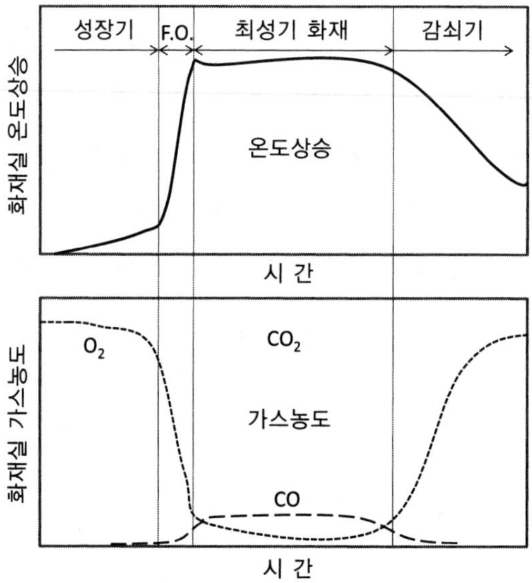

그림 2-10 구획화재의 성장 개념도

소된다. 이 단계에서는 실내에 연소할 공기가 충분한 경우가 많으며, 가연물의 연소성상은 2장의 01과 같다고 봐도 무방하다. 발열 속도도 비교적 작기 때문에 일반적으로는 출화실 내의 온도 상승이나 산소 농도 저하도 완만하다. 그러나 연소에 따라 연기가 발생하여 실내와 건물 내로 확산되어간다. 연기의 확산은 화염이 번지는 것보다 몇 단계 빠르므로, 건물의 피난 안전성을 검토하는 데 있어 연기의 확산 메커니즘을 반드시 알아두어야 한다.

(2) 플래시오버

화재 성장기의 비교적 완만한 화재 성장 단계에서 더 나아가면 화염 높이가 높아져 천장에 닿기 시작하고, 이윽고 천장면에 전염되기 시작한다. 이 단계가 되면 화원 주위의 가연물로의 입사 열류가 커져 급격히 연소확대가 진행돼 단시간에 화재가 구획 전체로 확대되는 현상이 생긴다. 이 현상을 플래시오버라고 부른다(플래시오버가 발생하는 원인에 대해서는 뒤의 02의 3.에서 설명한다). 플래시오버가 발생하면 화재 성상은 크게 달라져 최성기 화재로 이행된다. 이렇게 되면 구조체에 대한 손상이나 분출화염 발생 등 화재안전상의 문제가 발생한다. 초기 소화에 실패할 경우 플래시오버를 완전히 방지하는 것은 곤란하지만 플래시오버의 발생원리를 이해함으로써 발생시기를 늦추도록 설계하거나 방화관리하는 것은 가능하다.

(3) 최성기의 화재성상

플래시오버를 지나 구획 전체로 화재가 확대되어 구획 내 가연물 전체가 불에 휩싸인 후에는 활발한 연소가 한동안 지속돼 온도가 높은 상태가 유지된다. 이 시기를 최성기 혹은 성기 화재라고 부른다. 최성기의 연소상태는 실에 공급되는 공기의 양에 따라 '연소지배'와 '환기지배'의 2종류로 나뉘며, 이 연소상태의 상세한 내용은 후술한다. 실내 온도는 구획 조건에 따라 다르지만 대략 800~1200℃가 된다. 또한 실내로의 산소(O_2)의 공급이 창 개구를 통한 환기에 의존하므로 실내는 연소에 의한 산소 부족이 되어 다량의 이산화탄소(CO_2)뿐 아니라 유독가스인 일산화탄소(CO)도 증가하기 쉬워진다. 여기에 실내에서 연소하지 못한 미연소 가연성 가스가 실외로 유출돼 산소와 반응함으로써 개구부에서 분출 화염이 발생된다.

(4) 감쇠기의 화재성상

최성기 화재가 일정 시간 지속된 후에는 가연물이 대부분 연소되어 연소가 약화되므로 구획 내 온도도 서서히 저하되고 연소 생성 가스인 이산화탄소(CO_2)의 농도도 저하된다. 이 시기는 감쇠기라 불린다.

2. 실내의 연기유동성상

화재 성장기나 최성기에는 연기가 실내와 건물 내로 확산함으로써 피난에 많은 지장을 줄 수 있다. 화재 성장기에는 연기 확산 범위가 화재실이나 그 주변에만 머무는 경우도 많지만 최성기가 되면 연기 온도도 높아지고 부력도 늘어나 건물 내 전체로 연기가 확산될 우려가 있다. 방연구획이나 배연설비와 같은 연기제어설비를 합리적으로 설계하기 위해 성장기 화재에서 발생하는 연기의 성질과 유동에 대해 기술한다. 화재로 인해 생기는 연기는, 상술한 바와 같이 건물 내에 퍼지는 그 성상을 정확히 예측하기는 어려울 수 있지만 기초적인 환기역학 이론을 알아두는 것만으로도 기본적인 성상은 상당 부분 파악할 수 있다.

(1) 연기의 성질

가연물이 열분해·연소하면 이산화탄소나 수증기(응축하여 액체 입자가 되는 경우도 많다), 그을음과 더불어 일산화탄소나 시안 화합물 등 인체에 극히 해로운 연소생성물이 발생한다. 이들이 실내에서 상승하거나 확산되는 동안 공기와 혼합된 가스가 바로 연기이다. 연기가 화원을 벗어나 공기와 혼합될수록, 연기에 포함된 화학종의 농도는 저하되나, 인체에 악영향을 미치기에는 충분한 농도의 연소생성물을 포함하고 있는 경우가 많다. 따라서 실내나 건물 내를 확산하는 연기로부터 재실자를 보호하는 것은 화재안전설계의 중요한 목적 중 하나이다.

(2) 화재플륨 유량

그림 2-11에 나타낸 바와 같이 가연물이 연소되면 연소로 생성된 고온의 가스와 주변 공기가 혼합되면서 상승기류가 생긴다. 이 상승기류를 화재플륨이라고 한다. 화재플륨은 상승하면서 주위의 공기를 연행시키기 때문에 위쪽에서는 희석되어 온도가

저하되는 반면 유량이 증가한다. 이 화재플룸에 의해 실의 상부에 연기층이 형성된다.

화재플룸의 유량은 건축공간 내에 축적하는 연기층의 발달 속도와 관련되므로, 연기제어나 피난계획에 있어 매우 중요하다. 화원을 점열원으로 상정했을 경우에 화원으로부터의 높이 z(m)에서의 화재플룸 유량 m_z(kg/s)는 화원의 발열 속도 Q(kW)를 이용하여 식 2–5로 근사된다.[2] 여기서 D는 화원 치수(m)이다. 또한 z_o는 가상점열원높이(m)로 불리는 것으로 화원 크기의 영향을 고려하기 위하여 그림 2–12와 같이 화원의 연소에 의한 발열을 1점에 집중시킨 편의상의 점(가상점열원)에서 실제 화원면까지의 거리이다.

가상점열원의 거리 z_o에 대해서는 몇 가지 제안식이 있는데, 식 2–5에는 Heskestad의 식을 사용한다.[12] 식에서 알 수 있듯이 화재플룸의 유량은 화원의 발열속도와 화원으로부터의 높이에 의존하지만 발열속도보다는 높이의 영향을 크게 받는다.

※ 메탄을 화원으로는 화염 및 플룸의 관측이 어려우므로 발연장비로 가시화함

그림 2–11 화재플룸과 연기층

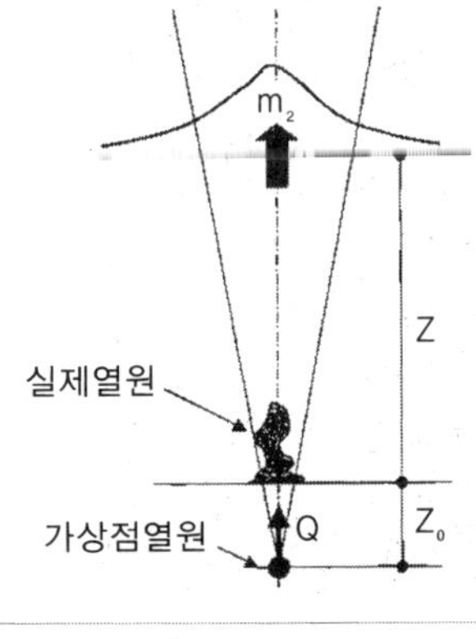

그림 2–12 화재플룸 유량예측에 따른 가상점열원[2]

$$m_z = 0.076Q^{1/3}(z+z_0)^{5/3}$$
$$\text{여기서, } z_0 = 1.02D - 0.083Q^{2/5} \qquad (2\text{–}5)$$

(3) 천장제트

화재플륨은 천장에 충돌하면 천장을 따라 확대되는 기류가 된다(그림 2–13). 이 기류를 천장제트(천장류)라고 부른다. 천장제트의 온도나 유속은 천장에 설치된 화재감지기나 스프링클러 헤드의 작동과 연관된다. 화재플륨이 수평 천장에 충돌한 경우 화원 바로 윗부분에서 유동 방향을 수평 방향으로 바꾼다. 이 부근을 정체 영역이라고 하며, 여기에서는 온도·유속 모두 일정해진다. 정체 영역의 바깥쪽은 천장제트 영역(천장류 영역)이라고 부르며 화재플륨 충돌점으로부터의 거리에 따라 온도·유속은 서서히 저하된다. 천장류의 온도와 유속에 대해서는 Alpert가 제안한 예측식[13]이 유명하지만, 그 밖에도 몇 가지 제안되고 있다. 천장류는 실의 주벽이나 수직벽에 충돌하면 천장류 아래를 지나는 환류가 되어 연기층을 형성하지만 천장 끝부분에 주벽이나 수직벽이 없는 가상 천장에서는 끝부분에서 모두 유출되어 실내에 쌓이지 않는다. 이 경우의 천장류의 두께는 대체로 천장높이 H의 1/10~1/9 정도가 된다.

(4) 연기층의 형성과 하강

화재플륨에 의해 상승한 연기는 수평 방향으로 천장 아래에 퍼진 후 축적되어 비

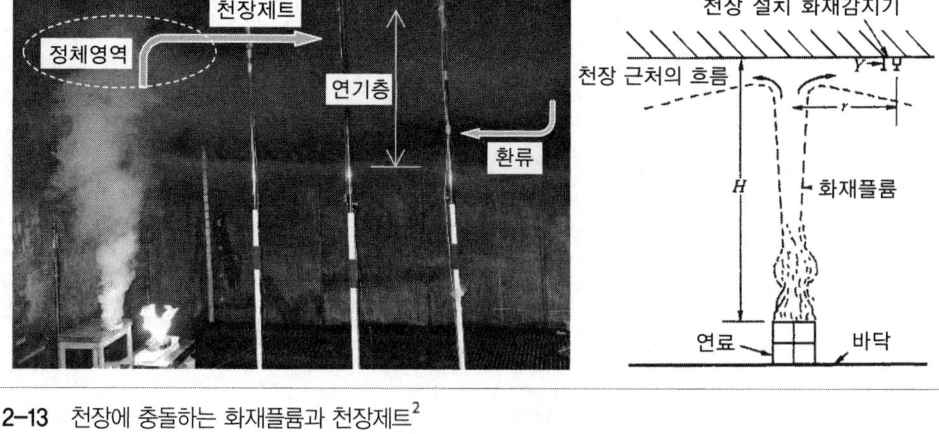

그림 2–13 천장에 충돌하는 화재플륨과 천장제트[2]

교적 고온의 연기층을 형성한다. 연기층에는 화재플륨이 지속적으로 연기를 압입하기 때문에 시간에 따라 연기층의 두께가 증가한다. 그러므로 연기층과 하부 공기층의 경계면은 서서히 하강한다. 그림 2-14는 실험에서 연기층이 시간 경과와 함께 하강하는 모습을 나타낸 것이다.

배연 등 연기를 배출하는 기구가 없는 화재 실내에서는 연기층 하강(연기층의 증대) 속도는 실면적 A(m^2)이나 천장높이 H(m), 화재플륨의 유량으로 결정된다. 화원의 발열속도 Q를 알고 있으면 식 2-5와 연기층의 질량 균형에서 출화 t초 후의 연기층의 하단높이 z(m)의 관계는

– 화원의 발열속도가 정상($Q = Q_0$)인 경우

$$t = \frac{3}{2}\frac{\rho}{0.08Q_0^{1/3}}\left(\frac{1}{z^{2/3}} - \frac{1}{H^{2/3}}\right)A \tag{2-6}$$

– 화원의 발열속도가 t^2에 비례하여 증가하는 ($Q = \alpha t^2$) 경우

$$t = \left\{\frac{5}{2}\frac{\rho}{0.08\alpha^{1/3}}\left(\frac{1}{z^{2/3}} - \frac{1}{H^{2/3}}\right)\right\}^{3/5} A^{3/5} \tag{2-7}$$

가 된다.[2] 여기서, ρ는 연기층의 밀도(kg/m^3)이지만, 화재 초기임을 근거로 1.0 kg/m^{3}로 일정하다고 가정하고 있다. 또한 A는 구획의 바닥면적(m^2), H는 천장높이(m)이다. 이러한 식은 임의의 시간 t에 있어서의 연기층 높이 z를 구하는 식으로 변환하는 것도 가능하다. 대부분의 경우 연기층의 하강시간은 실면적이 커질수록 길어지

착화 직후　　연기층 형성　　연기층 하강

그림 2-14 연기층 하강 형상

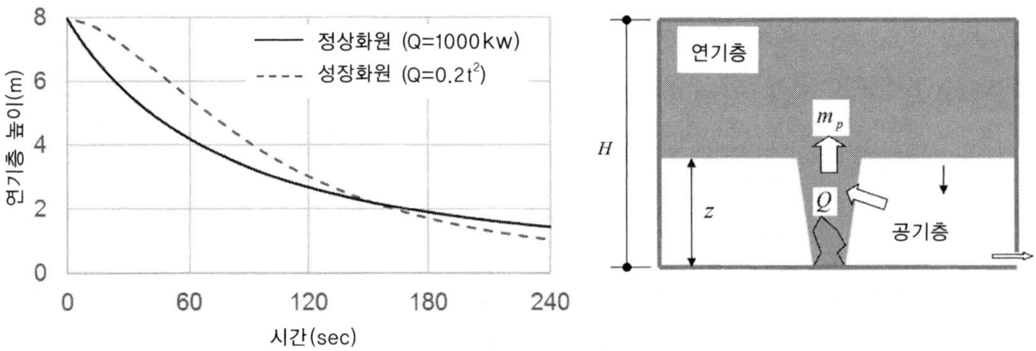

그림 2-15 연기층 하강 예(실면적 A=240 m², 천장높이 H=8 m)

는 것이 가장 특징적이다.

그림 2-15는 화재 실내에서의 연기층 하강성상(연기층 하단 높이의 시간적 변화)의 예를 나타내고 있다. 화원의 발열속도가 일정한 경우는 초기에 하강속도가 크지만 점차 완만해진다. 이는 화재플룸 유량의 화원으로부터의 높이에 크게 의존하기 때문에 연기층이 하강함에 따라 연기층 하단 높이에서의 유량이 신속하게 감소하기 때문이다. 한편, t^2 화원의 경우는 화재플룸 유량의 높이에 대한 의존은 동일하나 발열속도가 시간과 함께 증가하므로 연기층 하강은 처음에 완만하지만, 시간이 지나면 빨라져 정상화원의 경우만큼 감속하지 않는다.

(5) 개구부를 지나는 연기의 유동

기체의 정상류 운동에 관한 가장 기초적인 관계식은 식 2-8로 표시되는 베르누이의 운동 방정식이다. 여기서 ρ: 밀도(kg/m³), v: 유속(m/s), p: 정압(Pa), g: 중력가속도(m/s²), h: 높이(m)이다. 식의 각각의 항은 압력의 차원을 가지며, $(1/2)\rho v^2$을 동압, p를 정압, ρgh를 위치압, P를 총압 또는 전압이라고 한다. 이는 유동장의 속도 벡터를 접선으로 하는 곡선(유선)을 묶은 가상의 관내(이를 유관이라 한다)를 유체가 흐를 때 그 안을 통과하는 유체가 갖는 에너지의 수지식을 나타내고 있으며, 유관의 내부라면 전압 P는 어디서나 동등하다.

$$\frac{1}{2}\rho v^2 + p + \rho gh = P(= const.) \tag{2-8}$$

건물 내의 개구부를 통과하는 유동도 하나의 유관을 지나는 유동으로 볼 수 있으므로 개구 양측의 상태를 알면 건물 내의 연기유동 해석을 위해 이용하는 여러 식의 대부분을 유도해낼 수 있다. 표 2-5는 개구부를 통해 인접한 2개의 공간(개구부의 양측 공간을 각각 첨자 1, 2로 나타내고, 바닥 높이에서의 정압을 각각 p_1, p_2로 하고 있다.)의 상태에 따라 개구부를 통과하는 질량 유량을 정리한 것이다. 표 안의 B는 개구폭(m), H는 개구높이(m), g는 중력 가속도(m/s^2), ρ는 밀도(kg/m^3)이고 첨자인 s는 연기층을 나타낸다. 식의 도출이나 상세한 해설은 환기역학에 대해 자세히 쓰여 있는 다른 책들을 참조하고, 본서에서는 생략한다. 표 안의 ①~③ 상태에서의 유동에 대해 간단히 해설하면 다음과 같다.

① 온도가 균일한 공간(온도 차 없음)이 인접할 경우

정압의 차이만을 구동력으로 하여 흐름이 생긴다. 화재 시의 건물에서 연기가

표 2-5 개구부의 질량 유량과 압력분포

① 온도가 균일한 공간(온도 차 없음)이 인접하는 경우

$$m = \alpha A\sqrt{2\rho(p_1 - p_2)} \qquad \text{(식 2-9)}$$

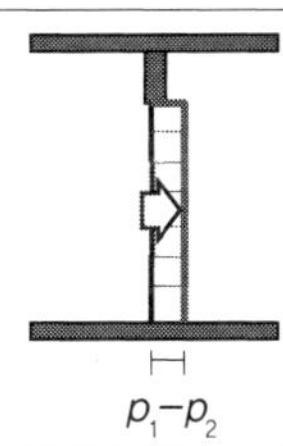

② 온도가 균일한 공간(온도 차 있음)이 인접하는 경우

$$m_{12} = \frac{2}{3}\alpha B\sqrt{2\rho_1(\rho_2 - \rho_1)g}\,(H - z_n)^{3/2}$$
$$m_{21} = \frac{2}{3}\alpha B\sqrt{2\rho_2(\rho_2 - \rho_1)g}\,z_n^{3/2} \qquad \text{(식 2-10)}$$
$$z_n = \frac{p_2 - p_1}{(\rho_2 - \rho_1)g}$$

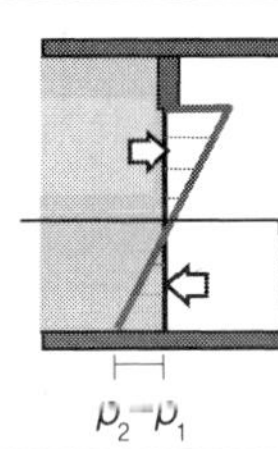

③ 연기층이 형성된 공간과 온도가 균일한 공간이 인접하는 경우

$$m_{12} = \frac{2}{3}\alpha B\sqrt{2\rho_{1,s}(\rho_2 - \rho_{1,s})g}\,(H - z_n)^{3/2}$$
$$m_{21} = \alpha B\sqrt{2\rho_2(p_2 - p_1)}\,z_s + \frac{2}{3}\alpha B\sqrt{2\rho_2(\rho_2 - \rho_{1,s})g}\,(z_n - z_s)^{3/2} \qquad \text{(식 2-11)}$$
$$z_n = \frac{p_2 - p_1}{(\rho_2 - \rho_{1,s})g} + z_s$$

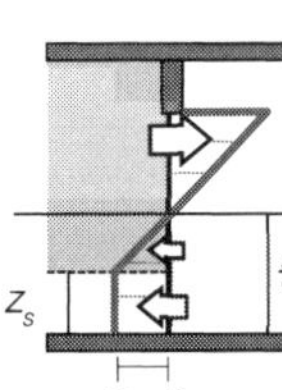

유입되지 않은 공간끼리 바람이나 배연 등에 의해 압력 차가 발생한 경우의 개구를 통한 흐름이다. 온도 차가 없기 때문에 두 실 간에 위치압 차이는 없고 정압 차에 따른 유속의 흐름이 생긴다.

② 온도가 균일한 공간(온도 차 있음)이 인접할 경우

화재 시에 최성기 화재 시의 화재실과 같이 공간 내의 바닥에서 천장까지 일정 온도에 가까운 가스가 충만한 경우의 유동이다. 이 경우 그림 2-16과 같이 인접 공간과의 압력 차이는 바닥에서 천장까지 연속적으로 변화한다.

③ 연기층이 형성된 공간과 온도가 균일한 공간이 인접하는 경우

초기 화재 시 화재실이나 화재실의 연기가 유입된 복도와 같이 연기층이 공간 상부에 성층화되어 있는 경우가 있다. 표 2-5의 ③에서 나타낸 바와 같이 온도 차가 없는 하부 공기층에서는 압력 차에 변화가 없고 온도 차가 발생하는 연기층의 높이에서 변화한다.

표 안의 α는 개구계수 또는 유량계수라고 불리며, 개구부의 형상이나 문 등의 개방상태(각도 등)에 의해 결정되는 상수이다. 문이나 창문과 같은 형상의 개구가 모두 개방된 상태에서 α는 0.7 정도인 것으로 알려져 있다. αA는 저항으로 인해 개구가 감소했다고 볼 수도 있으며, 이를 유효개구 면적이라고 한다. 또한 그림 2-17과 같이 개구가 병렬 또는 직렬로 접속되는 경우 이들을 하나의 가상적인 개구로 간주

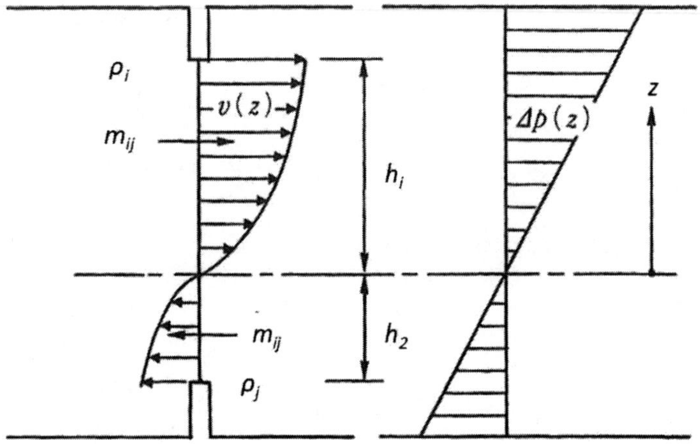

그림 2-16 개구부를 지나는 흐름의 종방향 유속과 압력 분포[2]

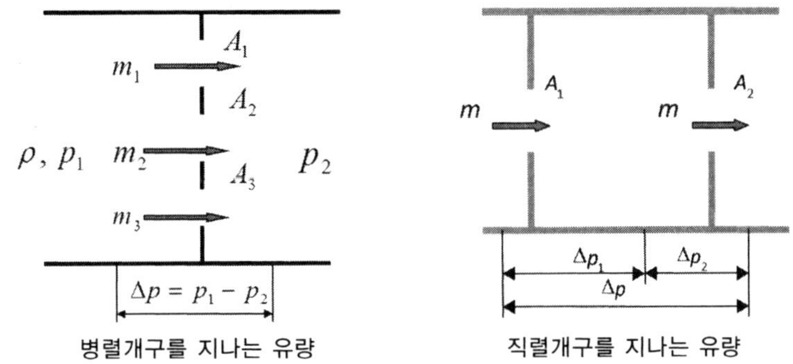

그림 2-17 병렬개구와 직렬개구

할 수 있다. 이것을 합성개구라고 부르며, 그 면적을 A_e로두면,

$$A_e = \sum A_i \tag{2-12}$$

$$A_e = \frac{1}{\sqrt{\frac{1}{A_1^2} + \frac{1}{A_2^2} + \cdots + \frac{1}{A_n^2}}} \tag{2-13}$$

로 나타낼 수 있다. 이 합성 개구 면적을 식 2-9에 이용함으로써 공간별로 온도 차가 없는 경우의 복수 개구를 통과하는 질량 유량의 계산이 간단해진다.

(6) 중성대

표 2-5의 ②나 ③에 나타낸 바와 같이 두 실 간의 압력 차가 0이 되는 높이가 존재한다. 이것을 압력의 중성대라고 하고, 그 높이를 z_n으로 표기하면 기준 높이에서의 압력 차를 알 때 밀도 차를 이용하여 나타낼 수 있다. 표 2-5에서는 기준 높이를 바닥면으로 하고 있다. 이 중성대 높이를 경계로 압력 차의 정부가 역전되는 것으로부터, 중성대가 개구 상하단 사이에 있으면, 실내측으로부터의 유출과 실외측으로의 유입의 2방향의 흐름이 된다.

압력 차이의 구배는 2실의 밀도 차 즉, 실의 온도 차로 결정되는 것이며, 기준 높이에서의 압력이 변하더라도 압력 차이의 구배는 변하지 않고 기준 높이 압력에 따라 평행하게 이동한다. 이에 따라 중성대 높이도 변화하고, 실로 유출입하는 유량도 변화한다.

중성대 높이 혹은 기준 높이에서의 압력 차는 공간의 질량 보존을 만족하도록 결정된다. 따라서 그림 2−18(a)과 같이 개구가 1개 밖에 없는 공간에서는 중성대 높이는 $m_a - m_g = 0$를 만족하도록,

$$\frac{Z_n}{H} = \frac{1}{1+\left(\rho_a / \rho_s\right)^{1/3}} = \frac{1}{1+\left(T_s / T_a\right)^{1/3}} \tag{2-14}$$

와 인접한 양실의 온도에 따라 결정된다. 단, 위의 식에 있어서 T_s 및 T_a는 각각 화재실 및 인접실의 절대온도(K)이며, 성기 화재 시의 구획 내 온도를 1200 K(=927℃)라고 가정하면 $Z_n H \fallingdotseq 0.38$, 즉 중성대는 개구 하단으로부터 40% 미만의 높이가 된다.

그러나 기계 배연이나 가압급기가 이루어지는 경우에는 그렇지 않으며, 그림 2−18(b)이나 (c)에 나타낸 바와 같이 중성대가 개구 상단보다 상방이 되는 경우도 있을 수 있다. 이 경우, 개구를 통한 흐름은 단방향이 된다. 그림 2−18(b)와 같이 실내 압력을 실외보다 낮춤으로써 연기의 유출을 방지할 수 있다. 마찬가지로 실외 압력을 실내보다 높임으로써 연기 유출을 방지할 수 있다. 이를 이용한 것이 가압 방연이며 부속실의 압력을 높여 연기로 오염된 복도로부터의 연기의 유입을 방지하기 위한 설비이다.

(7) 연돌효과

고층 건축물에는 건물 이용자의 상하방향 이동을 위해 계단실, 엘리베이터 샤프

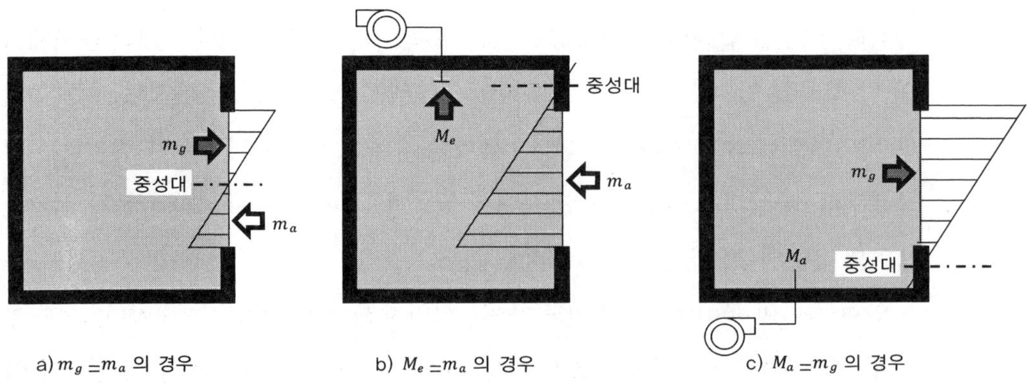

그림 2-18 중성대 높이와 질량보존

트 등의 수직관통공간이 마련된다. 건물의 통상 난방이나 화재 시 연기 침입으로 인해 이들의 온도가 외기 온도보다 높아지면 연돌효과라 불리는 현상이 생긴다. 수직관통공간의 부력 때문에 공간 내 상방에서는 내부의 압력이 외기보다 높아져 안에서 밖으로 유출이 일어나고 반대로 하방에서는 내부의 압력이 외기보다 낮아져 밖에서 안으로 공기가 유입된다. 따라서 수직관통공간 내에서는 아래에서 위로의 흐름이 생기는 현상(그림 2-19)으로 굴뚝이 연기를 배출하는 것과 같은 메커니즘이 일어나는데, 이를 연돌효과(Stack effect)라 부른다.

건물에는 상술한 계단실이나 엘리베이터 샤프트 수직관통 외에도 통풍공간이나 아트리움도 큰 수직관통공간이며 공조덕트나 배관류가 지나는 수직관통공간도 있다. 만약 화재의 연기가 이런 수직관통공간에 침입하면 연돌효과로 인해 건물 하층에서 상층으로 연기가 확산하게 되고, 따라서 상층의 연기오염의 원인이 될 수 있다. 이는 과거 화재 사례에서도 종종 발생하여 불행한 화재 사망 사례를 불러온 현상이다. 이처럼 수직관통공간은 피난안전상 특히 신경 써야 할 공간이며 인명안전을 도모하기 위한 연기제어계획에서도 연돌효과는 우선 염두에 두어야 할 사항이다.

연돌효과는 수직 샤프트의 개구조건에도 영향을 받는다. 개구가 높이 방향으로 고르게 분포하는 수직 샤프트는 중성대의 위치가 앞의 식 2-14로 결정되는데 온도

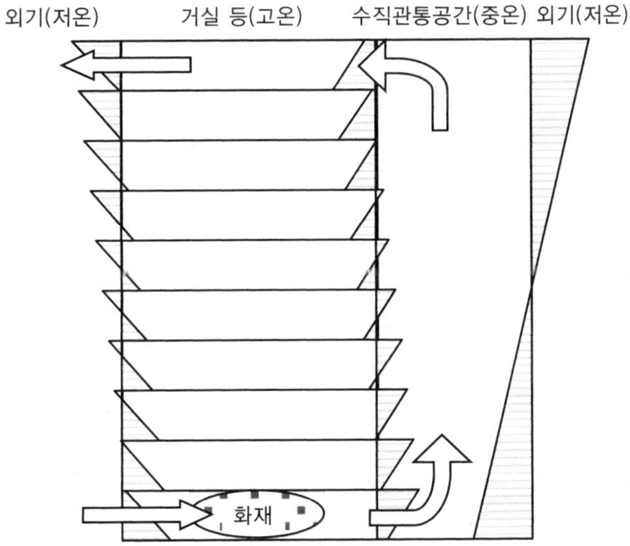

그림 2-19 연돌효과[14]

가 현저하게 높지 않으면 대체로 수직 샤프트의 중간 높이 정도에 위치한다.

한편, 예를 들어 피난이나 소방활동을 위해 수직 샤프트 바닥부와 꼭대기 부분에 큰 개구가 생기는 경우에 중성대의 높이는 식 2-15로 주어진다.

여기서 A_a 및 A_s는 각각 수직 샤프트 바닥부 및 정상부에 설치된 개구의 면적(m^2)이다. 즉, 중성대의 위치 Z_n은 바닥부의 개구가 꼭대기의 개구보다 크면($A_a \gg A_s$)이면 낮아지고, 반대로 정상부의 개구가 바닥부의 개구보다 크면 ($A_a \ll A_s$) 높아진다. 단적으로 중성대는 큰 개구 쪽으로 다가가 위치한다고 기억하면 좋을 것이다.

$$\frac{Z_n}{H} = \frac{1}{1+\left(\frac{\rho_\infty}{\rho_s}\right)\left(\frac{A_a}{A_s}\right)^2} = \frac{1}{1+\left(\frac{T_s}{T_\infty}\right)\left(\frac{A_a}{A_s}\right)^2} \qquad (2\text{–}15)$$

중성대 위치가 수직 샤프트의 위쪽에 위치하는 것은 외기에 대하여 수직 샤프트가 감압된 상태에 있음을 의미하므로 화재 연기를 인입하기 쉬운 경향에 있는 한편, 샤프트에서 거주부로 연기를 누출시키기 어렵게 된다. 중성대가 아래쪽에 있는 경우는 수직 샤프트가 가압된 상태에 있는 것을 의미하며, 연기의 유동상은 감압된 경우와 반대의 경향이 된다. 실제 건축물에서는 한쪽 개구가 다른 쪽보다 압도적으로 클 수도 없고, 또 중간층에서의 개구 등도 영향을 미치므로 어디까지나 경향이 있다고 말하는 정도이지만, 중성대 높이의 변동인자로서 기억할 필요가 있다.

(8) 건물 내 연기의 유동

화재로 인한 열과 그로 인한 기체의 온도상승이 주원인이 되어 건물 내의 연기는 확산하려고 한다. 개구부를 통한 인접실로의 확산과 수직관통공간 연돌효과로 인한 상층 전파 등이 주요 연기 전파의 패턴이다. 연기의 건물 내 전파를 억제하기 위해 경계벽 등에 의한 방연구획을 설치하거나, 배연을 하거나, 압력제어에 의한 차연을 하는 등의 대책이 필요하다. 건물 전체에 걸친 연기유동을 예측하기 위해서는 건물 내 각 공간의 압력을 구할 필요가 있는데, 이를 위해서는 수치계산을 따라야 한다. 그림 2-20은 가상적인 건물 내의 연기유동을 계산한 결과를 나타낸 것이다. 이는 연기 확산의 한 계산 예이긴 하지만 출화실에서 발생한 연기가 수직관통공간을 통해 상층부로 확산되기 용이하다는 것을 알 수 있다.

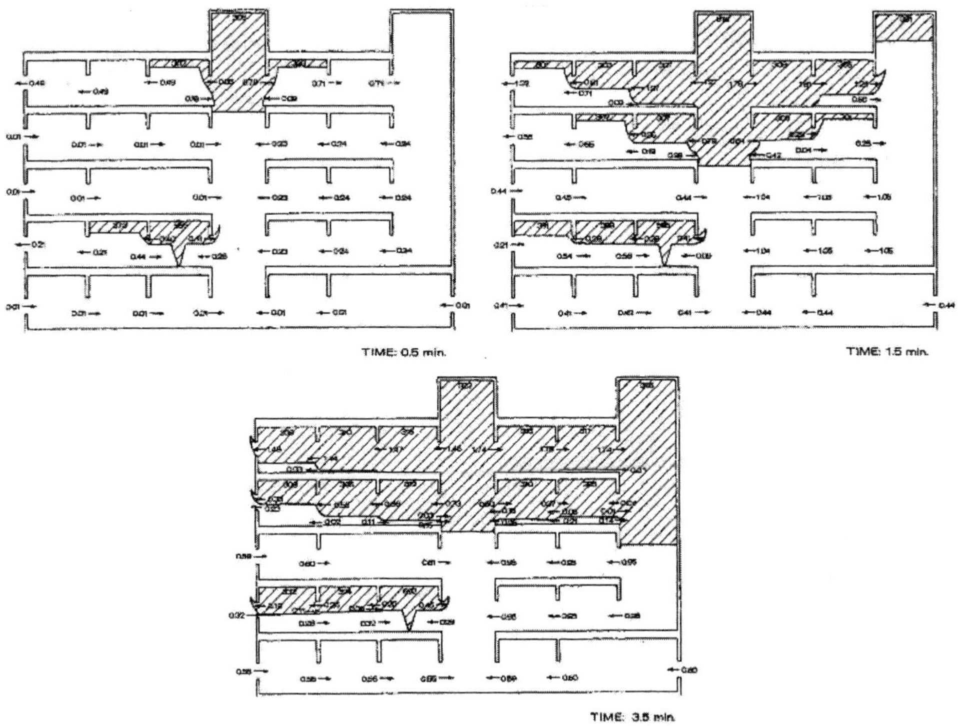

그림 2-20 건물 내 연기유동 계산 예[2]

3. 플래시오버의 성질

어떤 실내에서 착화한 화재의 초기 단계에서는 연소범위가 실내에서 점차 확대된다. 그러다가 어느 단계에 이르면 급격히 확대되고 연소는 실 전체로 확대되게 된다. 이 현상을 플래시오버라고 부른다. 앞의 그림 2-10에 나타낸 것과 같이 화재 초기 단계에서는 구획 화재의 성장은 비교적 완만하다. 이는 실내 일부 가연물의 연소에 의해 발생한 연소가스가 화재플륨을 통해 공기를 혼입하며 상승하여 공간 상부의 연기층으로 축적되어가는 시기에 해당한다. 그 공간 상부에 축적된 연기층은 화염보다 온도는 낮지만 실내로 넓게 전파되고 복사 및 대류 열전달에 의해 실내 가연물의 온도를 서서히 상승시킨다(그림 2-21). 가연물은 온도상승과 함께 열분해를 일으켜 가연성 가스를 발생시키는 성질이 있으므로, 온도가 어느 단계에 도달한 가연물이 마침내 착화되면 그 연소가 더욱 연기층의 온도를 높여 미착화 가연물로의 열전달을 증가시킨다. 이렇게 착화가 연쇄적으로 확대되어 화염이 한꺼번

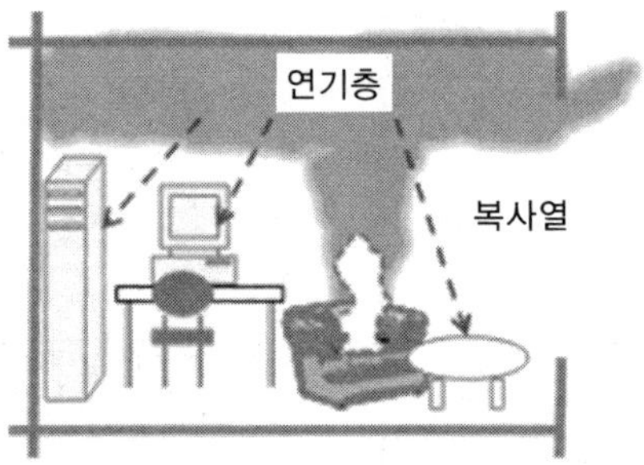

그림 2-21 플래시오버 발생 메커니즘

에 실 전체로 번져 화재실이 불길에 휩싸이게 된다. 이것이 플래시오버의 발생 메커니즘이다.

플래시오버의 발생 조건은 바닥면으로의 복사열량이 20 kW/m^2 정도에 이르는 것으로 생각되고 있다. 이 정도의 열량이 대부분의 가연물이 착화하는 복사열에 해당하기 때문이다. 복사 열유속을 발생시키는 연기층 온도의 관점에서는, 3 m 전후의 통상의 거실 천장높이에서, 연기층 온도가 450~650℃이 되는 것을 플래시오버의 발생 조건이라고 할 수 있다.

4. 최성기 화재의 화재성상

(1) 연료지배와 환기지배

화재가 초기 성장기로부터 플래시오버를 지난 상태가 최성기 화재다. 최성기 화재는 두 성상으로 나뉘는 경우가 많다. 가연물이 열분해하여 발생하는 가스의 양에 대해 개구로부터 충분한 산소량이 공급되는 상태를 「연료지배」, 반면 산소의 공급이 부족하여 실내에서의 연소가 개구에서의 환기량에 영향을 받는 상태를 「환기지배」라고 부른다. 환기지배가 되면 연소속도나 화재실 내에서의 열의 발생 및 발생한 열의 유출 등도 거의 상한에 달해, 화재실 내부는 마치 잘 교반된 연소로 내부와 같은 상태가 된다. 또한, 실내에서 연소하지 못한 미연소 가스가 개구 외부로 유출되고 거기서 산소와 반응하여 분출 화염을 일으킨다. 이 시기는 온도나 환기 속도 등이 비교적 안정되어 급격히 변화하지 않기 때문에 물리적으로는 준정상이라고 해도 되는 상태가 된다.

최성기 화재에 대해서는 화재가 화재실 이외로 확대되는 것을 방지하는 대책이나 건물 구조체의 붕괴를 막기 위한 대책, 소방활동 거점을 확보하기 위한 대책 등이 화재안전설계의 중요한 과제가 된다. 따라서 보다 격렬한 연소가 되는 환기지배 상태에 대한 대책을 고민해야 하며 이때 가장 중요해지는 것이 화재실 온도와 화재 지속 시간이다.

(2) 화재실 개구부를 통한 기체의 유동

그림 2-22는 화재실 온도에 영향을 미치는 요소를 나타낸 것이다. 화재실 내에서는 가연물로부터의 열분해 가스의 연소에 의해 화재실에 고온 가스가 가득 차고, 그로부터 열이 전달됨으로써 실내벽의 온도가 상승하며, 수납가연물의 열분해가 초래된다. 화재실 내 가스 온도의 상승은 개구부를 통한 환기를 발생시키고, 이에 따라 고온 가스가 실외로 배출됨과 동시에 실외에서 실내로 외기가 공급되어 화재실 내의 연소를 지탱한다. 또, 개구부를 통한 복사로 인해 실내에서 외기로의 열손실도 일어난다. 구획 화재의 성상은 이와 같이 서로 의존하는 요소 및 현상으로 구성되어 이들의 균형에 의해 정해진다. 화재구획을 하나의 연소계로 보면 질량의 보존과 열량의 보존이라는 모든 물리현상에 공통인 두 법칙이 작용하고 있다.

엄밀하게는 질량보존에는 가연물의 연소속도 m_b가 관계하는데, 이를 무시하고 근사적으로 구획외부로의 유출 유량 m_g가 구획외부로부터의 유입 유량 m_b와 같다고 간주하면 최성기 화재와 같이 구획 내의 온도가 높을 때의 유출 유량 m_g(kg/s)는 식 2-16으로 주어진다. 여기에서, 그림 2-23과 같이 A_W 및 H_W는 개구부의 면적 및 높이(m)이고, $A_W\sqrt{H_W}$는 건축공간의 온도 차 환기식에서도 자주 나타나는 환기인자라 불리는 매개변수이다.

$$m_g = m_a + m_b \approx m_a = 0.5 A_W \sqrt{H_W} \tag{2-16}$$

(3) 연소속도와 환기인자

구획 화재에서 연소속도라고 일컬어지는 것은 가연물의 질량감소속도, 즉 가연물이 열을 받음으로써 열분해하여 기체가 되어 가연물로부터 떨어지는 열분해 가

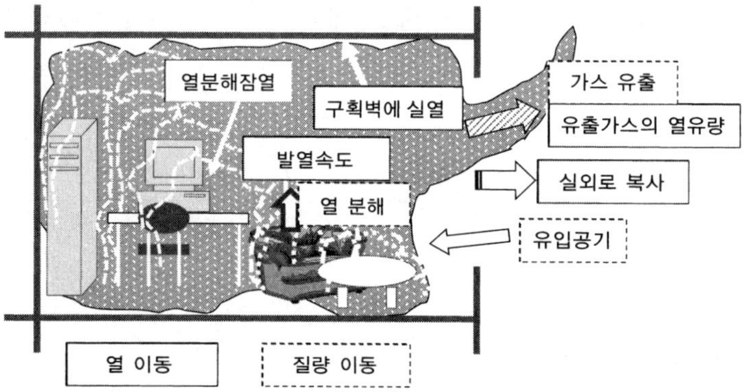

그림 2-22 성기 화재실 성상에 관계하는 요인

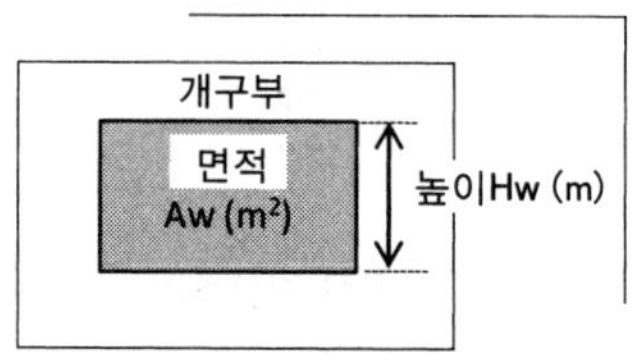

그림 2-23 개구부의 요소

스의 발생속도 m_b를 말한다.

연료지배의 경우는 공기 중의 산소가 과다하므로 연소속도 m_b는 가연물의 성질과 양에 따라 결정된다. 가연물의 열분해 가스가 화재실 내에서 모두 연소한다고 했을 경우, 즉 연료지배의 경우에는 화재실 내의 발열속도 Q는

$$Q = \Delta H \cdot m_b \tag{2-17}$$

가 되어, 복수의 가연물이 동시 연소하는 것 이외에는 식 2-1과 같다. 여기서, ΔH는 가연물의 질량당 연소 발열량(kJ/kg)이다.

한편, 환기지배가 되면 열분해 가스의 발생량이 많아도 산소의 공급이 환기에 의한 공기 유입 속도에 의해 제한되므로 연소반응속도, 즉 발열속도도 공기 유입량을 규정하는 매개변수인 환기 인자 $A_W\sqrt{H_W}$에 의해 결정된다. 덧붙여서 환기 인자 $A_W\sqrt{H_W}$가 커짐에 따라 구획으로의 공기 공급이 커지므로 구획 화재는 환기지배에서 연료지배화재로 옮겨간다.

내화성능검증법[4]에서는 어느 경우라도 연소속도 m_b를 구할 수 있는 산정방법을 도입하고 있다. 환기지배와 연료지배의 경계는 가연물의 종류에 따라 다르지만 가연물의 표면적을 A_f(m²)로 하면, 목질계 가연물의 경우는 $A_W\sqrt{H_W}/A_f$가 0.6~0.8의 범위이다.

환기 인자는 구획 내 발열속도와 직접 관련이 있지만 연소속도 m_b는 복사 열량에 따르므로 환기 인자와의 관계는 복잡하다. 그러나 가와고에·세키네(川越·関根)는 많은 실험 결과에서 연소속도 m_b 또한 환기량과 마찬가지로 환기 인자에 비례하는 것을 정리하여 제안하였다(식 2-18).

$$m_b = 0.1A_W\sqrt{H_W} \tag{2-18}$$

환기지배의 경우에는 공기량이 부족하므로 열분해 가스의 전부가 화재실 내에서 모두 연소될 수는 없고, 일부가 외기로 나와 분출 화염이 되어 연소한다. 화재실 내부에서 발열속도의 최대치는 식 2-16의 공기 유입 속도와 단위 공기 소비량당 발열량 3000 kJ/kg을 이용하여 식 2-19와 같이 근사할 수 있다. 실제로는 연소에 사용되지 않고 유출되는 산소도 있을 것으로 생각되므로 이보다 다소 작은 값이 된다.

$$Q = 3000m_a = 1500A_W\sqrt{H_W} \tag{2-19}$$

(4) 최성기 화재의 지속시간

최성기 화재의 지속시간 t_{FD}(s)는 가연물량 대부분이 최성기 화재 시 소비된다고 가정하면 식 2-20으로 구할 수 있다. 여기서 m_b는 연소속도(kg/s), W(kg)는 화재실 내 가연물량이다.

$$t_{FD} = \frac{W}{m_b} \tag{2-20}$$

이상과 같이 건물 내 혹은 구획 내의 총발열량에 따라 화재의 지속시간이 결정되므로 표 2-4에 나타낸 상정되는 총 발열량에 대해 구조내화성을 확부할 수 있는 설계가 필요하다.

5. 개구부에서 분출하는 화염 특성

건물 한 실에서 출화 후 화재가 성장하여 온도가 높아지면 곧 유리창이 파손되어 화염이 창문으로 분출하게 된다(그림 2-24). 이를 분출화염이라고 한다. 분출화염은 상층의 유리창을 깨뜨려 불티를 침입시키거나, 상층의 가연물을 가열·착화시켜

정면 측면 측면(열화상)

그림 2-24 창으로부터 분출하는 화염[15]

연소가 상층으로 확대되는 원인이 된다. 이 분출화염의 성상을 파악하는 것은 화재 안전설계에 있어서 상층연소를 방지하기 위한 스팬드럴 계획 등의 중요한 요소가 된다.

그림 2-25는 실대 실험(편집 주: 실제 크기의 실험장에서 진행하는 실험)에서 세로로 긴 창(그림 좌측)과 가로로 긴 창(그림 우측)으로부터의 분출기류의 온도분포 측정 예를 나타낸 것이다. 이 둘을 비교하면 세로로 긴 창문으로부터의 분출기류는 외벽에서 점차 멀어지는 궤적인 반면에, 가로로 긴 창문으로부터의 분출기류는 외

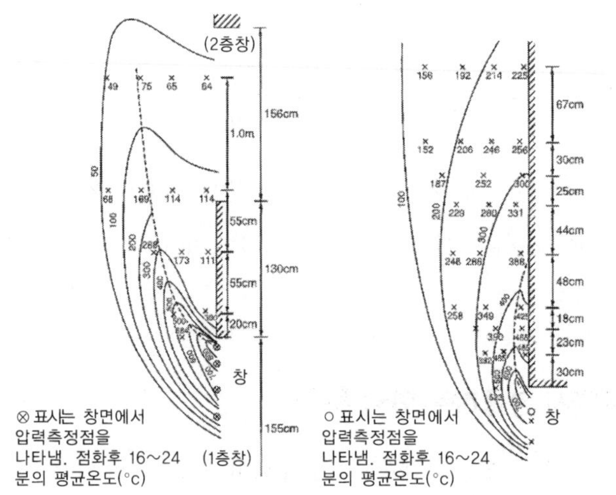

(1) 세로로 긴 창 (2) 가로로 긴 창

그림 2-25 실대 실험에 따른 개구부 분출열기류의 온도분포[16]

벽 쪽으로 빨려 들어가는 듯한 궤적을 그린다(코안다 효과). 따라서 창 상부 외벽면 근방의 온도는 세로로 긴 창문의 경우에 비해 현저히 높다는 것을 알 수 있다. 분출 기류의 온도는 화재온도에 따라 다르지만 온도분포 형상은 입구부의 기하학적 형상에 의해서만 정해지며 개구부의 형상이 비슷하면 크기나 온도에 관계하지 않는다. 따라서 일반적으로 가로로 긴 창문이 상층연소에는 악조건이 된다.

03 시가지로 확대된 화재 현상

시가지 화재의 방지는 일본뿐 아니라 세계적으로도 도시가 발전한 사회의 큰 과제였다. 그러나 일본의 역사적인 시가지 대화재로 인한 피해 수준은 다른 나라와 비교할 수 없을 정도로 방대하다.[17] 이 때문에 일본의 건축기준법 등에서도 시가지 화재 방지는 가장 중시되어 온 목적 중 하나로, 많은 관련 조문이 있다.

1. 시가지 화재의 연소확대

1976년에 발생한 야마가타현 사카타시의 대화재는 지진 화재를 제외하고 근래에 발생한 대규모 시가지 화재 사례이다. 이 화재는 목조 영화관 화재가 확산된 것으로 그림 2–26에서 보듯 약 11시간 만에 약 25.2 ha, 1774동을 소실했다. 이 화재는 평균 풍속 17.4 m/sec, 순간 최대 풍속 26.7 m/sec에 이르는 강풍하의 화재로, 불티가 연소확대를 촉구한 화재였다.

시가지 화재 연소의 주요 원인은 그림 2–27에 나타낸 바와 같이 이하의 3가지이다. 즉,

① 화재 건물의 분출화염에서 인접 건물로의 복사열

② 바람에 의해 기울어지는 화재기류에 의한 풍하 건물의 가열

③ 화재기류에 의해 운반되는 불티

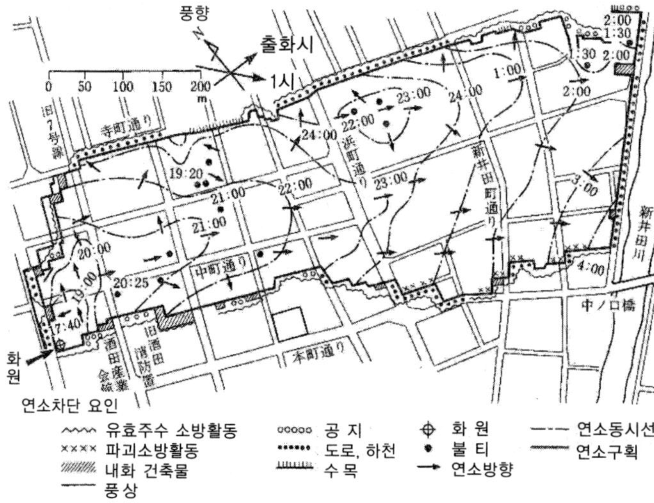

그림 2-26 사카타시 대화재의 연소 상황[18]

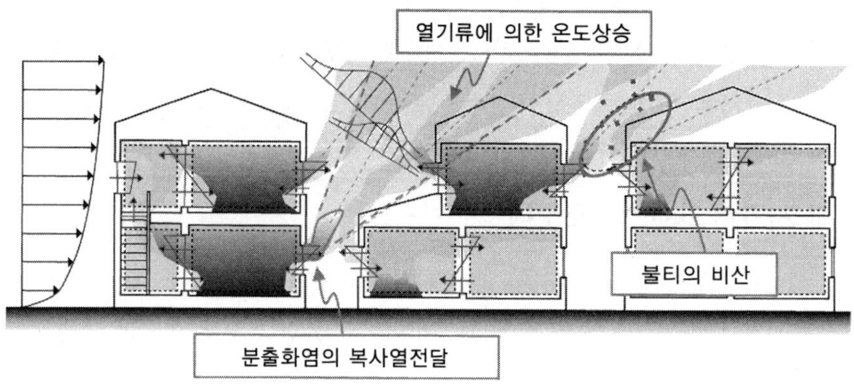

그림 2-27 시가지 화재 연소의 주요 원인[19]

이 중 ①의 복사열은 바람의 조건에 구애받지 않는 공통의 연소 원인이 되지만, 사이에 물체가 있으면 가로막히기 때문에 기본적으로 인접 건물로의 연소 원인이 되며, 인접 건물을 뛰어넘어 그 앞의 건물을 연소시키지는 않는다. 한편 ②와 ③은 모두 외기풍의 조건에 의존하므로 연소 원인으로서의 위험성이 커진다. 외기풍이 약할 경우 화재기류는 거의 수직으로 상승하므로 ②는 전혀 문제가 없으며, ③의 불티는 일단 상공으로 날아오른 뒤 주변에 낙하하기 때문에 전혀 위험하지 않은 것은 아니나 비교적 낮은 수준으로 보면 된다. 매우 무서운 것은 외풍이 강한 경우이다. 바람이 강하면 화재기류는 바람에 의해 기울어 지상 근처를 덮게 된다. 따라서 화재 건물에 인접한 건물은 ①의 복사열에 더해 ②의 열기류로부터 가열을 받게 되어 연소하기 쉬워진다. 그러나 더욱 위험한 것은 날려버린 열기류 속에 불티가 대량으로 함유되어 있고 이것이 시가지에 뿌려져 ③을 유발하는 것이다.

2016년 12월 발생한 이토이가와시 역 북쪽 대화재에서도 강풍에 의한 연소확대가 일어나났다. 그러나 주변 건물이 전소되는 가운데 외관상 피해를 거의 볼 수 없는 단독주택도 있었으며, 이 건물은 개구부가 망입유리(편집주: 유리 안에 철로 된 그물을 넣어 내구성을 보완한 유리)로 보강된 것으로 보고되고 있다.[20] 이와 같이 개구부나 지붕, 외벽을 강화함으로써 시가지 화재의 연소를 방지 혹은 억제하는 것은 가능하다.

2. 풍속과 연소확대속도

과거의 대규모 시가지 화재는 거의 예외 없이 외기풍이 강한 조건에서 발생하였다. 시가지 화재의 연소속도가 외기 풍속에 크게 의존하는 것은 분명하다. 그림 2-28은 전쟁 전까지의 대화재의 연소속도와 외기 풍속과의 관계를 분석해 정리한 것이다. 이에 따르면 풍속이 5 m/s 이하로 비교적 작을 때의 연소속도는 50~100 m/h 정도이며 복사열이 주된 원인이 되는 연소라고 생각된다. 한편, 5~8 m/s의 풍속이 되면, 연소속도는 100~300 m/h가 되어 열기류나 비화의 영향을 볼 수 있게 된다. 또한 풍속이 증가하면 연소속도가 500~1000m/h가 되어 분명히 불티가 원인인 연소속도가 된다.

그림 2-29는 강풍하(풍속 5.0~14.9 m/s) 및 열풍하(풍속 15.0 m/s 이상)에서의 풍하 거리와 불티 발생을 빈도 분석한 것이다. 강풍하에서의 불티는 풍하 500~600 m에서도 상당한 빈도로 분포하는 것으로 나타나고 있다. 따라서 열풍하 쪽이 강풍하보다 거리가 짧은 곳에서 빈도가 높은 것은 열풍하에서는 화재기류가 강풍에 더해져 땅 가까이로 기울기 때문에 불티가 상대적으로 멀리까지 비산하기 어렵기 때문으로 알려져 있다.

3. 시가지 연소 화재의 특징

시가지 화재가 발생했을 경우에는 소방대원이나 관계자로부터의 사정청취나 일반 시민의 화재정보를 모아 정리·분석함으로써 연소 상황도가 작성된다(예를 들어 그림 2-26). 연소 상황도에 있어서의 동시 연소선은 그 시각의 연소 구역의 전선을 연결한 것으로, 그 선상에 있는 가옥은 연소하여 그 시점에서 막 연소되기 시작한 것이 된다. 그 선에서 시각을 거슬러 올라간 동시선의 방향에 있는 범위는 가옥이 불타기 시작한 뒤 어느 정도의 시간이 경과한 것이다. 가옥은 어느 정도 시간이 지

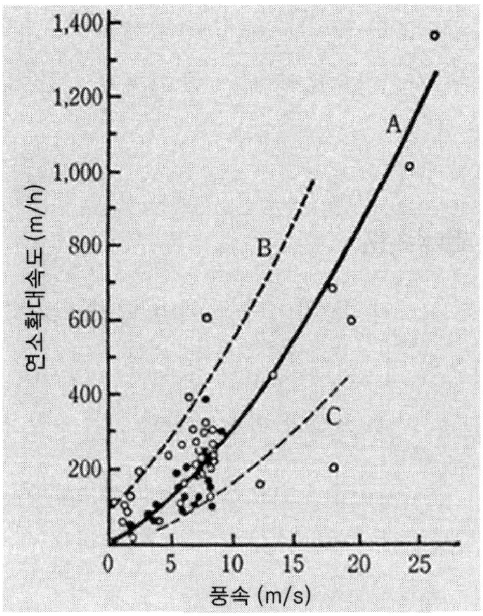

그림 2-28 풍속과 연소확대속도[21]

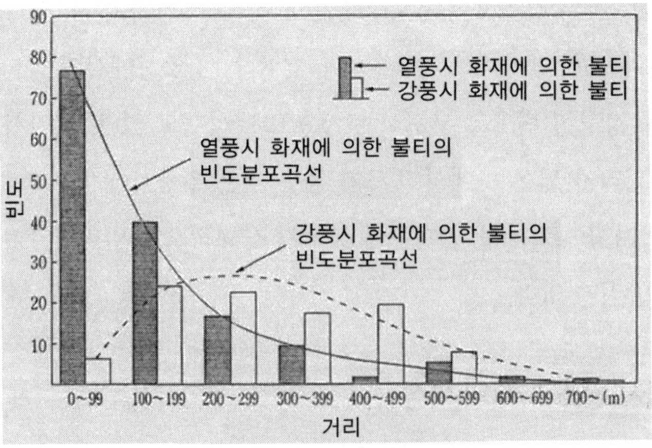

그림 2-29 풍속과 불티 비산거리의 빈도분포[17]

나면 다 타버리기 때문에 장시간 연소되는 시가지 화재의 동시염상(炎上) 부분은 띠 모양을 이루게 된다. 그림 2-30은 한신 아와지 대지진으로 발생한 시가지 화재의 예를 보여주는 사진이지만, 띠 모양의 염상(炎上)부 뒤에는 이미 전소한 넓은 구역이 관찰된다.

만일 연소확대속도가 100m/h, 가옥이 전소할 때까지의 시간이 30분(0.5시간)이라고 하면, 시가지 화재로 한창 연소하고 있는 띠 모양의 동시염상 부분의 폭은 50m이다. 이는 불티 소화 대책을 포함하여 시가지 화재의 연소확대속도를 억제하는 것의 중요성을 시사한다고 할 수 있다. 즉, 시가지 화재의 동시 염상폭은 연소확대속도에 비례하여 증가하므로 많은 열을 발생하게 되고, 연소확대속도가 클수록 더욱 시가지 화재의 연소력을 강화하여 주민의 피난위험성을 높이게 되는 것이다.

이 풍속 요인을 포함하여 시가지 화재의 연소 속도를 예측하는 방법은 많이 제안되고 있다. 그러나 이전에는 과거의 대화재 기록과 실대 실험 등의 자료에서 경험적으로 시가지에서의 연소속도를 공식화한 것이 많아 가옥이나 도시의 구조나 사양이 변하면 적용 가능 범위에서 차이가 발생하기도 한다.

현재는 컴퓨터의 성능이나 수치계산기술의 비약적 향상에 따라 GIS 데이터 등을 이용해 구체적인 시가지 건물의 물리구조를 반영하고 화재성상에 관한 물리적 식견을 바탕으로 한 시가지 화재예측방법이 개발되고 있다.[23] 그림 2-31은 그 한 예이다.

그림 2-30 한신·아와지 대지진의 시가지화재상황[22]

그림 2-31 교토시 히가시야마구의 지진 화재 연소확대 예측[23]

4. 지진 화재

대지진 때는 강한 흔들림으로 무너진 건물에서 짧은 시간에 다수의 화재가 발생하는 일이 적지 않다. 평상시의 도시화재는 화원이 통상 1개소이지만 강한 지진 후에는 동시다발적인 화재가 발생하는 것이 큰 특징이며, 평상시라면 충분한 소방력이 확보되어 있더라도 지진 시에는 대응할 수 있는 한계를 넘어설 위험성이 있다.

일본의 경우, 에도시대 이전에도 많은 지진 화재가 기록되었고 메이지 이후에도 마찬가지이다. 1923년 9월 1일에 발생한 관동대지진에서는 구 도쿄시에서만 130여 건의 화재가 동시 출화해, 이 중 80건이 연소 화재가 되었고, 당시의 도쿄 시가지의 약 절반을 태워, 이 화재로 약 6만 명의 희생자를 냈다.

최근에도 1993년 홋카이도 남서쪽 해역 지진, 1995년 한신 아와지 대지진, 2011년 동일본 대지진 등 대규모 시가지 화재가 발생했다. 한신 아와지 대지진(1995)은 새벽 지진임에도 피해지역 전체에서 약 269건의 건물 화재가 발생해 7,574동의 가옥·건물을 소실했다.[24] (지진 화재 피해에 대해서는 1장 01의 3.을 참조.)

최근의 지진 화재로부터 얻어야 할 큰 교훈은, 평상시에는 큰 화재가 거의 보이지 않게 된 현재의 도시에서도 지진으로 도로가 끊겨 소방력이 기능하지 않게 되면 대형 화재가 발생할 위험이 잠재되어 있다는 점이다.

5. 화재 선풍(Fire wind)

시가지가 대규모로 연소했을 때 주의해야 할 것 중 화재 선풍(fire whirl)이 있다. 1923년의 관동대지진에서는 그 사망자 수의 과반인 34,000명(38,000명이라고도 함)의 인원이 피복창고*에서 사망하였으며, 화재 선풍이 원인으로 알려져 있다. 피복

창고 터의 공터는 약 10 ha로 그곳에 약 40,000명이 가재도구와 함께 대피해 있었다. 화재 선풍은 9월 1일 오후 4시경 피난민들이 늦은 점심을 먹고 밤을 지새울 준비를 하던 중 덮쳐 피난민 위에 불티를 뿌렸고 이를 바람이 부채질했다. 이로 인해 피복창고 터는 불바다로 변하여 순식간에 34,000명이 목숨을 잃었다. 사인 대부분이 불꽃이나 고온의 연기 흡입으로 인한 기도열상일 것으로 추측되고 있다. 피복창고 터를 덮친 선풍에 의한 강풍은 인접지 수목의 피해 상황 등으로 미뤄 풍속 약 70 m/s의 맹렬한 것이었을 것으로 추정되고 있다. 또 데라다 토라히코(寺田寅彦)의 조사에 따르면 선풍은 피복창고 터뿐만 아니라 각지에서 발생하여 도쿄에서 100여 개, 요코하마에서 30여 개, 기타 오다와라 등에서도 발생하였다고 전해진다.

화재 선풍은 관동대지진만의 현상이 아니며, 대규모 화재 시 화재 선풍이 발생한 것으로 보고된 사례는 적지 않다. 화재로 인해 발생하는 대량의 열이 강한 상승기류를 발생시키고, 이로 인해 선풍이 야기될 위험이 존재한다. 관동 대지진의 화재에서는 재해지역의 상공에 큰 적란운이 생긴 것이 보고되었다. 화재 선풍의 원리나 현상은 자연현상으로 발생하는 토네이도와 비슷할 것으로 생각되지만 인명위험 관점에서는 고온 가스와 불티를 포함하고 있다는 점에 주의가 필요하다.

04 설계 시 고려해야 할 포인트

본 장의 내용이 직접적으로 건축설계로 연결되는 것은 적지만, 다음의 화재 현상 등은 설계자에게도 설계단계의 초기부터 의식해 두어야 할 것으로 생각된다.

① 화재가 발생하면 유독가스나 열도 포함해 여러 연소 생성물이 발생해 인체나 건물에 위해를 끼친다.

② 최초로 착화물에 불이 붙어 불타기 시작한 시점의 화원의 규모는 비교적 작지

* 옛 육군의 군복을 만들고 있던 시설의 이전 터로, 지진 당시에는 도쿄도의 공원 예정지로서 공터가 되어 있었다. 그 일부는 현재의 도쿄도립 요코즈나 공원으로 되어 있다.

만, 시간이 지날수록 타올라 큰 화원이 되고 화염도 커진다. 화원의 성장속도는 착화물의 재질에 따라 다르지만 착화물이 클수록 화염도 커지고 주위의 다른 가연물이나 가연성 벽, 천장을 열복사나 열기류로 가열하여 착화시킴으로써 실내 전체의 화재로 확대시킬 위험성이 높아진다.

③ 화원 위에는 연소열로 온도가 상승한 상승 기류가 생긴다. 이것을 화재플륨이라 하며, 이것에 의해서 운반되는 연기는 천장 아래에 축적되어 연기층이 된다.

④ 화원의 발열속도는 화원의 연소확대 속도의 지표가 된다. 발열속도가 클수록 화재실 내 연기층 온도상승이 빨라지고 연기층 두께 증가 속도도 커진다.

⑤ 계단이나 엘리베이터 샤프트 등의 수직관통공간을 통한 연기 전파에는 연돌효과로 불리는 현상이 관련되어 있다. 이들 수직관통공간에 대한 연기침입 방지는 고층건축물의 피난안전에서 가장 중요한 대책이다.

⑥ 화재가 실 전체로 번진 구획 화재에서는 환기 인자가 작으면 환기지배 화재, 크면 연료지배 화재가 된다.

⑦ 실내 화재하중의 양에 비례하여 실내화재의 지속시간이 길어지고 구조부재 등 건축부재에의 영향이 크다. 다만 화재지속시간은 화재구획의 조건, 특히 환기인자의 크기와 관계하며 환기지배 화재에서는 환기인자의 크기에 반비례해 짧아진다.

⑧ 구획 화재로부터의 분출 화염은 상층연소의 경로가 될 가능성이 있다, 특히 창문이 가로로 긴 모양일 경우 위험성이 높아진다. 법규의 스팬드럴 높이의 기준이 반드시 상층연소 방지를 약속하는 것은 아니다.

⑨ 시가지 화재 연소의 주된 원인은 화재 건물로부터의 열복사, 화재기류 및 불티이다. 이것들은 외주벽이나 창문의 설계를 통해, 완전히 막지는 못해도, 억제하는 것은 가능하다.

참고문헌

1. 日本火災学会編: 火災便覧 第 3版, p.29, 共立出版
2. 田中略義著: 改訂版火災安全工学入門, 日本建築センター, 2002
3. 日本火災学会監修: 火災と消火の理論と応用, 東京法令出版, 2005
4. 日本建築学会編: 建築物の火災加重および設計火災性状指針(案), 丸善出版, 20日
5. 耐火性能検証法告示, 建設省告示第 1433号, 平成 12年 5月
6. 吉田正志、成瀬友宏: 火災安全設計に用いる設計火源としての収納可燃物の燃焼性状, BRI-H18講習会テキスト, 2006
7. Babrauskas, V. and Karsny, J: Fire Behavior of Upholstered Furniture, NBS Monograph 173, 1985
8. NFPA 92B – Smoke Management System in Malls, Atria and Large Areas, 1991 Edition, NFPA. 1991
9. 出口嘉一, 野竹宏彰、抱 憲誓, 仁井大策、山口純一, 池畠由華: リスクの概念に基づく避難安全設計法に用いる火災成長率の分布の推定, 日本火災学会論文集, Vol. 61, No. 2(2011)
10. 日本建築学会編: 火災安全設計の原則, 丸善出版, 2013
11. Y. Hasemi, T. Tokunaga: Flame Geometry Effect on the Buoyant Plumes from Turbulent Diffusion Flames, Fire Science and Technology, Vol.4, No.1, pp15-26, 1984.6
12. Heskestad, G.: Luminous Height of Turbulent Diffusion Flames, Fire SafetyJournal, Vol. 5, p. 103-108, 1983
13. Alpert, R. L., 1972. Calculation of Response Time of Ceiling-Mounted Fire Detectors, Fire Technology 8, p. 181-195.
14. 日本建築学会編: 建築物の煙制御計画指針, 丸善出版, 2014
15. 仁井他: 木造 3階建て学校の実大火災実験(予備実験) その 12 噴出火炎の形状と 温度, 日本建築学会大会(東海)学術講演集 防火, 309-310, 2012
16. 横井鎮男: 建築物の火災気流による延焼とその防止に関する研究, 東京大学学位論文, 1960
17. 京都大学防災研究所編: 防災学ハンドブック, 朝倉書庖, 2001
18. 自治省消防庁消防研究所: 酒田大火の延焼状況等に関する調査報告書, 1977

19. 樋本圭佑､田中略義: 都市火災の物理的延焼性状予測モデルの開発, 日本建築学会環境 系論文集, Vol.607, pp.15−22, 2006

20. 国土交通省国土技術政策総合研究所, 国立研究開発法人建築研究所: 平成 28年(2016年)12月22日に発生した新潟県糸魚川市における大規模火災に係る現地調査報告(速報), 2017.01, https://www.kenken.go.jp/japanese/contents/topics/2017/itoigawa.pdf(アクセス 2018/08/08)

21. 俣野､室崎編: 新版建築防火, 朝倉書庖, 1999

22. 神戸市: 阪神・淡路大震災 消防職員手記(西消防署), 1995.04, http://www.city.kobe.lg.jp/safety/fire/hanshinawaji/syukinisi.html#midashi26011 (アクセス 2018/10/03)

23. 樋本圭佑, 田中略義: 木造家屋群に取り固まれる文化財建造物の地震延焼火災による焼失リスク, 日本建築学会環境系論文集, Vol.669, pp.2135−2142, 2011

24. 消防庁: 阪神・淡路大震災について(確定報), 2006.5, http://www.fdma.go.jp/bn/%E9%98%AA%E7%A5%9E%E3%83%BB%E6%B7%%A1%E8%B7%AF%E5%A4%A7%E9%9C%87%E7%81%BD%EF%BC%88%E7%A2%BA%E5%AE%9A%E5%A0%B1%EF%BC%89.pdf (アクセス 2018/08/08)

3장

화재 시의 인간행동 특성

화재가 발생했을 때의 최우선 과제는 인명 안전 확보이다. 이를 위한 가장 기본적인 대책은 위험한 장소로부터의 인명 피난이다. 건축물에는 안전한 피난을 지원하기 위해 피난출구나 복도, 피난계단 등의 피난경로, 피난유도표지판이나 비상조명 등의 피난설비, 연기제어, 방화구획 등 많은 대책을 세우고 있지만, 이를 효과적으로 계획하기 위해서는 피난행동과 관련된 사람의 능력이나 특성에 대해 파악하여야 한다.

01 피난행동과 관련 있는 인체의 특성

1. 피난행동과 관련된 인체부위의 치수

보행이나 문의 개폐 등 피난행동과 관련된 인체 부위의 평균 치수를 나이 및 성별로 정리한 것은 부록표 3-1에 있다. 이는 1992~1994년에 사단법인 인간 생활 공학 연구센터가 일본 전국의 연령대가 다른 약 3.4만 명을 대상으로 178개 부위에 대해 측정한 「일본인의 인체계측 데이터」[1]에서 추출한 것이다. 일본인의 체격이나 각 부위의 치수는, 청년(20~24세)에서 피크를 맞이하고, 나이가 많아짐에 따라 치수가 작아진다. 또한 소아(12세)의 시기를 제외하면 남성에 비해 여성은 체격이나 각 부위의 치수가 작다.

신장이 클수록 보폭이 커지기 때문에 수평 방향의 보행속도가 빨라진다. 신장이 작으면 자신의 신체 치수에 대해 계단의 단차(한 계단의 높이)나 디딤판(계단에서 발을 디디는 곳)이 커지기 때문에 오르내리기 힘들어진다. 건축기준법의 계단치수 기준을 정리하여 표 3-1에 나타내었는데, 어린이용 계단의 단차가 R≤16 cm인 것에 비하여 공공시설 계단의 단차는 R≤18 cm, 주택의 단차는 R≤23 cm이다. 키가 작은 유아가 일반 성인용 계단을 오르내리기 어려운 것은 당연한 일이며, 따라서 고층건축물 내에 보육시설을 설치하는 경우에는 유아를 안고 피난하게 된다는 점에 대한 이해가 필요하다. 또한 어린이용 계단의 디딤판은 26 cm 이상으로 일반 계단보다 넓고 한 단을 두 걸음 이상으로 오르는 것을 전제로 하고 있다.

신체 각 부위의 치수는 신장 H에서 어림셈할 수 있다. 대표적인 치수의 환산치[3]

표 3-1 계단의 설계 규정치[2]

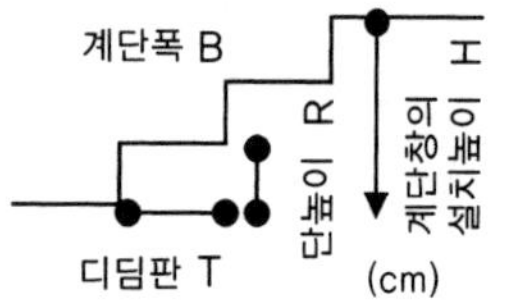

	R≤	T≥	B≥	B≤	경사≤
주택의 계단	23	15	75	400	57°
주택 이외의 계단	22	21	75	400	46°
바닥면적이 규정 이상	20	24	120	400	40°
공공시설의 계단	18	26	140	300	35°
어린이용 계단	16	26	140	300	32°

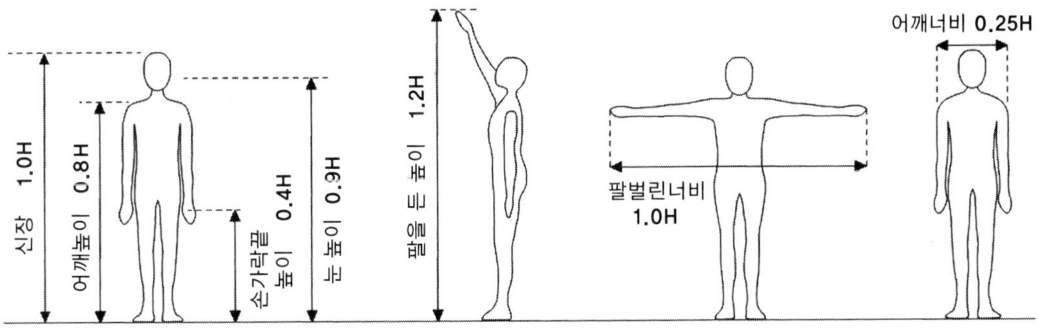

그림 3-1 신장 H를 기준으로 한 신체 치수 추정치(참고문헌 3을 바탕으로 재구성)

를 그림 3-1에 나타내었다. 건축공간의 수직 방향에 있어 적정 위치는 청년을 표준으로 하여 그림 3-1과 같이 정하고 있으며, 예를 들어 난간의 높이는 바닥에서 75~85 cm의 위치에 배치한다[4]. 인장력(引張力)이 최대가 되는 높이는 신장의 0.6배[3]이며, 청년(20~24세)에서는 약 100 cm이지만 7세 아동에서는 약 70 cm로 성인에 비해 상당히 낮기 때문에 아동이 사용하는 계단 난간의 높이는 60~65cm 정도가 바람직하며 이것이 2단 난간의 하단부 설계치가 된다. 또한 부록표 3-1에서 나타낸 것과 같이, 7세 아동의 손 치수(한 뼘 길이 및 쥐는 너비)도 청년의 약 70% 정도로 작으므로 난간의 형태나 치수를 배려할 필요가 있다. 따라서 성인 대상 난간 손잡이의 외경은 3~4 cm이지만 소아용은 3 cm로 정해져 있다[4]

침착하게 행동하고 2차 피해를 방지하기 위해서라도 설계 시 피난은 보행을 기본으로 한다. 그림 3-2는 평균적인 일본인의 보행 시 동작공간(보행대)과 지각대를

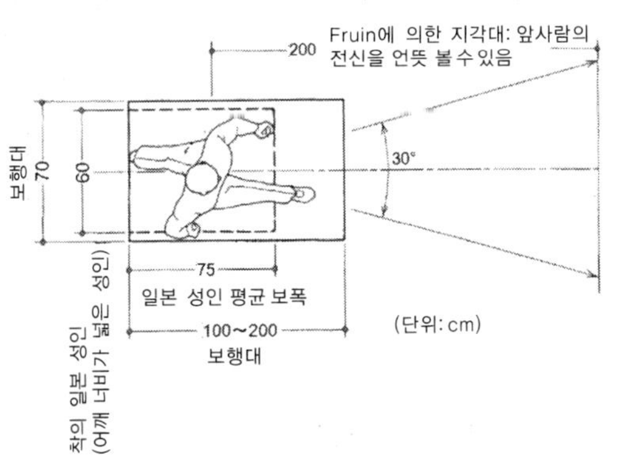

그림 3-2 보행대와 지각대[5]

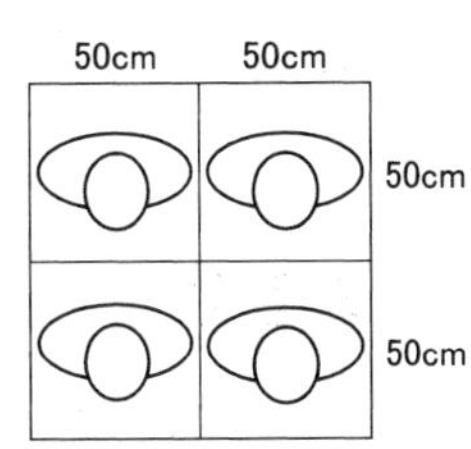

그림 3-3 체류 시의 공간

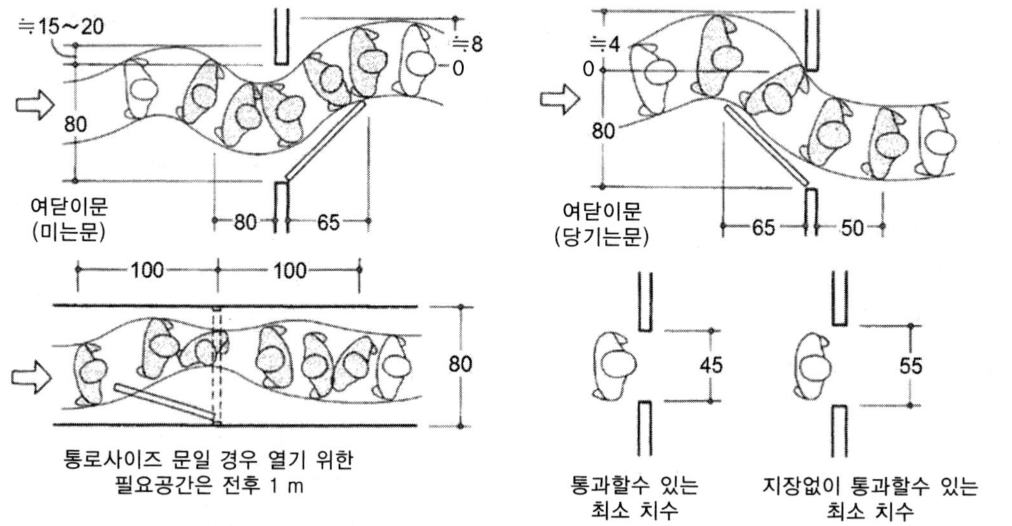

그림 3-4 문의 개폐에 따른 표준 치수[5]

나타낸 것이다[5]. 착의상태인 성인의 어깨너비(팔 가동범위 포함)는 60 cm이고 한걸음 보폭은 75 cm이지만, 보행동작을 반영하면 그 이상의 공간이 필요하다. 보행 시 전방의 시야는 약 30°이다[6]. 엘리베이터 안이나 체류 시 등 보행하지 않는 상태에서 필요로 하는 공간은 대략 50 cm^2 정도로 본다(그림 3-3).

그림 3-4에 문 개폐에 따른 표준 치수를 나타냈다. 문 등이 없는 개구부에서는 최소 45 cm, 지장 없이 통과하기 위해서는 55 cm가 필요하다. 미닫이문의 경우는 이 값과 거의 같지만 여닫이문의 경우는 80 cm를 필요로 한다. 또한 여닫이문의 개폐 방향에 따라서도 필요한 공간이 다르며 미는 문의 경우는 65 cm이지만 당기는 문의 경우는 100 cm 이상이 필요하다. 일반적으로 거실에 있는 문은 앞으로 당겨서 복도의 보행을 가로막지 않도록 하고 있지만 거실→복도→계단실→계단으로 피난할 때 사람들의 움직임을 원활하게 하기 위한 공간이라는 관점에서는 문의 개폐방향을 피난방향으로 하는 것이 적합하다.

2. 감각

이 절에서는 시각, 청각, 후각, 온도감각 등 다양한 감각에 대한 표준인(청년)의 역치(閾値)와 노화에 의한 변화를 나타낸다. 고령사회인 현재, 이러한 특성을 충분히 고려하여 피난계획을 세워야 할 필요가 있다.

(1) 시각

시각은 화재 시 피난 유도 표지를 찾아 피난 경로로 이동하는 데 있어 가장 중요한 감각이다. 피난 유도 표식 등의 대상물을 쉽게 발견하는 것은 대상물의 치수·밝기·주위와의 대비에 의존한다. 건축환경공학 분야에서는 이를 각각 시각치수(시각)·배경휘도(=순응휘도)·휘도 대비라고 부르는데, 이 세 가지를 통틀어 명시 삼요소라고 한다. 피난구 유도등이나 통로 유도등의 표시면 세로치수와 표시면 평균 휘도는 건축물의 용도나 규모(경계 바닥면적 1000 m^2)에 따라 3종류의 등급으로 정해져 있다. 표시면 평균휘도는 표시면에 기재되어 있는 픽토그램이나 문자의 시인성을 평가할 때에는 순응휘도에 해당하지만, 원거리에서 유도등을 관찰할 경우에는 주위와의 휘도 대비 산출에 이용되고 있다.

시각 대상물의 명시 삼요소 값이 같아도 잘 보이는 정도는 사람의 시력에 따라 달라진다. 시력은 일반적으로 란돌트(Landolt)환 시표를 사용하여 측정한다(부록 그림 3-1). 그림 3-5는 청년과 고령자의 근거리 시력(독서하는 거리에서의 시력) 측정 결과를 나타낸 것으로 동일 연령층에서 개인차는 있지만 고령자의 시력이 청년의 약 1/2 정도인 것을 알 수 있다. 또한 원거리 관찰에 대응하는 5 m 시력도 유사한 경향을 보이고 있다[7]. 시력에는 연령차가 있기 때문에 시인한계(視認閾)가 되는 명시삼요소의 조건도 연령에 따라 다르다. 그림 3-6은 나이에 다른 피험자군에서의

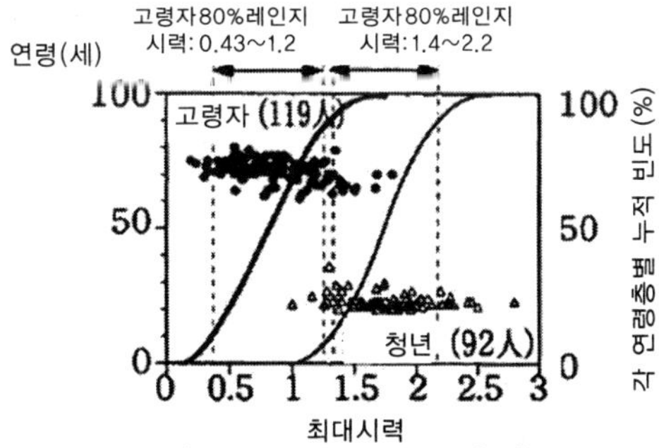

그림 3-5 시력의 연령차와 개인차[7]

순응휘도(관찰 환경의 밝기와 동의)와 식별할 수 있는 시각 대상물 치수의 역수 관계를 나타내고 있다[6]. 같은 치수의 기호 문자를 식별하는 경우, 나이가 많을수록 조명에 의해 밝게 할 필요가 있음을 이 그림에서 파악할 수 있다.

정전 등이 발생하여 실내 밝기가 급격히 어두워질 경우, 그 순간에는 사물이 보이지 않지만 잠시 후 어두움에 익숙해지면서 서서히 보이게 된다. 이것을 암순응(暗順應)이라고 한다. 그림 3–7은 암순응 시 식별할 수 있는 시각 대상물과 주변의 휘도차(광각투의 대수치·그림의 세로축)의 시간변화를 나타낸 암순응 곡선으로, 이 또한 노화의 영향을 받는다는 것을 알 수 있다. 청년은 20분 이상 암순응하면 근소

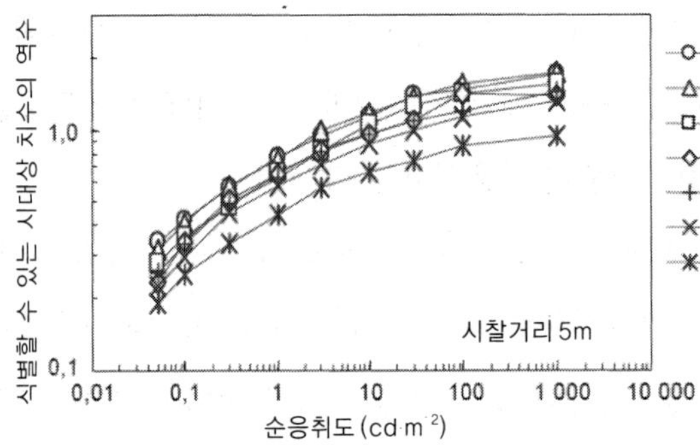

그림 3–6 순응휘도와 시각 대상물 치수에 대한 나이 차이[6]

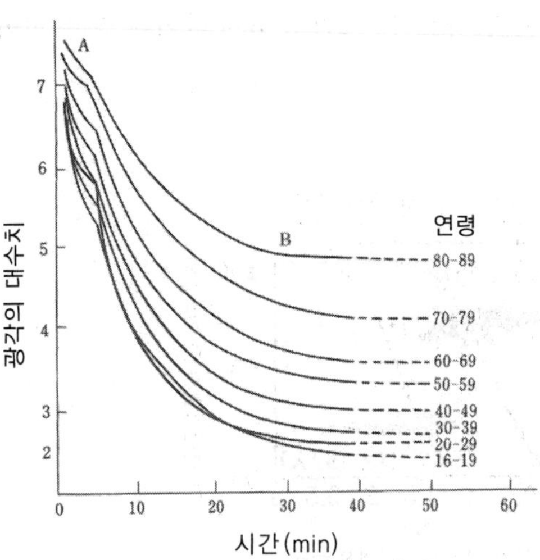

그림3–7 세로축의 「광각의 대수치」는 참고문헌에서의 실험값으로 대략
6=10^{-2} (cd/m^2),
4=10^{-3} (cd/m^2),
2=10^{-4} (cd/m^2),
에 상당함

그림 3–7 노화에 따른 암순응 곡선의 변화[12]

한 휘도차도 식별할 수 있게 되지만, 고령자는 같은 시간이 지나도 청년만큼 식별할 수 없어 휘도차가 크지 않으면 보이지 않는다. 갑작스러운 정전으로 조명이 꺼졌을 경우 피난자의 시야확보 방식이 나이에 따라 다르다는 것을 이해할 필요가 있다.

고령이 되면 시력이나 순응 이외의 시각 특성도 변화한다. 망막에 선명한 상을 묶는 초점 맞추기는 수정체의 곡률을 바꾸어 가고 있지만, 시각의 노화가 진행되면 초점 조정력이 저하된다[8]. 또한 수정체가 탁해지기 때문에 LED 광원 같은 고휘도 점광원은 안구 내 산란을 일으켜 시인성 저하를 초래할 수 있다. 수정체는 나이가 들면서 황변하므로 미묘한 색 변화를 식별하기가 어려워지니, 싸인 계획 등에서는 색에 의존하지 말고 우선은 휘도대비를 충분히 확보할 필요가 있다.

(2) 청각

최근에는 대피 유도에 음성을 이용하는 경우도 많다. 표준인(청년)이 인식할 수 있는 가청음압은 2×10^{-5}~20 Pa의 범위이다. 또한 주관적인 음의 지각은 음의 주파수와 음압 레벨로 나타나며 ISO에서는 등음곡선(loudness)으로 규격화되어 있다[8]. 가청음압 레벨도 나이에 따라 변화하기 때문에 고령자는 특히 고주파수 영역을 잘 듣지 못한다(그림 3-8)[9]. 일본국민생활센터의 조사에 따르면 주택용 화재경보기의 경보음은 80 dB 이상에서 피크 주파수가 2.5~3.15 kHz로 나타나며[10], 연령에 따라 듣기 쉬운 정도에는 차이가 있는 것으로 나타났기 때문에 음성을 통한 피난환기 및 유도 시에는 음압 수준뿐만 아니라 주파수에도 주의할 필요가 있다.

(3) 후각

후각은 유소년기부터 성장과 함께 급속도로 발달하여 청년기에 절정을 이루고 나이가 들면서 변화하여 60세 이후 급격히 떨어진다[11]. 고령자는 냄새를 식별하기 어렵기 때문에 연기에 대한 인지가 청년보다 늦을 확률이 높으며, 따라서 피난개시도 지연되는 것을 고려해야 한다. 또한 도시가스나 프로판가스는 냄새가 없는 기체이기 때문에 인간이 가장 민감하게 느끼는 냄새(양파나 계란 썩은 냄새)를 더해 가스 누출 시 바로 인지할 수 있도록 하고 있다.

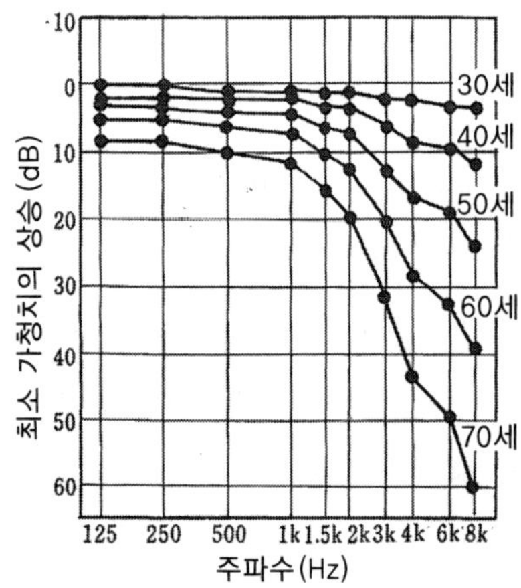

그림 3-8 나이별 청력레벨
(20세를 기준, 남성)[9]

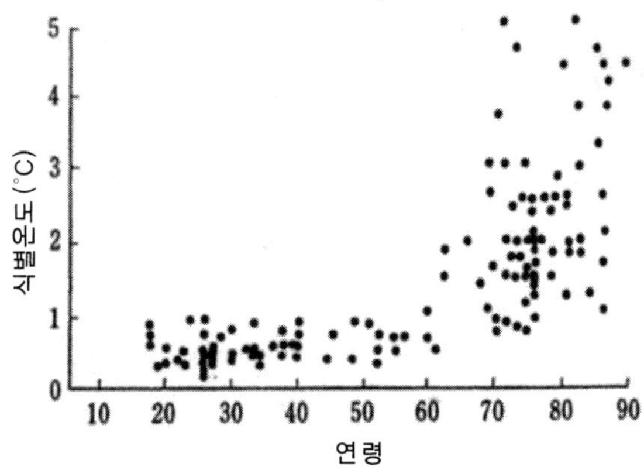

그림 3-9 노화에 따른 온도식별의 변화[5]

(4) 온도감각

고령이 되면 온도감각도 둔해진다. 그림 3-9는 노화에 따른 손가락 끝의 온도식별 변화를 나타낸 것으로[12], 50세 정도까지는 대체로 1℃이지만 65세 이상의 고령자는 개인차는 있지만 5℃ 이상의 온도변화를 느끼지 않게 되기도 한다. 최적 온도영역을 벗어난 경우(특히 한랭 시의 저온 화상)나 급격한 온도변화 시에는 고령자에 대한 배려가 필요하다.

3. 열의 허용한도

연소열로 인해 화재의 연기는 고온이며, 화염 부분은 1,000℃ 이상이 되는 경우가 많다. 이 고온 가스가 건물 안을 움직일 때, 신선한 공기와 섞이거나 열전달로 온도가 저하되지만, 고온 가스가 10배로 희석되더라도 100℃ 정도는 유지될 것으로 사료된다. 피난자가 화재 고온가스를 흡입할 경우 기도열상으로 인한 호흡곤란, 폐모세혈관 손상에 따른 호흡부전, 폐수종을 주병변으로 하는 세균성 폐렴 등을 초래해 사망에 이른다. 약 100℃의 고온가스에 10분 이상 노출되면 기도열상이 확실히 유발되며, 이 경우 화상 10일 후의 사망률은 거의 100%가 된다. 무풍 및 저습도 조건하에서의 공기 온도와 치사 한계 시간은 70℃에서 60분, 130℃에서 15분, 200~250℃에서는 불과 5분이다[13]. 고습도에서는 인체에 작용하는 열량이 커지기

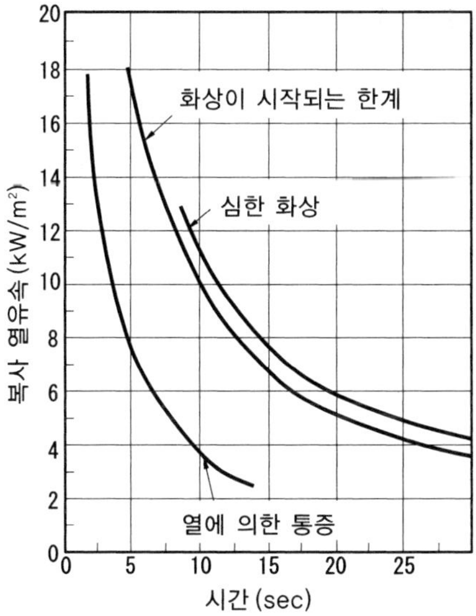

그림 3-10 인체의 내열성[14]

때문에 한계시간이 더욱 짧아진다. 다소 극단적인 예이지만, 100℃의 끓는 물을 떠올리면 이해할 수 있을 것이다. 연소 시에는 H_2O가 발생되기 때문에 연기 속에는 고온의 수증기가 포함되어 있다.

화재의 복사열은 화상 등 장애의 원인이 되기도 한다. 몸 전체 표면적의 30% 이상(소아 15%)이 심한 화상을 입으면 쇼크 상태를 일으켜 사망하기도 한다. 그림 3-10은 복사열에 대한 인체 내열 한계를 복사열의 강도와 노출시간의 관계를 나타낸 것이다[14]. 인체가 받는 복사열의 강도가 2 kW/m^2를 넘을 때부터 장시간 노출되는 것을 힘들어하며, 복사열의 강도가 4 kW/m^2이 되면 30초만 지나도 화상을 입는다. 참고로 태양의 복사에너지(태양 상수)는 1.36 kW/m^2, 목재에 발화 위험이 발생하는 복사강도는 12(침엽수)~14(낙엽활엽수) kW/m^2이며[15], 이는 광역 피난장소 주위에 설치된 수목의 방화대로서의 열한계치가 된다. 셔터 등의 창호를 통한 복사열의 영향 등 대기 피난 장소 등의 안전 구획을 마련하는 방법을 고려할 필요가 있다.

4. 연기의 독성에 대한 반응

2017년도 일본 소방백서[16]에 따르면 건축화재 사망원인의 37.9%는 일산화탄소(CO) 중독 및 질식으로 화염에 의한 화상의 35.1%보다 조금 더 높다(연도에 따른 변동은 있지만 두 원인은 동일하다). 고온의 연기로 인한 시력상실이나 열상이 미치는 영향도 크지만, 건축 화재에서는 CO도 인명 위험의 주요 요인 중 하나로 여겨지고 있다. 인적 피해를 최소화하기 위해 피난 시 연기에 노출되지 않는 구획화나 배연계획이 매우 중요한 까닭은 이 연기의 독성에 의한 것이다.

가연물의 대부분은 탄소를 함유하고 있어 화재실의 산소가 충분히 공급되지 않을 경우 CO가 항상 발생한다. CO는 무색·무취의 기체이며 산소를 신체로 운반하는 역할을 하는 혈중 헤모글로빈(Hb)과 결합하는데, 혈중 COHb(카복시헤모글로빈)를 형성하는 친화력이 산소보다 200배 이상 높다. 이는 20%의 산소 속에 0.1%의 CO만 섞여 있어도 Hb의 50%가 CO와 결합해 버린다는 것을 의미하며 그만큼 신체로 산소를 운반하는 양이 줄어 전 신체가 산소 결핍 상태가 되기 때문에 질식으로 사망에 이른다. 공간의 CO 농도와 노출 시간이 인체에 미치는 영향을 표 3-2에 나타냈다[17]. 이 표는 안정 시의 상태에 대해 나타내고 있으며 달리면서 피난하는 등 호흡량이 커지는 운동을 동반한다면 보다 짧은 시간이 노출되어도 신체에 작용한다. CO는 노출된 불(불꽃)이나 산소 부족으로 인한 불완전연소의 결과로 생기는데 산소 농도가 18% 이하가 되면 급격히 그 발생량이 늘어난다. 플래시오버 후 급격하게 화재실 내의 산소 농도가 저하되면 CO 발생량이 급격히 증가하므로 그 점에서도 피난이 어려워진다.

연소에 따라 공기 중 이산화탄소(CO_2)도 당연히 증가한다. CO_2 자체는 무해하지만 과잉 생성에 의한 산소 농도 저하로 인체에 해를 끼친다(표 3-3)[3]. CO_2 증가에 따른 산소 농도 저하로 보면 산소 농도가 12~13%일 경우 시각장애 등이 일어나며 10%에서 의식소실, 6% 이하에서는 사망에 이른다. 또한 화재 시에는 이와 같은 CO_2 농도의 경우 당연히 연기도 고온이기 때문에 열상으로 인한 피해도 심각하다.

화재 시에는 유독가스인 사이안화수소(HCN), 이산화질소(NO_2), 아황산가스(SO_2) 등도 발생한다. 각각 농도와 노출 시간이 인체에 미치는 영향 정도가 다른데 예를 들어 NO_2는 20 ppm에서 자극을 느끼며 150 ppm에서는 강한 국부 자극, 500

표 3-2 CO가 인체에 미치는 영향[17]

CO 농도 (ppm)	노출 시간	신체에 미치는 영향
5	20분	고차신경계의 반사용 변화
200	2~4시간	전두부 무거운 두통, 강도의 두통
500	2~4시간	심한 두통, 허탈감, 시력장애
1000	2~3시간	맥박항진, 경련을 동반한 실신
2000	1~2시간	사망

표 3-3 CO_2가 인체에 미치는 영향[3]

CO_2 농도 (%)	신체에 미치는 영향
0.1	호흡기 · 순환기 · 대뇌에 영향
5	이명 · 두통 · 혈압 상승
10	손발의 경련 · 의식 혼탁
20	생명의 위험

ppm 이상이 되면 단시간에 사망에 이른다[18].

5. 연기발생 시 가시거리

화재에 따라 발생하는 연기는 피난 경로의 가시거리를 짧게 하기 때문에 피난경로를 숙지하지 못한 불특정 다수의 사람에게 특히 영향을 미친다. 이에 더해 연기는 눈이나 목을 자극해 생리적으로 견딜 수 없는 상황이 생기고, 이로 인해 심리적 동요를 일으키기[19] 때문에 피난경로를 숙지하지 못한 불특정 다수의 사람뿐만 아니라 숙지하고 있는 사람에게도 위험하다.

연기의 농도(감광계수)에 따른 가시거리 및 상황을 표 3-4에 나타낸다. 감광계수(1/m)가 0.1 이상이 되면 피난에 지장이 생기고, 1.0에서는 거의 앞이 보이지 않기 때문에 피난이 어려워진다. 감광계수가 증가하면 가시거리가 짧아지고, 특히 표식

표 3-4 연기의 농도(감광계수)에 따른 가시거리 및 특징

감광계수 (1/m)	가시거리	상황
0.1	20~30 m	희미하게 연기가 감돌 때의 농도. 연기 감지기는 이 정도 농도에서 작동. 건물에 익숙하지 않은 사람은 농도가 더 이상 짙어지면 피난에 지장이 생김.
0.3	5 m	건물을 잘 아는 사람이라도 피난 시 지장을 받음.
0.5	3 m	어두컴컴한 느낌이 들 때의 농도. 손으로 더듬거리며 피난.
1	1~2 m	앞이 거의 보이지 않음.
10	수십 cm	최성기 화재 층의 연기 농도. 깜깜한 상태에서는 거의 아무것도 보이지 않음. (유도등도 보이지 않음)
30	–	출화층에서 연기가 분출할 때의 연기 농도.

의 발광휘도나 치수가 작을수록 현저하게 가시거리가 짧아진다. 이 장 01의 2, (1) 시각에서 소개한 명시삼요소가 연기 속에서의 가시거리와도 크게 관련되며 표식의 사양이나 피난자의 시력이 가시거리에 영향을 준다. 화재 시 발생하는 연기는 흑연(黑煙)인 경우가 많은데, 같은 감광계수라도 흑연보다 백연(白煙)에서 가시거리가 더 짧아진다. 이는 백연에서는 연기 입자에 빛이 반사되어 산란현상을 일으켜 유도등과의 휘도 대비가 현저하게 떨어지기 때문이다.

02 피난 시의 인간행동

1. 피난에 이르기까지의 인간행동

화재 발생부터 피난에 이르기까지 인간행동은 화재상황에 따라 다양하다. 일반적으로는 화재발생을 깨닫는 것으로 시작해 초기 대응 후 피난행동으로 이어진다. 화재 시 재실자의 피난행동은 재실자의 특성이나 피난경로 등 여러 조건과 밀접한 관계가 있으며 이러한 인자의 조합이 다양한 피난행동을 취하게 하고 피난자 특유의 심리와 행동 등을 유발한다.

(1) 화재발생 인지

건물의 재실자가 냄새나 주변의 소란으로 이상을 느껴 상황을 확인하고 화재를 인지한다. 비상벨이나 비상방송도 이상을 감지하는 데 중요한 요인이다. 출화점과 가까운 곳에서 활동 중인 재실자는 화재발생을 일찍 인지할 수 있지만 출화점에서 떨어진 곳에 있거나 수면 중 등의 재실자는 사태를 파악하는 데 시간이 걸린다. 자동화재 경보설비는 화재발생 인지를 촉진하는 중요한 설비이지만, 오보가 빈번하게 일어나는 건물 내에서는 재실자가 흘려듣는 경향을 보이기 때문에 피난행동으로 이어지지 않는 경우도 적지 않다.

(2) 초기 대응

화재 발생을 인지한 후의 초기 대응은 상황이나 개인의 특성에 따라 차이가 있다. 불특정한 건물 이용자의 대부분은 초기 대응을 하지 않고 즉시 피난을 개시한다. 건물을 관리하는 쪽의 경우 우선 초기 진화나 신고, 다른 재실자의 피난을 유도하는 등의 행동을 취한다.

(3) 피난개시

피난개시의 계기는 ① 가까이 다가오는 불꽃이나 연기 ② 화재 경보나 관내 방송 ③ 주변인의 피난 ④ 적절한 피난 유도이다. 화재 발생 인지가 빠르면 피난개시까지 시간의 여유가 있으므로 다양한 초기 대응을 실시할 수 있지만, 인지가 늦어지면 피난개시까지의 시간에 여유가 없어져 초기 대응을 할 수 없게 된다(그림 3-11)[20]. 위험이 임박하지 않은 상황에서는 명확한 지시로 피난을 유도하지 않으면 피난 개시가 늦어질 수 있다. 화재 초기에는 불꽃이나 연기가 약해 재실자가 위기감을 느끼기 어렵지만 화재실이 플래시오버가 되면 급격히 화재가 확대되고 농연이 발생하면서 산소 농도가 저하돼 일산화탄소의 급증으로 피난이 불가능한 상태가 된다. 또한 플래시오버 후에는 화재실의 옆 실이나 상층부 등으로 연소가 확대되며 특히 발생된 연기는 급속히 광범위하게(특히 위층으로) 확산되므로 전체의 피난이 완료되기 전에 인명피해가 발생할 수 있다. 재실자나 피난 유도자가 이러한

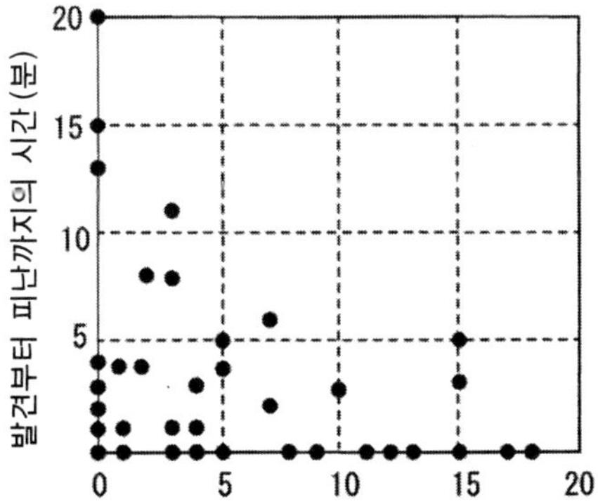

그림 3-11 출화부터 발견까지의 시간과 발견부터 피난까지 시간의 관계

내용의 이해가 부족하면 피난 개시 시기를 잘못 판단해 버릴 수 있다.

(4) 피난지시

일단 피난이 시작되면 특히 다수의 재실자가 있는 건물에서는 다른 사람에게 이끌려 일제히 사람들이 피난을 시작하고 계단이나 출입구에서 체류가 발생하는 군집 피난이 된다. 군집 피난 상태에서 불꽃이나 연기가 가까워지면 피난자는 냉정한 대응을 할 수 없게 되고 한데 겹쳐져 쓰러짐으로 인해 압사하거나 방향을 잃고 피난이 불가능하게 되는 등 피해가 커질 수 있다. 불특정 다수의 재실자가 많은 대규모 점포와 같은 건축물에서는 피난자가 패닉(02의 5. 참고)에 빠지지 않고 침착하게 행동할 수 있도록 직원 등이 적절하게 안전한 장소로 이동시키는 피난 유도 지시가 중요하다.

(5) 대기

피난행동보다 화재확대가 빠를 경우 건물 내 안전구획이나 베란다로 일시 피난하기도 하며 소방대에 의한 구조를 기다리게 된다. 병원이나 사회복지시설 등 재해 시 자력으로 피난하기 어려운 요구조자가 다수 있는 건물에서는 일시 대기를 상정한 수평 피난 방식을 고려한 피난시설 계획이 이뤄진다.

2. 피난경로 선택경향

인간의 피난 경로 선택 경향을 표 3-5에 나타냈다. 건물을 숙지하지 못한 경우 들어온 경로를 찾아가거나(회귀성), 눈에 띄는 경로를 선택하고 지름길로 가고자 한다(근장선택성). 또한 밝은 빛이 들어오는 방향으로 향하고(주광성), 앞이 내다보이는 곧은 경로를 선택한다(직진성). 불과 연기가 다가오면 그것들로부터 회피(위험회피성)하며 주위 사람의 피난 행동을 추종한다(추종성). 만약 건물을 숙지하고 있다면 평소 이용하는 경로(대피훈련을 자주 하는 경우 대피경로)를 찾는다. 건물의 평면계획에는 이러한 인간의 피난경로 선택경향을 고려할 필요가 있다.

자사 빌딩이나 학교 등 특정인의 이용이 예상되는 건물에서는 피난계단의 위치 등 피난경로는 비교적 잘 알려져 있을 것으로 생각되지만, 판매점 등 불특정 다수의 사람이 이용할 것으로 예상되는 건물에서의 피난계단은 평소 자주 사용되는 경

표 3-5 인간의 피난경로의 선택경향

회귀성	들어온 경로로 되돌아가려고 함. 평소에 익숙한 경로를 사용하려고 함.
근장선택성	자신의 위치에서 가까운 경로나 계단을 선택하려 함.
주광성	밝은 방향이나 개방적인 공간을 목표로 향함.
직진성	직진 방향으로 피난. 앞이 보이는 곧은 경로를 선택.
위험회피성	위험 현상(연기나 화염)으로부터 멀어지려고 함.
추종성	많은 사람이 도망가는 방향을 쫓음.

로로 인식할 수 있도록 하거나 어느 방향으로 피난해도 피난계단을 찾을 수 있도록 고려해 계획한다.

3. 보행속도

피난자의 보행속도는 행동능력 및 이동방향에 따라 다르다. 불특정 다수 피난자의 수평이동에서 보행속도는 대체로 1.0 m/s이지만 건물을 숙지하고 있는 경우는 보행속도가 조금 빨라지며(약 1.2 m/s), 고령자 등은 0.8 m/s로 저하된다[21]. 또한 출구 통과에 소요되는 시간은 출구체류인원 또는 합계통과인원을 유동계수와 출구폭의 곱으로 나누어 구할 수 있다. 이 유동계수도 행동능력이나 이동방향에 따라 다르다. 이들을 정리한 결과를 표 3-6에 나타냈다. 또한 성인이 달려 피난하는 속도는 걸어서 피난하는 속도의 약 4배로 알려져 있다.

보행속도는 공간의 밝기에 영향을 받는다. 그림 3-12와 같이 평균 조도가 낮아지면 보행속도가 느려지며 바닥면 평균 조도가 1.0 lx 이하가 되면 속도 저하가 현

표 3-6 피난자의 보행속도와 출구통과의 유동계수[21]

피난자의 유형		보행속도(m/s)		유동계수(인/ms)	
		수평	수평(계단)	수평	수평(계단)
피난 시 지원이 필요한 사람	중환자 · 고령자 · 영유아 · 장애인 등	0.8	0.4	1.3	1.1
건물 내에 익숙하지 않은 사람	여관 등의 투숙객 · 상점 등의 손님 · 행인 등	1.0	0.5	1.5	1.3
건물 내를 숙지하고 있는 사람	건물 내 종업원 등	1.2	0.6	1.6	1.4

저해진다[22]. 연령에 따라 시력이 달라지는 것은 전술한 그림 3-5와 같다. 불충분한 조명 상태의 피난 경로에서는 고령자의 보행속도가 느려지고 그것이 집단 안에 존재하면 집단 전체의 보행속도 저하를 일으킨다. 비상용 조명의 기준은 바닥면 조도 1.0 lx이지만 고령자를 고려할 때 더 높은 조도를 확보하는 것이 좋다. 예를 들어 반사율 0.3인 콘크리트 바닥의 경우 청년은 바닥면 조도 3 lx에서 충분한 보행속도 1.32 m/s를 유지할 수 있지만, 고령자가 같은 보행속도를 유지하기 위해서는 10 lx를 필요로 한다[6]. 또한 조도가 낮은 환경에서 고령자의 보행속도가 느려지는 것은 시력의 쇠퇴가 원인으로 피난경로의 시인성(시력)이 같다면 연령에 관계없이 보행속도는 같아진다(그림 3-13).

연기는 피난자에게 생리적·심리적인 영향을 주는 동시에 피난환경의 시인성을 저하시키므로 보행속도에 대해서도 영향을 준다. 연기 농도를 나타내는 지표인 감광계수와 보행속도의 관계에 대한 실험 결과를 나타낸 것이 그림 3-14이다. 연기 중 보행속도는 감광계수의 증가에 따라 느려진다. 또한 자극이 있는 연기에서는 보행속도가 현저히 떨어진다.

4. 군집의 특성

건물 내에 다수의 인간이 존재할 경우 그에 맞는 폭의 피난 경로나 출구가 없으

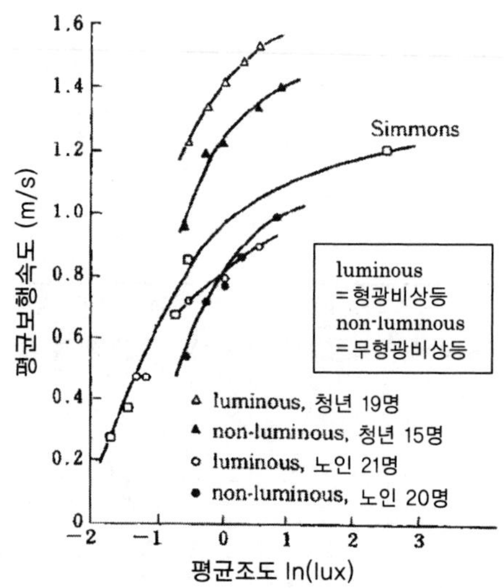

그림 3-12 보행공간의 평균조도와 보행속도[22]

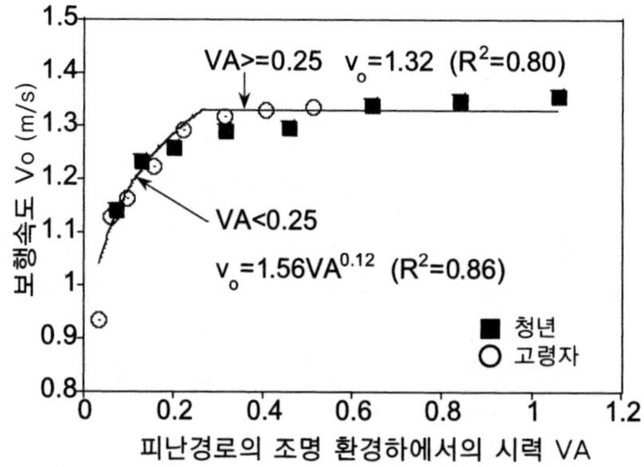

그림 3-13 조명 환경하의 시력과 보행속도[23]

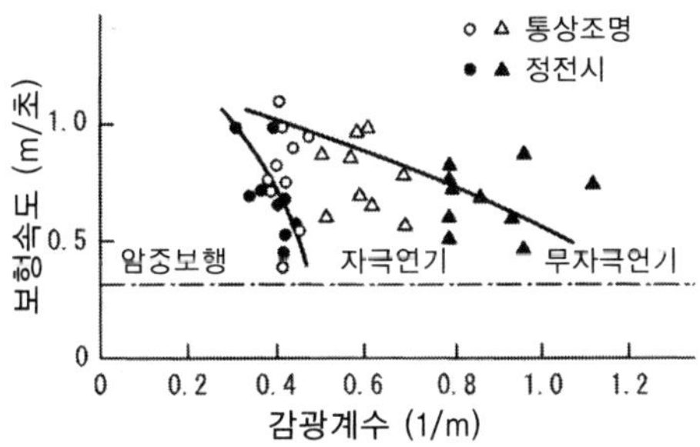

그림 3-14 연기 농도와 보행속도[24]

면 체류가 생겨 보행속도가 저하되고 피난 완료까지의 시간이 길어진다. 불꽃이나 연기가 다가오면 출구로 몰린 사람들이 서로 밀리면서 군집이 반원형 형태의 체류를 형성(아치 액션)해 출구에 사람이 막혀 유출 가능한 인원이 현저히 떨어진다. 이를 피하려면 충분한 폭의 확보와 함께 피난자를 복수의 피난출구로 분산시키는 것이 효과적이다.

군집밀도와 그것이 실제로 발생하는 상황의 예를 표 3-7에 나타냈다. 군집밀도는

표 3-7 군집밀도가 되는 상황(참고문헌 20을 바탕으로 작성)

밀도(인/m²)	상황	1인의 해당 면적(m²)
0.5	대피(피난)소의 장기 수용의 일반적 기준	2.00
1.0	대피(피난)소에서 단기 수용(2~3일)의 일반적 기준	1.00
1.5	자유보행의 한계	0.67
2.0	인간을 장기간 수용하는 한계	0.50
2.3	승객률 140%의 신칸센(기차)	0.43
2.8	통근 전철의 정원	0.36
3.1	역 홈에서의 행렬	0.32
3.8	군중 이동으로 정체 발생 시작	0.26
4.0	야구장 스탠드의 긴 의자에 앉아 있는 상태	0.25
4.5	승차율 200%의 통근 전철(신문을 읽을 수 있음)	0.22
5.0	소형 엘리베이터의 정원	0.20
6.0	대형 엘리베이터의 정원	0.17
6.5	군중 이동의 한계	0.15
10.0	통근 전차의 손잡이 부분	0.10
13.0	통근 전차의 문 부분	0.08
17.8	통근 전차에서 관측된 최대치	0.06

피난장소에 안전하게 머무를 수 있는 밀도·안전하게 이동할 수 있는 밀도 등 검토해야 할 상황에 따라 값도 다르다. 엘리베이터나 출퇴근 차량 등 단시간에 이동하는 공간을 제외하고 일상 건축물에서 체험하는 밀도는 최대 4 인/m^2 정도이다.

군집 피난에서의 출구 통과나 체류 현상의 개요를 그림 3-15에 나타냈다. 복도를 보행하는 피난자 전체의 흐름(정상류) 중에서 어느 한 사람(그림 속의 P점)의 움직임이 멈추거나 늦어지면 그 주변의 유출폭이 작아지고 그곳을 기점으로 혼잡해져 체류가 생긴다. 군집이 넓은 공간에서 좁은 복도 등으로 이동할 때도 그 연결부(예를 들어 출입구 등)에서 체류가 생긴다. 반대로 군집이 넓은 공간으로 이동할 때는 자유보행을 할 수 있게 되어 체류는 생기지 않는다. 극장의 로비 부분 등은 체류가 생겨도 수용할 수 있는 충분한 넓이를 확보한다.

거실 출구, 계단이나 그 부속실로 들어가는 입구 등 피난 경로상에서 폭이 좁아지는 부분에서는, 많은 피난자가 통과할 경우 피난자가 밀집·체류하는 부분이 생긴다. 거실에 있는 사람들이 출구에서 체류한 후에 출구를 통과하는 시간 T(s)는 거실면적 A(m^2), 거실인구밀도 ρ(인/m^2), 거실에 있는 출구 폭의 합계 ΣB(m), 유동계수 a에 의해 식 3-1로 구해진다(그림 3-16). 유동계수 a는 일반적으로 1.5(인/ms)가 이용된다(출구폭 1 m당 매초 1.5명이 통과하는 것을 의미한다). 화염이나 연기의 위험에서 벗어나려고 초조해진 심리상태에 있는 피난자들이 이런 피난경로상의 걸림돌이 되는 부분으로 몰리면 출구에서 서로 밀치는 피난자들의 압력이 높아져 통과하지 못하는 상태가 돼 많은 사상자가 발생할 수 있다. 과거 화재에서는 이러한 원인으로 다수의 사상자를 발생한 사례가 적지 않게 존재한다(3장 04 참조).

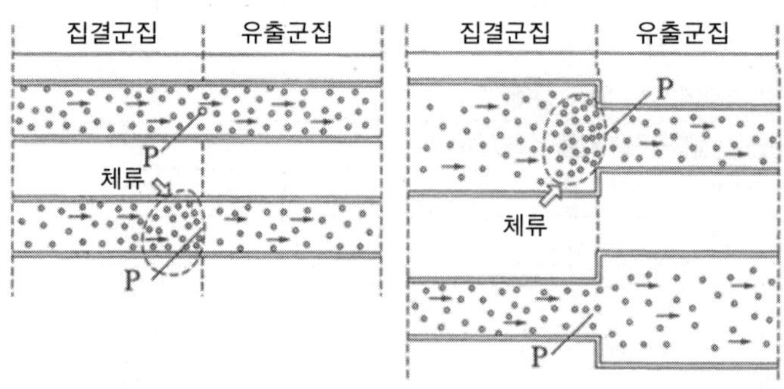

그림 3-15 체류현상[26]

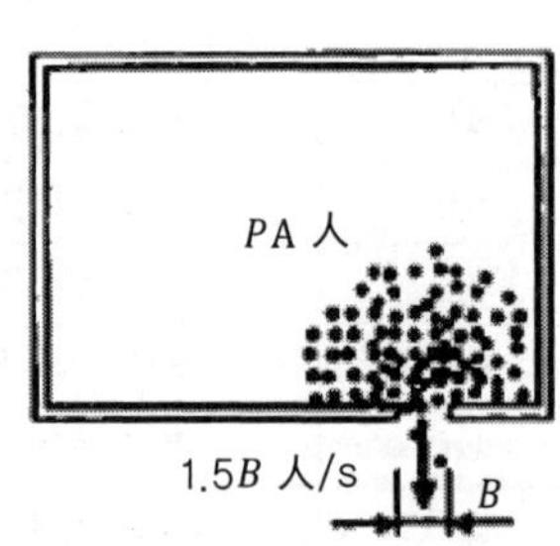

그림 3-16 출구 통과시간의 계산[25]

군집밀도가 증가함에 따라 보행속도가 감소한다(그림 3–17). 밀도가 낮으면 주위 사람을 신경 쓰지 않고 자유롭게 보행할 수 있지만 군집밀도가 1 인/m^2가 되면 보행속도가 저하되기 시작하여 3 인/m^2에서는 느린 사람을 제치는 등의 군집류 혼란이 발생하며 대체로 5 인/m^2에서 보행이 정지된다. 또한 계단에서의 수직방향 보행속도 역시 군집밀도가 증가함에 따라 감소한다.

$$T = \frac{\rho A}{\alpha \sum B} \tag{3-1}$$

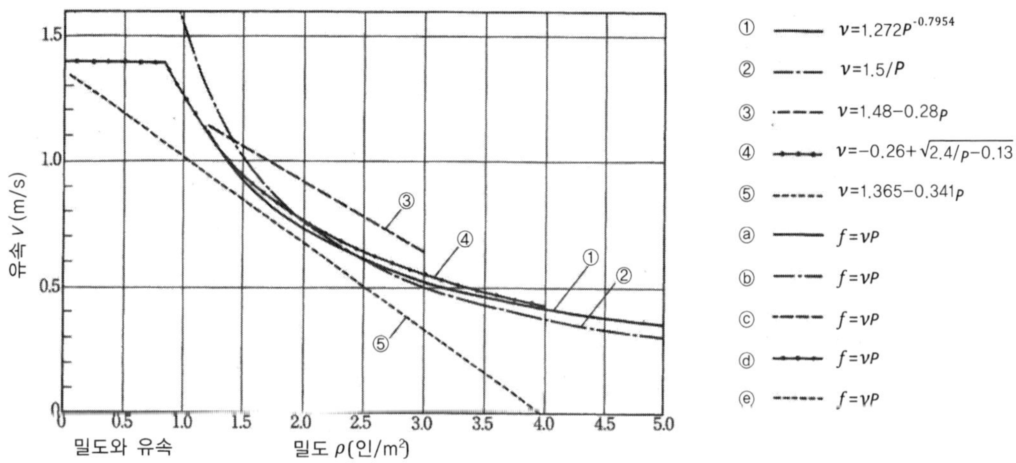

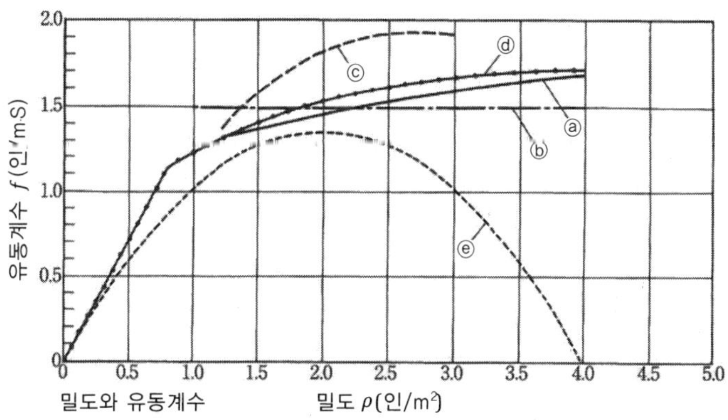

①,ⓐ：木村幸一郎，伊原貞敏：建物内における群衆流動状態の観察，日本建築学会論文集大会号，p.308(1973.3)
②,ⓑ：戸川喜久二：群衆流の観測に基づく避難施設の研究，建築研究所報告，p.16，建設省建築研究所(1955)
③,ⓒ：打田富夫：電車駅の乗降場及び階段幅員，鉄道技術研究所中間報告，p.13(1956)
④,ⓓ：宮田一：列車運転になぞらえた歩行者の人間工学的考察，鉄道OR論文集，p.142(1966.3)
⑤,ⓔ：B. S. Pushkarev：Urban Space for Pedestrian, MIT Press(1975)

그림 3–17 군집밀도와 보행속도[5]

5. 패닉

패닉에는 심리 패닉과 집단 패닉의 두 가지가 존재한다[20].

심리 패닉이란 자신이 처한 상황에 대해 효과적인 대응 행동을 취하지 못하고 '어떻게 해야 할지 모르게 되어' 위험에 처하는 상태를 말한다. 주로 임상심리학 분야에서 취급되며 자신의 의사로 제어할 수 없는 천식 발작 등으로 패닉반응이 나타난다. 한편 집단 패닉이란 재해로 인한 사회적 혼란의 발생을 말하며 심리 패닉과는 전혀 다른 메커니즘을 갖고 있다. 집단 패닉이 일어나기 쉬운 행동으로는 피난행동, 전화의 이상 폭주, 은행 예금 인출, 물건 사재기 등을 들 수 있다. 집단 히스테리 현상이자 같은 행동을 취하는 인원 자체가 불확실한 정보를 확신시켜 냉정한 사람들도 동조하게 만든다.

화재 등에 직면하여 인명에 위험이 미치는 상황에서는 불안이나 공포 등에 의해 이성적인 판단에 근거한 행동을 취하는 것이 어려워져 모든 패닉 상태에 빠지기 쉽다. 또한 전혀 위험이 없는 상황에서도 집단 패닉이 일어날 수 있다(후술할 03절 참조). 피난자가 패닉에 빠지지 않도록 피난 경로 계획이나 피난 유도가 중요하다.

6. 피난행동 요구조자의 대책

(1) 고령자 대책

그림 3-18은 2016년 중 연령층별로 본 화재로 인한 사망자 발생 상황을 나타낸 것이다. 그림 속의 막대 그래프는 사망자 수(막대 상단 수치), 꺾은 선 그래프는 인구 10만 명당 사망자 수를 나타낸다. 40대부터 사망자 수가 증가하는데 후기 고령자(81세 이상)의 증가는 현저하며 65세 이상 고령자는 755명(69.9%)이다. 또한 사망자의 고령자 비율은 해마다 조금씩 증가하고 있으며 인구 10만 명당 사망자 수도 전 연령 평균이 0.9명인 것에 비해 후기 고령자는 3.6명으로 매우 많다. 사람은 고령이 되면 척추의 만곡이나 관절의 경화 때문에 키와 앉은키가 줄어든다(전술한 01). 또 근력·순발력·다리힘·밸런스 능력 등도 쇠약해져 동작이 느려지고 일상 동작에서도 행동 능력이 떨어진다. 이에 따라 당연히 화재 시 대피 능력도 떨어지기 때문에 고령 사상자의 증가로 이어진다. 초고령사회인 지금 고령자 대책이 마련되

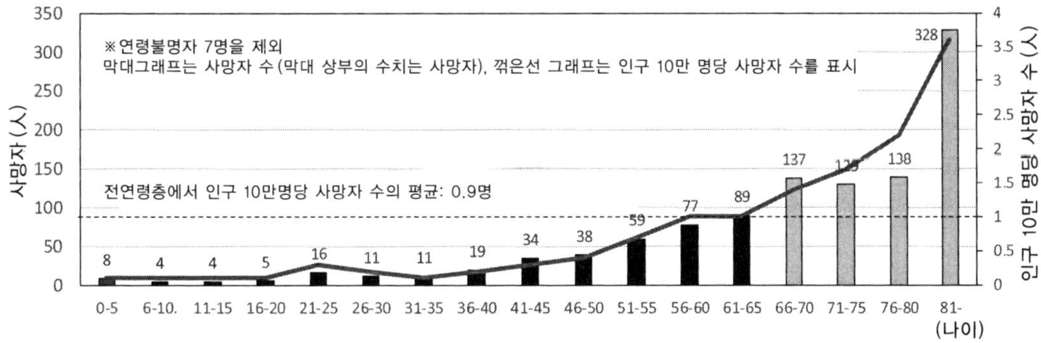

그림 3-18 연령대별로 본 화재로 인한 사망자 발생현황(방화자살자 등 제외)[16]

어야만 한다.

(2) 병원 등에서의 대책

병원처럼 자력 피난할 수 없는 사람이 다수인 건축물에서는 직원의 도움으로 피난이 이루어지지만 직원 수는 자력 피난할 수 없는 사람에 비해 충분하다고 할 수 없으며 야간에는 특히 부족하다. 그림 3-19는 야간직원 1인당 침대 수와 이동이 필요한 환자 수의 조사결과를 나타내고 있다. 야간직원 1인당 이동이 필요한 환자는 평균 3.4명으로 야간직원 수를 충분히 확보하지 못한 가운데 화재가 발생했을

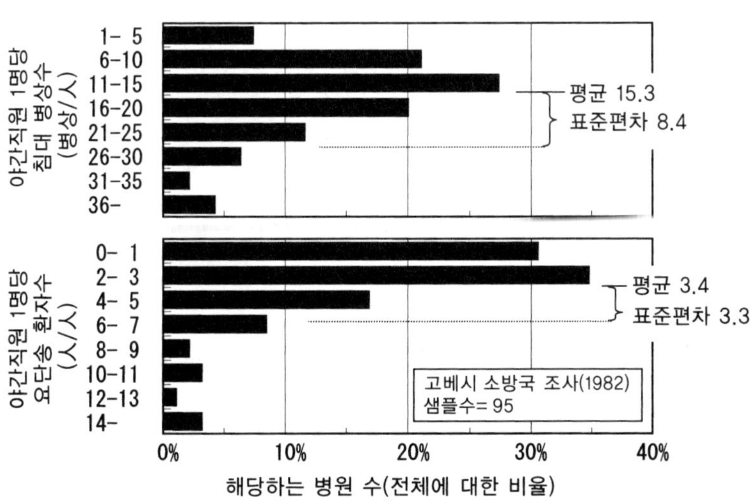

그림 3-19 야간의 병원의 직원수와 이동이 필요한 환자의 비율[25]

경우 피난의 어려움을 쉽게 상상할 수 있다. 환자를 스트레처나 휠체어로 피난시킬 필요가 있는 경우 충분한 피난훈련이나 대기할 안전구획 확보 등에 유의한다. 자력 피난할 수 없는 사람이 많을 것으로 예상되는 경우 환자 수와 직원 수로부터 피난 시 어떻게 되는지를 관계자가 공통 인식을 갖고 설계해 나가는 것이 중요하다.

(3) 장애인에 대한 대책

일본 국민의 약 6%가 장애를 가지고 있다(지체장애인 366만 명 · 지적장애인 55만 명 · 정신장애인 320만 명)[27]. 따라서 이들의 피난 지원도 중요하다.

지체장애인은 보행보조기구를 사용하는 경우가 많다. 그림 3-20에 보행보조기구 사용 시 동작공간을 나타낸다. 정상인의 보행공간과 비교하면 수동 실버카 이외에는 큰 공간을 필요로 한다. 또한 이러한 보행보조기구 사용 시에는 보행속도도 느려진다. 과거 연구에 따르면 수평 보행속도에서는 목발 사용 0.94 m/s, 지팡이 사용 0.81 m/s, 수동 휠체어 사용 0.69 m/s이며, 계단 보행속도(하행)에서는 목발 사용 0.22 m/s, 지팡이 사용 0.32 m/s이다[20].

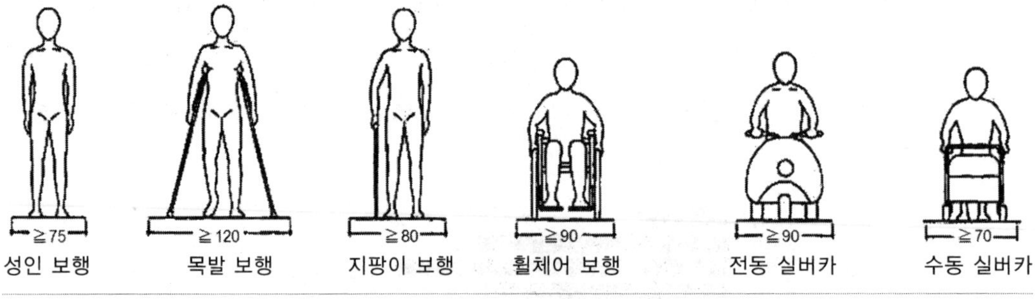

그림 3-20 보행보조기구 사용 시의 동작 공간[5]

03 인간의 피난행동특성에 의해 발생한 재해사례

제1장에서는 1926년~1989년 이후 발생한 일본의 대규모 건축 화재 사례를 서술했지만, 사망자 수는 후쿠로야 화재(1943년, 208명), 센니치마에 백화점 화재(1972

년, 118명), 다이요 백화점 화재(1973년, 103명), 성모원 화재(1955년, 99명)를 제외하면 모두 45명 이하이며, 대규모라고 해도 미국과 유럽 등 여러 나라의 유명한 화재 사고에 비하면 피해 규모가 작다. 이것은 일본에서의 대규모 근대 건축물의 출현이 미국이나 유럽에 비해 뒤처져 있었기 때문에 방화 기준에 대해서도 선행하는 서구의 경험에 따라 도입할 수 있었기 때문이라고 사료된다.

일본과 달리 오래전부터 대규모 건축물이 존재했던 서구 국가에서는 대규모 화재 피해도 많이 겪었으며 100명 이상의 사망자를 내는 화재도 다수 있다. 이러한 수많은 경험을 바탕으로 피난에 대한 기준도 점차 정비되어 왔던 것이다.

피난계획은 참사를 최소화하기 위해 필수 불가결한 것이지만 군집행동의 특성 등도 맞물려 예상 밖의 큰 피해가 발생하는 경우도 있을 수 있다. 또한 설계 초기에는 적절한 계획을 수행했더라도 그 후의 관리 운영에 따라 위험한 건축물이 될 수 있음을 잊어서는 안 된다.

1. 피난계획 부재에 의한 재해사례

① 트라이앵글 공장 화재(1911년)

뉴욕에 있는 10층 봉제공장의 8층에서 발생한 화재로, 실내 계단이 작은 나선 계단으로 피난에 적합하지 않았다. 실외 계단은 빗줄기로 열화(劣化)되던 곳에 많은 사람이 몰리면서 붕괴돼 낙하했고, 도망갈 곳을 잃고 창문으로 뛰어내린 사람도 많아 결국 146명이 사망했다. 이 화재 이후 미국에서는 피난, 특히 계단의 용량 기준이 도입됐다.

② 코코넛 글러브 화재(1942년)

보스턴의 나이트클럽에서 발생한 화재는 492명의 사망자가 발생했으나 사망자의 2/5가 회전문 주변, 1/5가 열림문 주변에 집중됐다. 유효한 피난 출구가 현저하게 부족했던 것이 많은 희생자가 발생한 근본 원인이다. 이 화재 이후 미국에서는 2곳 이상의 피난구를 반드시 마련하고 수용 인원에 따라 피난구 수를 늘리는 규정이 도입됐다.

2. 피난경로 부재에 의한 재해사례

비록 안전하게 피난이 계획된 건축물이라도 피난경로의 사용방법에 따라서는 피난 불가능한 위험공간이 될 수 있다. 일본에서 발생한 사례 두 가지를 소개한다.

③ 가모중학교 구라미분교 화재(1953년)

지역주민 350명을 모아 1층 교실에서 영화를 상영하던 중 필름에 인화되면서 발생한 화재로 창문은 암막으로 뒤덮였고 복도에는 교실 책상이 모두 늘어선 탓에 폭이 좁아져 신속한 대피에 방해가 됐다. 이로 인해 16명이 사망하기에 이르렀다.

④ 신주쿠 가부키쵸 메이세이필 화재(2001년)

그다지 높지 않은 4층짜리 주상 복합 건물이지만 계단이 각층 점포의 창고로 이용되어 피난 시 통행할 수 없는 상황이 되었고, 외부로 향하는 창문이 간판으로 막혀 있었다. 본 화재에서는 계단에 놓인 물건이 불타고, 점포 내에 갇힌 44명이 연기에 휩싸여 사망했다.

3. 집단 패닉에 의한 재해사례

화재 규모가 작아도 집단 패닉으로 대재해가 된 영국의 사례를 소개한다.

⑤ 페쓰리 영화관 화재(1929년)

상자 안에서 불타던 필름에서 뿜어져 나온 연기가 객석으로 흘러들어갔고 이를 알아차린 손님 일부가 화재라고 외치는 바람에 관객 1500명이 패닉 상태에 빠졌다. 70명의 어린이가 숨지고 37명이 중상을 입는 참사가 빚어졌다. 이때 필름 상자는 곧바로 극장 밖으로 옮겨졌기 때문에 실질적인 화재 위험은 존재하지 않았다.

⑥ 글래스고 극장 참사(1849년)

파이프에 불을 지르기 위한 불씨를 본 관객 중 한 명이 화재라고 외치는 바람에 관객이 출구로 몰려 65명이 압사했다. 불씨는 바닥에 버리고 소화되어 화재 자체가 발생하지 않은 참사였다.

04 설계 시 고려해야 할 포인트

(1) 피난자의 신체적 특징 이해

건물의 재실자는 화재가 발생하기 전까지는 보통의 건물 재실자이지만 화재가 발생하면 갑자기 피난자가 된다. 이를 위해 먼저 필요한 것은 피난경로이지만 재실자의 긴급 대피에 적합한 설계를 하기 위해서는 대상 건물에 예상되는 재실자의 신체적·운동적 특성을 미리 파악할 필요가 있다.

(2) 피난자의 심리 상태 이해

화재 시 피난자는 연기나 화염이 존재할 가능성이 있는 환경에서 심리적으로 초조하게 피난할 것으로 사료된다. 따라서 그 환경에서 안전한 피난을 확보할 수 있는 피난 경로의 조건을 정비할 필요가 있다. 건물 공간이 낯선 재실자에게는 평소에도 피난 장소를 찾기 어려운 경우가 적지 않다. 하물며 심리적으로 초조해진 상태에서 피난 표지판까지 연기로 시인성이 낮아진 경우에는 피난경로를 발견하기도 어려워지는 점을 고려하여 계획을 생각해야 한다.

(3) 동시에 피난하는 군집의 특징 이해

많은 피난자에 의해 군집 피난이 일어나는 경우에는 화재로부터의 직접적인 위험에 더해 군집 행동 자체가 일으킬 위험에 대해서도 충분히 고려할 필요가 있다. 특히 피난출구나 계단 부분 등 다수의 피난자가 정체되는 장소에서는 피난자에 의한 압사나 경로의 폐쇄에 의한 사고가 발생하기 쉽다.

부록 그림 3-1은 시력검사에서 자주 사용되는 란돌트환으로 그림에 나타낸 바와 같이 명시삼요소가 지표로서 포함되어 있다. 란돌트환은 직경이 5d이고 선폭 d의 원을 중심에 대하여 상하좌우 사선의 8방향 중 어느 한 방향을 치수 d를 잘라낸 것이며, 일반적으로 시력검사에서 사용되는 시력 값은 절삭치수의 시각(분)의 역수를 이용한다. 예를 들어 d=1.5 mm에서 관찰거리 5 m일 때의 시각 1분은 시력 1이 된다.

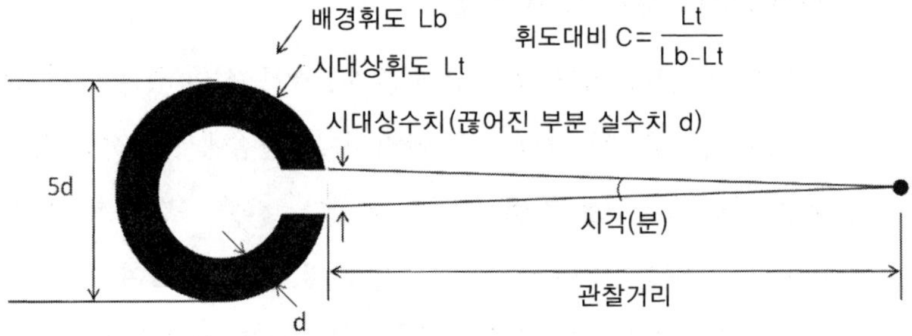

부록 그림 3-1 란돌트환

부록표 3-1을 발췌한 참고문헌 1의 자료는 신체 각 부위의 측정치를 망라한 귀중한 것이지만, 약 20년 전의 데이터로 현대인의 체격과 부합하지 않을 수 있다. 따라서 후생노동성의 2012년도 국민건강·영양조사[28] 결과를 이용하여 20년간의 체중·키 변동을 부록표 3-2에 나타냈다. 연령에 따라 증감치가 다르지만 20~24세는 남녀 모두 체격이 거의 변화하지 않았다. 반면 40세 이상 80세 미만에서는 남성의 체격이 커졌으며 여성의 변화는 작았다. 세계적으로 보면, 인간의 체격은 비만 경향에 있으므로[29], 그림 3-3의 체류 공간의 확대의 필요성에 대해 논의되고 있다.

부록표 3-1 피난행동에 관련하는 인체부위 치수(참고문헌 1을 바탕으로 작성)

	연령	계측 인수	체중 kg	신장(a) mm	표준 편차	눈높이(b) mm	발길이(c) mm	한뼘최대거리(d) mm	쥐는 너비(e) mm
남성	7세	190	22.8	1193	48	1070	185.2	151.2	29.1
	12세	403	40.6	1473	74	1346	228.3	185.9	36.3
	20~24세	2134	64.9	1705	59	1579	249.5	212.2	41.0
	30~39세	2831	66.9	1695	58	1573	246.9	212.8	40.0
	40~49세	2252	65.8	1673	56	1552	244.2	211.8	39.5
	50~59세	1454	64.1	1618	56	1527	241.1	210.7	39.1
	60~69세	1454	60.2	1612	58	1491	239.6	206.0	38.9
	70~79세	494	56.7	1586	57	1465	237.7	202.2	38.5
	80~99세	190	54.7	1571	69	1449	235.6	200.9	38.3
여성	7세	219	22.2	1186	52	1072	183.4	149.2	29.1
	12세	288	41.2	1485	65	1365	223.9	185.4	37.4
	20~24세	2915	51.4	1582	54	1459	226.9	191.0	38.8
	30~39세	1024	52.1	1571	55	1452	226.1	192.5	38.3
	40~49세	988	54.0	1545	53	1429	224.0	192.3	37.6
	50~59세	1061	53.7	1524	53	1410	222.8	193.1	37.4
	60~69세	689	52.8	1497	54	1383	222.9	191.9	37.6
	70~79세	676	49.7	1460	55	1348	220.2	188.7	37.1
	80~99세	158	46.9	1435	53	1316	219	185.5	36.6

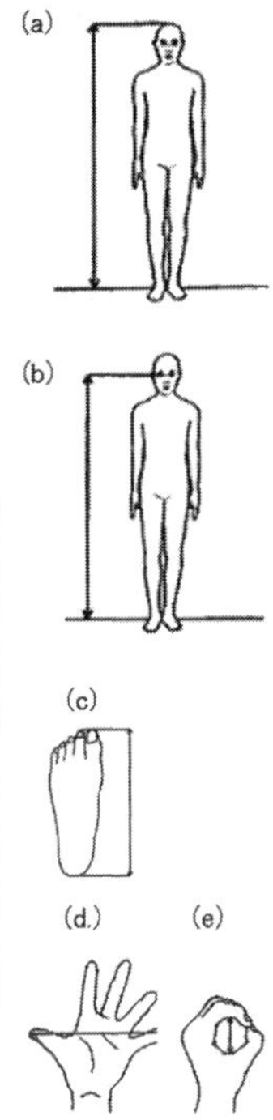

계측인수는 체중의 데이터이며, 측정항목에 따라 10% 정도 적은 경우도 있음
참고문헌 1에 따르면, 20대는 20~24세와 25~29세로 구분되어 있음

부록표 3-2 2012년 일본인의 체중·신장[28] 및 참고문헌 1과의 비교

연령	남성				여성			
	체중 kg	증감	신장 (a) mm	증감	체중 kg	증감	신장 (a) mm	증감
7세	23.4	0.6	1211	18	23.4	1.2	1218	32
12세	42.2	1.6	1499	26	43.1	1.9	1511	26
20~24세	64.6	−0.3	1714	9	51.3	−0.1	1578	−4
30~39세	69.2	2.3	1712	17	53.5	1.4	1584	13
40~49세	70.5	4.7	1709	36	54.7	0.7	1579	34
50~59세	68.0	3.9	1686	68	55.2	1.5	1561	37
60~69세	64.7	4.5	1655	43	53.2	0.4	1528	31
70~79세	62.4	5.6	1629	43	51.6	1.8	1494	34
80~99세	58.7	4.0	1598	27	47.3	0.4	1453	18

증감이란, 참고문헌 1을 바탕으로 표 6-1의 결과와의 차를 의미함

참고문헌

1. 社団法人人間生活工学研究センター(HQL)：日本人の人体計測データ, 1995
2. 建築基準法施行令第23条, 階段及びその踊場の幅並びに階段のけあげ及び踏面の寸法
3. 小原二郎, 安藤正雄, 加藤力: インテリアの計画と設計·第二版,彰国社, 2000
4. 国土交通省: 高齢者, 障害者等の円滑な移動等に配慮, した建築設計標準, p.2-123, 2012
5. 日本建築学会編: 建築設計資料集成 人問, 丸善, 2003
6. C1E Technical Report No.196, C1E guide to increasing accessibility in light and lighting, Vision Data and Design Considerations for Better Visibility and Lighting for Older People and People with Disabilities,2011
7. 秋月有紀,井上容子: 個人の最大視力に対する視力比の概念の導入一個人の視力に配慮した視認能力評価における背景輝度と視距離の影響の取り扱いについて一, 照明学会誌, 86, 11, pp.819-829, 2002
8. 日本建築学会編: 建築環境工学用教材環境編第4版, 2011
9. 図解住居学編集委員会編: 図解住居学5住まいの環境, 彰国社, 2008
10. 国民生活センター, 住宅用火災警報器の設置について, http://www.kokusen.go.jp/pdf/n-20110512_1.pdf, 2011.5.12 報道
11. 人間工学教育研究会: 人間工学入門, 日刊工業新聞社, 1983
12. 日本建築学会編: 高齢者のための建築環境, 彰国社, 1994
13. 日本火災学会編: 火災と建築, 共立出版, 2002
14. 日本建築学会編: 防火材料パンフレット, 日本建築学会, 1993
15. 日本火災学会編: 火災便覧第3版, 共立出版, 1997
16. 平成29年度版消防白書, 2018
17. 池田耕一: 室内空気汚染のメカニズム, 鹿島出版会, 1992
18. 日本建築学会編: 建築設計資料集成環境,丸善, 2007
19. 神忠久: 煙中の見透し距離について(Ⅰ～Ⅳ), 日本火災学会論文集, 1969～1973
20. 日本建築学会編: 建築物の煙制御計画指針, 丸善出版, 2014
21. 堀内三郎: 建築防火,朝倉書店, 1972
22. 田中略義: 建築火災安全工学入門, 日本建築センター, 1993
23. Yuki Akizuki, Takeyoshi Tanaka and Kohei Yamao: Calculation Model for Travel Speed and Psychological State in Escape Routes considering Luminous Condition, Smoke Density and Evacuee's Visual Acuity, FireSafety Science,Vol.9, pp.365-376, 2008
24. 神忠久·山田常圭: 煙の中でのものの見え方(その2), 照明学会誌, Vol.59, No.2, pp.28-34, 1980

25. 原田和典: 建築火災のメカニズムと火災安全設計､日本建築センター, 2007

26. 日本火災学会編: はじめて学ぶ建物と火災､共立出版, 2007

27. 内閣府: 平成25年度障害者白書, 2013

28. 厚生労働省: 平成24年度国民健康 · 栄養調査報告書, 2012

29. Obesity and Overweight Fact Sheet, World Health Organization, http://www.who.int/mediacentre/factsheets/fs311/en/, 2017.7.20. アクセス

4장

출화 방지 및 화재확대 방지

화재로부터 안전을 도모할 수 있는 최선의 방법은 출화 방지이며 이를 위한 대책과 노력은 계속되고 있다. 그러나 사람의 생활이 불이나 가연물의 사용에 의해 성립되는 것인 만큼, 출화를 없애는 것은 매우 어려운 일이다. 만약 화재가 대규모로 확대되면 소방대도 소화활동이 어려워져 화재 진압에 오랜 시간을 필요로 한다. 이 때문에 예방책으로서 건축물에서는 화재확대를 가능한 한 소규모로 억제하기 위해서 초기 화재확대 방지, 화재를 출화 구획 내에 가두어 두는 것, 상층 연소확대 방지, 인동 연소확대 방지 등 화재의 확대 단계에 대응한 대책을 강구하고 있다. 단계적인 화재확대 방지 대책을 통해 화재 규모가 작아질 가능성이 높아지고, 인적 피해와 재산 손실을 줄여 화재 진압도 용이해진다. 또 일본에서는 예로부터 대규모 시가지 화재가 반복돼 왔다. 도시 화재를 방지하기 위해 방화 지역 지정과 건물 간 연소확대 방지 대책이 강구되고 있다.

01 화재 진전 상황과 대책

화재확대의 과정과 각 시점에서의 대책을 그림 4-1에 나타냈다. 착화 전의 연기가 나는 상태에서는 주위에 가연물이 없는 것이 출화 방지로 이어진다. 방염제품의 사용이나 내장재의 불연화도 효과적이다. 화염이 발생하여도 국소적인 상황에서 발견할 수 있다면 소화기에 의한 소화도 가능하다. 조기에 발견하면 건물 내의 사람도 여유를 가지고 피난할 수 있다. 조기 발견에는 자동화재 탐지설비가 효과적이다. 화염이 천장까지 번지면 연기도 발생하면서, 소화기를 이용한 진화 자체가 힘들다. 이 시점에서는 스프링클러 등에 의한 자동 초기 소화가 유효하다. 또한 적절하게 피난할 수 있도록 비상방송, 유도등 등에 의한 피난 유도가 중요하다. 연기의 확대 방지와 효과적으로 배연을 하기 위한 방연구획의 성립, 천정 부근의 연기층이 산란되지 않도록 공조 환기의 연동 정지도 필요하다. 화재실이 플래시오버로 화염이 창문으로 뿜어져 나올 경우 상층 연소 방지를 위한 층간 구획이 중요하다. 또한, 화염이 번지지 않도록 방화구획을 설치한다. 뿐만 아니라 화재가 확대되어 피난경로가 되는 복도로 연기가 흘러들어갈 경우에는 차연 성능이 있는 방화구획이나 피난을 돕는 복도배연, 가압방연 등의 연기제어를 통해 피난경로를 확보한다. 소방대의 소화구출 활동을 돕는 설비는 배연설비, 연결송수관 등의 본격적인 소화설비, 비상용 엘리베이터 등이 있다.

02 실내화재의 확산

화재는 그림 4-1과 같이 출화 시(훈소기), 초기화재(국소화염), 실내화재(화연 확대), 플래시오버(실내 전면화재), 건물화재(출화실 이외로 화염 확대), 감쇠기 순서로 진행한다. 용어는 다음으로 정의한다. 화재: 화염이나 연기에 의한 재해. 출화: 화재가 발생하는 것. 화원: 불 자체 및 불을 사용하는 기기. 출화원: 화재 원인이 된 화원.

	화재 상황	대 책
출화 시 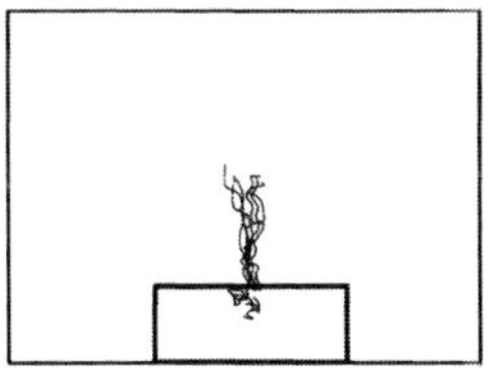	화재 발생 전단계 훈소하고 있는 상황	화원 주변에 가연물을 두지 않음 방재 제품을 사용 내장의 불연화
초기화재 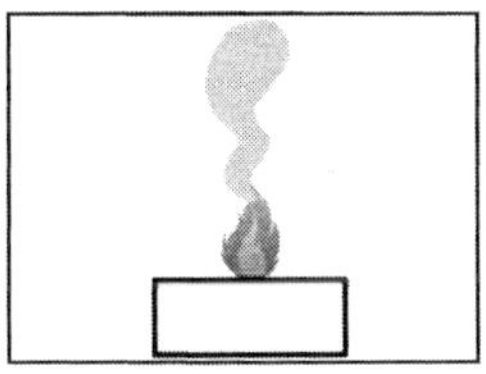	국소적인 화재 발생 바닥, 벽에 연소물이 있는 상태 연기 발생	자동화재 탐지기를 통한 조기 발견 소화기 등에 의한 초기 소화
실내화재 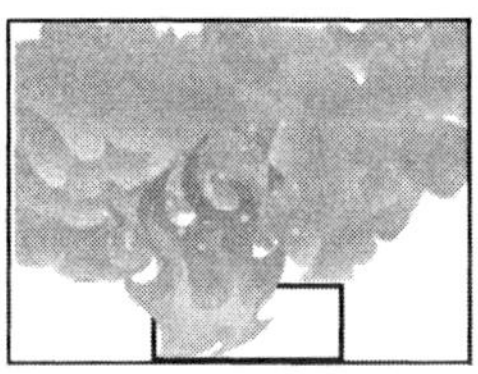	천장까지 화재가 도달 연기가 퍼짐	피난 유도 방연구획, 배연 자동 초기 소화 불연구획, 방화구획 공조 환기 설비의 연동 정지
플래시오버 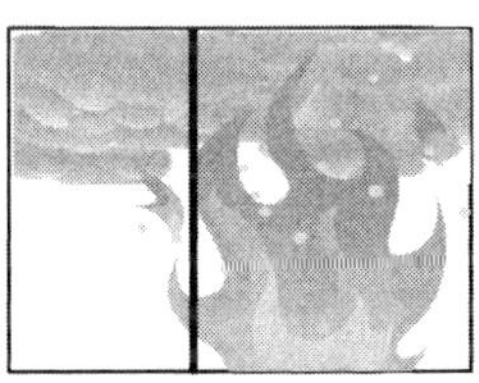	화재실 내가 전체적으로 연소하는 단계임 다른 실로 연기가 누출됨	방화구획 면적구획 수직관통구획 이중용도구획
건물화재 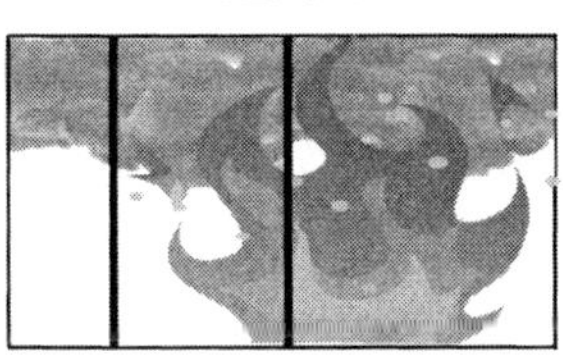	피난 경로(복도 등)에 연기가 퍼짐 화재가 화재실에서 밖으로 확대됨	방화구획 차연 성능이 있는 방화구획 복도의 배연 소방대에 의한 화재 구출 활동
감쇠기 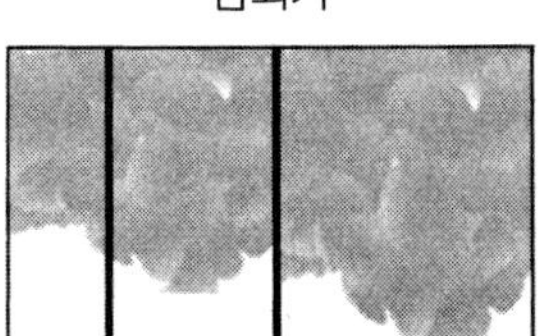	가연물이 소실됨	

그림 4-1 화재의 진전 상황과 대책

(1) 출화 시(훈소)

출화원에 의해 가연물이 부분적인 열분해를 일으켜 가연가스를 방출하는 단계이다. 화염은 발생하지 않고, 가연재료에서 흰 연기가 나고 있는 상태이다. 불이 붙은 담배가 침대 위에 방치되어 연기가 나고 있는 상황을 예로 들 수 있다.

(2) 초기화재(국소화재)

열분해 가스가 공기 중의 산소와 반응해 화염이 생겨 확대되어 가는 상태이다. 주변 가연물에 대한 연소 속도는 가연물의 배치에 의존한다. 벽이나 천장 근처에서는 화염이 표면을 따라 확대되므로 연소가 가속된다.

(3) 실내화재(화염, 연기 확산)

천장까지 화염이 치솟아 많은 연기를 내뿜으며 소화기를 이용한 초기 진화가 어려워진다.

(4) 플래시오버(실내 전면화재)

연소로 인한 화염이 커지면서 어느 시점에 실내 가연물이 일제히 타오른다. 이 현상을 플래시오버라고 부른다. 플래시오버가 일어나면 실내 온도는 급격히 상승해 수백 도에 이른다. 플래시오버 이후의 화재는 최성기 화재(전체 균등 화재)라고 불린다.

(5) 최성기 화재(출화실 외로 화염 확대)

화염이 출화실 밖으로 확대된다. 피난 경로(복도 등)에도 연기가 확산되어 건물 전체로 화재가 확대된다.

(6) 감쇠기

연소가 진행될수록 연소된 가연물은 붕괴되어 숯이 적열하는 상태가 되거나 가연물 표면에 탄화층이 형성되어 연소는 서서히 완만해지고 온도도 저하된다. 가연물이 모두 소실되면 진화된다.

03 출화 방지

1. 출화원 대책

건축화재의 원인에는 담뱃불 부주의나 튀김 화재 등 인위적인 실수로 인한 것, 누전이나 기기의 과열로 인한 발화 등 설비 고장·결함, 방화 등 의도적인 것 등이 있다. 이러한 원인에 의한 출화를 방지하는 것, 혹은 출화의 위험성을 저감하는 것이 출화원 대책이다. 출화원 대책으로서는 다음 3가지를 생각할 수 있다.

(1) 화원 및 연료의 한정

급탕설비의 열원을 1개소에 정리해 관리하는 등, 불을 사용하는 장소를 가능한 한 적게 한다.

(2) 화원의 적절한 사용 환경

흡연장소나 가스 연소기구를 사용하는 장소는 관리가 잘 되는 장소에 설치한다.

(3) 화원 주변에서 착화물을 없앰

방화나 주방 등의 화기 사용실에서의 부주의에 의한 출화를 방지하기 위해서 가연물 관리를 적절하게 한다.

2. 내장재의 불연화

불이 붙은 담배가 버려지는 등 발화원이 있어도 그 장소가 불연재로 마감되어 있으면 즉시 발화하는 것을 방지할 수 있다. 즉 출화방지대책·화재확대방지대책으로서 내장을 불연재료·준불연재료 등 불연화해 두는 것은 효과적이다. 바닥재에는 목재 등의 가연물을 사용해도, 만일 착화한 경우에도 확대하는 속도가 늦다. 화염은 위쪽으로 전파되므로 목재 등 가연물을 천장이나 벽에 사용할 경우 전면적으로 사용하는 것이 아니라 선재(線材)를 분산해 사용하는 등의 방식이면 화재 확산의 가능성은 작아진다. 다만 표면적이 커지면 발열속도도 증가한다.

3. 수납 가연물의 관리 대책

화재의 원인이 된 착화물은 통계에 의하면, 건축 부재나 창호 등은 20% 정도이다. 가구 등의 수납 가연물이 80%를 차지하고 있다. 이러한 점에서 건물 내 수납 가열물의 관리는 중요하다. 우선 수납 가연물도 가능한 한 불연화나 난연화를 도모하면 출화방지에 효과적이다. 그러나 커튼이나 카펫 등은 방염제품도 보급되어 있지만, 가구나 생활용품 등 모든 수납 가연물을 불연화할 수는 없으므로 이것만으로 화재방지를 철저히 하는 것은 어려움이 있다. 착화하기 쉬운 물건은 내장이 불연화되어 있는 창고 등(불연구획)에 정리하여 수납하고 관리하여 화원으로부터 분리하여 착화의 위험을 줄이는 등의 방법도 생각할 수 있다.

4. 출화 방지

화원과 가연물 관리를 어떻게 하는지가 중요하다. 관리가 불충분하면 화재의 위험성이 높아진다. 건축물의 설계 시점부터 화원과 가연물의 관리방법을 고려할 필요가 있다. 예를 들어 탁상에 흩어져 있는 서류 등의 가연물을 책장 등에 수납함으로써 가연물의 표면적이 감소하므로 착화나 화재확대의 위험을 감소시킬 수 있다. 주된 착화물에 의한 출화건수는 표 4-1에 나타냈다.

5. 방화(放火) 대책

방화는 출화 원인의 대부분을 차지하고 있다. 2016년도 일본 소방백서에 따르면 화재 원인의 14.6%가 '방화·방화 혐의'다. 방화를 막기 위해서는 불특정 다수자가 접근할 수 있는 건물 주위에 가연물을 두지 않는 것이 중요하다. 또한 관리자의 눈이 닿기 쉬운 평면 플랜으로 만들거나 사각이 되는 부분에 대해서는 감시 카메라 등으로 관리할 필요가 있다.

표 4-1 주요 착화물별 출화건수[1]

발화물	2015년		2016년		출화건수의 증감수
	출화건수 (건)	총 출화 건수에서 차지하는 비율(%)	출화건수 (건)	총 출화 건수에서 차지하는 비율(%)	
건초	5,173	13.2	4,857	13.2	△316
합성수지 · 성형품	2,936	7.5	2,892	7.9	△44
동식물 유류	2,044	5.2	1,802	4.9	△242
봉투, 종이제품	1,705	4.4	1,649	4.5	△56
쓰레기 (건축물 등 수용품)	1,503	3.8	1,381	3.7	△122
침구류	1,415	3.6	1,226	3.3	△189
의류	1,180	3.0	1,157	3.1	△23
섬유제품	966	2.5	997	2.7	31
쓰레기류(산림 기타)	1,093	2.8	980	2.7	△113
전선 피복류	826	2.1	857	2.3	31

(비고) 1. 「화재보고」에 따라 작성
2. 2016년 착화물별 화재건수 상위 10번째까지를 나타냄

04 내장재의 방화 대책

초기 화원으로부터 수납 가연물이나 내장재로 확대됨으로써 화재가 확대된다. 착화는 화염 등 고온의 기체에 노출되거나 복사열을 받았을 때 일어난다. 천장 및 벽은 고온 기체로부터의 대류열 및 복사열의 영향을 받기 때문에 연소 위험성이 높다. 바닥은 복사열의 영향뿐이어서 천장, 벽보다는 연소 위험성이 낮다. 내장재를 불연화하면 내장재의 착화를 막을 수 있지만, 수납 가연물이 많을 경우에는 화재확대를 막는 것이 어렵다.

그림 4-2에 화재의 진척 상황과 대책을 나타낸다. 같은 내장재에서도 설치 부위에 따라 확산에 큰 차이가 난다. 법규에서 바닥의 내장재 제한이 비교적 약한 것은 이런 이유 때문이다.

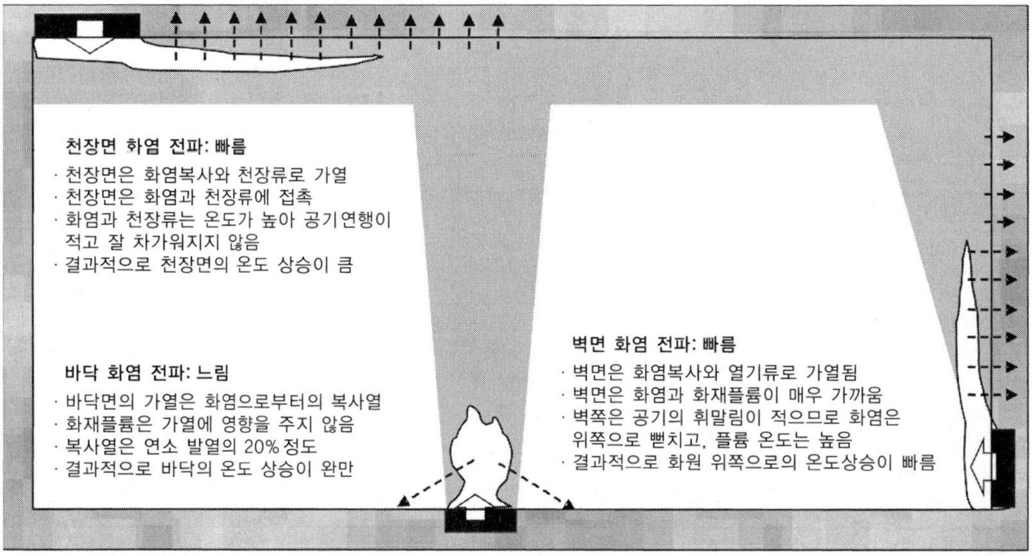

그림 4-2 화재의 진척상황과 내장에 미치는 영향

(1) 인화온도 및 발화온도

내장 재료는 가열되면 열분해가 시작되고 가연성 가스를 방출한다. 근처에 불이 있으면 목재는 260℃ 전후에서 인화된다. 근처에 불이 없을 경우 목재는 400~450℃에서 발화된다.

(2) 난연재료

건축물 재료 중 일반적인 화재에서 가열 후 5분간 불연성능을 유지하며, 변형·용해·균열 등의 손상을 입지 않는, 유해한 연기 또는 가스가 발생하지 않는 불연성을 가진 재료를 난연재료라고 한다. 일반적으로는 난연합판, 난연섬유판, 난연플라스틱판 등의 재료가 난연재료에 포함된다.

(3) 준불연재료

일반적인 화재로 가열되었을 때 10분간 불연성능을 유지하는 것이 방화시험으로 증명된 건축재료를 준불연재료라고 한다. 석고보드(두께 9 mm 이상), 목모(木毛)시멘트판(두께 15 mm 이상), 경질목편시멘트판(두께 9 mm 이상), 펄프시멘트판(두께 6

mm 이상) 등이 있다.

(4) 불연재료

일반적인 화재로 가열되었을 때, 20분간 불연성능을 유지하는 것이 방화시험으로 증명된 건축재료를 불연재료라고 한다. 예를 들면 콘크리트나 벽돌, 기와, 석면슬레이트, 모르타르, 돌, 유리, 석고, 철강, 알루미늄, 금속판, 섬유 강화 시멘트판, 유리 섬유 혼입 시멘트판(두께 3 mm 이상), 섬유 혼입 규산칼슘판(두께 5 mm 이상), 석고보드(두께 12 mm 이상), 록울, 글라스 울 등이 있다.

05 초기 소화에 의한 화재확대 방지

1. 초기 소화의 의의

화재가 훈소 단계에 있을 경우 소화기 등의 초기 소화기구로 화재확대를 방지할 수 있다. 화염이 천장까지 도달하지 않은 경우에는 옥내소화전 등의 초기 소화설비로 소화가 가능하다. 화염이 천장에 도달하더라도 스프링클러 설비 등 자동 소화설비가 적절히 작동하면 화재를 억제할 수 있다. 그러나 최성기 화재가 되어 실내에 플래시오버 현상이 발생하면 초기 소화설비(자동 소화설비)로는 소화가 어려워지고 대량의 연기도 발생해 인명위험 증대 및 재산 소실로 이어진다.

초기 진화에 의해 화재확대를 방지할 수 있으면 인명 보호와 재산 보호가 용이해지므로 초기 진화의 의의가 크다.

2. 초기 소화설비의 종류

소화 방법에는 온도를 낮춰 불을 제압하는 냉각 소화, 공기 중의 산소를 제거하는 질식 소화, 화재의 연쇄 반응을 끊는 부촉매 소화 등이 있다. 초기 소화설비는 크게 수계소화, 가스소화, 분말소화 등 3종류로 나눌 수 있다수계소화는 냉각소화로, 화염에 물을 뿌림으로써 물의 증발잠열을 통해 화염에서 열을 빼앗아 화재를 진화한다. 대표적인 수계소화설비로는 스프링클러 설비, 옥내소화전 설비, 포 소화 설비 등이 있다.

가스소화는 수계소화가 적합하지 않은 전기실, 발전기실, 보일러실 등에 사용된다. 가스소화설비에는 불활성가스 소화설비와 할로젠 소화설비가 있다.

분말소화는 질식 소화와 부촉매 소화가 주요한 소화 방법이다. 수계소화에 적합하지 않은 장소에 사용된다. 분말이 연소물을 둘러싸 공기를 차단하고, 주성분인 탄산수소나트륨이 열분해하면서 이산화탄소를 발생하여, 질식 소화시킨다. ABC 소화기, 국소적인 주방 배기 후드나 배기 덕트 소화, 주차장 진화에 자주 쓰인다.

다음으로 대표적인 초기 소화설비에 대해서 설명한다.

(1) 스프링클러 설비

① 스프링클러 설비의 종류

스프링클러 설비의 종류로는 폐쇄형 스프링클러 설비, 무대 등에 설치하는 개방형 스프링클러 설비, 높은 천장 부분에 설치하는 방수형 스프링클러 설비 등이 있다. 기계실, 화장실, PS·DS·EPS 등에는 스플링클러 헤드의 설치가 필요하지 않다. 소화설비로서 옥내소화전의 대체설비에, 옥내소화전과 마찬가지로 사람이 호스를 늘려서 사용하는 보조 살수전을 병용하는 경우도 있다.

② 폐쇄형 스프링클러의 작동 기구

폐쇄형 스프링클러는 배관 내에 물이 충전되어 있고, 그 관에 설치된 헤드의 가용편으로 인하여 물이 정지되어 있다. 화재의 열을 받으면 헤드의 가용편 부분이 용해되어 물이 통과하게 되므로 관에 걸려 있는 수압에 의해 디플렉터가 관에서 빠져 나와, 유출되는 물을 튀겨 주위에 물을 뿌린다(그림 4-3). 폐쇄형 스프링클러 설비의 계통도를 그림 4-5에 나타냈다. 또한 살수가 시작되면 배관 안의 물이 움직이므로 배관 안에 설치된 알람밸브가 유수를 감지하여 스프링클러의 작동을 수신기에 보고함과 동시에 음성 또는 경보로 주지시킨다.

폐쇄형 스프링클러 헤드는 온도가 상승한 화재기류로부터 열을 받아 가용편이 일정한 온도에 도달하여 용해되어 작동하는 기구이며, 그 화재기류는 천장면을 따

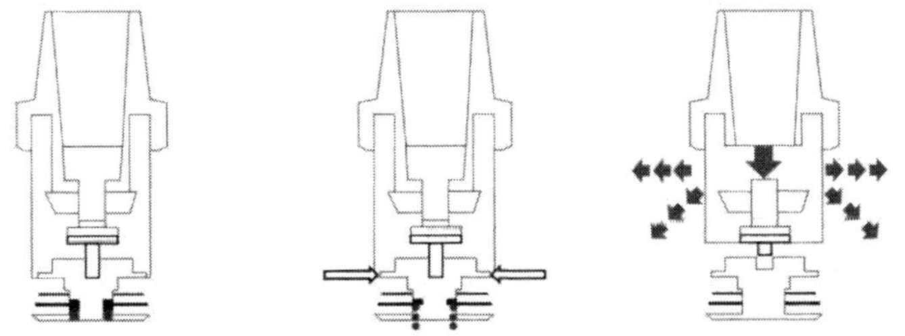

그림 4-3 스프링클러 헤드의 작동 예시

라 퍼지는 천장기류이다. 때문에 헤드는 천장 밑면에 가깝게 설치해야 한다.

건물 내 공간에 따라서는 천장 부분에 덕트 등의 설비가 노출되고 그 아래에 헤드를 매달아 설치하기도 하는데, 이 경우 화염이 헤드 바로 아래에 있지 않는 한 화재기류로부터의 영향을 받지 않으므로 스프링클러의 작동은 거의 기대할 수 없다(그림 4-4).

천장류는 화원의 발열량이 작으면 온도가 낮기 때문에 화원이 성장하여 어느 정도 커질 때까지는 작동하지 않는다. 또 천장 높이가 높을수록 천장류의 온도는 낮아지므로 화원 발열량이 커져야 천장류가 헤드를 작동시키는 온도가 된다. 즉 스프링클러의 작동은 그 성능뿐만 아니라 설치되는 공간의 조건에도 의존한다.

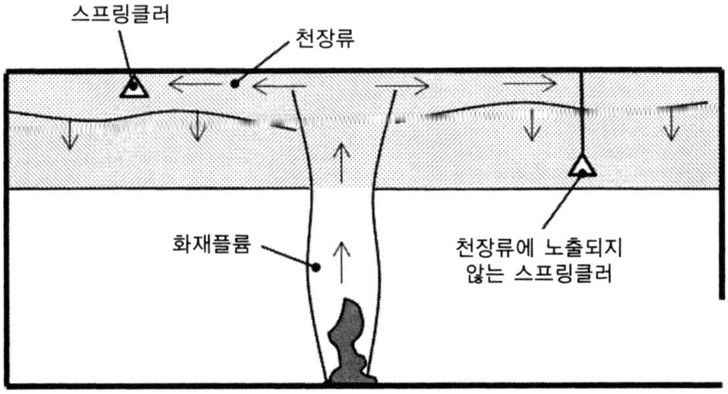

그림 4-4 스프링클러 헤드의 설치 위치와 화재기류

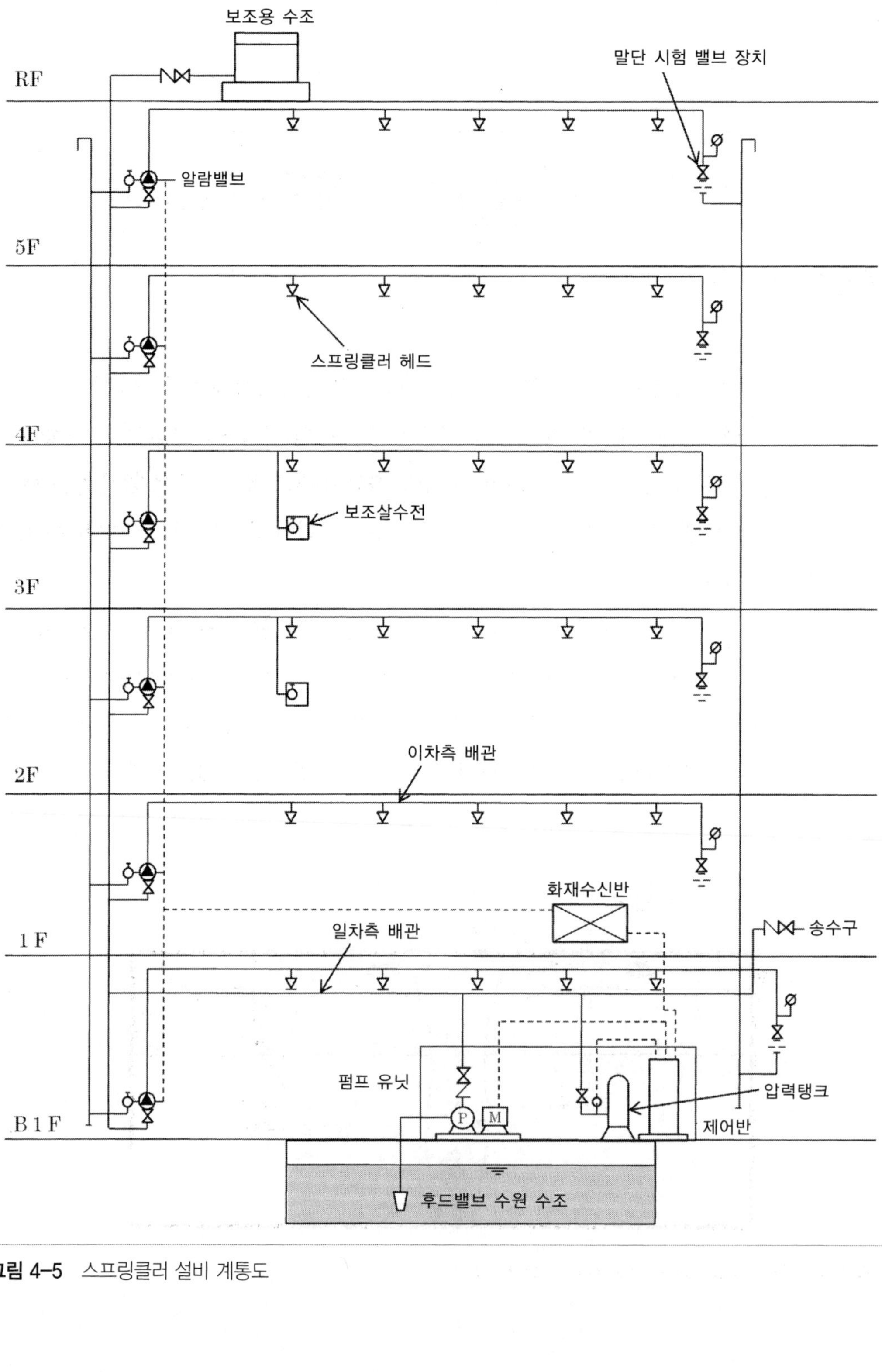

그림 4-5 스프링클러 설비 계통도

③ 스프링클러의 작동 신뢰성

일반적으로 스프링클러 시스템은 방화 시스템 중 가장 신뢰성이 높은 것으로 판단된다. 그러나 스프링클러라도 기계적 고장이나 기타 트러블이 발생하고, 부적절한 설계·시공 혹은 화재의 조건에 의해 성공적으로 작동되지 않는 경우도 있다. 캐나다 국립연구원에 의한 캐나다, 미국의 조사에 의하면 스프링클러를 설치한 경우 플래시오버(F.O.) 확률은 설치하지 않은 경우에 비해 1/5~1/3 정도로 저감되는 것으로 보인다[2]. 따라서 상당한 효과가 있는 것은 확실하나, 철저한 작동관리가 필요하다.

(2) 옥내소화전 설비

초기 소화를 위해 사람이 소화전 상자에서 호스를 연장하고 밸브를 열어 화원을 향해 방수한다. 방수량이 많고 25 m 범위의 1호 소화전, 혼자서 조작할 수 있는 15 m 범위의 2호 소화전이 있다. 1호 소화전에도 혼자서 조작이 가능한 간이조작 1호 소화전이 있다. 또한 공장이나 창고 이외에서는 25 m 범위의 광범위형 2호 소화전도 사용할 수 있다. 실내소화전 설비의 계통도를 그림 4-6에 나타냈다.

(3) 포 소화설비

주차장 등의 유류 화재용 자동 소화 설비로, 화재의 열에 의해 감지 헤드가 용해되거나 사람이 수동 기동 장치를 조작함으로써 일제히 개방 밸브가 열려, 포 헤드로부터 포 소화 약제와 물의 혼합액을 살수하여 화재를 감싸는 질식 효과와 냉각효과에 의해 소화한다. 포 소화 설비의 계통도를 그림 4-7에 나타내었다.

(4) 불활성가스 소화설비

화재실 내의 산소 농도를 15% 이하로 저하시킴으로써 질식 소화를 실시한다. 과거에는 액체로 저장할 수 있는 이산화탄소 소화설비가 사용됐다. 그러나 이산화탄소 자체는 무독하지만 고농도가 되면 인체에 해롭고 오작동에 의한 사망사고도 발생하면서 최근에는 질소 가스, 불활성가스 등 인체에 무해한 가스를 사용한 소화설비도 보급되고 있다. 그러나 이 가스들은 기체로만 저장되기 때문에 가스실이 커진다. 불활성가스 소화설비의 계통도를 그림 4-8에 나타냈다.

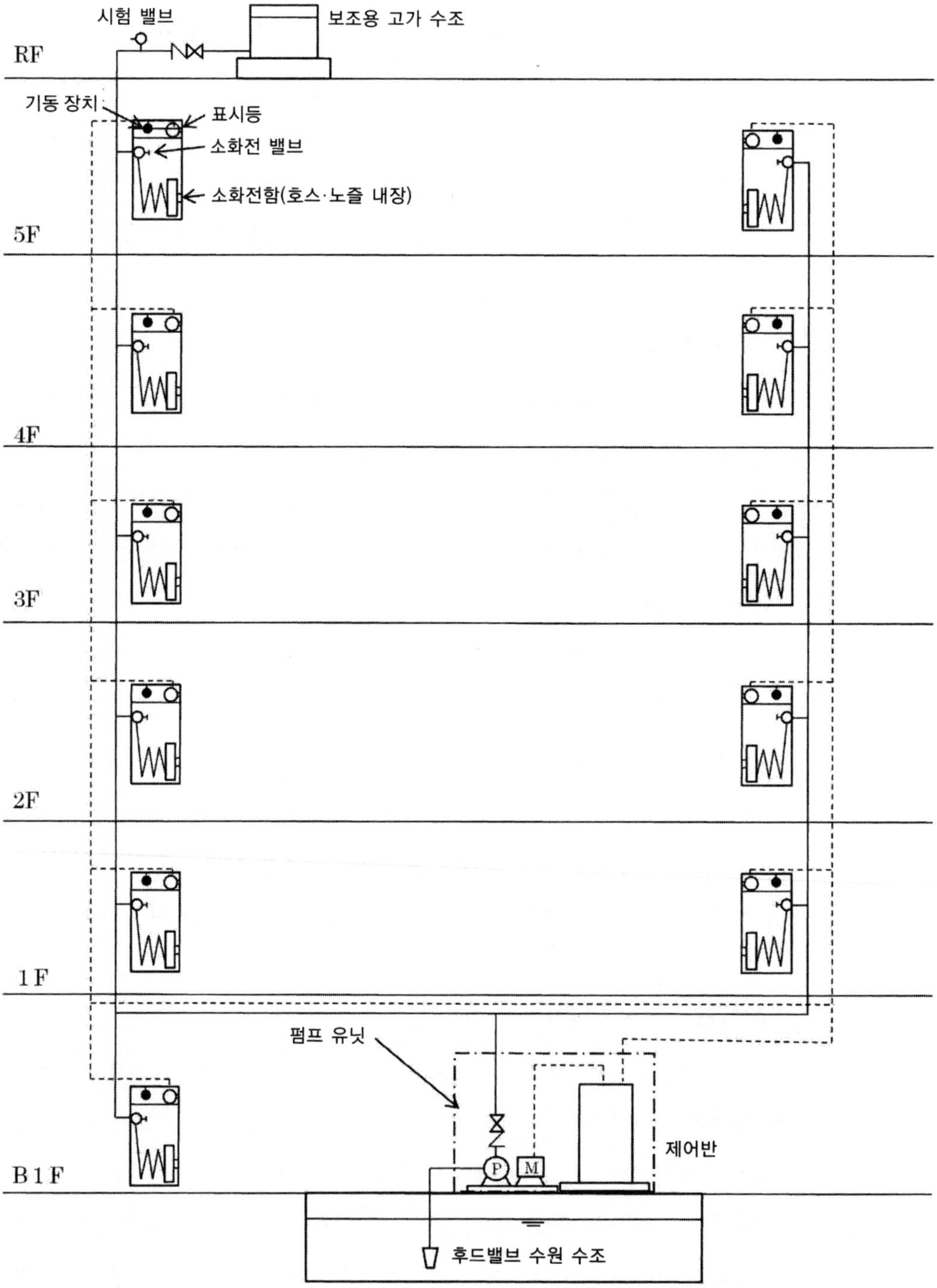

그림 4-6 옥내소화전 설비 계통도

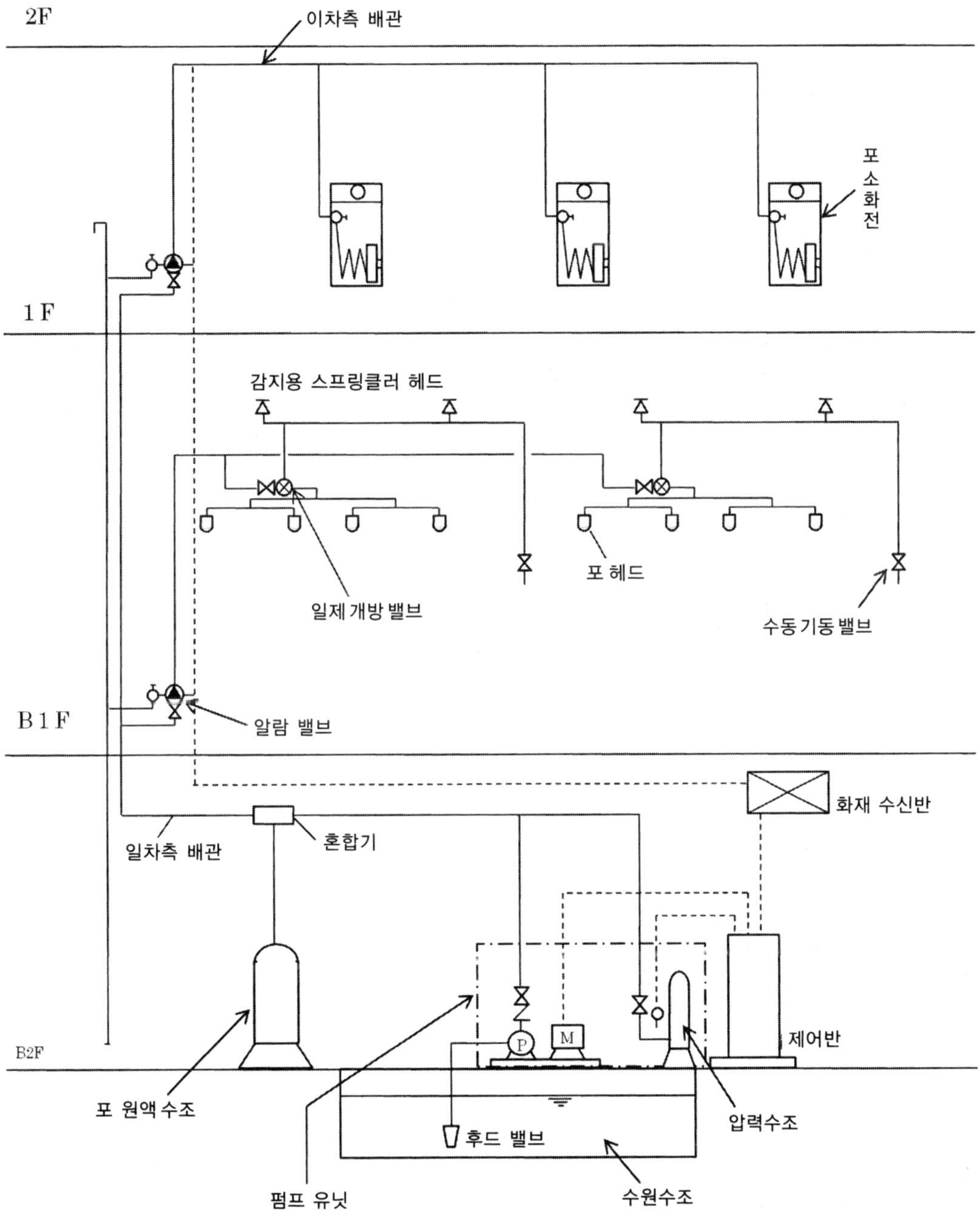

그림 4-7 포 소화설비 계통도

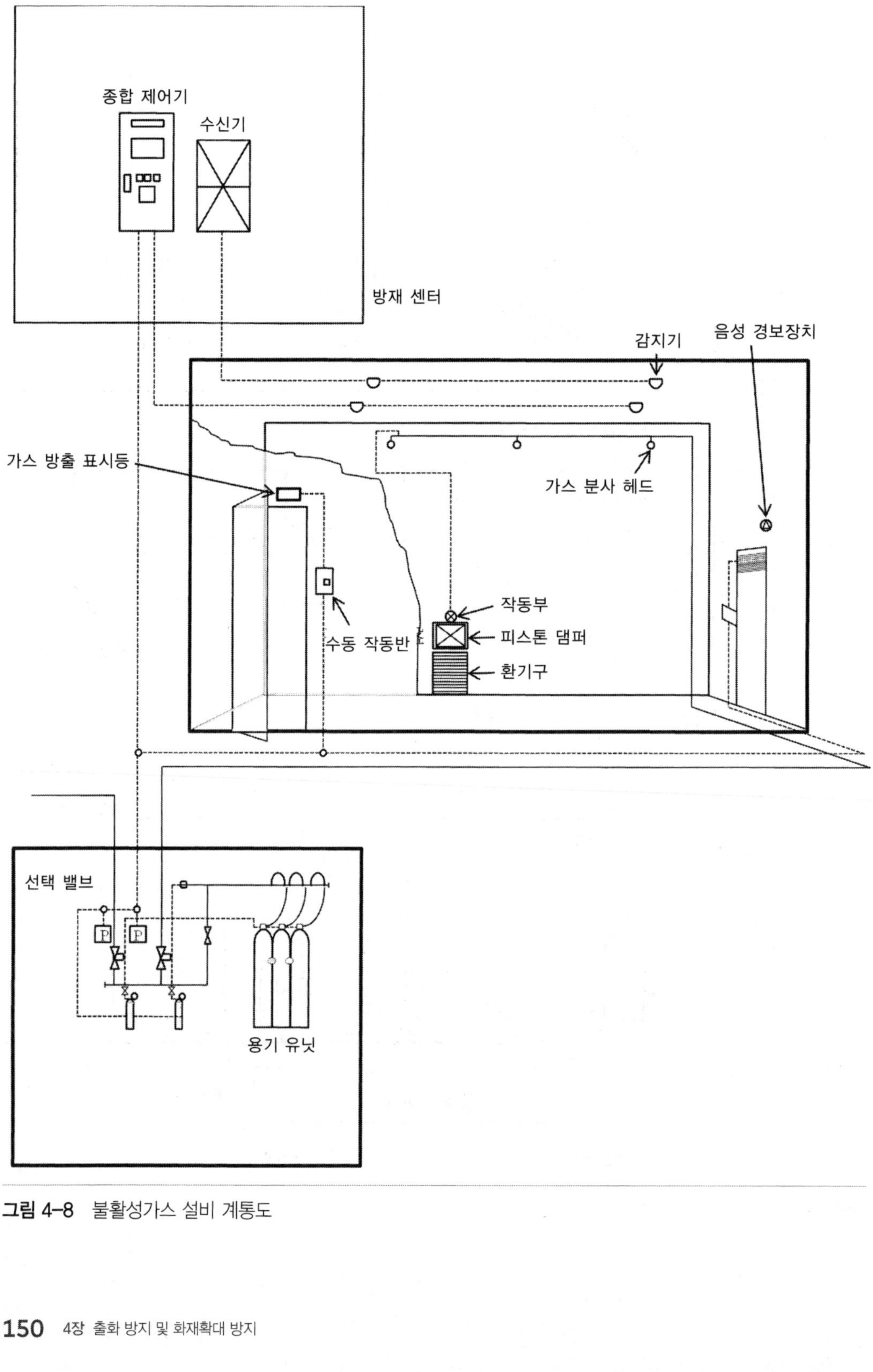

그림 4-8 불활성가스 설비 계통도

(5) 할로겐 화합물 소화설비

화학반응에 의해 연소의 연쇄반응을 정지시킴으로써 소화시킨다. 기존에는 할론 1301이라는 가스가 사용됐지만, 이는 오존층 파괴물질이기 때문에 현재는 오존층 파괴계수가 0인 HFC-227ea, HFC-23 등의 가스가 실용화되어 있다. 할로겐 화합물은 화염과의 반응으로 인체에 해로운 플루오린화 수소가 발생하므로 단시간에 소화시켜야 한다.

(6) 분말 소화설비

분말 소화설비는 분말 소화제의 연소반응에 대한 억제 작용과 공기를 차단하는 질식 작용으로 소화하는 설비이다. 화원을 향해 분사 헤드 및 노즐에서 분말을 방사하여 소화한다. 주방의 배기 후드, 배기 덕트 진화에 사용하는 화염 전파 방지 설비와 주차장 등에 사용되는 이동식 분말 소화 설비 등이 자주 사용되고 있다. 분말 소화제는, 그 성분에 따라 종별이 있어 적용가능한 화재 등에 의해 구분되어 있다.

06 방화구획

1. 방화구획의 목적

방화구획은 연소확대를 방지하고 화재를 건물 일부에 가두어 물적 피해를 최소화하고 소방활동의 안전을 확보하는 것을 목적으로 하고 있다. 방화구획은 또 화재를 가두는 동시에 연기의 확대를 방지하는 방연구획 역할을 겸하고 있다. 특히 대규모 건축물에서는 방화구획을 적절히 두어 화재규모를 한정하는 것이 인명·재산의 보호에 매우 효과가 높고, 소방대의 활동도 용이하게 함으로써 화재가 신속히 억제되며, 그것이 또한 화재 피해를 최소화할 수 있다. 방화구획은 건축물 방화대책의 기반을 이룬다.

2. 방화구획의 형성

방화구획은 내화구조 혹은 준내화구조의 벽이나 바닥 등의 부재나 개구부에서는 화염을 일정 시간 이상 차단하는 성능을 가진 문 혹은 셔터로 형성한다.

다만 개구부를 폐쇄하는 문이나 셔터에는 주의하지 않으면 안 되는 것이 있다. 하나는 방화벽과는 달리 차열성이 요구되지 않기 때문에 화재온도가 높아지면 가열되어 인접구획 측 표면이 순조롭게 착화온도를 넘는 온도가 될 가능성이 있다는 점이다. 통로상에 설치되는 방화문이라면 방화문 근처에 가연물이 놓일 가능성이 작다고 하여 연소의 위험을 무시할 수 있을지도 모르지만, 큰 개구부를 닫는 셔터는 닫았다고 해도 화재 가열에 의해 인접 구획에 대량의 열이 유입되고, 또 구획 벽의 이면온도가 상승하여 근처의 가연물을 착화시킬 위험이 있다. 구획화재에 노출되는 셔터의 온도는 화재온도의 80% 정도나 되므로 화재실이 최성기 화재가 되면 인접구획으로의 연소를 막는 것은 매우 어렵다.

또 하나는 상시 개방 상태에 있는 문이나 셔터는 화재 시의 폐쇄에 실패할 확률도 남는 것이다. 수시 폐쇄식 셔터는 폐쇄위치에 물건이 놓여서 폐쇄장애가 생기는 것 외에 폐쇄기구의 고장이나 유지관리 부족 등 다양한 원인으로 폐쇄에 실패할 수 있다. 모든 셔터가 폐쇄에 실패하는 것은 아니지만 폐쇄성공 확률이 1이 아닌 한 방화구획화에 이용되는 셔터의 수가 늘어날수록 어느 하나가 폐쇄되지 않아 구획화에 실패할 확률이 증가한다. 셔터 1매당의 폐쇄 확률을 p, 셔터의 매수를 N으로 하면 구획화에 실패할 확률을 $1-p^N$으로 계산할 수 있다.

그림 4-9는 셔터 1매당의 폐쇄 확률을 0.9와 0.8로 했을 때의 예를 보여주는데, 어느 쪽이든 1매 이상의 셔터가 열려 있는 확률을 나타낸 것이다. 당연히 셔터 수가 늘어날수록 어느 쪽이든 개방되어 있을 확률은 증가하고, p=0.8의 경우 셔터가 10매 있으면, 1매 이상은 거의 확실히 열려 있을 것이라고 예상된다. p=0.8의 값은 폐쇄성공 확률을 과소평가하고 있는 것처럼 느껴질지도 모르지만, 예를 들면 각층의 에스컬레이터 구획이 2장의 셔터의 폐쇄로 행해진다고 하면, p=0.9라고 해도 1층당의 폐쇄 확률은 0.9^2=0.81이 되므로, 10층의 에스컬레이터 구획에서는 거의 같은 개방 확률이 된다.

셔터가 폐쇄, 개방하고 있는 수별로 확률 ϕ을 평가할 필요가 있는 경우에는 N을

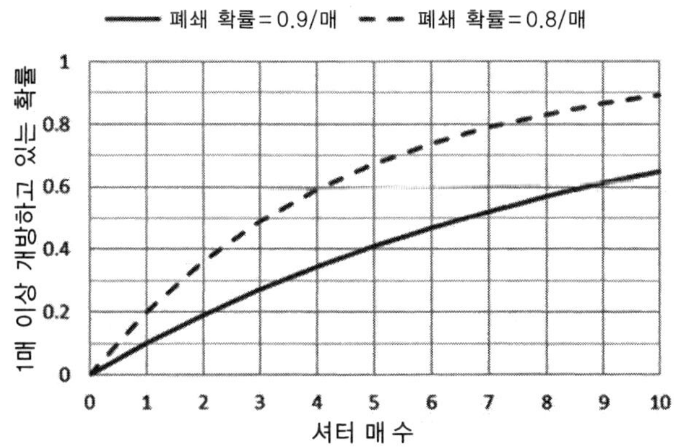

그림 4-9 셔터의 매수와 1매 이상 개방되어 있을 확률

셔터의 매수, k를 폐쇄하고 있는 매수, p를 폐쇄 확률로 하여 2항 확률의 식을 이용하면 된다(식 4-1).

$$\phi = \binom{N}{k} p^k (1-p)^{N-k} \tag{4-1}$$

그림 4-10은 N=10, p=0.9일 때의 셔터의 폐쇄 및 개방 매수별 확률이다. 폐쇄 수의 평균은 $N \times p = 10 \times 0.9 = 9$매, 개방 수의 평균은 $N \times (1-p) = 10 \times 0.1 = 1$매이지만, 폐쇄/개방 수가 그 이외의 확률도 꽤 있는 것을 알 수 있다.

또 폐쇄한다고 해도 폐쇄 시스템에 따라 어느 정도 시간 지연이 발생하기 때문에

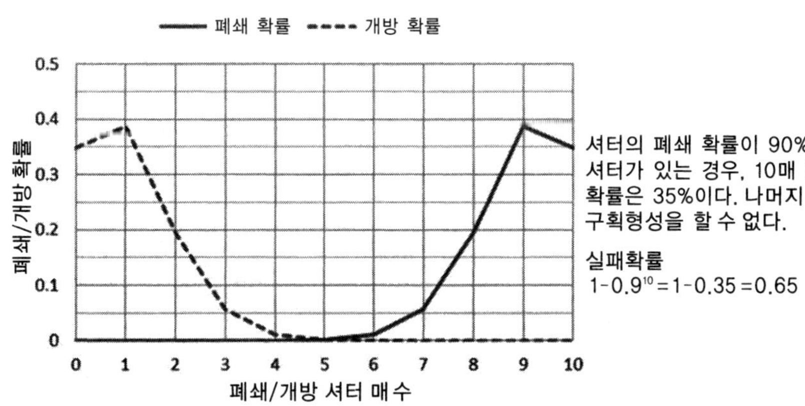

그림 4-10 총 10매의 셔터 폐쇄/개방된 매수와 확률(폐쇄 확률=0.9/매)

폐쇄하기 전에 화재기류나 불티를 통과시켜 버릴 가능성도 있다. 방화구획에 이용되는 문이나 건물에는 이러한 위험성이 남는다는 것을 인식한 계획이 요구된다.

3. 건물 내를 통한 연소확대 방지

방화구획에는 그 목적에 따른 구체적인 대책으로 그림 4-11과 같이 면적구획, 다중용도구획, 층간구획, 수직관통구획이 있다. 이하에 각 방화구획에 대하여 기술한다.

(1) 면적구획

면적구획은 플로어를 일정한 바닥면적 이내마다 복수로 분할해 연소영역을 일정 규모 이하로 억제하고 인적 및 물적인 피해를 한정하는 것을 목적으로 하고 있다.

면적구획의 크기는 층수, 내장 종별 등에 따라 다르지만, 일본 건축기준법에서는 1,500m^2 이내마다 면적구획을 설치하는 것이 기본이다. 주요 구조부가 내화구조이고 10층 이하 부분에서 스프링클러 등의 자동 소화설비를 설치했을 경우에는 최대 3,000 m^{2}까지 허용된다. 11층 이상의 고층 부분이나 지하상가(건물 지하 제외)

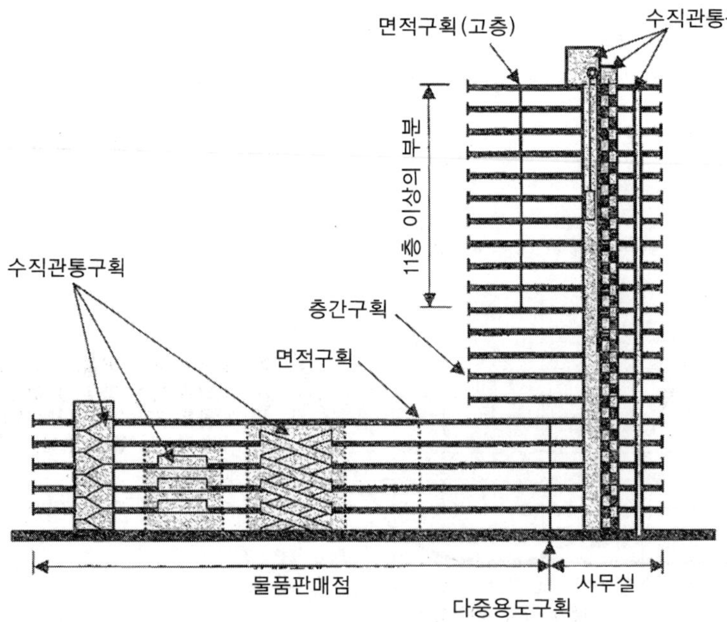

그림 4-11 방화구획의 종류[3]

는 소방대의 접근이 어려운 점도 있어 100~500 m^2(자동 소화설비를 설치한 경우에는 최대 200~1,000m^2) 이내마다 구획한다[3].

이 방화구획의 면적 제한의 기본이 되는 1,500 m^2는 원래 미국의 법규로부터 온 것으로 생각된다. 캐나다의 법규에서는, 소방대에 의해 실외로부터 창문 개구를 통한 방수를 실시했을 경우, 방수가 도달하여 화재를 제어 가능한 면적으로 설명된다. 이 때문에 건물의 양측이 가로로 면하여 양방향으로 방수가 가능한 경우에는 그에 따른 면적 기준이 완화된다.

이러한 소화능력상 매우 불리한 조건에서 소방대가 화재를 제압할 수 있는 현실적인 방법은 방화구획 면적을 줄여 화재규모를 제한하는 것이다. 고층 면적구획 제한은, 수치의 근거는 명확하지 않지만 화재확대를 억제하기 위한 방법으로는 현실적일 것이다.

방화구획 면적을 제한치보다 넓히고 싶을 경우, 스프링클러를 설치하면 면적을 2배로 할 수 있는 규정은 매우 잘 보급돼 있다. 실은 이 규정도 미국으로부터의 수입이며 근거는 잘 모른다. 그러나, 캐나다의 조사에 의한 스프링클러의 플래시오버 저감 효과 데이터[2]를 이용하면, 추론이지만, 어느 정도 리스크의 관점에서 타당성을 설명할 수 있다. 화재에 의한 손실 리스크 R을 'R=화재 발생 확률×손해규모'라고 정의하고 스프링클러 설치가 없는 실(면적 A)과 설치가 있는 실(면적 A')에서 리스크 R이 동일하다고 하면

$$R = \left(p_f A\right) p_{FO} A = \left(p_f A'\right) p'_{FO} A' \quad (4-2)$$

단, p_f는 공간면적당 출화율로 용도에 의존하지만, 여기에서는 두 공간을 동일 용도로 두어 같은 값을 이용하고 있다. p_{FO}는 스프링클러의 유무에 의한 구획화재로의 확대 확률로, 캐나다의 데이터[2]에서는

$$p'_{FO} = \left(1/5 \sim 1/3\right) p_{FO} \quad (4-3)$$

이므로 그 중간의 1/4를 이용하면 식 4-4가 도출되고, 스프링클러가 설치되어 있

는 공간에서 면적구획이 2배가 되는 것은 리스크 면에서 타당하다고 판단된다.

$$A' = \sqrt{p_{FO}/p'_{FO}}A \approx 2A \tag{4-4}$$

(2) 이종용도구획

이종용도구획은 용도나 관리구분, 사용 시간대가 상이한 부분이 한 건물 내에 존재하는 경우 그 경계 부분에 내화구조의 벽(또는 방화문)을 설치함으로써 다른 부분으로 연소되는 것을 방지하는 것을 목적으로 하고 있다. 특히 복합건축물에서는 용도별로 건물의 이용 형태나 관리 형태가 다르기 때문에 한쪽 화재가 다른 쪽으로 확대되면 피난이나 소방 활동에 지장이 생길 수 있다. 관리 형태가 다른 용도가 인접해 있을 경우 다른 쪽에서는 정보전달, 대피유도 등으로 예기치 않은 혼란이 예상되므로 원칙적으로 방화방연구획으로 해야 한다[4].

(3) 층간구획

층간구획은 외벽 개구부를 통한 위층 또는 아래층으로 화재확대를 방지하는 것을 목적으로 하고 있다. 화재가 성장해 온도가 높아지면 유리창이 깨지고 창문에서 화염이 분출하게 된다(그림 4-12). 더 나아가 분출된 화염의 열로 위층의 유리창이 깨져 불티가 침입하거나 가연물에 착화해 위층으로 연소확대될 우려가 있다. 또한, 제2장의 그림 2-25와 같이 창의 형상이 세로로 길 경우에는 화염의 중심축은 벽면에서 떨어지는 경향이 있으며 가로로 긴 창에서는 벽에 붙게 된다. 화재가 여러 층에 미치면 연소면적이 증대할 뿐만 아니라 불길이 거세질 우려도 있다[4]. 게다가 피

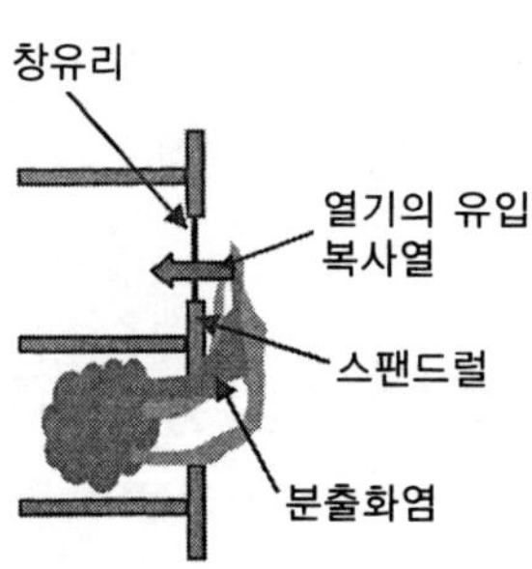

그림 4-12 개구부로부터의 분출화염에 의한 상층 연소

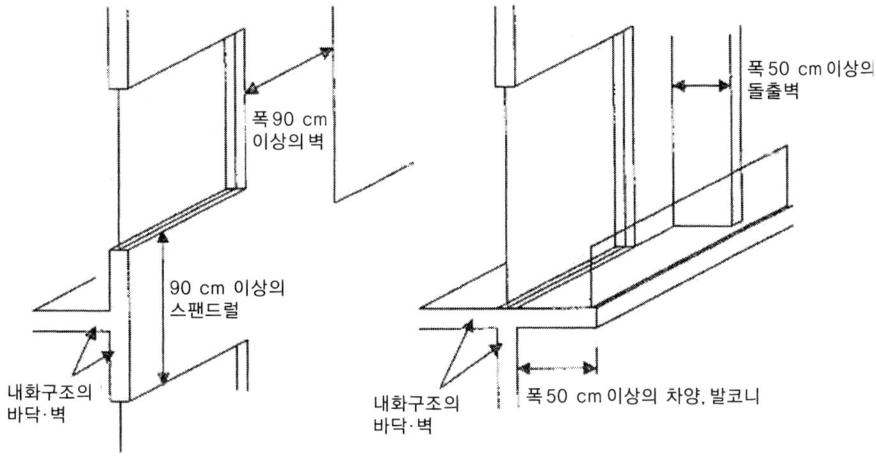

그림 4-13 층간구획(마루, 차양, 스팬드럴)[3]

난과 소방활동이 어려워져 구조체의 내화성능 확보, 위층으로의 연소방지가 어려워진다. 따라서 화재를 한 층에 가두는 것이 중요하다.

구획부재로는 그림 4-13과 같이 바닥슬래브, 스팬드럴, 차양, 발코니, 돌출벽 등이 있다.

(4) 수직관통구획

수직관통구획은 계단실, 엘리베이터 샤프트, 에스컬레이터 및 덕트 공간 등 수직 방향으로 연속된 공간을 경유하여 화염과 연기가 다른 층으로 번지는 것을 방지하기 위한 목적으로 설치되는 구획이다.

수직관통부분에 연기가 침입되면 연기가 가진 부력에 의해 상승기류가 발생하여 위층으로 연기를 전파시키는 경로가 된다. 또한 배전관이나 통신용 케이블 등의 가연물을 포함한 수직관통부분으로 연소되면 수직관통부분 자체가 위층으로 화재확대의 도화선이 되어 버린다. 또, 화재의 상황을 잘 모르는 위층에 연기가 누설되게 되어, 피난상 현저하게 위험한 사태를 초래한다. 과거의 화재 사례를 봐도 화재 그 자체의 물적 손해뿐 아니라 출화 층보다 위층에서 연기에 노출되어 사망자를 낸 예가 많다.

구획은 연기감지기와 연동되어 폐쇄하는 셔터로 형성되는 경우가 많으며 그림

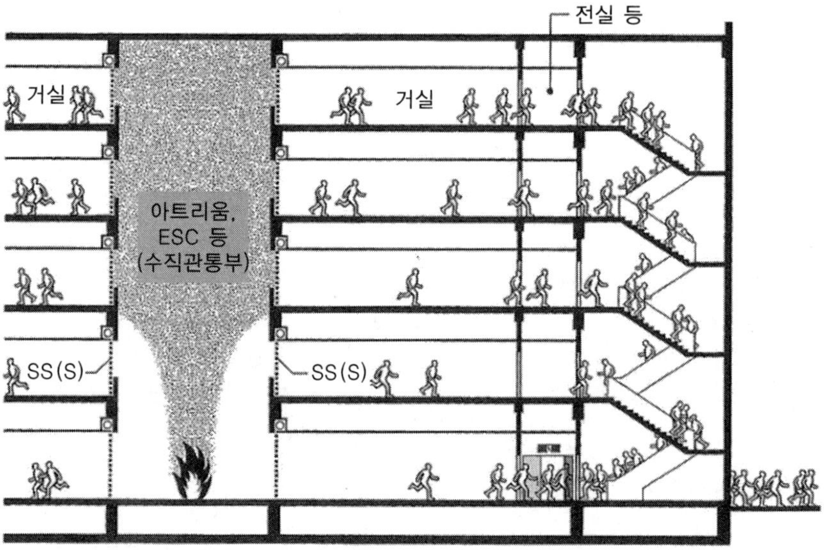

그림 4-14 수직관통공간에서의 출화와 셔터의 역할(SS)[4]

4-14와 같이 수직관통공간 내에서 발화한 경우에는 수직관통공간에 접하는 셔터가 모두 폐쇄하여 위층으로의 연기누출과 연소를 방지한다.

4. 방화구획을 구성하는 부재와 요구성능

방화구획을 구성하는 주요 부재는 바닥, 벽 및 개구부의 방화설비이다. 또 층간구획이나 다른 건축물 등에서의 연소를 방지하는 부재로는 외벽이 있다. 이들 부재는 목적으로 하는 구획에 따라 요구성능이 달라진다.

(1) 바닥이나 벽의 요구성능

방화구획을 구성하는 바닥, 벽, 외벽 및 지붕에 요구되는 성능을 표 4-2에 나타냈다.

비손상성이란 화재 시에 구조내력상의 지장이 되는 변형, 용융, 파괴 등의 손상이나 과도한 온도상승에 의한 내력저하가 발생하지 않는 것으로, 손상되면 가구의 붕괴우려가 생기는 것을 말한다[6].

차열성이란, 벽, 바닥 등의 구획부재에 대하여 어느 한 면에서 가열받았을 때, 반대쪽 표면에 접촉하고 있는 가연물의 착화를 막는 성능을 말한다[6].

표 4-2 벽이나 바닥에 요구되는 성능

요구성능 \ 부위		방화구획의 구성			외벽		지붕
		바닥	내력벽	비내력벽	내력벽	비내력벽	
실내화재	비손상성	○	○		○		○
	차연성				○	○	○
	차열성	○	○	○			
주변 화재	비손상성				○		
	차열성				○	○	

차염성이란 방화구획을 구성하는 벽, 지붕 등 한쪽 면에서 가열되었을 때, 반대쪽 면에 화염을 관통하는 균열 등이 발생하지 않는 것으로 연소방지를 위해 필요한 성능이다.

(2) 개구부의 요구성능

방화구획을 구성하는 부재에는 바닥과 벽과 같은 고정된 부재뿐만 아니라 사람이나 물건의 이동을 위한 개구부가 존재한다. 화재 시만 폐쇄하는 개구부재에는 가연성 가구 등이 접촉해서 설치되지 않는다. 따라서 바닥이나 벽처럼 차열성은 요구되지 않는다. 그러나 개구부재가 화재 시 열로 인해 변형되어 테두리와의 문에 틈이 생겨 일부가 용융탈락이 우려된다[5]. 때문에 개구부에는 차염성이 요구된다.

또한 표 4-3과 같이 방화구획의 종류에 따라 요구성능이 다르다. 면적구획에는 1시간의 차염 성능을 갖는 특정 방화설비가 필요하다. 상시 개방식 문은 열 또는 연기감지기와 연동되어 폐쇄하는 기구가 필요하다. 수직관통구획에는 차염성뿐만 아니라 차연성을 가진 방화설비가 필요하다. 상시 개방식 문은 연기감지기와 연동하여 폐쇄돼야 한다. 일반적으로 수직관통구획은 면적구획도 겸하는 경우가 많기

표 4-3 방화설비에 요구되는 성능[4]

방화구획의 종류	방화설비의 종류	방화설비에 필요한 성능		상시폐쇄식 이외의 경우, 연동폐쇄방식
		차염성	차열성	
면적구획	특정 방화설비	1시간	불필요	열 또는 연기
수직관통구획	방화설비	20분	필요	필요
이종용도구획	특정 방화설비	1시간	필요	필요

때문에 이 경우 개구부는 특정 방화설비가 된다.

5. 구획 관통부로부터의 연소확대 방지

급배수용 배관이나 전선 케이블, 공조 덕트 등은 벽이나 바닥을 관통한다. 전선의 피복재나 절연재에는 가교 폴리에틸렌이나 염화비닐 등이 사용되고 있으며, 화재 시에 연소한다. 공조 덕트는 통상 강판제이나, 화재 시에는 열에 의해 강도를 잃어 변형해 바닥이나 벽과의 문에 화염의 전파 경로가 되는 틈을 발생시킨다.

배관이나 전선이 방화구획을 관통하는 부분의 틈새 처리가 적절하지 않아 연소

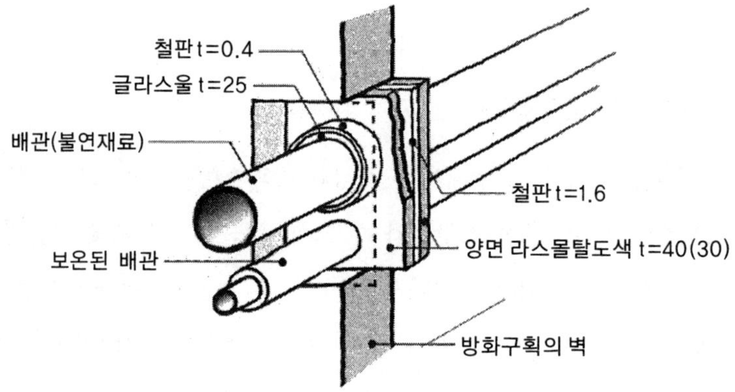

그림 4–15 배관의 구획 관통부의 처리 예[4]

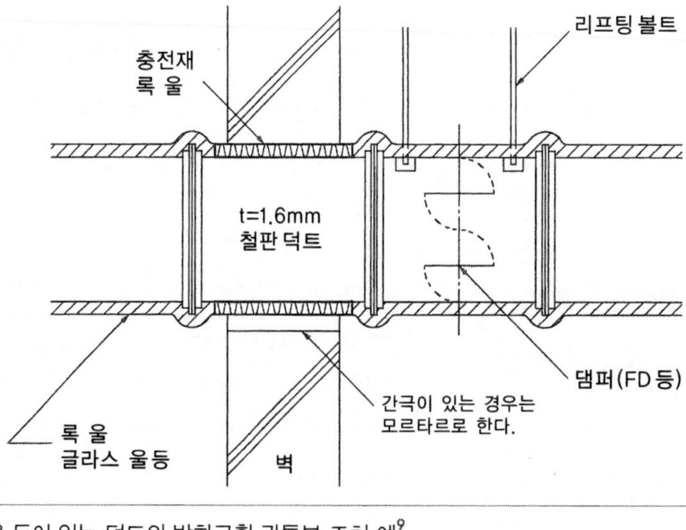

그림 4–16 보온 등이 있는 덕트의 방화구획 관통부 조치 예[9]

된 사례가 많으므로 구획 관통부로부터의 연소방지 대책으로서 법규정에 의거한 관통처리를 확실히 하여 틈을 막는 것이 중요하다.

그림 4-15와 그림 4-16에 구획 관통부의 처리 예를 나타낸다. 급배수관에서는 관통부의 메우기 공법을 이용한다. 덕트에서는 관통부 근처에 댐퍼를 설치하여 온도 퓨즈(온도가 상승하면 용융하는 결쇠)로 폐쇄시킨다.

6. 방화구획 부재에 관한 주의점

방화구획을 형성하는 벽이나 문 등은 성능이 내화시험으로 조사되므로 일정한 성능은 보증되고 있다고 볼 수 있지만 같은 내화수준이라도 요구되는 성능은 차열성이나 차염성 등으로 다르다. 또 같은 요구성능에서도 판정기준은 이면 온도와 육안 관찰 등으로 한정되어 있으므로 구체적인 용도에 적합한지 여부는 부재의 성질을 고려해 판단해야 한다.

전형적인 예는, 06의 2.에서도 언급한 방화벽과 셔터의 차이다. 양자의 온도성상 차이의 모식도를 그림 4-17에 나타낸다. 방화구획벽은 단열성이 높은 재료가 이용되므로 열이 벽 안의 이면을 향해 이동하여 이면 온도가 인접실의 가연물을 착화시키는 온도에 도달하기까지는 시간이 걸린다. 방화 셔터는 열전도성이 높아 화재 온도에 상당히 가까운(80%) 온도가 된다[10]. 방화 셔터는 개구부를 닫는 방화설비라는 의미여도 방화구획의 구성상으로는 실질적으로 벽이지만 연소방지 성능은 그다지 기대하지 않는 것이 좋다.

또한 콘크리트계 방화벽과 석고보드계 방화벽에서도 차이가 있으며 콘크리트계

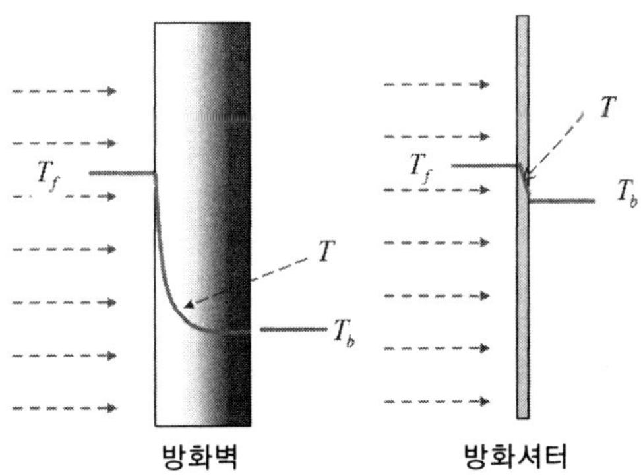

그림 4-17 방화벽과 방화 셔터의 온도성상의 차이

방화벽은 이면 온도가 기준치를 넘어도 온도가 계속 상승할 뿐이지만 석고보드의 온도상승은 조직수로 억제되어 온도상승이 일어날 때는 조직수가 증발했을 때이며 수축, 균열, 탈락 등이 시작되는 시기이다. 같은 내화 시간이라도 양자에서는 여유가 상이하다.

07 시가지 화재의 방지

일본은 예로부터 시가지 대화재를 경험한 나라이며, 역사가 오래된 시가지에서 대화재를 경험하지 않은 도시가 거의 없다. 소방력의 확충 등에 의해 최근에는 시가지 대화재의 수도, 규모도 감소하고 있지만, 아직도 강풍이 부는 기상 조건하의 화재나 지진 시의 동시다발 화재의 진화에는 큰 어려움이 따른다. 또한 지진 화재는 시가지 화재의 범주에 포함되는 중요한 사항이지만 지진으로 빌딩의 방화설비가 파손되어 해당 건물에서 화재가 발생했을 때의 대책을 어떻게 할 것인지 등에 대해서는 본 교재에서는 다루지 않는다.

1. 방화지역 지정

시가지 대화재를 극복하기 위해서 채택되어 온 대책 중 하나가 방화지역이나 준방화지역 등의 방화지역 지정으로, 이미 약 100년의 역사가 있다.

방화 지역은 시가지 간선도로를 따라 띠 모양으로 지정되는 것과 면적으로 확대되는 지역으로 지정되는 것이 있다. 전자는 시가지 대화재의 연소를 차단하는 동시에 피난이나 재해 대응에 중요한 간선도로를 보호하는 것이 목적이 되며, 후자는 도시의 행정·경제 등에 대해 중요한 기능을 가진 건축물이 집적된 지역을 지키는 것 및 재해 시의 피난장소로서의 역할이 기대되고 있다. 방화 지역에서는 목조 건물을 비롯하여 타기 쉬운 건물의 규모가 엄격하게 제한되고 규모가 커지면 준내화건축물이나 내화 건축물로 할 것이 요구된다. 대규모 목조건축물 등은 화재가 발생했을 때 막대한 열량이나 불티가 발생하여 시가지 화재의 연소속도를 높이는 원인이 되고 또 진화도 매우 어렵기 때문이다.

준방화지역은 시가지 내 주택지구 등에 면적으로 지정된다. 준방화지역에는 화재의 연소 차단과 같은 높은 성능은 요구되지 않지만 화재의 연소속도를 늦추고 그로 인해 주민의 대피와 진화 활동에 대한 어려움을 완화하는 것이 목표이다. 준방화지역에서는 방화지역과 같이 엄격한 제한을 부과하기 어려우므로 인접건물과의 간격이 가까운 경우에는 외벽이나 개구부를 방화적으로 강화해 잠시라도 화원건물에서 인접건물로의 연소를 지연시키고, 화원의 인접건물로부터 연소를 억제할 필요가 있다.

2. 인접건물 간 연소확대 방지

시가지 화재를 방지하기 위해서는 건물 간의 연소확대를 막을 필요가 있다. 연소확대 원인은 화원건물로부터의 화염과 고온의 열기류, 복사열 및 불티이다. 화염과 고온의 열기류 및 강한 복사열에 인접건물이 노출되면 가연 부재와 수납물에 착화 위험이 생기고 개구부 창문이 파손돼 불티가 침입할 우려가 생긴다.

그러나 화염이나 열기류는 부력 때문에 기본적으로 위쪽을 향하므로 인접건물이 이들에 노출되는 것은 화원건물과 상당히 근접해 있는 경우이다.

한편, 복사열은 복사면이 클수록 강하므로, 화원건물의 외벽은 연소하여 복사면이 커지면 인접건물이 받는 복사열도 커진다. 이 때문에 외벽이 쉽게 타지 않는 구조여야 하며, 외벽이 타지 않아도 창문 등의 개구부가 유력한 복사면이 되므로 인접건물에 면하는 개구부는 작게 하거나 잘 타지 않는 재료로 할 필요가 있다. 인접건물이 받는 복사열은 대체로 거리의 제곱에 반비례하여 감쇠하므로, 화원건물과 인접건물 사이의 거리가 멀수록 연소 위험은 작아진다(그림 4-18).

건축기준법에서는 건물의 높이에 따라 인접부지 경계로부터 3 m, 5 m 등의 범위를 '연소의 우려가 있는 부분'으로 일률적으로 정하고, 이 범위에 있는 건물은 내화구조여도 개구부는 방화설비로 할 것을 요구하고 있다. 여기에서 방화설비란 가열 개시 후 20분간의 차염 성능을 만족시키는 것이다. 그러나 실제로는 '연소의 우려가 있는 부분'이라도 복사면에서 가려져 보이지 않는 면에는 복사열이 도달하지 않는다.

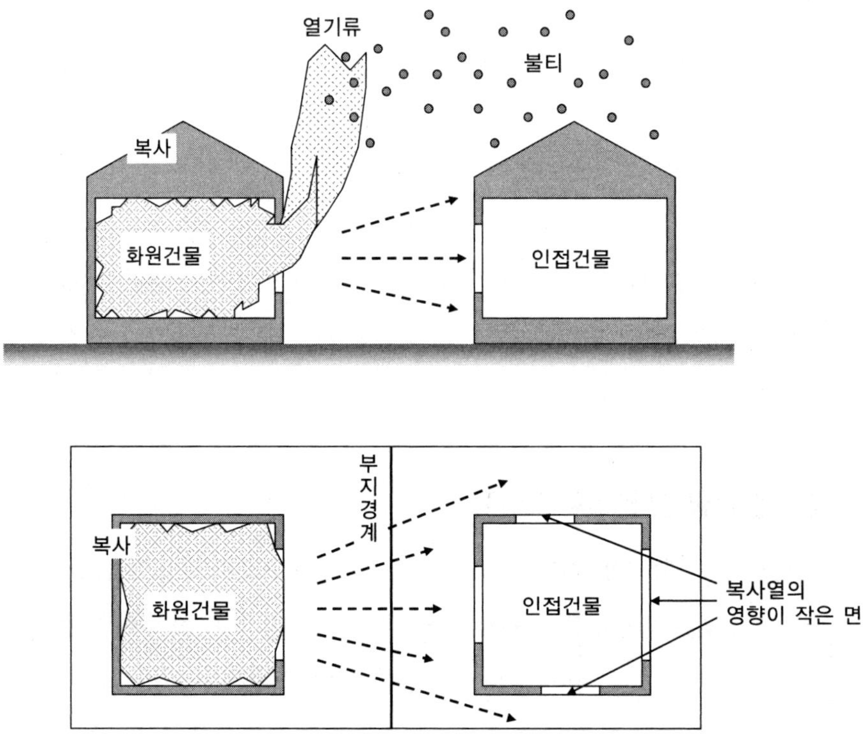

그림 4-18 인접건물 간 연소확대 방지

3. 시가지 화재에 대한 소화설비

시가지 화재에 대한 소화설비로는 수도 본관에 접속된 소화전이나 소방용수가 있다. 하천이나 저수지 등도 시가지 화재에 대한 수원으로 이용할 수 있다. 수도 본관의 소화전은 대지진 등으로 수도 본관이 파손되었을 경우에 사용할 수 없으므로 주의를 요한다.

대규모 건물은 건물 내에 전용 소화설비를 가지고 있지만 소규모 주택 등은 소화설비가 없으므로 소방펌프차나 이 시가지의 소화설비를 사용하여 화재를 진압한다.

08 설계 시 고려해야 할 포인트

화재의 확대 방지에는 확대의 원인이 되는 가연물을 없앨 것, 초기화재 중에 진화할 것, 화재의 확산을 억제하는 방화 구획을 설치할 것 등 3가지 방법이 있다. 화재확대의 흐름을 잘 파악해 한 가지 방법이 실패하더라도 다음 방법, 다음 단계에서 화재가 확대되는 것을 방지하는 대책을 마련할 필요가 있다. 가연물이 없는 장소에서는 초기 소화설비나 방화구획도 불필요하지만 실제 사용 상황을 고려하면 그러한 공간은 거의 없다.

(1) 출화 방지

화원 주위에서는 내장재의 불연화, 방염제품을 사용하는 등 출화 방지를 고려한다. 화원 주위에 가연물을 두지 않도록 수납공간을 설치하는 등 사용 상황을 배려하여 설계한다. 그러나 화재 원인이 되는 착화원이나 착화물은 대부분 건축설계 대상에서 제외되므로 이로 인한 출화 방지 효과는 제한적이라는 점은 이해할 필요가 있다.

(2) 초기 소화

스프링클러 설비 등 초기 자동 소화설비를 설치하면 화재 확산 억제에 상당한 효과가 있다. 그러나 다른 초기 소화설비와 마찬가지로 스프링클러 설비도 화재 억제에 실패할 가능성도 있으므로 스프링클러 설비를 설치하면 화재 확산 위험이 해소된다고 생각해서는 안 된다. 스프링클러 설비를 설치했다고 해도 방화구획을 적절한 범위에서 설치하는 것은 화재확대 방지에 효과가 있다.

(3) 스프링클러 설비의 작동 기구

화재실의 바닥면 등 아래쪽에서 생긴 화재로부터의 상승 열기류는 천장에 닿아 천장 지나는 기류가 된다. 천장에 설치되는 통상 스프링클러는 이 천장류로부터의 열을 일정 이상 받아야 작동한다. 천장류에 노출되기 어렵게 설치된 스프링클러는 작동이 늦거나 전혀 작동하지 않는다. 살수장애 때문에 헤드를 천장보다 하부 공간에 설치할 필요가 있는 경우에는 천장류를 받는 부분에 감지 부분을 설치할 수 있는 감열개방 방식의 사용을 검토한다.

(4) 방화구획

화재는 확대 범위가 작을수록 재산상의 손해나 피난상의 위험이 작아지고, 또 진화 활동도 용이해진다. 방화구획은 화재확대를 한정함으로써 건축물 자체나 인명·재산의 손실 리스크를 경감한다.

화재가 커지면 소방대에서도 진화가 어려워지고 가연물이 다 탈 때까지 기다릴 수밖에 없다. 그렇게 되면 건축물의 내력상으로도 위험이 커질 뿐만 아니라 주변에까지 위해가 미칠 우려도 나온다. 면적구획은 화재가 소방대에 의해서도 제어할 수 없는 규모로 확대되는 것을 방지하기 위한 구획이다. 특히 화재가 층을 넘어 위쪽으로 확대되면 위험성이 매우 커지므로 층간구획(06 3.의 (3)참조)을 확실하게 하는 것이 중요하다.

건물화재의 경우 건물에 여러 가지 목적으로 설치되는 덕트나 샤프트를 통해 화염이나 연기가 위층으로 확산되는 경우가 많다. 수직관통구획은 이를 방지하기 위한 구획이다. 이 때문에 계단이나 엘리베이터 샤프트 등의 구획은 내화구조로 하는 동시에 연기 침입을 방지할 수 있는 구조로 한다. 또한 수직관통구획된 샤프트 부설한 배관, 전기 케이블 등은 층마다 바닥을 설치하여 층간구획한다.

(5) 구획 연소방지 성능

방화구획은 고정 방화벽에 의한 경우와 수시 폐쇄식 셔터 등의 방화설비에 의한 경우 등 양쪽 방식이 이용된다. 방화벽은 비가열측 표면의 온도상승을 억제하는 단열성능이 있으며, 또한 고정되어 있으므로 작동신뢰성에 관한 걱정이 없다. 인접 구획으로의 연소방지 효과가 높다고 할 수 있다. 한편 셔터 등은 수시 폐쇄이므로 폐쇄 실패 확률도 남는 데다가 정상적으로 폐쇄한 경우에도 단열성이 없으므로 강한 화재 가열을 받으면 뒷면이 고온이 되어 인접 구획의 가연물을 착화시킬 가능성이 있어 연소 방지의 신뢰성은 낮다.

방화구획의 개구부는 폐쇄신뢰성과 단열성에 관해 셔터와 유사한 약점을 가지므로 방화구획의 문 수나 개구부의 면적을 불필요하게 크게 하지 않는 것이 좋다. 구획벽 자체는 차열성이 필요하지만 문 부분은 일반 통로이므로 앞뒤에 가연물이 놓이는 경우는 비교적 적다는 판단에서 단열성이 부족한 철문이라도 좋다고 할 수 있다. 그러나 단열성능이 있는 문을 사용함으로써 연소 방지 성능을 높이는 것이 바람직할 수도 있다.

참고문헌

1. 平成29年版消防白書
2. Gaskin and D. Yung: Canadian and U.S.A. Statistics for Use in the Risk-Cost Assessment Model, Internal Report (NRCC, Institute for Research in Construction), 1993-01
3. 原田和典著: 建築火災のメカニズムと火災安全設計, 日本建築センター, 2007.12
4. 日本建築学会編: 図解火災安全と建築設計, 朝倉書店, 2009.3
5. 日本火災学会編: はじめて学ぶ建物と火災, 共立出版, 2007.11
6. 国土交通省住宅局建築指導課ほか編: 2001年版耐火性能検証法の解説及び計算例とその解説, 井上書院, 2001.3
7. 国土交通省住宅局建築指導課ほか編: 2001年版耐火性能検証法の解説及び計算例とその解説, 井上書院, 2001
8. 日本火災学会編: はじめて学ぶ建物と火災､共立出版, 2007
9. 日本建築行政会議編: 建築設備設計·施工上の運用指針2013年版, 日本建築設備·昇降機センター, 2013.3
10. 田中哮義著: 改訂版火災安全工学入門, 日本建築センター, 2002

5장

조기 발견, 조기 피난 시스템

건축물에서 화재가 발생했을 경우, 피난 안전과 소화를 실시하여야 하며, 이를 위해서는 사람의 조기 대응이 필요하다. 조기에 화재를 발견해 재실자나 소방서에 알림으로써 신속한 피난을 촉진하고 화재를 소규모로 진압할 가능성이 커진다. '자동화재탐지설비'와 '비상방송설비'는 조기발견·경보를 위한 방재설비로서, '비상조명설비'와 '유도등 설비'는 안전한 피난 행동을 확보하는 설비로서 중요하다.

01 조기 발견

1. 조기 발견 목적

화재 발생을 조기에 발견하는 것의 목적은 두 가지가 있다. 하나는 건물 이용자에게 화재 발생을 알려 안전하게 피난할 수 있도록 하는 것이며 다른 하나는 화재를 초기에 진화하는 것이다.

2. 화재 발견 방법

사람이 화재를 발견한 뒤, 연락하거나 통보하여 화재의 발생을 인지하는 방법도 생각할 수 있지만, 항상 사람이 지키고 있을 수는 없다. 따라서 자동으로 화재를 감지할 수 있는 시스템이 필요하다. 화재 징후를 발견하는 방법으로는 화재로 인한 열을 감지하는 방법, 화재로 인한 연기를 감지하는 방법, 화재로 생긴 불꽃을 감지하는 방법이 있다.

이들을 시스템화한 것이 자동화재탐지설비이다. 화재 감지와 경보 설비는 과거의 화재 사례를 근거로 새로운 제품이 계속 개발되고 있다. 주된 화재 사례와 각종 소방 설비에 관한 소방 법령의 개정 경과(부록 표 5-1), 또 소방 설비의 설치 대상이 되는 방화 대상물(부록 표 5-2)을 본 장의 마지막에 제시하였다.

3. 자동화재탐지설비의 구조

자동화재탐지설비는 ① 화재를 감지하는 감지기, ② 화재를 감지하는 사람이 신고하기 위한 발신기, ③ 화재신호나 소방설비 등 작동신호를 수신하고 관계자에게 보고하는 수신기, ④ 화재가 발생했음을 건물 내 사람에게 알려주는 지구음향장치(지구경종) 등으로 구성된다(그림 5-1). 소방법 시행령 21조는 건물의 용도와 규모 등에 따라 자동화재탐지설비의 설치를 의무화하고 있다.

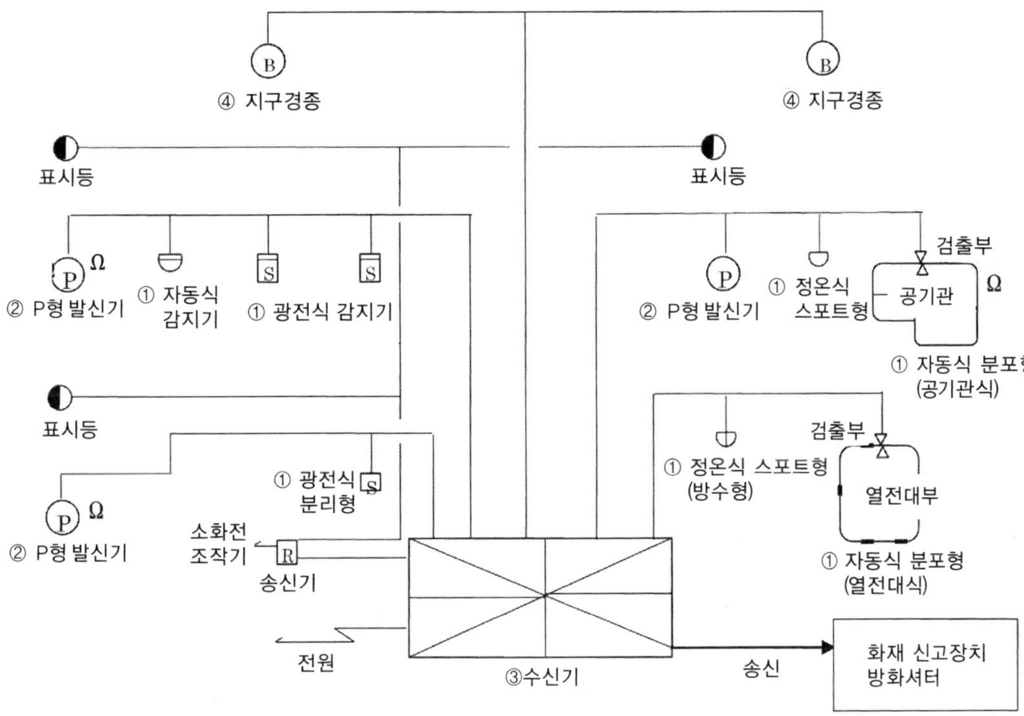

그림 5-1 자동화재탐지설비의 구성 예[1]

4. 감지기의 종류

현재 주로 사용되는 화재 감지기를 그림 5-2(a), (b), (c)에 나타내었다. 화재 감지기에는 다양한 종류가 있지만 크게 화재에 의한 열을 감지하는 열 감지기, 연기를 감지하는 연기 감지기, 불꽃을 감지하는 불꽃 감지기로 나눌 수 있다.

일반적인 건물 화재는 종종 무염 연소에서 발염 연소로 성장하기 때문에 조기 감지를 위해서는 열 감지기보다 연기 감지기가 더 효과적이다, 특히 취침 시설 등 조기 화재 감지가 바람직한 시설에는 연기 감지기의 설치가 유효하다. 또한 계단, 경사로, 엘리베이터 샤프트 등의 수직 구획에는 연기 감지기의 설치가 필요하다. 천장이 높은 실(천장 높이 20 m 이상)에서는 화재 조기에 열이 천장까지 전해지지 않고, 연기도 천장면에 도달하면서 얇아지므로 화염을 감지하는 화염 감지기가 유효하다. 또, 상업 시설의 화장실에서는, 흡연에 의한 화재 방지를 목적으로 불꽃 감지기를 설치하고 있는 경우도 많다.

(a) 열 감지기

	종별	감지기 및 원리 설명	원리도	외관 이미지
열 감지기	차동식 스포트형	감지기 주위 온도의 비율이 일정 값 이상이 되었을 때 작동하는 것으로, 국소의 열 효과에 의해 작동한다. 통상적인 공기 온도의 변화에서는 팽창된 공기가 리크 공(누전 공)을 그냥 통과할 수 있다. 그러나 화재 시의 온도로 가열된 공기는 다이어프램을 팽창시켜 그 때문에 접점 간격이 좁아져 접점이 닫힌다.	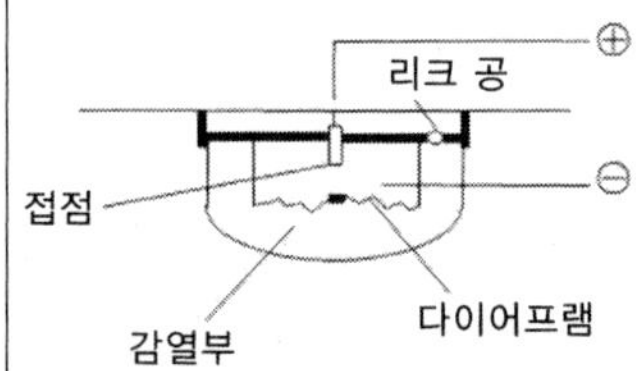	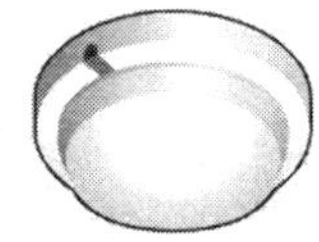
	차동식 분포형	감지기의 주변 온도 상승률이 일정 값 이상이 되었을 때 작동하는 것으로 광범위한 열 효과의 누적으로 작동한다. 공기관식은 작동식 스포트형 감지기의 공기실(감열실) 대신 공기관과 노출되는 구리제의 가느다란 관(검출부)을 연결하여 공기관 내의 공기가 팽창함으로써 다이어프램을 밀어 올려 접점이 닫힌다.	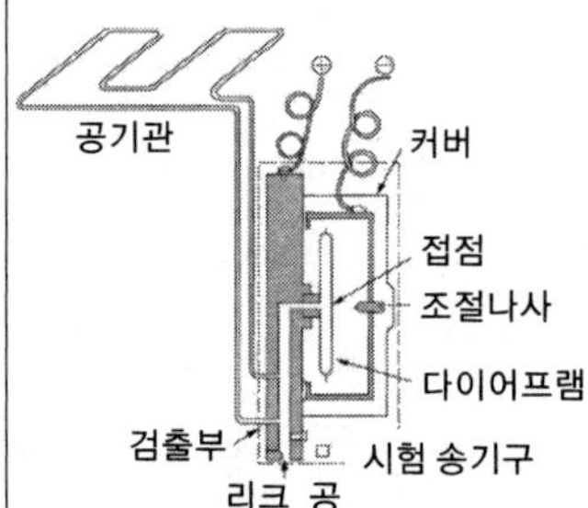	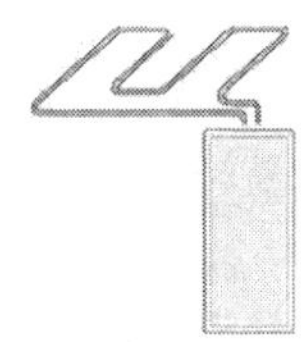
	정온식 스포트형	국소 주위 온도가 일정 이상의 온도가 되었을 때 작동한다. 온도 상승에 따라 바이메탈이 굽어 접점을 닫는다.	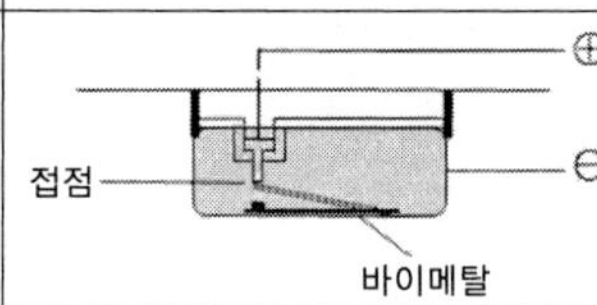	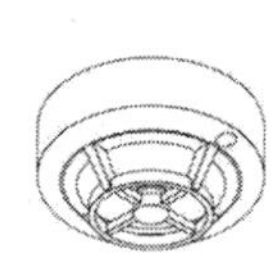
	정온식 감지선형	주위의 온도가 일정 이상의 온도가 되었을 때 작동하는 것으로 외관이 전선상으로 되어 있어 광범위한 감지가 가능하다. 열에 의해 가용 절연물이 녹고 2개의 피아노선이 접촉하여 화재신호를 발한다. 한번 열에 의해 작동한 경우 재사용할 수 없다. 즉, 비재사용형이다.	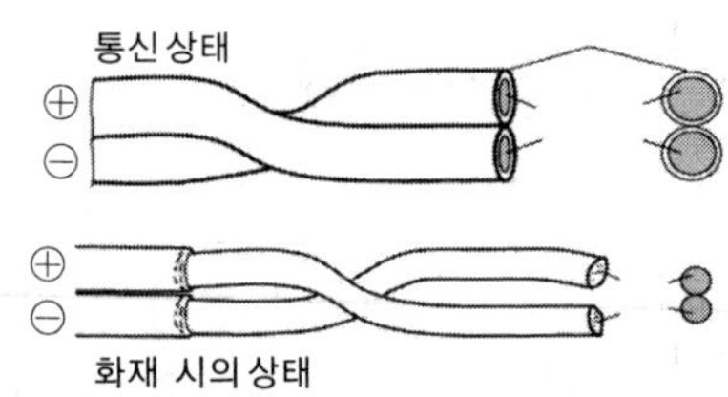	

(b) 연기 감지기 / 복합 감지기

	종별	감지기 및 원리 설명	원리도	외관 이미지
연기 감지기	광전식 스포트형	연기에 의해 작동하는 것으로 연기에 의한 산란 광량이 일정 이상의 값이 되었을 때 작동한다. 암상자가 된 감지기 내부는 발광 소자에 의해 일정 방향으로 광속이 조사되고 있어 연기로 인한 광속의 산란광을 수광 소자로 파악한다.		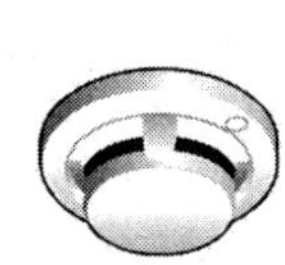

그림 5–2 화재 감지기의 종류와 감지기의 원리[1, 2] (계속)

	종별	감지기 및 원리 설명	원리도	외관 이미지
연기 감지기	광전식 분리형	감지기는 수광부와 발광부로 구분하며, 공기가 일정 이상의 연기를 포함하기에 이르렀을 때 작동하는 것으로, 연기로 인한 광전소자의 수광량 변화에 의해 작동하는 것을 말한다. 아트리움 등 대공간으로 이용한다. 연기에 의한 빛 도달량 감소를 측정하여 화재 신호를 발한다.	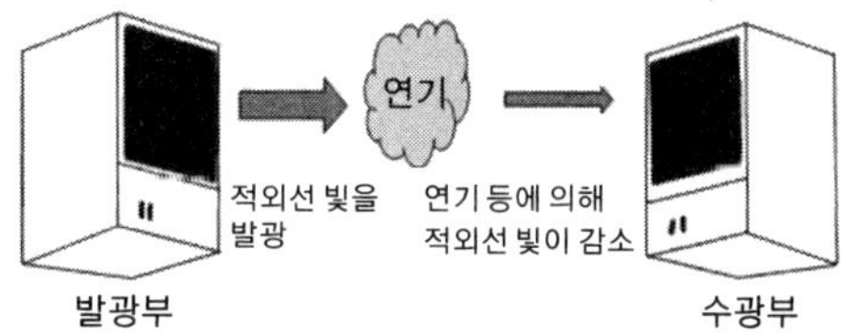	
	광전 아날로그 스포트형	연기에 의한 산란 광량을 전기 신호로서 수신기에 송출한다. 수신기에서는 감지기로부터의 전기 신호가 어느 일정한 수치를 넘었을 때 화재라고 판단한다. 일반 감지기에서는 화재 판단을 감지기 스스로 하지만 아날로그식으로는 화재 판단을 수신기로 한다.	연기의 검출 원리는 통상적으로 광전식 스포트형과 같다	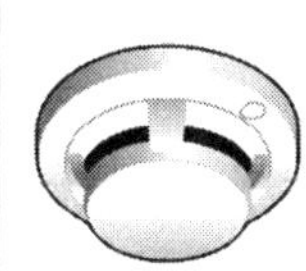
열, 연기 복합식 감지기		열 감지기와 연기 감지기 기능을 함께 갖는다.		

(c) 불꽃 감지기

	종별	감지기 및 원리 설명	원리도	외관 이미지
불꽃 감지기	자외선식	불꽃으로부터 복사되는 자외선량의 변화가 일정 이상이 되었을 때 화재 신호를 발한다. 자외선 검출관으로 자외선을 검출한다.	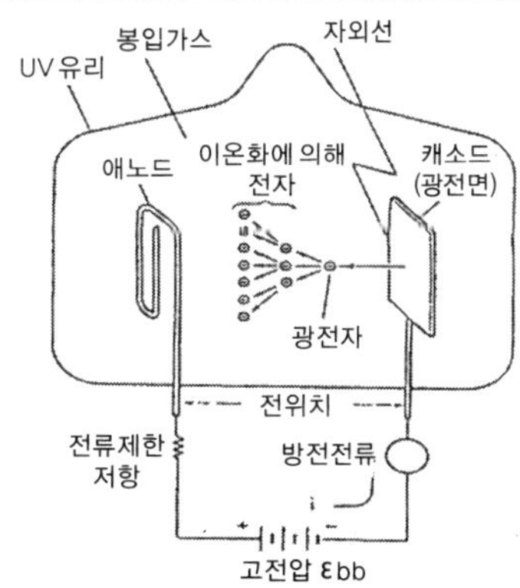	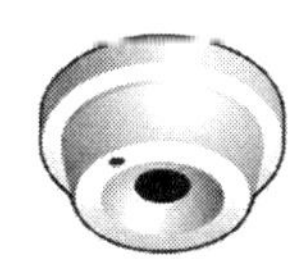
	적외선식	화염으로부터 복사되는 적외선량의 변화가 일정 이상이 되었을 때 화재 신호를 발한다. 초전 소자에서 적외선을 검출한다.	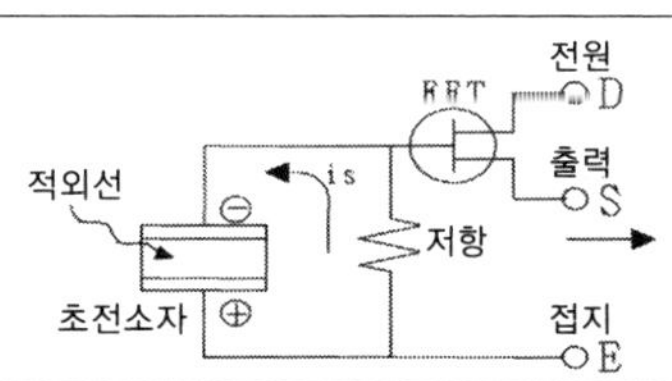	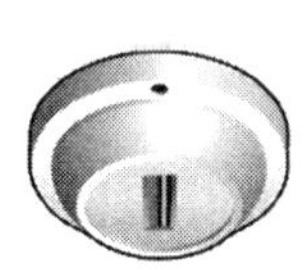
	자외선 적외선 병용	불꽃으로부터 복사되는 자외선 및 적외선량의 변화가 일정 이상이 되었을 때 화재 신호를 발한다. 상기 자외선과 적외선의 병용이다.	상기 자외선과 적외선의 병용	

그림 5-2 화재 감지기의 종류와 감지기의 원리[1, 2]

5. 감지기의 원리와 특징

① 열 감지기

a. 차동식 스포트형 감지기

차동식 스포트형 감지기는 감지부가 되는 공기실에 작은 리크 공이 설치되어 있어 통상의 느린 온도변화에서는 공기가 이 리크 공을 통해 배출되기 때문에 다이어프램이 밀어 올려지지는 않는다. 그러나 화재가 발생하면 급격한 온도상승에 의해 리크 공에서 배출되는 속도보다 빠르게 공기가 팽창하므로, 다이어프램이 밀어 올려지게 되어 접점이 닫히고 전류가 흘러 화재 신호를 발신한다.

b. 정온식 스포트형 감지기

정온식 스포트형 감지기는 내부의 바이메탈이 온도 상승에 의해 만곡하여 설정 온도에 도달하면 접점이 닫히고 전류가 흘러 화재 신호를 발신한다.

c. 차동식 분포형 감지기

차동식 분포형 감지기는 감지부를 천장 부근에 설치하기 때문에 광범위한 온도 변화를 감지하는 것이 가능하며 공장이나 체육관과 같은 높은 천장이나 넓은 공간의 화재 감지에 적합하다.

차동식 분포형 감지기에는 공기관식과 열전대식 두 가지 유형이 있는데 공기관식이 주류를 이루고 있다. 공기관식은 스포트형 감지기의 공기실 대신 공기관이라 불리는 구리제의 가는 관(감지부)을 접속하여 공기관 내의 공기가 팽창함으로써 다이어프램을 밀어 올려 접점이 닫히고 전류가 흘러 화재 신호를 발신한다.

② 연기 감지기

a. 광전식 스포트형 감지기

광전식 스포트형 감지기는 암상자로 되어 있어 감지기 내에서 광원(LED)으로부터 일정한 방향으로 광속이 조사되고 있다. 화재 시 연기가 감지기 내로 진입하면 광속의 산란이 생긴다. 수광 소자[포토 다이오드]가 빛을 포착함으로써 화재 신호를 발한다. 광전식 감지기는 무염 연소로 발생하는 흰색 연기에 대해 감도가 높다는 특성이 있다.

b. 이온화식 스포트형 감지기

이온 감지기는 내부에 방사성 물질(아메리슘 241)을 가지는 이온실이 있고, 그 안의 공기가 이온화되어 전류가 흐르고 있다. 이온실에 연기가 들어가면 이온 전류가 변화하기 때문에, 그 변화량을 전기적으로 포착하여 화재 신호를 발신한다. 이온 감지기는 발염 연소의 연기 검출에 적합하다.

c. 광전식 분리형 감지기

넓은 공간을 감시하는 것으로 빛을 발신하는 발광부와 빛을 수신하는 수광부로 나뉜다. 통상은 일정한 광속이 발광부로부터 보내져 수광부에서 수광하고 있지만, 화재에 의해 연기가 발생하면 연기에 의해 빛의 도달량이 감소하는 것을 이용하여 화재 신호를 발신한다.

③ 불꽃 감지기

불꽃 감지기는 적외선식과 자외선식이 있다.

적외선식은 화재의 불꽃으로부터 발생하는 빛 중 탄산가스(CO_2)로부터 공명 복사되는 파장 4.4 μm 부근의 적외선을 검출한다. 화염에서 발생하는 적외선은 인공 조명이나 고온 물체에서 방사되는 적외선처럼 안정되지 않고, 깜박이는 특징이 있으므로 이를 통해 화재와 일반 조명을 구별한다. 태양은 실제로 불타고 있고, 깜박이는 적외선이 포함되어 있어 화재로 인식될 수 있다. 따라서 적외선식 불꽃 감지기는 직사광선이 비추지 않는 곳에 설치한다.

자외선식 화염 감지기는 화염으로부터 발생하는 빛 중 파장 0.2 μm 부근의 자외선을 검출한다. 검출 소자로는 UV 소립자라고 불리는 외부 광전 효과를 이용한 방전관이 사용되고 있고, 수광한 자외선을 펄스로서 카운트하며, 일정치 이상이 되면 화재라고 단정한다. 자외선은 태양광뿐만이 아니라 할로젠, 수은등 등의 조명광, 아크 용접이나 전철의 가선으로부터 발생하는 청백색 빛 등에도 강하게 포함되어 있으므로, 이러한 것이 전달되지 않는 장소에 설치한다.

6. 설치 장소에 따른 감지기 선택

감지기는 화재 감지를 적절히 수행할 수 있고 비화재보(화재가 아닌데 경보가 발생되는 것)가 나오지 않도록 설치 장소의 특성을 파악하여 적절한 종류의 감지기를 선택할 필요가 있다. 표 5-1은 연기 감지기, 열·연기 복합식 스포트형 감지기, 불꽃 감지기를 설치해야 하는 장소를 보여준다.

연기 감지기는 조기에 화재를 감지하는 기능은 높지만, 주방 등 연기가 일반적으로 발생하는 장소나 주차장 등 배기가스가 체류할 우려가 있는 곳에서는 비화재보가 발생할 가능성이 높으므로 설치장소 분위기에 적합한 열감지기를 설치한다.

표 5-1 연기 감지기, 열연복합식 스포트형 감지기, 불꽃 감지기의 설치 위치

	연기 감지기	열연복합식 스포트형 감지기	불꽃 감지기
계단 및 경사로	○		
복도 및 통로(시행령 별표 제1 중 (1)~(6), (9), (12), (15), (16), (16의2), (16의3)의 방화 대상물 부분에 한함)	○	○	
엘리베이터 샤프트·린넨 슈트·파이프덕트 및 기타 이와 유사한 것	○		
감지기가 설치되는 구역 천장 등의 높이가 15 m 이상 20 m 미만인 장소	○		○
감지기가 설치하는 구역의 천장 등 높이가 20 m 이상인 장소			○
상기 1~5의 각 장소 이외의 부분(시행령 별표 제1 중 (1)~(4), (5) 가, (6), (9) 가, (15), (16) (16의2), (16의3) 방화 대상물의 부분에 한함	○	○	○

7. 건축 방재 설비의 연동용 감지기

감지기는 수신기에 화재신호를 발신할 뿐만 아니라 화재를 감지하여 방화구획, 방연구획 형성, 공조기·팬 등의 연동정지를 수행하는 감지기 연동 방화방연제어를 수행하는 기능도 갖는다.

또한 열 감지기 작동에 의해 방화문, 방화, 셔터를 작동시켜 면적구획을 형성하거나 연기 감지기 작동에 의해 가동식 방연벽을 작동시켜 배연구획을 형성, 차염성

능이 있는 방화문, 방화셔터, 연기 감지기 연동방화댐퍼 등을 작동시켜 수직구획, 층간구획, 이종용도구획(한 층에 다른 용도가 있는 구획)을 형성한다. 방재상 연기유동을 방지하는 것은 안전한 피난, 구조활동을 원활하게 진행하기 위해 매우 중요하다. 연기 감지기 연동에 의해 공조기나 팬 등을 연동 정지하는 것은 천장면 부근의 연기층을 흐트러뜨리지 않도록 해 피난이 가능하게 하는 역할이 있다.

연동용 감지기 미작동으로 다수의 방화셔터가 폐쇄되지 않아 연소확대된 화재 사례로는 2017년 2월 사이타마현 미요시 마을의 대규모 창고 화재 사례가 있다. 이 화재에서 감지기가 기능을 하지 못한 주요 원인은 급격히 화염이 확대되는 바람에 연동용 감지기(아날로그식) 전기배선이 손상을 입은 데 따른 것이다.

이 대책으로 국토교통성으로부터 방화설비 기준을 재검토하는 고시(2018년 3월 27일자)를 교부받아 50,000 m^2 이상의 대규모 창고에 화재정보신호를 발신하는 감지기(일명 아날로그식 감지기)를 설치할 경우에는 그 전기배선에 단락을 방지하거나, 또는 단락되더라도 그 영향이 국소에서 진정되는 대책이 강구되었다.

8. 수신기 종류

수신기는 화재 신호, 소방 설비 등의 작동 신호를 받아, 관계자에게 통보하는 기능을 가지고 있다. 수신기는 크게 나누어 P형 수신기와 R형 수신기가 있다(표 5-2). P형은 각 감지기에서 배선이 개별 배선되어 수신기에 연결되므로 비교적 소규모 건물에 설치된다. P형의 P는 Proprietary(소유, 사설의 뜻)의 머리글자로부터 취한 것이다. 경계구역 수와 배선 수, 수신기 표시 수가 같기 때문에 경계구역 수에 비례하여 배선 수, 수신기 표시 수가 늘어난다.

R형은 통신에 의해 수신기에 신호를 보내므로 감지기가 많아도 배선은 줄일 수 있기 때문에 대규모 건물에 설치된다. 아날로그식은 감지기 감도를 설정할 수 있으므로 주의보를 내거나 장소에 따라 감도를 설정할 수 있다. R형의 R은 Record의 머리글자에서 따온 것으로, 감지기와 수신기관, 중계기와 수신기관에 전송 신호를 이용한 시스템이므로, 경계 구역이 늘어도 통신선이나 수신기의 크기는 일정 규모까지는 영향을 받지 않는다.

표 5-2 수신기 종류[1]

종 별	정 의
P형 수신기	경계구역마다 화재신호, 소화설비 등의 작동신호를 수신기와 1대 1의 배선으로 연결하여 신호를 수신기에 전달하여 관계자에게 통지하는 것. 수신기에는 경계구역마다 화재 신호, 소화설비 등 작동신호의 창을 마련하여 화재 등을 표시한다. 주로 중소 규모의 건물에 도입된다.
R형 수신기	감지기로부터의 화재 신호, 소화설비 등 작동신호 등을 전송 신호를 이용한 시스템에 의해 수신기에 알리고 관계자에게 통지하는 것. 수신기의 표시에는 디지털 표시나 플랫 디스플레이 등이 이용되고, 제어 등의 주된 기능은 CPU가 실시하기 때문에, 신호수에 비례하지 않고, 수신기의 크기는 일정하며 소형이다. 대형 건물에 도입된다.
GP형 수신기	P형 수신기의 기능에 더해 가스 누설 경보 표시가 가능한 것.
GR형 수신기	R형 수신기의 기능에 더해 가스 누설 경보 표시가 가능한 것.
R형 아날로그식 수신기	아날로그 시스템은 종래의 감지기가 ON-OFF 작동에 의해 화재를 판단하는 방식과 달리 아날로그식 감지기가 검출한 연기량과 열량을 연속적으로 화재 수신기에 송출한다. 수신기 측에서 신호를 처리하여 화재 경보 레벨을 결정한다. 환경이 좋은 장소는 감도를 높여 조기 발견되도록 하거나, 환경이 나쁜 장소는 감도를 낮춰 비화재를 방지하고, 단계적으로 화재 경보 발신하는 등 다양한 기능을 실현할 수 있다.

9. 종합 조작반

(1) 개요

고층의 건축물이나 대규모의 건축물 등에는 각종 소방용 설비 등이 설치됨과 동시에, 그 감시 또는 방호해야 할 부분도 광범위이며 다방면에 걸치게 된다.

이 때문에, 화재 발생 시에 개별 소방용 설비 등이 설치되어 있는 장소만의 국소적 대응이 아니라, 건물 전체에 걸쳐 신속하고 정확하게 대응할 필요가 생기는 것을 생각할 수 있다. 이러한 상황을 감안하여 고층 건축물이나 대규모 건축물 등에 있어서는 소방용 설비 등에 관한 감시, 조작 등을 종합적으로 실시하는 조작반을 방재 센터 등에 설치하는 것이다[4]. 2004년 5월 31일 소방법 시행 규칙의 일부 개정에 의해 조작반에서 종합조작반으로 바뀌었다[5]. 종합조작반은 자동화재탐지설비의 수신기의 기능에 더하여 다른 소방 설비의 감시 제어 기능을 확보하고 있다.

고층의 건축물, 대규모 건축물 및 그 밖의 소방대상물에 설치되는 다음의 소방용 설비 등에 대해서는 해당 설비의 감시, 조작 등을 할 수 있는 종합조작반을 해당 소방대상물의 방재센터 등(상시인이 있는 장소에 한한다)에 설치하는 것으로 법제화 되었다.

종합조작반으로 감시·표시하는 소방용 설비는 다음의 17가지 설비이며, 그중 종합조작반에서 조작할 수 있는 것은 ①에서 ⑬까지의 설비이다. 또한 정보 전달 기능으로서 내선 전화 및 소방기관과의 통화가 가능한 전용 전화기의 설치가 필요하다.

① 옥내소화전 설비
② 스프링클러 설비
③ 물분무 소화설비
④ 포 소화설비
⑤ 불활성 소화설비(이산화탄소 소화·질소 가스 소화) 및 신가스 소화설비(IG1541·IG-55 가스 소화 등)
⑥ 할로젠화물 소화설비
⑦ 분말 소화설비
⑧ 옥외소화전 설비
⑨ 자동화재탐지설비
⑩ 가스누출화재 경보 설비
⑪ 비상경보설비(비상전화·비상방송)
⑫ 유도등
⑬ 배연설비
⑭ 연결 살수설비
⑮ 연결송수관
⑯ 비상 콘센트 설비
⑰ 무선 통신 보조 설비

(2) 종합조작반 설치 대상 방화 대상물

설치 대상이 되는 소방대상물은 다음과 같이 정해져 있다.

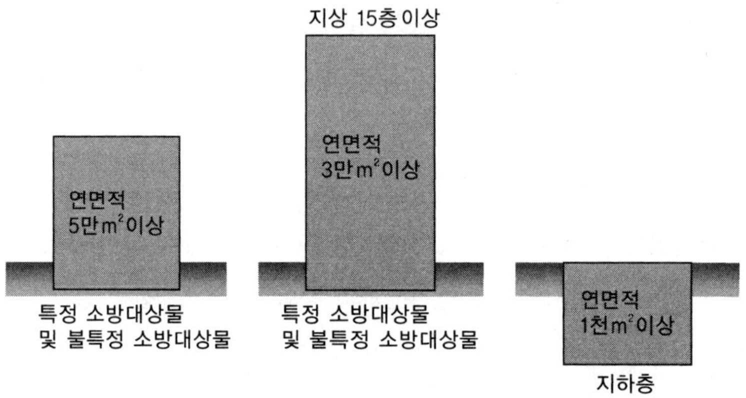

그림 5-3 설치 의무가 되는 특정 소방대상물[1]

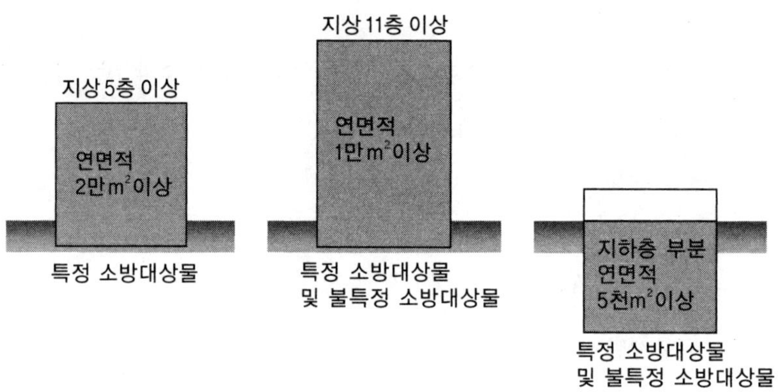

그림 5-4 소방장등이 지정한 경우에 설치되는 소방대상물[1]

① 설치 의무가 되는 소방대상물(그림 5-3)

② 소방장 또는 소방서장이 화재 예방상 필요가 있다고 인정하여 지정한 경우에 설치가 되는 소방대상물(그림 5-4)

02 화재 초기 대응

화재를 조기에 발견할 수 있으면, 다음에 초기 소화와 초기 피난을 실시할 필요가 있다. 본 절에서는 이들에 대해 설명한다.

1. 화재에 대한 초기 대응의 중요성

이미 2장의 02, 1.에서 화재실 내의 화재의 진전을 나타낸 바와 같이, 화재가 무염 상태에 있는 경우는 출화실 내부의 온도 상승이나 산소 농도의 저하도 완만하므로 소화기 등의 초기 소화기구를 통해 화재를 진압할 수 있다.

화염이 작으면 소화기나 물통 등을 이용한 인적 대응으로 소화할 수 있고 물적 손해도 최소한으로 유지할 수 있으므로 조기 화재발견에 의한 초기 대응은 매우 중요하다. 또한 화염이 천장까지 도달하지 않은 경우는 옥내소화전 등의 초기 소화설비로 소화할 수 있다(그림 5-6).

화염이 천장에 도달해도 스프링클러 설비 등의 자동소화설비가 제대로 작동하면 소화할 수 있다. 그러나 최성기를 맞아 실내에서 플래시오버가 발생하면 초기 소화설비를 통한 소화는 곤란해지고, 대량의 연기도 발생하기 때문에, 인명이나 재산에의 위험성의 증대로 이어진다.

2. 초기 소화

초기 소화에 의해 화재확대 방지를 할 수 있으면 인명의 보호, 재산의 보호가 용이해지기 때문에 초기 소화의 의미는 크다.

자료에 따르면 전체 건물 화재의 70% 이상에서 소방대가 도착할 때까지 화원 건물의 종업원이나 거주자 등이 소화활동을 벌이고 있다. 초기 소화가 이뤄진 건물 중 50% 이상은 초기 소화에 성공했으며 전체 화재 중 약 40%는 초기 소화를 통해 소화가 이뤄지고 있다.

초기 소화에 이용한 기구에 따른 성공률 차이를 그림 5-5에 나타냈다[6]. 조기 발

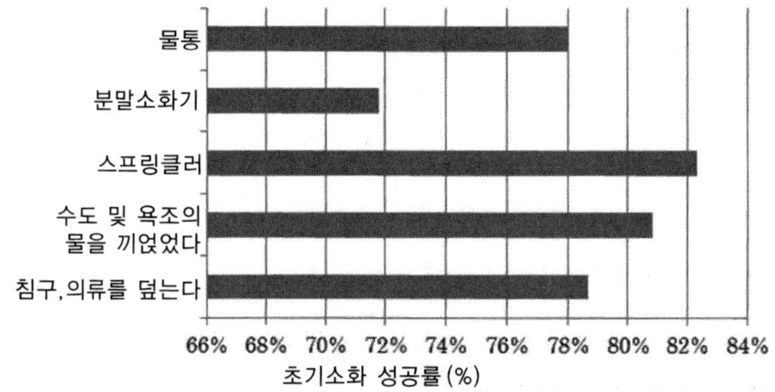

그림 5-5 초기 소화기구별 초기 소화 성공률[6] [1999년~2001년 3년간 내화 건축물 화재]

견으로 불꽃이 작을 때 초기 대응할 수 있다면 '침구·의류를 덮었다', '수도, 욕조 등의 물을 뿌렸다' 등에서도 80% 정도가 초기 소화에 성공했다. 스프링클러에 비해도 손색없는 성공률이다. '분말소화기', '물통'도 70% 이상이 초기 진화에 성공하고 있다.

3. 초기 피난

화재 초기 단계에서는 피난 경로로 누출되는 연기의 양이 적으며 시간도 충분하므로 안전하게 피난할 수 있다. 화재가 조기에 감지되고 피난이 시작되면 노인 및 신체 장애인과 같은 피난 약자도 비교적 충분한 시간으로 피난할 수 있다.

조기 발견과 조기 피난은 안전 확보에 매우 중요하다. 화재를 인지하는 것이 늦어지면 피난경로가 연기로 오염되어 시야가 막혀 도망치지 못하는 경우도 많다. 취침 용도의 건물 등에서의 유명한 사고로는 호텔 뉴 재팬 화재 등이 있다. 또 많은 재실자가 있는 건물에서는 위험이 가까이 다가오면 매우 혼란스럽게 피난하기 때문에 위험하다. 플래시오버가 일어나는 등 화재가 커지면 피난경로에 대한 위험이 급격히 높아진다.

건물 규모가 크고 복잡해질수록 화재 발생을 알아채기 어려워 늦게 피난이 이루어질 수 있다. 빨리 상황을 파악하고 피난 유도 등의 대책을 취하는 것이 중요하다(특히 불특정 다수의 재실자 시설, 취침시설, 피난에 시간이 필요한 피난약자의 입주시설 등).

4. 화재에 대한 초기 대응을 위한 설비

화재의 규모가 작을 때 초기 대응을 하기 위해서는 화재를 조기에 발견할 필요가 있다. 조기 발견을 위해 중요한 기능을 하는 것이 자동화재탐지설비이다. 실의 용도, 사용상황에 따라 적절한 감지기를 선정함으로써 조기 화재 발견이 가능해진다.

(1) 자동화재탐지설비

화재를 감지하면 건물 내에 있는 사람에게 그 정보를 알려 피난시킬 필요가 있다. 자동화재탐지설비에서 화재가 감지되면 방재센터나 경비실에 있는 수신기에 표시됨과 동시에 화재 발생을 알리기 위해 지구음향장치의 지구벨이 작동한다.

소규모 건물에서는 전관에 일제히 경보하지만 대규모 건물에서는 구분 방식에 따라 출화층과 그 직상층(1층 출화의 경우 출화층, 직상층 및 지층)에 경보한다. 이는 대규모 건물에서 일제히 화재를 통보하면 피난자가 많아져 위험에 처한 화재층이나 직상층 사람들이 원활하게 피난하지 못할 우려가 있기 때문이다. 또한 소화활동이나 구조를 요구하기 위해 소방기관에 연락할 필요가 있다. 따라서, 소방기관에 통보하는 화재 통보 장치가 제공된다. 자동화재탐지설비와 연동하면 소방기관에

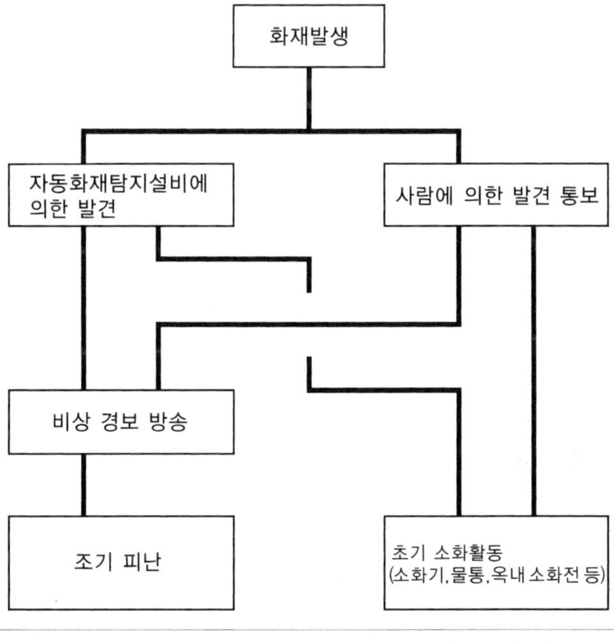

그림 5-6 화재 초기 대응

자동통보하는 것도 가능하다.

(2) 비상 방송 설비

고층 건물(11층 이상), 지하층이 많은 건물(지하 3층 이상)과 수용 인원이 많은 건물에서는 지구 벨 등의 경보가 아니라 비상 방송 설비를 설치할 필요가 있다. 규모가 작은 건물에서는 재실자가 화재가 발생한 것을 인식하기 쉽지만, 대규모 건물에서는 화재가 발생하여도 모든 재실자가 알아차리는 것은 어렵기 때문에 방송으로도 화재 정보를 알릴 필요가 있다. 비상벨만으로는 오보일 가능성도 생각하므로 피난이 즉시 개시되지 않는 경우가 많다.

화재의 연기라든가 냄새, 사람의 소란 등이 있으면 피난이 개시된다. 비상방송설비는 음성으로 화재 등의 정보를 전달할 수 있다. 「감지기가 작동했습니다. 지금 확인 중입니다.」, 「즉시 피난하십시오.」 등 상황에 따라 건물에 있는 사람에게 정보를 전달할 수 있다. 제1보로 경보 후 「담당자가 확인하고 있으므로, 다음 방송에 주의해 주십시오.」가 방송되고 관리자가 현지 확인을 한다. 또, 화재가 확정된 경우는, 제2보로서 경보와 함께 「화재입니다. 화재입니다. 화재가 발생했습니다. 침착해 피난해 주세요.」라고 피난 유도 방송이 음성으로 이루어지면, 말로 화재정보를 전할 수 있어서 침착한 피난이 가능해진다.

(3) 비상조명설비

비상조명설비는 화재 시 정전이 발생한 경우에도 안전하게 피난할 수 있도록 피난경로 바닥면에서 1 lx 이상의 조도를 확보하는 설비다. 정전 시에도 즉시 축전지에 의해 점등하는 조명기구를 거실, 거실에서 지상으로 통하는 복도·계단·기타 통로에 설치한다.

(4) 유도등 설비

유도등 설비는, 건물 내부의 사람에게 알기 쉽게 피난경로를 나타내기 위한 소방설비이다. 복도·계단·통로 그 외 피난상의 설비가 있는 장소에 피난하는 방향을 나타내기 위해서 설치하는 통로 유도등(그림 5-7), 건물에서 옥외로의 출구나 피난

그림 5-7 통로 유도등[7]

그림 5-8 피난구 유도등[7]

계단에의 입구에 설치하는 피난구 유도등(그림 5-8), 극장 등의 객석통로에 설치하는 객석 유도등이 있다. 시청각 장애인을 위해 음성이나 플래시(점멸광)를 병용하는 유도등도 있다.

유도등 설비 등 피난을 위한 설비는 법 기준에 따라 설치되지만 물건 판매점 등에서는 다른 게시물 등으로 알기 어려워지는 경우가 있다. 또 셔터 등이 작동하면 평상시와 다른 피난통로를 사용할 필요가 있기 때문에 보다 알기 쉬운 위치에 유도등 등 피난을 위한 설비를 설치해야 한다. 또한 통로 유도등과 피난구 유도등을 쉽게 구별하기 위해 양자의 설치 높이를 바꾸는 등의 대안이 필요하다.

03 설계 시 고려해야 할 포인트

화재가 발생한 경우 화재가 소규모인 사이 조기에 발견되면 소화기 등에 의한 초기 소화나 관계자의 조기 피난 등의 초기 대응이 가능해져 화재 피해 전반을 소규모로 줄일 수 있다.

(1) 화재 조기 발견과 화재 감지기에 대하여

화재발견은 사람에 의한 경우와 화재 감지기에 의한 경우가 있다. 사람에 의한 발견의 경우 화재 발생 확인의 신뢰도는 높지만 감지기에 의한 경우 비화재보가 있을 수 있으므로 실 환경조건에 따라 적절한 화재 감지기를 선택하는 것이 중요하다. 화재 감지기는 종류에 따라 각각 장단점이 있다.

예를 들어 연기 감지기는 열 감지기보다 조기에 화재를 감지할 수 있지만 감도가 높은 감지기는 비화재보 빈도가 높아지는 경향이 있다. 비화재보가 많으면 아울러 사람에 의한 확인이 필요해 결국 화재 초기 대응이 늦어지게 된다. 어떻게 하면 빠르고 확실하게 화재를 감지할 수 있는지를 고려한 감지 시스템 설계가 필요하다. 또 화재가 어디에서 일어나고 있는지를 파악하기 쉽도록 경계구역을 설정하는 방법도 생각해야 한다. 방화구획 및 소방설비와의 적합성도 확보할 필요가 있다.

(2) 화재 발견과 조기 화재 대응

화재를 감지하면, 그 정보가 신속하게 방화 관리 관계자이나 재실자에게 전달되어 초기 소화나 피난 등의 화재 대응 행동에 연결할 필요가 있다. 어떤 대응이 가능한지는 건축물의 방화 관리 체제나 재실자의 특성에 의존하기 때문에, 이들을 충분히 고려한 후, 경보, 유도 시스템 등 조기 대응 시스템을 설계한다.

(3) 조기 피난에 대해

유도등 설비 등 피난을 위한 설비는 법 기준에 따라 설치되지만, 물건 판매점 등에서는 다른 게시물 등으로 알기 어려워지는 경우가 있다. 또 셔터 등이 작동하면 평상시의 보행 공간과 다른 피난 통로를 사용할 필요가 있어서 보다 알기 쉬운 위치에 유도등을 설치하는 등 피난을 위한 설비 설치를 배려할 필요가 있다. 시각장애인, 청각장애인 등의 피난약자를 배려한 화재경보, 피난유도 방법도 배려한다.

비상방송의 구획이나 경보 범위에 대해서는 피난계획과의 적합성이 필요하다.

부록표 5-1 화재사례 및 관계법령개정과 자동화재탐지설비

서기	일력	화재사례	관계법령개정	자동화재탐지설비
1969	S.44		소방법 시행규칙 개정(S44.3) 연기 감지기 기준 제정 구분명동방식 제정	연기 감지기 (S.44.6)
1972	S.47	천일아파트 화재 S47.5 (오사카시, 사망자 118명)	소방법 시행령 개정(S47.12) 방화 관리자 제도의 확충 스프링클러 설비의 설치기준 강화 복합 방화 대상물에 대한 규제 강화 자동 화재 경보 설비의 소급 대상을 특정 방화 대처물로 확대 등	
1973	S.48	다이요백화점 화재 S48.11 (구마모토시, 사망자 100명)	소방법 개정 (S.49.6) 특정 방화 대상물에 대한 소방용 설비 등의 소급 적용 소방용 설비 등에 대한 소방기관의 완료제도 소방설비사 등에 의한 정기점검 보고제도 방화관리에 관한 소방기관에 대한 조치명령권	
1980	S.55	시즈오카 역전 지하상가 폭발사고 S55.8 (시즈오카시 사망자 15명)	소방법 시행령 개정 (S.56.6) 준지하가 규제 강화 (지하가와 동기준으로) 가스누출 화재경보설비 설치 의무화 (불특정 다수의 자가 이용하는 대규모 지하공간에 설치를 의무화)	
1986	S.61	사회복지시설화재 S61.7 (고베시 사망자 8명) 특별 양호 노인홈 송수원 화재 (도쿄도 사망자 17명)	소방법 시행령 개정 (S.62.10) 스프링클러 설비의 설치기준 강화 (사회복지시설)	
1990	H2	이치나가사키야 슈퍼 화재 H.2.3 (아마가사키시 사망자 15명)	공동주택 특례 170호 (H.61.12) 소방법 시행령 개정(H.2.6) 스프링클러 설비의 설치기준 강화 (4할에서 6000m2→3000m2)	
1991	H3		소방법 시행규칙 개정(H.3.5) 불꽃 감지기 기준 판정	불꽃 감지기 (H.5.9)
1993	H5		소방법 시행령 개정(H.5.1) 아날로그 감지기 기준 제정 아날로그(R형)식 수신기 제정	아날로그 수신기(H 5.5) 아날로그 감지기(H 5.5)
1995	H7		소방법 시행령 개정(H.7.9) 자동 시험 기능 부착 감지기 제정 공동주택 특례 220호 (H7.10)	
1997	H9		소방법 시행규칙 개정(H9.3) 조작반 기준제정	조작반 (H10.10)
2001	H13	가부키쵸 빌딩 화재 H13.9 (신주쿠 사망자 44명)	소방법 시행령 개정(H.14.8) 자동화재탐지설비 설치대상 강화 (특정 1계단 등 방화 대상물)	
2004	H16		소방법 시행규칙 개정(H.16.5) 종합조작반의 기준 개정 공동주택 특례성령 40호(H.17.3)	종합조작반(H16.9)
2007	H19	노래방 화재 H 19.1 (다카라즈카시 사망자 20명)	소방법 시행령 개정(H.20.7) 자동화재탐지설비 설치기준 (영 별표 2항 (가) 추가)	

2013	H25	치매 노인 그룹홈 화재 H25.2 (나가사키시 사망자 5명)	소방법 시행령 개정(H.25.12) 자동화재탐지설비 설치기준 자동화재탐지설비와 화재통보장치 연동 의무화 스프링클러 설비 설치기준 강화(사회복지시설)	

부록표 5-2 방화대상물 목록 (자세한 사항은 소방법 시행령 별표 제1을 참고할 것)

항		주요 건물 용도
(1)	가	극장, 영화관, 연예장 또는 관람장
	나	공회당 또는 집회장
(2)	가	카바레, 카페, 나이트클럽 등
	나	유기장 또는 댄스홀
	다	풍속영업 등의 규제 및 업무의 적정화 등에 관한 법률에서 규정하는 성풍속 관련 특수영업을 영위하는 점포(노래방 등 극장 등, 백화점 등 여관 등 증기욕장 등을 제외한다) 등에서 총무성령으로 정하는 것.
	라	노래방 외 개인실이 있는 점포에서 총무성령으로 정하는 것
(3)	가	대합, 요리점 기타 이와 유사한 것
	나	음식점
(4)	백화점, 마켓 및 기타 물품 판매업을 영위하는 매장 또는 전시장	
(5)	가	여관, 호텔, 숙박업소 외
	나	기숙사, 하숙 또는 공동주택
(6)	가	병원, 진료소 또는 조산소
	나	노인 단기입소시설, 요양원, 요양원, 유료요양원, 요양원, 보건시설, 구호시설, 유아원, 지적장애아시설, 맹농아시설, 고장애아시설, 중증심신장애아시설, 장애인지원시설, 단기입소 또는 공동생활보호를 하는 시설
	다	노인 데이서비스센터, 경비요양원, 노인복지센터, 노인보호지원센터, 유료요양원, 갱생시설, 조산시설, 어린이집, 아동요양시설, 지적장애아통원시설, 맹농아시설, 지체장애아시설, 정서장애아 단기치료시설, 아동자립지원센터, 아동가정지원센터, 장애인복지센터, 지역활동지원센터, 복지홈
	라	유치원 또는 특별지원학교
(7)	초등학교, 중학교, 고등학교, 중등교육학교, 고등전문학교, 대학, 직업학교, 각종학교 기타	
(8)	도서관, 박물관, 미술관 기타	
(9)	가	공중목욕장 중 증기욕장, 열기욕장 기타
	나	가목에 열거된 공중목욕장 이외의 공중목욕장
(10)	차량의 정거장 또는 선박이나 항공기의 발착장	
(11)	신사, 사원, 교회, 기타 이와 유사한 것	
(12)	가	공장 또는 작업장
	나	영화 스튜디오 또는 텔레비전 스튜디오
(13)	가	자동차 차고 또는 주차장
	나	비행기 또는 항공기의 격납고
(14)	창고	
(15)	위 각 항목에 해당하지 않는 사업소	
(16)	가	복합 용도 방화 대상물, 그 일부가 (1)항에서 (4)항, (5)항 가, (6)항, (9)항 가를 포함한 방화 대상물
	나	가에 열거된 복합용도 방화대상물 이외의 복합용도 방화대상물
(16-2)	지하 상가	
(16-3)	건축물 지상층(16-2에 게시한 것은 제외)에서 연속적으로 지하도에 접해 설치된 것 ((1)항부터 (4)항까지, (5)항 가, (6)항, (9)항 가를 포함한 방화 대상물)	
(17)	문화재보호법에 따라 중요문화재, 중요유형민속문화재 등으로 지정된 것 구 중요미술품 등의 보존에 관한 법률에 따라 중요미술품으로 인정된 건축물	
(18)	연장 50미터 이상의 아케이드(=둥근 지붕이 있는 복도)	
(19)	시정촌장이 지정하는 산림	
(20)	총무성령으로 정하는 선박	

참고문헌

1. 建築消防advice2007, 新日本法規
2. 火災報知機工業会メンテナンス委員会
3. 国土交通省ホームページ, http://www.mlit.go.jp/common/001227954.pdf
4. 総務省消防庁, 操作盤の基準, 平成9年消防庁告示第2号, 平成9年3月21日付
5. 総務省消防庁, 消防法施行規則の一部改正する省令, 平成16年5月31日付総務省令第93号
6. 総務省消防庁, 平成26年版消防白書
7. 日本照明工業会ホームページ, http://jlma.or.jp/anzen/pdf/bousai_hinan_tie3.pdf

6장

연기제어 계획

건축물 화재에 의한 사람의 사망 원인 중 상당수는 연기에 의한 것이고, 또한 연기는 소방 활동의 저해요인이 되기도 한다. 즉, 연기제어는 재실자의 피난이나 소방 활동을 지원하기 위한 시스템이다. 연기제어 방식 중 대표적인 것으로는 자연배연, 기계배연, 가압방연 등이 있는데 각 방식에 따라 메커니즘, 장단점, 설치할 대상공간의 적절함과 부적절함이 다르므로 계획 시에는 이를 고려하여 유효한 방식을 선택할 필요가 있다. 또한 고층건축물의 연기제어 계획에서 가장 중요한 것은 연기의 상부층 전파 및 계단으로의 연기 침입을 방지하는 것이다.

아울러 본 장의 빠른 이해를 위해서는 연기유동에 대한 기초적 지식이 필요하며, 제2장의 관련 부분 및 본 장의 부록을 참조하기 바란다.

01 연기제어의 목적

'아니 땐 굴뚝에 연기날까?'라는 속담처럼 화재는 화염과 함께 연기를 발생한다. 화재의 발견은 먼저 연기를 찾는 데서 비롯되는 경우가 많은데 이는 연기가 화염 자체보다 빠르고 광범위하게 퍼지는 성질에 기인한다. 화원의 연소에서는 열, CO_2, H_2O와 같은 통상 연소 생성물 외에 CO를 비롯한 다양한 유독가스나 연기 입자가 발생하며 이들이 연기 속에 포함돼 건축물 내로 유동·확산된다. 연기는 유동하는 동안 신선한 공기와 섞여 희석되므로 점차 온도나 유독가스 등의 농도가 떨어져 위험성이 저하되기는 하지만, 인체가 견딜 수 있는 정도까지는 쉽게 저하하지 않는다. 연기처럼 온도가 높고 자극성 물질이 포함된 기체가 접근하면 사람은 본능적으로 호흡을 멈추고 흡입하지 않도록 한다. 인체, 특히 폐 등의 호흡기관에 매우 위험하기 때문이다. 이처럼 유해한 연기가 건축물 내에 광범위하게 퍼져 많은 재실자가 노출되는 것이 화재 시 연기로 인한 희생자가 많아지는 원인이다.

연기는 소방대에 의한 소방활동의 큰 방해요인이 되기도 한다. 화재 건축물에 출동한 소방대는 우선 건축물 내부를 검색하고, 피난하지 못한 피난자가 존재했을 때 최우선으로 구조하며, 이어서 화재의 진화와 연소의 방지를 도모한다. 이 경우 건축물 내에 위험한 연기가 가득 찬 상태라면 소방대는 산소통을 장착하더라도 활동 가능 시간에는 제약이 있으므로 피난자의 검색·구조 및 소화활동에 어려움이 생기고 그로 인해 피해가 커질 위험이 높다.

즉, 연기제어의 목적은 화재 시 연기의 건축물 내 확대를 방지·억제함으로써 '재실자의 안전하고 신속한 대피'와 '소방대에 의한 검색·구조와 소화활동'을 지원하는 것이다.

현행 일본 법규에서는 피난 지원을 위한 기준은 건축기준법이 관할하고 소방활동 지원을 위한 활동은 소방법으로 관할하도록 되어 있으나 연기제어 시스템은 피난과 소방활동 양쪽 지원을 염두에 두고 설계해야 한다. 피난계단이 재실자의 피난과 동시에 소방대의 접근에도 중요한 것처럼 피난을 위한 연기제어는 소방활동에 있어서도 중요하므로 법규에는 명시적으로 적혀 있지 않더라도 이들을 따로 생각하는 연기제어설계는 비효율적이다.

02 연기확대 억제와 연기제어

화재 연기의 건축물 내 확대를 억제하는 방법의 첫째는 출화를 방지하는 것, 둘째는 출화한 화재를 신속하게 소화 혹은 확대하지 않도록 억제하는 것, 그리고 셋째는 화재 연기를 건축물의 일부 공간에 가두는 것이다. '출화 방지'는 전기·가스를 비롯한 출화 원인이 되는 것을 주의 깊게 관리함으로써, '화재의 확대 방지'는 소화기 등 수동 소화설비의 이용이나 스프링클러 등 자동 소화설비의 설치에 의해, 또 '연기의 갇힘'은 출화의 우려가 있는 공간의 구획화에 의해 실시하는 것을 생각할 수 있다. 이러한 대책을 강구하는 것이 연기 확대를 방지하는 데 효과적이며 중요하다.

그러나 두 대책 모두 신뢰성은 100%가 아니므로 하나의 대책이 실패했을 때를 고려해 다음 대책을 세워 둠으로써 안전성을 높일 수 있다. 아무리 상기와 같은 대책이 연기확대 방지에 유효하다고 해도, 실패했을 경우의 위험이 큰 건축물에서는 배연설비를 설치하여 연기확대 억제의 신뢰성을 높이는 것이 필요하다.

03 연기제어 방식과 특징

연기제어의 목적은 화재 시 연기의 건축물 내에서의 확대를 방지·억제하는 것이므로, 넓은 의미로는 우선 방연구획을 설치하여 연기를 국소 부분에 가두는 것이 기본적인 연기제어 방식이다.

또한 방연구획이라는 용어는 천장에서 바닥까지의 구획과 제연경계벽에 의한 구획의 전혀 성능이 다른 두 구획에서 공통적으로 사용되고 있으나, 여기서의 방연구

표 6-1 연기제어 방식 분류

연기제어 방식	분류	연기제어 방법
방연구획		구획에 따라 건물 내 공간으로 연기누출 방지
배연방식	자연배연	연기와 외기의 온도 차를 이용하여 연기를 외기로 배출
	기계배연	배연기를 이용하여 연기를 외기로 배출
가압방식		계단이나 피난계단의 부착실에 기계 급기함으로써 압력을 높여 연기의 침입을 방지
압출배연		급기가압하여 배연구의 연기배출효율을 높이고 연기를 외기로 배출

획은 전자인 바닥까지의 구획을 가리킨다.

방연구획 이외의 연기제어에는 크게 배연방식과 가압방식의 두 방식이 있으며, 배연방식에는 다시 자연배연과 기계배연의 두 종류가 있다. 배연방식의 연기제어는 건축기준법에 배연규정이 도입된 후 일관되게 사용되고 있는 방식으로 연기가 있는 공간에서 연기를 건축물 밖으로 배출한다는 생각에 근거해 화재실 또는 연기가 침입한 복도나 부속실 등 모든 공간에 널리 이용된다. 가압방식은 피난이나 소방활동에서 중요한 공간에 연기를 침입시키지 않는다는 생각에 기초한 방식으로 계단 가압이나 부속실 가압이 대표적이다. 일본에서는 2000년 건축기준법 개정 시 압출배연이 추가됐다. 이는 기계 급기를 이용하여 실내압을 높임으로써 배연구에서의 배연효율을 올리는 방식으로 가압·배연방식이라고 할 수 있는 방식이다.

표 6-1에 상기 각 배연방식에 따른 연기제어 방식을 요약하고 있다. 이들 방식에는 각각 장단점이 있으므로 연기제어 설계에서는 건축물 공간의 조건과 방식의 특징을 감안하여 어느 쪽을 선택할지, 혹은 양쪽을 통합하여 사용할지 등을 적절히 판단할 필요가 있다.

1. 방연구획

방연구획은 연기의 확대를 건축물의 일부로 한정하기 위한 구획으로, 건축기준법에서는 연기의 확대를 허용하는 범위를 500 m^2로 제한하고 있다. 그러나 이 값의 근거는 명시돼 있지 않다. 배연 규정이 도입된 시기는 호텔이나 백화점 등에서 다수의 사망자를 내는 화재가 빈발하던 시기여서 화재 시 연기 대책의 중요성이 제기되던 시기였다. 배연규정 대상이 연면적 500 m^2 이상인 건축물인 것은 많은 화재사고 경험으로 미뤄 그 이상 규모의 건축물에서는 화재가 발생했을 때 많은 희생자가 발생할 위험이 인식됐기 때문으로 보인다. 또한 이 이하의 규모의 건축물에 배연규정을 부과했을 때 경제적 부담이 과중해질 가능성도 고려하였을 것이다. 건축기준법상 안전규정 수치는 안전성 수준과 경제적 부담 수준 양쪽이 허용할 수 있는 타협점 모색의 산물로서의 성격을 갖는다. 만약 500 m^2 이상 건축물에서는 화재로 인한 연기 위험이 허용 수준을 넘었다면 500 m^2 이상 건축물에서는 연기확대를 500 m^2 이하로 막아야 한다는 논리일 수도 있다.

연기의 확대를 멈추기 위해서는 본래 천장에서 바닥까지를 칸막이로 구획할 필요가 있다. 연기를 멈춰 둘 필요가 있는 시간이 피난 완료까지의 시간이라고 한다면, 방연구획은 그 사이에만 화재를 견딜 수 있으면 충분하다. 혹은 반대로, 긴 시간이 걸리는 피난을 보호하기 위한 방연구획은 그만큼 화재에 오래 견딜 수 있는 부재로 구성할 필요가 있다. 방화구획은 연소를 방지할 뿐만 아니라 연기의 전파도 방지할 수 있으므로 방연구획의 역할을 겸할 수 있음은 물론이다.

그러나 판매점이나 사무실에서는 용도상 공간을 대면적으로 사용하는 경우가 많기 때문에 바닥까지의 구획이 아닌 천장으로부터의 제연경계벽에 의한 방연구획도 허용되고 있다. 그림 6-1은 제연경계벽에 의한 방연구획의 개념을 나타낸 것이다. 그러나 연기의 확대를 방지한다는 목적으로는 제연경계벽에 의한 방연구획은 바닥까지의 방연구획에 비해 현격히 성능이 떨어지는 것이 분명하여 의미 있는 방연을 위해서는 배연과의 조합이 필요하다. 더 나아가 그렇게 하더라도 성능에 한계가 있

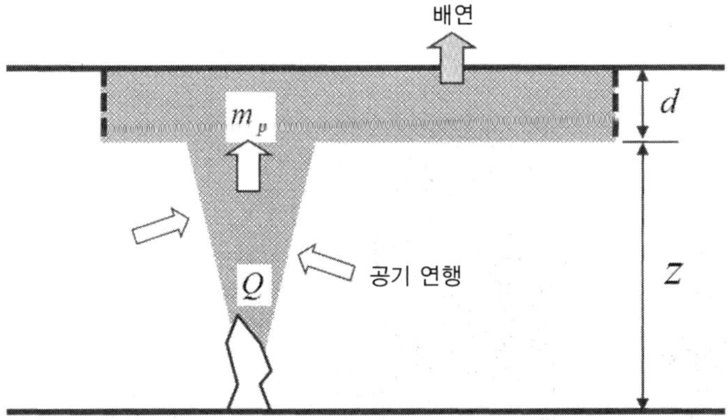

그림 6-1 방연구획(제연경계벽)에 의한 연기확대 억제

는 경우가 많다. 이와 같이 성능이 크게 다른 2종류의 방연구획이 같은 용어로 취급되는 것이 설계자의 오해를 불러일으키기도 한다.

제연경계벽에 의한 방연구획에서의 연기 축적은 주방 싱크대에 수도꼭지에서 물이 고이는 것과 비슷하며, 이를테면 싱크대를 거꾸로 세워 천장 밑에 설치한 것과 같은 형태의 것이다. 방연구획은 화원상에 생기는 상승기류(화재플륨)에 의해 연기가 운반되어 오므로 시간과 함께 연기가 고여 최종적으로는 쏟아져 버린다. 연기가 누출되기까지의 시간은 방연구획의 면적이 작고 제연경계벽 깊이 d가 얕을수록 짧고, 방연구획으로 유입되는 화재플륨 유량 m_p가 클수록 짧다.

제연경계벽에서 연기를 멈추기 위해서는, 그림 6–1과 같이 방연구획에 배연설비를 같이 설치하여 유입되는 연기량 m_p를 배출할 필요가 있다. 배연은 기계배연과 자연배연이 일반적이지만 기계배연의 경우 천장 아래 연기층의 깊이가 얕으면 연기뿐만 아니라 아래 공기도 함께 배출하므로 그만큼 연기배출 효율이 좋지 않다. 방연 제연경계벽은 50 cm 이상 필요하다.

방연구획에서 배연을 하는 것은 싱크대 배수구에서 물을 빼는 것과 비슷하다. 그러나 화재플륨이 수도꼭지로부터의 물과 다른 것은 화재플륨에 의해 방연구획으로 유입되는 연기량(m_p)이 일정하지 않고 화원의 발열속도 Q나 연기층 높이에 의존하여 증가한다는 것이다. 특히 높이 z에 의한 증가량이 큰데, 예를 들어 z가 2배일 때 연기량 m_p는 약 3.2배, z가 4배일 때는 10배나 된다. 결과적으로 50 cm의 방연

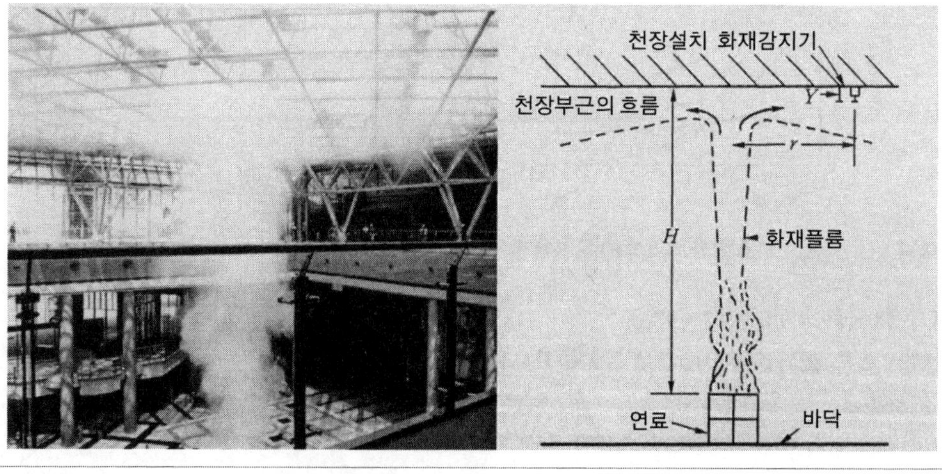

그림 6–2 천장에 충돌하는 화재플륨과 천장류

제연경계벽에서 연기의 확대를 멈추는 것은 사무실이나 물건 판매점 등과 같은 통상적인 천장 높이의 공간에서도 극히 짧은 시간밖에 가능하지 않으며, 시간이 지나면 연기는 반드시 밖으로 쏟아져 나온다.

또한 화재플륨이 천장에 충돌하면 천장 아래를 따라 흐르는 천장류가 되는데(그림 6-2), 그 두께는 천장류가 전방위로 방사형으로 퍼지는 경우 천장 높이의 10% 이상으로 알려져 있다. 따라서 천장 높이가 5 m를 넘는 공간에서 연기는 50 cm의 제연경계벽의 유무에 구애받지 않고 똑같이 천장류로 퍼져나가므로 연기가 방연구획에 쌓이는 것 자체가 일어나지 않는다. 또한 복도와 같은 가늘고 긴 공간 등 천장류의 확대가 방향에 의해 방해되는 공간에서는 천장류의 두께가 더욱 커지므로 제연경계벽이 연기 확대를 멈추는 효과는 더욱 저하된다.

2. 자연배연

자연배연은 공간 상부에 외부로 열리는 배연구를 설치하여 화재로 인하여 발생한 연기를 배출하는 방법이다. 이 배연구를 자연배연구라고 한다. 화원 위에는 화재플륨이라 불리는 상승기류가 생기는데, 이로 인해 상승한 연기가 천장 하부에 온도가 상승한 연기층을 형성한다. 연기층의 높이가 안정된 상태를 고려할 때 연기층과 외기의 문의 밀도차에 의해 그림 6-3과 같이 수직 방향의 압력 차 분포가 가능하고, 실의 하부에서는 외기보다 실내압력이 낮아지는 반면 화재실 상부에 설치된 자연배연구의 위치에서는 외기보다 실내압력이 높아진다. 이 압력 차이가 자연배연구에서 연기를 배출하는 구동력이다. 배연량(kg/s)은 배연구의 면적(m^2)과 배연구 위치에서의 압력 차(Pa)의 제곱근에 비례한다. 즉

$$\text{배연량} \propto \text{배연구 면적} \times \sqrt{\text{압력 차}} \qquad (6\text{-}1)$$

여기서 실내와 외기의 압력 차는 연기층과 외기의 밀도 차와 연기층의 두께에 비례하므로 배연량은 연기층의 온도가 높을수록, 또 연기층의 두께가 두꺼울수록 커진다. 반대로 말하면 연기층 온도가 아직 낮은 화재 초기 단계나 천장이 낮아 연기층 두께가 작은 공간에서는 자연배연의 효과는 한정된다.

또 자연배연에서 주의할 필요가 있는 것은 배연구 면적 A_e뿐만 아니라 급기구 면적도 배연효과에 영향을 준다는 것이다. 유량 보존의 법칙에 따라 실로부터의 배연량 m_s와 실로의 유입공기량 m_a는 연기층 높이에서의 화재플륨 유량 m_p와 같으므로 그림 6-3에 나타낸 바와 같이 급기구 면적이 작을수록 급기구 높이에서의 실내압력은 낮아지고 이 영향으로 배연구 위치에서의 압력 차가 작아지기 때문에 배연량이 줄어든다.

단, 화재실 내부의 압력이 낮아지는 것은 문 개구로부터의 연기의 유출을 억제하는 효과도 있다. 실제 건축물에서의 급기구는 문 개구 등이 상정되지만 문 개구

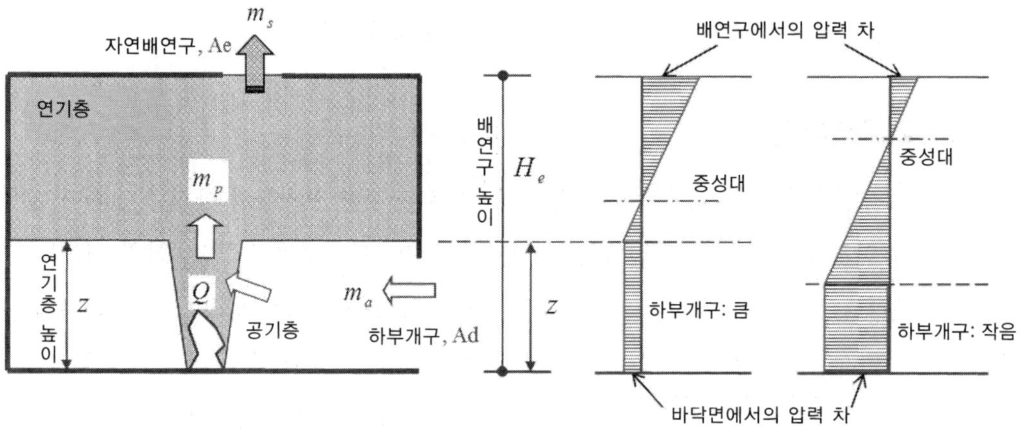

그림 6-3 자연배연의 메커니즘

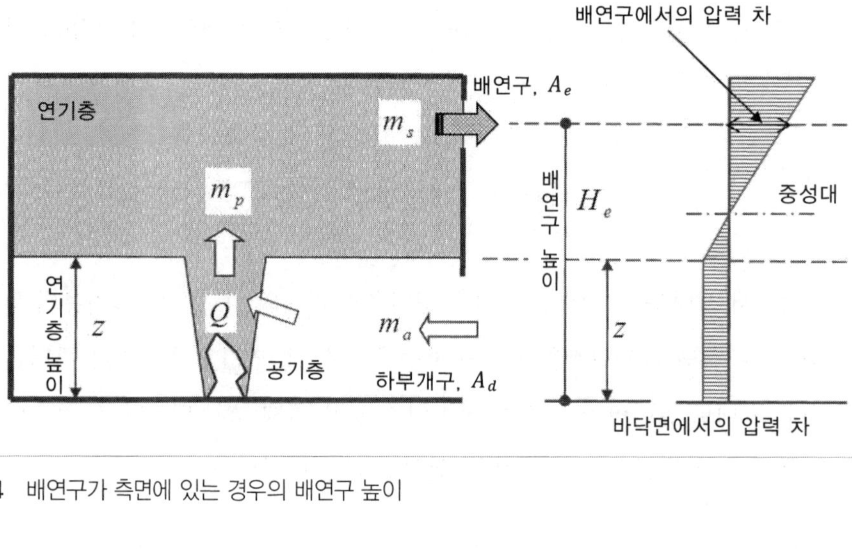

그림 6-4 배연구가 측면에 있는 경우의 배연구 높이

는 화재실에서의 대피 단계에서는 열려 있으므로(A_d가 큼) 배연효과를 높이고, 대피 종료 후 단계에서는 닫혀(A_d가 작음) 있어 연기층이 낮은 위치까지 내려왔다고 해도 화재실의 압력이 저하되어 복도 등으로의 연기 유출이 억제된다. 이는 거실에서 피난 및 복도로 나간 후의 피난 양쪽에 유리한 점이라 할 수 있다.

참고로 그림 6-3에서는 알기 쉽도록 자연배연구를 천장 위치에 그리고 있지만 측면에 있어도 본질은 변하지 않는다. 이 경우는 그림 6-4와 같이 배연구 높이를 배연구 중심(평균) 높이로 잡으면 된다.

일본 건축기준법 시행령 126조의 배연규정에서 자연배연구는 천장 또는 천장 아래 80 cm 이내에 설치하도록 하고 있으므로 그 이하 부분은 배연에 효과가 없는 것으로 오해받을 수 있다. 그러나 그림 6-5(a)와 같이 실에 높이가 작은 배연구만 있는 경우를 생각하면 질량 보존의 법칙(m_s=m_a)에서 배연구의 거의 중간 높이에 압력 중성대가 생겨 연기는 이보다 상부에서 유출되고 하부에서는 외기가 유입된다. 또한, 이는 배연구 천장으로부터의 거리가 얼마여도 같다. 참고로 이 유입 공기는 연기층보다 온도가 낮기 때문에 대부분 연기층을 뚫고 하부층을 경유하여 화재플륨에 말려 상부층으로 유입되는 연기가 된다. 한편 그림 6-5(b)와 같이 배연구의 높이가 클 경우 연기층의 아랫부분에서도 외기의 유입이 일어나므로 역시 질량 보존의 법칙을 충족하도록 중성대 위치가 내려가 연기의 유출량이 증가하며 그만큼 연기층 높이가 커진다. 연기층 아랫부분의 배연구 부분도 배연에 있어서 의미가 없는 것은 아니다.

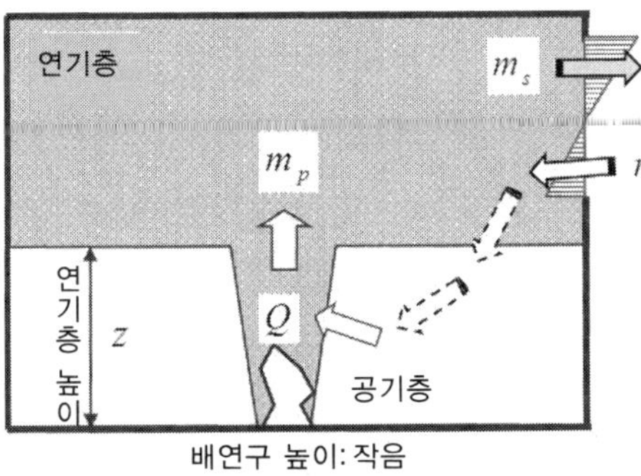

(a) 자연배연구의 높이가 작은 경우

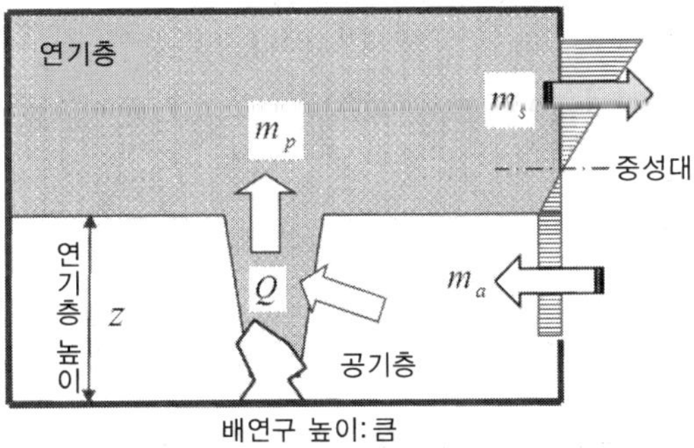

(b) 자연배연구의 높이가 큰 경우

그림 6-5 자연배연구의 높이 차이와 압력 차이

3. 기계배연

기계배연은 배연기를 이용하여 연기를 배출하는 방법이다. 건축물 내의 방연구획에는 배연구(기계배연구)를 설치하고 이를 배연덕트나 배연샤프트를 통해 건축물 옥상 등에 설치되는 배연기와 연결한다(그림 6-6). 따라서 배연덕트 등이 방화구획을 관통하는 곳에서 연기의 온도가 280℃ 정도가 되면 방화댐퍼가 닫혀 배연이 멈추는 시스템으로 구성되어 있다. 배연기 자체는 구조가 일반 팬과 다르지 않지만 고온의 연기를 배출하기 때문에 내열성을 높이고 있어 500~600℃ 정도의 연기라면 거의 지장 없이 계속 가동되는 성능을 가지고 있다.

기계배연은 필요 풍량을 자유롭게 설정할 수 있으므로 연기층의 온도나 두께, 공간 높이, 기상 조건에 큰 영향을 받지 않고 안정적인 배연량을 기대할 수 있다는 장점이 있다. 단, 배연풍량은 법규의 기준이 부피 유량 V_e(m^3/s, m^3/min 등)로 정해져 있기도 하고 설계치도 부피 유량이 정해지는데, 배연하는 연기의 온도가 높을수록 밀도 ρ는 작아지므로 질량 유량 m_e(kg/s)로 환산했을 때의 배연량 m_e는 떨어진다. 즉 배연효율은 낮아진다. 이는 연기층 온도가 높아질수록 배연량이 증가하는 자연배연과의 큰 차이점이다.

화재실과 인접실의 압력 차는, 자연배연에서는 연기층 온도의 상승과 함께 서서히 증가하지만 기계배연에서는 배연기의 기동으로 급속히 증가한다. 화재실 피난문이 내부로 열리는 경우는 문제가 없지만 외부로 열리는 경우는 이 압력 차가 문

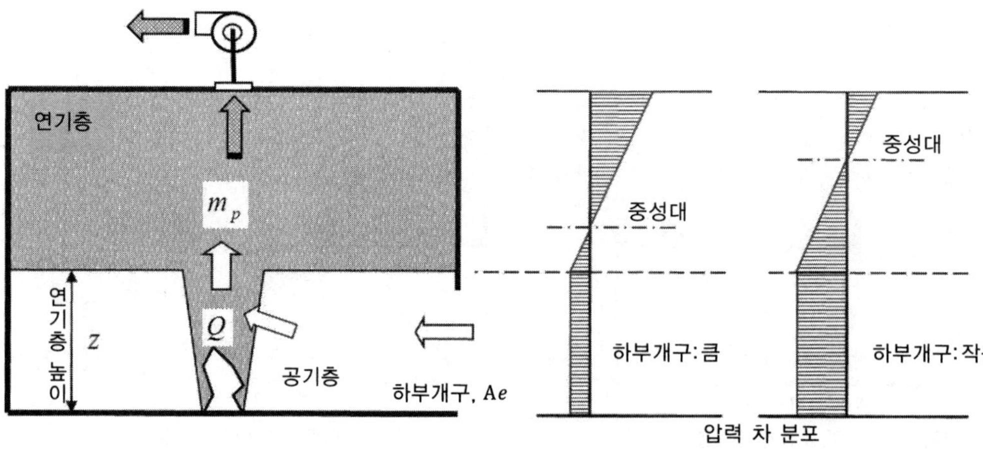

그림 6-6 기계배연의 메커니즘

을 열기 어렵게 할 가능성이 있다. 특히 최근에는 에너지 절약화로 기밀성이 매우 높아진 건물도 있으므로 화재 초기 피난에 지장이 발생하지 않도록 기동 타이밍이나 화재실의 기밀성 정도 등에 유의할 필요가 있다.

4. 압출배연

압출배연은 그림 6-7에 개념적으로 나타낸 바와 같이 공간 상부에 자연배연구를 설치함과 동시에 공간 하부에서 기계적으로 급기를 함으로써 공간압력을 높여 배연을 하는 방법으로 자연배연과 가압 급기의 두 방식을 복합한 배연방식이다. 이전에는 연기제어 방법으로 채택하는 사례가 그리 많지 않았으나 2000년 건축기준법 개정으로 도입되었다.

급기가 없으면 앞에서 설명한 자연배연과 같으며 압력 차 분포도 같다. 그러나 급기를 실시함으로써 실내압력이 높아지고 이에 수반하여 배연구 부분에서의 실내외압력 차이도 증가하므로 배연구의 면적이 같아도 많은 배연량을 얻을 수 있다. 이러한 특징으로 압출배연은 건축물의 외주부에 접해 있지 않기 때문에 큰 배연구를 마련하지 못하는 공간에서의 배연방법으로써 유효한 방법이다.

단, 이 방식은 급기에 의해 화세를 흐트러트릴 우려가 있으므로 출화실의 배연에 채택하려면 면밀히 검토해야 한다. 그림 6-7에서는 개념설명의 편의상 실내에 화원을 나타내고 있으나 실제로는 계단실이나 복도 등 화재실로부터의 연기가 침입할

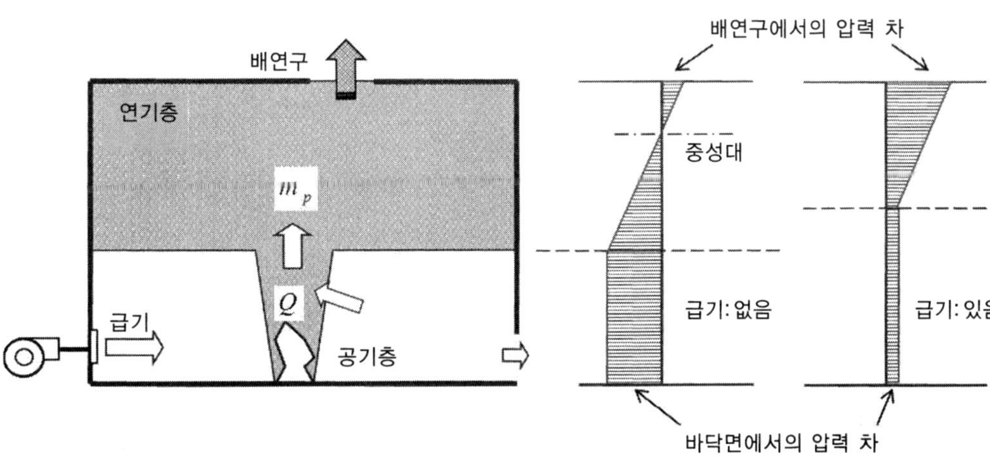

그림 6-7 압출배연의 구조

가능성은 있지만 출화 우려는 적은 공간에 한정하여 채용하는 것이 좋을 것이다.

또한 2000년 건설성 고시 제1437호에서는 압출배연의 필요배연량을 바닥면적당으로 규정하고 있으며 1 m^3/m^2/분으로 되어 있다. 압출배연이 가장 많이 사용되는 것은 특별피난계단의 부속실인데, 이 배연량의 기준은 원래 일반 공간에 대한 것으로 계단부속실의 배연에는 그 중요성을 배려하여 별도의 기준을 사용해 왔다. 만약 1 m^3/m^2/분의 기준을 부속실에 적용하면 면적이 통상 10 m^2 정도로 작으므로 필요배연량은 10 m^3/분 정도로 현저히 작으며, 이래서는 부속실 주위의 문이 조금만 열려도 가압에 의한 배연효과는 상실되어 버린다. 또한 종래의 부속실 배연의 배연량으로 요구되던 4 m^3/초(240 m^3/분)와의 차이도 매우 크다. 건축물 전체의 피난이나 소방활동에 있어서 특별피난계단을 지키는 것의 중요성을 고려하면, 부속실 배연은 충분한 안전성을 담보하는 연기제어 방식으로 해야 한다.

5. 가압방식

배연은 화재 연기가 발생한 실이나 침입한 실에서 연기를 배출하는 방식의 연기제어이지만 대피상 중요한 공간에 대해서는 연기가 침입한 후 배출하는 것보다 아예 연기를 침입시키지 않는 방식의 연기제어 방식이 바람직한 경우가 많다. 연기침입 방지로는 연기로부터 보호해야 할 공간에 송풍기를 이용하여 공기를 공급하여 압력을 높이는 방법이 사용되므로, 이러한 연기제어는 가압방연·가압연기제어 등으로 알려져 있다. 가압방식의 연기제어는 계단이나 부속실, 또는 공용 복도 등 피난상 중요한 공간에의 연기침입 방지를 도모하는 것이 주된 사용 대상이다. 연기침입 방지를 위해서는 연기에 오염된 공간과 연기침입으로부터 지켜야 할 공간을 연결하는 개구부에서 적어도 그림 6-8과 같은 압력 차를 확보하여야 한다. 이러한 압력 차를 일으키는 조건을 차연조건이라고 한다. 이 압력 차가 있을 때는 그에 대응하는 개구 유량을 동반하고 있음은 물론이다. 왼쪽 그림의 균일혼합의 경우는 최성기 화재에 이르러 버린 시기의 화재실의 시나리오, 오른쪽 그림의 성층화의 경우는 실내가 아직 연기층과 공기층으로 나누어져 있는 비교적 초기의 화재실 혹은 화재실로부터의 누출 연기로 연기층이 형성되어 있는 복도 등의 시나리오가 상정된다.

개구부의 압력 차 분포는 온도 차에 따라 다르므로 차연조건은 화재실 온도에 의

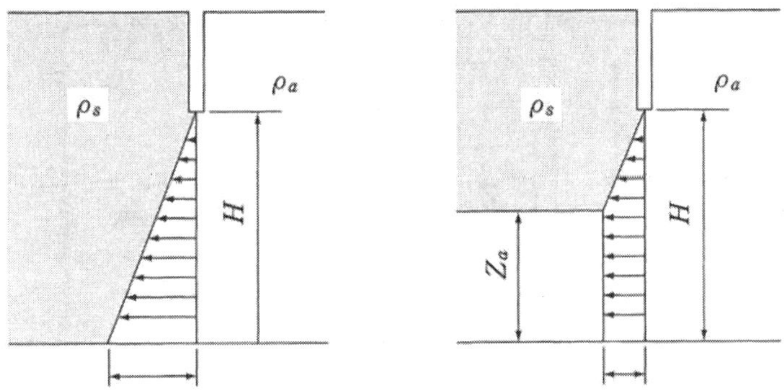

$(\rho_a - \rho_s)gH$ 균일혼합의 경우

$(\rho_a - \rho_s)g(H - Z_a)$ 성층화의 경우

그림 6-8 차연을 가능하게 하기 위한 압력 차[1]

존한다. 이 중에서 왼쪽 그림의 균일혼합의 경우에 대하여 차연조건인 개구 평균높이에서의 압력 차 ΔP_c(Pa), 그에 따른 개구 유량(질량 유량 m_c(kg/s), 또는 부피 유량 V_e(m^3/s))을 화재실 온도의 함수로 계산해 보면 다음과 같다.

$$\Delta P_c \approx 6\left(\frac{\Delta T}{T_a + \Delta T}\right)H \tag{6-2}$$

$$m_c \approx 2.5\sqrt{\frac{\Delta T}{T_a + \Delta T}}BH^{3/2} \tag{6-3}$$

$$V_c \approx 2.2\sqrt{\frac{\Delta T}{T_a + \Delta T}}BH^{3/2} \tag{6-4}$$

단, T_a와 ΔT는 각각 공기 온도(K) 및 화재실의 온도상승(K), B와 H는 각각 개구폭(m) 및 높이(m)이다.

그림 6-9는 참고를 위해 온도상승치를 바꾸어 위의 식을 추산한 것이다. 단 B 및 H는 설계마다 다르므로 압력 차는 H이고, 또 유량은 $BH^{3/2}$로 각각 나눈다. 평균적인 문 하나가 전개되었을 때는 대체로 $BH^{3/2} ≒ 3$ 정도로 가정하면, 차연하기 위해서는 대략 5(m^3/s) 정도의 유량이 필요하다는 것이 된다.

그림 6-10은 가압방식의 연기제어 개념을 나타낸 것이다. 화재실 등은 화재로

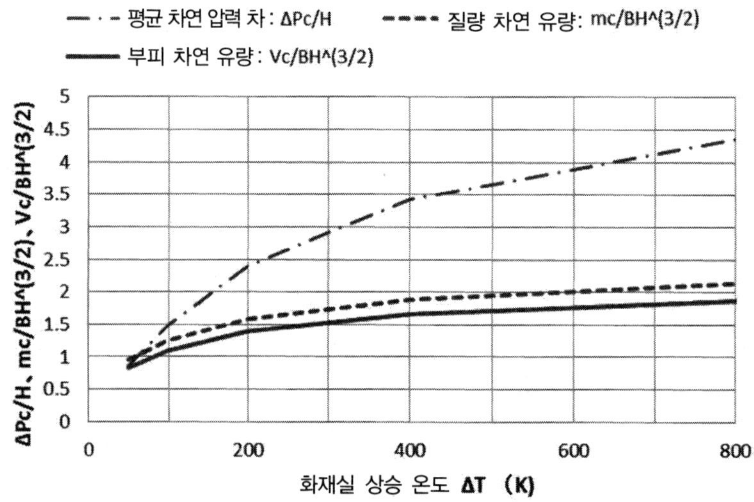

그림 6-9 차연조건의 압력 차/H, 질량 유량/$BH^{3/2}$, 부피 유량/$BH^{3/2}$

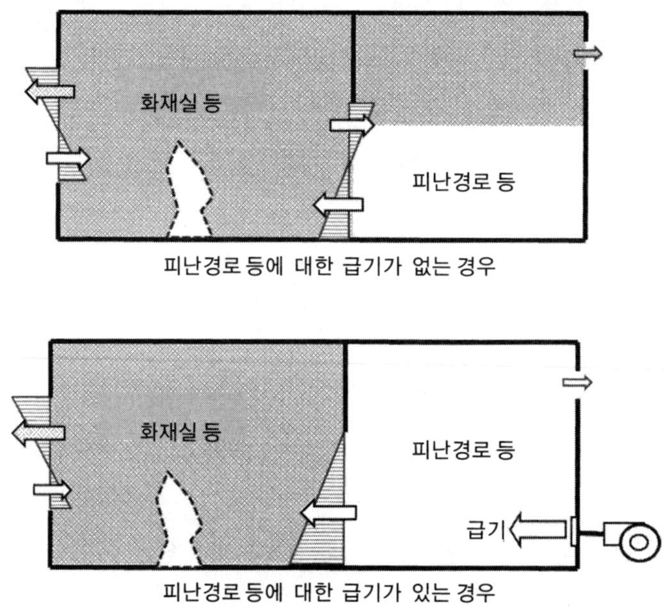

그림 6-10 급기가압에 의한 연기제어 방식의 개념

인한 연기로 오염된 공간, 피난 경로 등은 계단이나 부속실 등 연기에 의한 오염을 방지하고자 하는 공간을 의미한다.

만일 아무런 연기제어도 하지 않았을 때 문의 개구를 통해 화재실이나 피난경로 등의 공간에 연기침입 우려가 있을 경우에, 채택하는 연기제어 수단으로서 피난경로 등 측에 급기하여 압력을 높여 개구부에서 차연하는 가압방식이 하나의 선택지로 생각된다.

다른 연기제이 방식도 마찬가지지만, 가압방식의 유효성 역시 공간의 개구나 틈새 조건에 크게 의존한다. 급기를 한 공간에서는 압력이 높아지므로 차연하는 개구 이외의 개구나 틈새에서도 공기가 누출된다. 따라서 그림 6-10과 같은 차연을 달성하기 위하여 필요한 급기량은 차연하는 개구를 지나는 공기량뿐만 아니라 기타 개구나 틈새로부터의 누출 공기량도 더한 양이 된다.

또 차연개구에서 화재실 등으로 유입된 공기의 유출 경로도 있어야 한다. 그림 6-10과 같이 화재실 등에 개구가 있는 경우에는 차연을 위해 급기된 공기는 개구를 통해 화재실 등으로 유입되고 화재실 가스와 섞여 창문 개구 등에서 외기로 유출된다. 그러나 그림 6-11과 같이 화재실 등에 배연의 경로가 되는 개구가 없으면 급기로 피난경로 등의 압력이 높아져도 화재실의 압력도 동시에 높아지므로 급기한 공기는 화재실에서 연기와 혼합하여 결국 같은 개구를 통해 대피경로 등으로 유출되고 최종적으로는 대피경로 등에 있는 개구나 틈으로 배출된다.

화재실 등에 배연구가 되는 창문 개구 등이 없는 경우, 그림 6-12와 같이 기계배연으로 대체하여 차연하는 것도 가능하다. 이 경우의 차연조건은 이 배연량에 의하여 날성되므로 피난경로 등에 대한 기계급기가 없어도 적절한 급기구가 있으면 차연은 가능하다. 단, 이 시간 동안 기계배연덕트의 댐퍼가 폐쇄하지 않는 조건이 유지되고 있는 것을 전제로 한다.

화재실 등에서 기계배연을 차연수단으로 하는 경우의 유효성은 창문 개구 등의

그림 6-11 화재실 등에 창문 개구 등의 배연구가 없는 경우

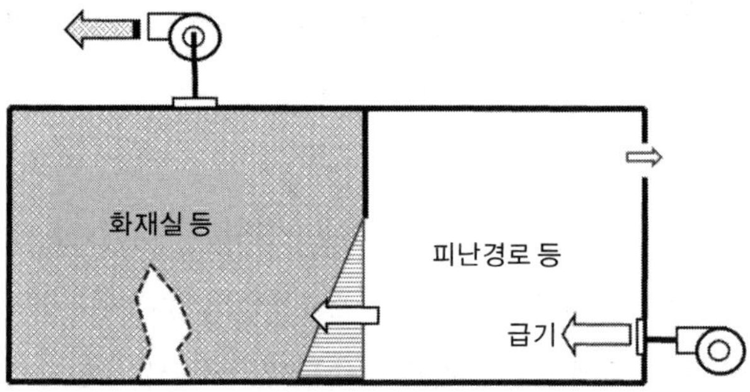

화재실 등에 기계배연이 있는 경우의 차연

그림 6-12 화재실 등에 대하여 기계배연으로 차연하는 경우

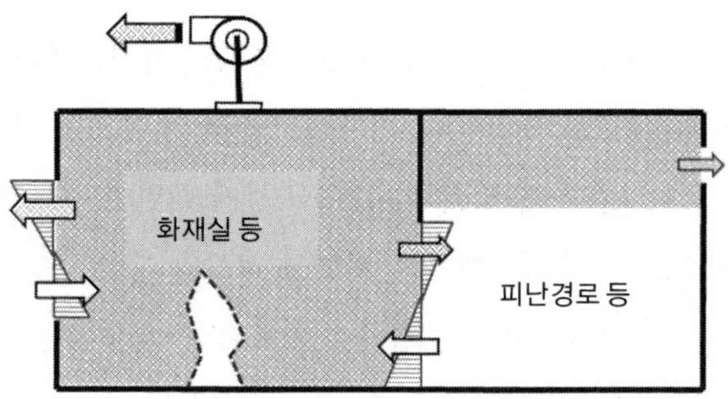

화재실 등의 개구가 큰 경우의 기계배연의 효과

그림 6-13 화재실 등에 대한 개구와 기계배연의 효과

개구조건과 연관된다. 예를 들어 화재실의 창문 개구가 크게 파손된 경우 등에는 기계배연에 의한 배출량이 창문 개구로부터의 유입량 증대에 의해 쉬이 보충되어 버리기 때문에 화재실은 감압되지 않으며, 따라서 그림 6-13과 같이 차연을 달성할 수 없으므로 피난경로 등으로 연기가 유출된다.

04 연기제어 시스템

앞의 03절에서는 다양한 연기제어 방식의 기본적인 특징에 대해 개략적으로 설명하였고, 이것이 건축물에 이용되었을 때에는 이를 보조하는 설비 등의 시스템이 필요하며, 당연히 건물의 구체적 조건이나 필요비용과의 관계도 나온다. 이러한 연기제어 시스템을 효율적으로 기능하도록 설계하기 위해서는 그 설계목적이나 상정하는 화재조건에 대해 구체적인 분석·정리를 통해 명확하게 파악하여야 한다.

1. 방연구획 형성

건물 화재에서는 화재확대를 소규모로 억제할수록 인적으로나 물적으로 피해가 작아지는 것은 물론이다. 이는 연기 전파에 대해서도 마찬가지이며 전파 범위가 작을수록 재실자에 대한 위험은 적어지고 소방대에 의한 소화도 성공하기 쉽다. 예를 들어 건축물 전체를 10개의 방연구획으로 분할해 연기의 확대를 출화한 구획으로만 한정할 수 있다면 그것만으로 다른 9개 구획 재실자의 안전은 확보될 것이며, 또한 출화구획의 재실자의 피난도 용이해진다. 방연구획은 여러 연기제어 방식의 기본이 되는 것으로 건축물에 시행되는 여러 연기제어 시스템은 거의 모든 것이 적절한 방연구획과의 연계가 없으면 효율적으로 기능하지 않는다.

이러한 방연구획의 일부는 화재안전을 위한 전용으로 마련될 필요가 있을지 모르지만, 많은 건축물에서는 방연구획의 대부분을 통상시 이용을 위해 마련되는 구획을 이용하여 형성할 수 있을 것으로 생각된다.

(1) 방연구획의 목적

일본 건축기준법 시행령 126조의 배연규정은 건물 바닥면적 500 m^2 이내마다 방연구획할 것을 요구하고 있다. 왜 그러한 규정이 필요한지에 대해서는 명기되어 있지 않지만, 전술한 바와 같이 구획한다는 것은 재해 범위를 출화공간으로 한정하여 그 밖의 비출화공간으로 위험이 미치는 것을 방지하는 것이 목적인 것은 명백하다. 출화공간의 재실자는 비출화공간으로 대피하는 것이므로 방연구획은 출화공간으로부터의 피난자를 보호하는 기능도 포함한다.

(2) 방연구획의 대상

방연구획은 비출화공간을 연기로부터 보호하는 것이 목적이기 때문에 비출화공간에서 연기에 노출될 우려가 있는 인원이 많을수록, 화재인지가 늦어 늦게 피난할수록, 피난에 필요한 시간이 길수록 중요하다. 각각의 건물의 조건에 의존하지만, 일반적인 예로는 아래와 같은 공간을 연기로부터 보호하기 위한 방연구획을 들 수 있을 것이다.

- 계단, 아트리움 등 수직관통공간
- 복도 등 층 공용 대피 통로
- 대규모 거실
- 취침용도의 실, 피난 약자의 거실
- 관리 형태나 주체가 다른 거실

또한 비출화공간으로의 연기에 의한 위험은 출화공간에서의 출화 확률이나 심한 화재로의 성장이 용이함에 의존하므로 화재 위험도가 높은 출화 측 공간도 방연구획의 대상이 될 것이다. 그 관점에서는

- 화기사용이 많은 공간
- 가연물이 많은 공간

등이 방연구획해야 할 대상이 될 것으로 생각된다.

(3) 방연구획재의 성능

방연구획을 형성하는 구획재의 성능은 건축기준법에서는 불연재료 이상으로 정해져 있지만, 대상이 되는 피난자의 소요 대피시간 사이의 관계에서 결정해야 한다. 예를 들어 고층건축의 피난에는 장시간이 소요되므로 수직관통 방연구획의 구획재는 방화구획을 겸용하는 것이 좋으며, 복도 등 층 공용피난통로의 경우는 적어도 바닥까지 방연구획으로 하고 피난완료시간이 길수록 화재에 견딜 수 있는 시간이 긴 구획재를 사용해야 할 것이다. 또한 화재를 오래 견딜 수 있을수록 소방에 의한 소화가 쉬워지므로 인명 이외의 피해 경감에도 유리하다.

(4) 방연구획의 신뢰성

제연경계벽에 의한 방연구획은 천장하부의 근소한 부분이 구획될 뿐이므로 연기의 유출이 억제되는 것은 배연이 작동하고 충분한 양의 배연이 이루어지는 경우이다. 그러나 그것은 배연기의 작동 신뢰성 정도와 함께 화원의 발열 속도나 천장 높이에 크게 의존한다.

반대로 바닥까지의 칸막이로 형성되는 방연구획은 그러한 불확정 요인이 없으므로, 틈에 의해 얼마간의 누출이 있었더라도 훨씬 신뢰성이 높다고 할 수 있다. 그러나 방연구획에는 통상 시의 사용을 위한 문이 반드시 존재하므로 그 개구부의 폐쇄 신뢰성을 높이는 것이 과제가 된다. 특히 화재 시 다수의 셔터를 수시로 폐쇄시킴으로써 형성되는 방연구획에서는 셔터의 폐쇄 신뢰성을 높일 필요성이 있는 것은 당연하지만, 그럼에도 모든 셔터를 확실하게 폐쇄시키기는 쉽지 않음에 유의할 필요가 있다.

2. 자연배연 시스템

자연배연은 외기에 면하는 외벽에 자연배연구를 설치하여 건축공간의 화재로 발생한 연기를 직접 외기로 배출하는 방법이므로 시스템으로서는 단순하고 설비비용도 비교적 작다. 그러나 배연의 메커니즘은 연기층의 온도상승에 의해 발생하는 내외의 압력 차에 의한 것이므로 배연량은 화재성상에 크게 의존한다.

(1) 자연배연구의 배연성능

만약 화재실에 급기구가 없고 배연구에서만 연기나 공기가 출입하는 경우 화재 초기 연기층 온도가 현저히 높지 않은 단계에서는 그림 6-5(a)와 같은 자연배연구에서의 압력 중성대 위치는 개구의 거의 중심 높이로 설정할 수 있으므로 배연량 m_s는 다음 식으로 주어진다(2장 02의 2. 참조).

$$m_s = \frac{2}{3}\alpha B\sqrt{2\rho_g(\rho_a - \rho_g)g}\left(\frac{H}{2}\right)^{3/2} \tag{6-5}$$

알기 쉽도록 식의 연기층 밀도 ρ_g를 $\rho_g T_g = \rho_a T_a$의 관계에 따라 온도 T_g로 변환하면 다음과 같다.

$$m_s = \frac{2}{3}\alpha\left(\frac{BH^{3/2}}{2}\right)\sqrt{g}\rho_a\frac{\sqrt{T_g - T_a}}{T_g} \approx 15.0 \cdot BH^{3/2}\frac{\sqrt{T_g - T_a}}{T_g} \tag{6-6}$$

그런데 중성대 위치는 배연구 이외에 급기구를 확보하면 그 크기에 따라 낮출 수 있다. 만약 중성대 위치가 배연구의 하단까지 내려가면 식 6-5에서 $H/2$가 H가 되므로 식 6-6은

$$m_s \approx 42.4 \cdot BH^{3/2}\frac{\sqrt{T_g - T_a}}{T_g} \tag{6-7}$$

으로, 연기층의 온도 등 상태가 동일하다고 가정하면 배연량은 3배 가까이 늘어나게 된다. 실제로는 배연량이 증가하면 연기층의 온도가 낮아지고 두께도 작아지므로 식 6-7까지 늘어나지는 않지만 연기층의 온도나 두께를 감소시키는 것이 곧 배연하는 것의 효과나 다름없다.

또 A_w=BH는 개구면적이기 때문에 식 6-6은

$$m_s \approx 15.0 \cdot A_w\sqrt{H}\frac{\sqrt{T_g - T_a}}{T_g} \tag{6-8}$$

라고도 쓸 수 있다. 즉, 압력의 중성대가 개구 높이 사이에 생기는 조건에서는, 개구 면적 A_w가 같더라도, 개구 높이 H에 의해서 배연량이 달라진다는 것에 주의해야 한다.

(2) 자연배연과 기계배연의 배연성능

여기서 기계배연 기준인 1 $m^3/min/A_{FLR}$과 자연배연구 기준 A_w=(1/50)A_{FLR}(A_{FLR}: 바닥면적)과의 관계를 살펴보자. 배연구 높이 H는 건축기준법 시행령 126조의 배연규정을 참고하여 H=0.8 m로 하고, 또 m_s(kg/s)는 부피 유량으로($m^3/min/A_{FLR}$)로 변환하면 식 6-8은

$$V_s = \frac{60}{A_{FLR}}\left(\frac{m_s}{\rho_g}\right) \approx \frac{60}{A_{FLR}} \times \left(A_w\sqrt{0.8}\frac{\sqrt{T_g - T_a}}{T_g}\frac{1}{\rho_g}\right) \approx \frac{46.2}{353}\frac{A_w}{A_{FLR}}\sqrt{T_g - T_a} \tag{6-9}$$

여기서 자연배연구 기준을 사용하면

$$V_s = \frac{60}{A_{FLR}}\left(\frac{m_s}{\rho_g}\right) \approx \frac{805}{353}\frac{1}{50}\sqrt{T_g - T_a} \approx 0.046\sqrt{T_g - T_a} \tag{6-10}$$

이는 온도상승치($T_g - T_a$)가 400℃라면 V_s=0.92(m^3/min/m^2)이므로 기계배연의 배연기준 V_s=1.0(m^3/min/m^2)과 거의 동일하다. 하지만 100℃라면 V_s=0.46(m^3/min/m^2)이므로 상당한 차이가 있다. 그러나 이 값으로 피난 안전상의 지장이 있는지를 일률적으로 결정할 수는 없다. 공간의 여러 조건이나 배연의 목적이나 구체적인 피난계획에 따라 부족한 경우도 있고 과잉인 경우도 있다고 사료된다. 구체적인 조건에 따라 검토할 수밖에 없을 것이다. 이는 기계배연이라도 마찬가지다.

(3) 수직관통공간이 있는 건물에서의 배연구

자연배연구는 어디에 붙여도 항상 유효하게 기능하는 것은 아니며 설치장소에 따라 예상치 못한 성상을 나타내기도 한다. 그림 6-14는 구획이 없는 탁 트인 건물로 하층 거실의 배연구를 의도하여 마련한 배연구가 공기 유입구가 되어 버리는 예이다. 이는 통풍 부분에서 상승하는 플륨에 말려드는 공기가 하층 개구로부터 공급되는 조건으로 되어 있기 때문에 일어나는 현상이다. 아트리움 공간 등에서도 높이가 다른 배연구를 만들면 비슷한 일이 일어날 수 있다.

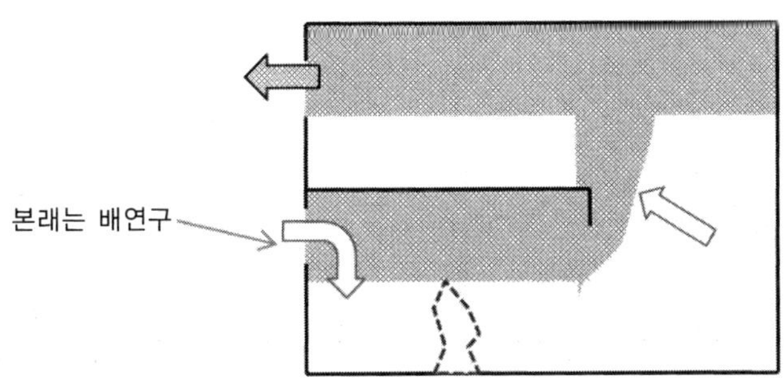

그림 6-14 배연구가 의도하지 않은 성상을 나타내는 사례

이 밖에도 여러 조건에서 배연구가 예상한 성능을 발휘하지 않을 수 있으므로 계획 단계에서는 화재 시 건축공간 내 압력과 연기·공기의 유동이 어떤 관계가 되는지 검토·파악해 둘 필요가 있다.

(4) 보이드 공간으로의 배연

건축물 중에는 중정(中庭), 광정(光庭) 등의 명칭으로 보이드 공간이 설치된 경우가 있다. 그것들은 지붕이 없기 때문에 외기로 취급되어 배연장소로 여겨지는 경우가 적지 않다.

보이드 공간이 일반적인 중정처럼 얕고 넓은 경우에는 배연장소로서 별 문제가 없다(그림 6-15(a)). 유출된 연기는 창문에서 분출하는 연기가 일반 외기로 나온 것처럼 방해받지 않고 위쪽으로 확산되기 때문이다. 분출된 연기는 상승하면서 공기를 끌어들여 증량하지만 보이드 공문이 넓으면 주위로부터 쉽게 공기가 공급되므로 분출연기의 성상이 건물 형상에 좌우되지는 않는다.

그러나 보이드가 좁고 깊으면 상승하는 연기 때문에 공기 유입을 방해받으므로 보이드가 굴뚝처럼 되어버린다. 그러면 연돌효과에 의해 점점 연기가 보이드 안으로 빨려 들어가게 된다. 이는 출화실의 배연이라는 면에서는 효과를 높이고 있다고 할 수 있을지 모르지만 보이드를 통한 연기의 상층 전파 위험은 현저히 높아지게 된다. 또한 연기뿐만 아니라 화염을 끌어들여 상층 연소의 위험마저 생길 수 있다

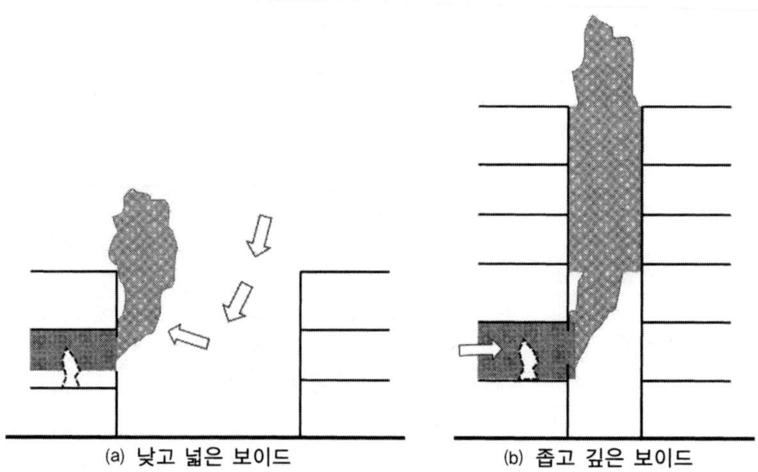

그림 6-15 보이드 공간으로 분출된 연기의 성상

(그림 6−15(b)).

낮고 넓은 보이드와 좁고 깊은 보이드를 어떻게 판별할지에 대해서는 기술적 논의를 요하지만 보이드의 형상·치수 외에 분출연기량도 관계된다. 연기가 보이드의 꼭대기에서 유출되기 위해서는 그와 거의 같은 양의 공기가 유입되어야 한다는 점을 고려하면, 연기의 상승기류의 단면이 보이드 면적의 절반 이상이 될 때가 대체적인 기준이 될 것이다. 그 이상일 때는 보이드를 굴뚝으로 생각하고 연기의 상층 전파나 화재의 상층 연소 방지를 위한 검토를 실시할 필요가 있다[4].

(5) 외기 풍압의 영향

일반적으로 자연배연의 성상 평가는 외기풍 요소를 무시하고 무풍 조건하에서 이루어진다. 그때는 그림 6−16에 나타낸 바와 같이 배연구에 있어서 화재실과 외기의 압력 차는 온도 차에 의해 수직 방향으로 분포하지만, 유출되는 연기와 유입되는 공기의 질량 유량은 같다. 화재실 전체의 압력은 외기압과 같다고 생각해도 좋을 것이다.

한편 외기풍이 있을 때에는 그림 6−17과 같이 건물에 풍압이 작용하여 풍상측에서는 정압이, 풍하측과 풍횡측에서는 부압이 작용한다. 이 풍압 P는 C를 풍압계수로 하여

$$P = C\left(\rho_{\infty} v^2 / 2\right) \tag{6-11}$$

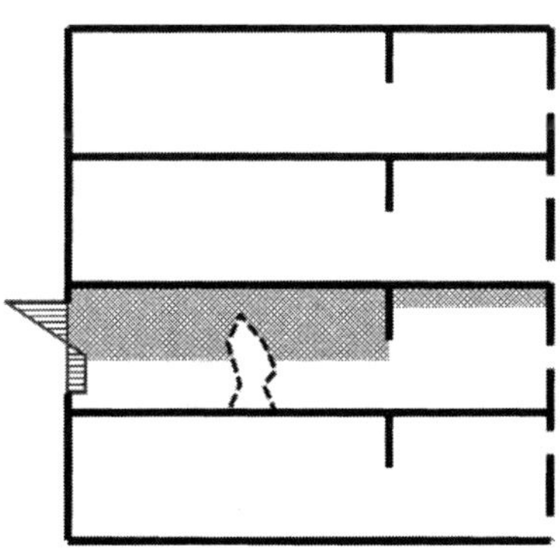

그림 6−16 무풍 시 배연구의 압력 차

으로 주어진다. 따라서, 그림 6-17의 예와 같이 화재실과 그 옆 실의 개구가 각각 풍상측과 풍하측에 면한다고 하면, 각각의 풍압을 P_f 및 P_b로서, 양자 간의 압력 차 Δp는

$$\Delta p = P_f + P_b \tag{6-12}$$

가 된다. 이 압력 차 때문에 그림에 예시하듯이 배연구에서 연기가 유출되는 것이 아니라 반대로 외기가 화재실로 밀려들면서 연기는 옆 실로 밀려날 가능성이 생긴다. 그러나 외기풍압이 작용할 때 항상 이런 상태가 되지는 않고 각 실의 외벽이나

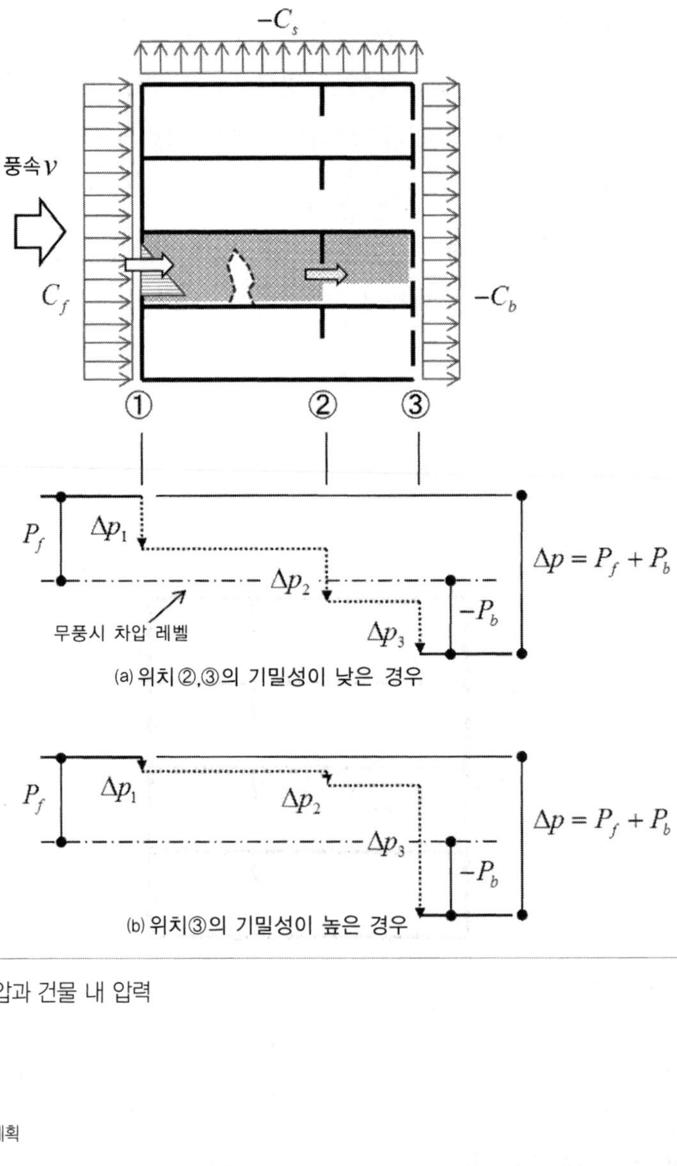

그림 6-17 외기 풍압과 건물 내 압력

구획벽의 기밀성에 크게 의존한다.

그림 6-17의 ①, ②, ③의 위치 구획의 개구 면적을 각각 A_1, A_2, A_3이라고 하면 이들을 지나는 기체(연기, 공기)의 질량 유량은 모두 같다. 이를 m이라고 하면 각 개구에서의 압력 차 Δp_1, Δp_2, Δp_3은 각각

$$\Delta p_1 = \frac{m^2}{2\rho_\infty(\alpha A_1)^2},\quad \Delta p_2 = \frac{m^2}{2\rho_\infty(\alpha A_2)^2},\quad \Delta p_3 = \frac{m^2}{2\rho_\infty(\alpha A_3)^2} \tag{6-13}$$

여기에서

$$\Delta p = \Delta p_1 + \Delta p_2 + \Delta p_3 \tag{6-14}$$

따라서 만약 A_1=A_2=A_3이라면 Δp_1=Δp_2=Δp_3=$\Delta p/3$이다. 이는 그림 6-17(a)에 나타낸 압력 차 관계와 대체로 동일한 상황이다. 또 만약 A_3=0이라면 m=0, 따라서 Δp_1=Δp_1=0, 즉 풍압의 영향은 생기지 않는다. 실제 건물에서도 거실 배후 공간이 완전히 기밀하지는 않더라도 기밀성이 높은 것은 많이 있다. 이 경우의 압력 관계를 나타낸 것이 그림 6-17(b)이다. 이러한 기밀적 구획이 존재할 경우의 배연량은 외기풍에는 풍속의 변동이나 풍향의 흐트러짐도 있으므로 항상 일정하지는 않더라도 무풍의 경우와 큰 차이가 없다고 생각해도 좋을 것이다.

참고로 배연구가 풍향과 평행일 경우에는 풍압이 연기흡출 쪽에 작용하지만 배연구 창문이 열렸을 때의 바람 각에 따라서는 밀어 넣는 쪽에 작용하기도 한다.

(6) 자연배연구의 작동 신뢰성

방재설비가 만일의 경우에 작동하지 않아 도움이 되지 않는 상황이 자연배연구에 국한된 것은 아니지만, 자연배연구는 그 특성상 외기에 면하는 면에 마련됨으로써 작동 신뢰성 확보에 대해 유의해야 할 특유의 과제가 나타낼 수 있다.

(i) 개방장치의 위치

자연배연구와 수동개방장치를 가까운 위치에 설치하려고 하면 외벽 쪽이 되기

때문에 피난방향과 반대의 위치가 되는 경우가 많다. 그러나 피난을 서두를 필요가 있는 긴급 시에 일부러 역방향으로 가서 배연구 개방에 시간을 소비하는 피난자는 드물 것으로 보인다. 또 그 이전에 배연구의 존재나 위치, 개방 방법 등조차 인식하지 못했을 가능성도 있다. 피난자가 조작한다면 피난 출구 밖의 눈에 띄기 쉬운 위치에 누름버튼식 등의 개방장치를 부착하는 등이 현실적인 대안일 것이다.

(ii) 외기에 노출됨으로 인한 열화

배연구는 외기에 노출되기 때문에 비바람이나 햇빛 등에 노출되는 등 녹슬거나 재질 열화가 일어나기 쉬운 환경에 있다. 가능한 내구성이 높은 재질로 하는 동시에 정기적으로 작동시험을 실시해 기능 유지를 도모하는 것이 중요하다.

(iii) 사용 등에 의한 파손의 발생

건물 용도에 따라 칸막이의 변경·개수나 가구·조도 등의 모양을 바꾸면서 배연구가 일부 칸막이 구획으로 들어오거나 개방장치가 가려질 가능성도 있다. 배연구의 위치는 그러한 지장이 발생하지 않도록 설계 시부터 충분히 주의하여 정할 필요가 있다.

3. 기계배연 시스템

기계배연은 외벽에 필요한 면적이나 거리 내에 배연구를 설정할 수 없는 건물 내부 공간이나 배연구가 설정가능한 위치라도 외풍이나 실내 환경을 고려해 창문을 제거하고 싶은 경우 등에 채택된다. 기계배연은 방연구획 각각에 배연구를 설치하는 각 실 배연구 방식이 기본이지만, 특히 대규모 사무소 건축 등에서는 여러 개의 방연구획이나 대규모 거실의 배연을 묶어 실시하는 천장 챔버방식으로 불리는 배연방식도 빈번하게 사용된다.

(1) 각 실 배연방식의 시스템

각 실 배연방식의 기계배연에서는 방연구획별로 배연구를 천장에 설치하는 것이 통상적이며, 이를 그림 6-18과 같이 수평 덕트 및 수직 덕트를 통하여 배연기에 연결하여 배연한다. 배연구는 평상시 닫혀 있다가 수동 또는 원격조작으로 개방되면 배연기가 연동돼 기동하는 시스템으로 돼 있다. 배연덕트를 지나는 연기의 온도는 출화실이나 화재층에서 피난이 일어나고 있는 화재 초기 단계에서는 통상적으로 연소가 우려될 정도로 높지 않은 경우가 많지만, 화재가 성장하면 높아질 가능성이 있으므로 방화구획 관통부 등 연소방지상 중요한 장소에는 방화댐퍼가 설치된다. 댐퍼가 닫히면 당연히 배연도 안 된다.

외벽에 창문 등 개구부가 적은 건물에서는 피난뿐만 아니라 소방활동을 위해서도 가급적 오래 배연이 지속되는 것이 효과적이며, 이 때문에 출화층 댐퍼는 닫히지 않는 계획도 있을 수 있다. 그러나 고층 건물에서는 그림 6-18과 같은 시스템이 각 층에 존재하므로 수직 덕트에서 위층 연소가 발생하지 않도록 비화재층의 수평 덕트가 수직 덕트와 연결되는 부분의 댐퍼는 폐쇄상태를 유지할 수 있는 시스템으로 둘 필요가 있다.

(i) 면적이 작은 방연구획의 기계배연량

일본 건축기준법 시행령 126조의 배연규정에서는 방연구획을 설치한 경우의 배연풍량을 바닥면적의 1 m^2당 분당 1 m^3로 하고 있다. 이에 따라 방연구획이 작아질수록 작은 화재 연기만 배연할 수 있게 된다. 여기서 소규모 구획의 규정 배연량이

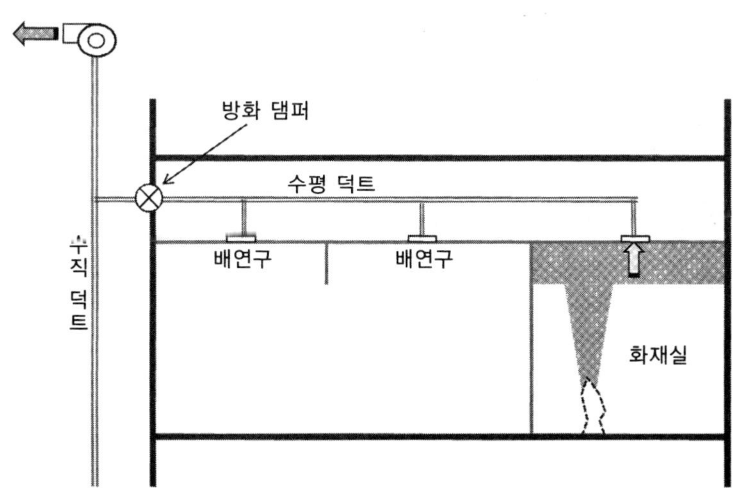

그림 6-18 각 실 기계 배연 시스템 구성

어느 정도의 배연능력인지 계산하기 위해 바닥면적 A_{FLR}일 때 초당 질량 배연풍량 m_e는 ρ_s를 연기층의 밀도로 하면

$$m_e = \rho_s \left(A_{FLR} / 60 \right) \tag{6-15}$$

화원의 발열속도를 Q, 연기층 높이를 Z_s로 하면 연기층으로 유입되는 화재플룸 유량 m_p는

$$m_p = 0.08 Q^{1/3} Z_s^{5/3} \tag{6-16}$$

가 된다. 연기층 높이 Z_s를 피난한계 높이, 방연제연경계벽 높이 등으로 하여 Z_s를 그 이상으로 유지할 수 있는 것은 $m_e > m_p$일 때가 된다. 그러한 연기층 높이의 조건을 만일 2, 2.5, 3 m로 하고, 그것들을 만족시키는 화원 발열속도의 한계치를 상식을 기초로 하여 대략적으로 산정한 것을 그림 6–19에 나타내고 있다. 수납 가연물의 연소실험에서 발열속도가 이 정도로 작은 규모의 데이터는 적지만, 발열속도의 피크값이 종이를 채운 휴지통에서 25 kW, 바지나 셔츠에서 60 kW 정도이므로 50 m^2 전후의 구획이라면 이 정도 화원으로부터의 연기층에서도 2 m 높이조차 억제할 수 없다.

소규모 구획에서는 배연을 하기 위한 배연덕트를 설치하기가 쉽지 않은 경우도

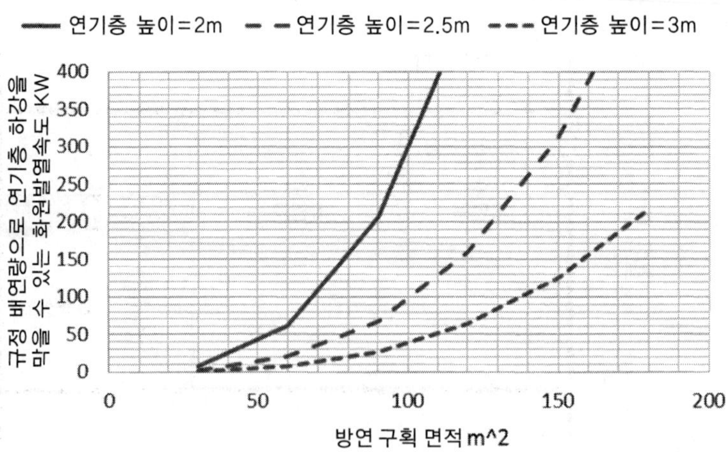

그림 6–19 방연구획의 규정배연량($1m^3/m^2$/분)으로 연기층 하강을 방지할 수 있는 화원의 발열속도(kW)

많지만, 만약 피난을 위한 배연이라면 피난시간은 짧으므로 대부분 배연에 의지할 필요가 없는 경우도 생각할 수 있다. 무엇을 위하여 배연을 할 것인지 목적을 명확히 하고 그에 따른 설계배연량을 결정해야 한다.

참고로 배연풍량의 기준은 화재 연구가 진전되기 이전에 정해졌다. 그 시기에 이용할 수 있는 관련 기준은 실내 환경을 위한 환기량의 기준이었다고 생각되며, 외국의 기준에서도 배연량을 환기 횟수에 따라 정하고 있던 것이 있다. 일본에서도 본회의 환기량 권장 기준은 백화점에서 60 m^3/m^2/시, 극장 등에서 50 m^3/m^2/시였다. 이들은 말할 것도 없이 배연량 기준인 1 m^3/m^2/분과 대응하고 있다. 이 결정 방법이라면 환기 설비와 동등하므로 설비적으로는 도입 가능하지만 화재 성상과의 대응이 불명확해지는 것은 피할 수 없다.

(ii) 배연구의 거리, 위치

법규에서는 배연구를 방연구획의 각 위치에서 30 m 이내가 되는 위치에 설치하도록 정해져 있지만, 배연구의 설치 위치에 관한 연구는 부족하므로 현시점에서는 정성적인 논의가 많다.

① 면적이 큰 실의 경우

면적이 큰 실에서의 화재를 생각하면, 그림 6-20에 개념적으로 나타낸 바와 같이 화원에서 상승한 화재플륨은 천장에 충돌한 후 천장류가 되어 천장 밑을 동심원적으로 퍼져나간다. 천장류의 성상에 대한 보다 엄밀한 논의는 별도로 존재하지만, 여기에서는 대략적으로 화재플륨의 천장 충돌 위치에서의 유량을 $m_p(H)$, 거기에서 거리 r인 위치에서의 연기층 두께를 d, 유속을 v로 하여 질량 보존으로부터 대략 다음과 같은 관계를 상정할 수 있을 것이다.

$$m_p(H) = \rho(2\pi r \cdot d)v \tag{6-17}$$

따라서 유속 v는 충돌 위치로부터의 거리에 반비례하여 감소해 가고($v \propto 1/r$), 거리가 10 m, 20 m나 되면 매우 작은 속도가 되어 거의 흐름을 느낄 수 없게 된다. 반대로 배연되는 유량은 주위로부터 흡입되는 흐름의 장을 형성하고, 배연구에서

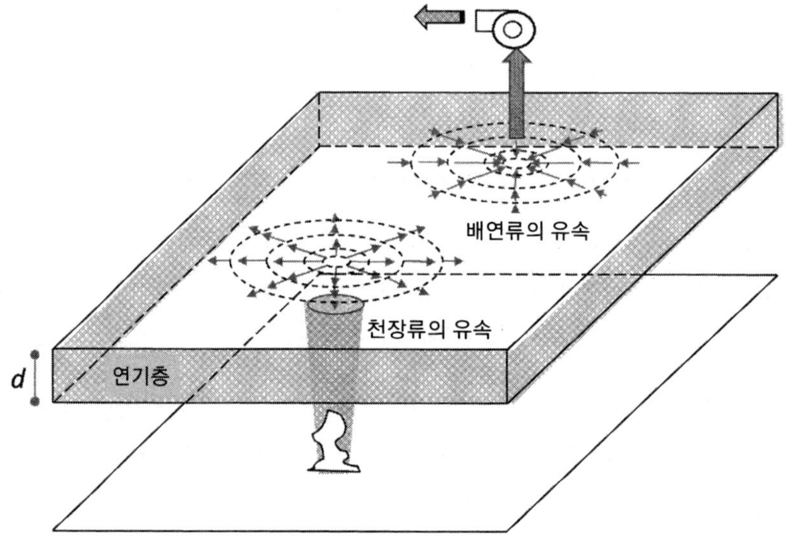

그림 6-20 면적이 큰 공간에서의 천장류와 배연

먼 위치에서의 유속은 역시 작아진다. 더욱이 천장류와 달리 수직 방향의 흐름도 구속되어 있지 않으므로 흐름의 장은 반구면상으로 퍼지는 경향이 나타나므로 거리에 의한 유속의 저하는 천장류보다 커진다.

면적이 큰 공간에서는 배연구로 향하는 흐름은 있어도 현저하게 멀리서 연기를 끌어당길 정도의 효과는 없을 것으로 판단된다. 그러나 가급적 화재 발생 위치와 가까운 곳에서 배연하는 것이 먼 위치까지 퍼지는 연기량을 줄이게 되므로 바람직할 것이다. 화재 발생 위험이 높은 위치를 미리 결정하기 어려운 때에는 배연구가 하나면 공간의 중앙 부근, 여러 개인 경우에는 공간을 등분하여 각각의 중앙 부근에 배치하는 것이 바람직하다고 생각된다.

단, 배연의 목적이 방연구획으로부터의 연기유출 방지라면 방연구획 내를 감압할 수 있기만 하면 되므로 배연구의 위치는 크게 중요하지 않다.

② 복도 등 가늘고 긴 공간의 경우

배연에 관하여 복도 등의 길쭉한 공간이 대 공간과 다른 점은 천장류의 확대가 공간의 폭에 제약되므로 동심원상이 아니라 직선적이 되는 것이다. 때문에 만일 화원이 같다면 천장류는 두꺼워지지만, 단방향 유속의 거리로 인한 감쇠는 작다. 배

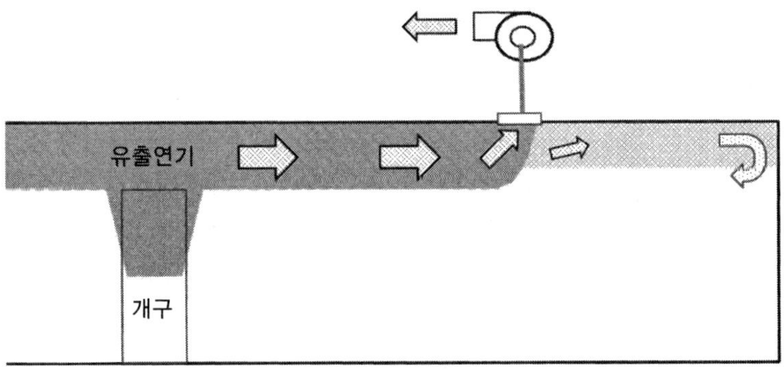

그림 6-21 복도 등 긴 공간에서의 배연

연에 의한 흡인 유속에 대해서도 같은 경향일 것이다.

그림 6-21과 같이 복도 등의 도중에 기계배연구를 설치한 경우 화재실 개구 등에서 유출된 연기는 배연구 부분에서 일부가 배연되고 나머지가 빠져나오다가 끝부분에서 선회하여 다시 배연구의 배연 범위에 들어간다. 이 상태에서도 배연구에서 안쪽 부분의 연기 위험도는 완화되지만 배연량에 따라서는 연기가 처음 배연구를 통과하는 단계에서 모두 배연해 안쪽 부분으로 연기 전파를 막는 것도 가능할 것이다. 배연구를 복도 등의 폭 전체 형상으로 하는 등, 연기가 빠져나가지 않도록 고안할 필요는 있지만 안전계획상 검토의 가치는 있다고 생각된다. 이 경우의 배연구의 배치는 단순히 거리로만 결정하는 것이 아니라 연기 유출 가능성이 있는 개구 등의 위치, 피난상이나 소방활동상의 유효성 등에 대해 고찰한 후 결정하는 것이 좋다.

(2) 천장 챔버 방식의 기계배연 시스템

천장챔퍼 방식의 배연 시스템에서는 방연구획마다 배연구를 붙이는 것이 아니라, 천장의 윗공간을 하나의 압력조정실처럼 생각하고 여기에 덕트로 배연기와 연결한 배연구를 설치해 두고, 또 천정면에는 배연구를 대신하는 슬릿 등의 개구를 설치하고 있다. 화재 시에는 배연기의 기동으로 공기가 배출됨으로써 천장 윗공간이 감압되므로 화재구획의 연기가 천장면의 개구를 지나 천장챔퍼 내부로 흡인되고, 이어서 천장 챔버 내부의 배연구에서 배연덕트, 배연기를 통해 옥외로 배출된다.

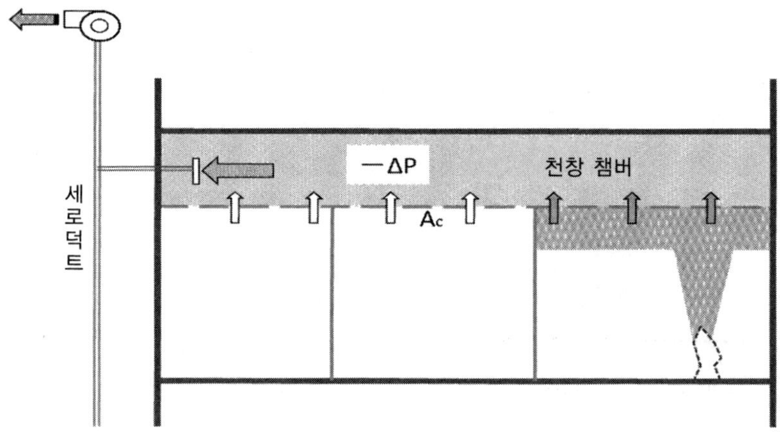

그림 6-22 천장 챔버 방식의 기계배연 시스템

천장 챔버 내에 공기 흐름을 방해할 만한 폐쇄부가 없으면 챔버 내부의 압력은 거의 같아진다. 천장에 설치되는 개구로는 조명 옆의 슬릿 등이 이용되는 경우가 많은데, 이러한 개구가 천장면에 고르게 분포되어 있으면 그림 6-22와 같이 천장 아래 공간을 적당히 칸막이 구획하여도 천장의 개구가 면적에 비례하여 분할된다. 따라서 각 구획과 천장 챔버와의 압력 차가 같다면 각 실에서 천장 챔버로의 유량은 구획의 면적에 비례하게 된다. 즉, 출화구획이 작으면 배연량이 작아지는 것은 각 실 배연방식의 경우와 같다.

어느 한 구획에서 화재가 발생하여 배연이 작동하면 비화재실인 다른 구획에서는 공기가 유입되어 화재실로부터의 연기와 혼합되므로 배연덕트를 지나는 연기는 희석되어 온도가 출화실보다 낮아진다. 그러나 이는 화재의 초기단계에 관한 것으로 화재실의 온도가 높아져 천장이 파괴되는 일이 벌어지면 희석에 의한 온도저감 효과는 작아지게 된다.

(i) 천장 챔버 내에 보 등 기류의 장애가 있는 경우

천장 위의 공간에는 보나 설비 덕트 등을 설치할 수 있으므로, 이것들이 천장 챔버 배연을 실시했을 때 기류의 원활한 흐름을 방해하는 협착부가 될 가능성이 있다. 특히 보의 하단과 천장과의 거리가 적을 때는 그 부분이 협착부가 되기 쉽다. 그림 6-23과 같이 화재구획이 보를 통해 배연구의 반대쪽에 있을 때는 화재구획에

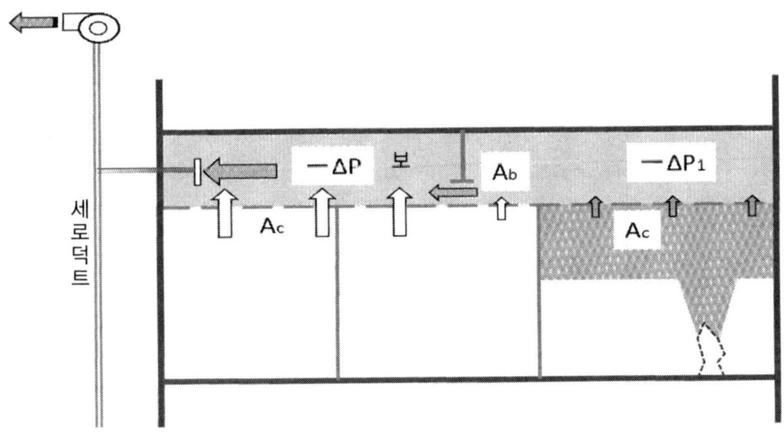

그림 6-23 천장 챔버 내에 기류의 협착부가 있는 경우

서 배연구로의 유량은 천장의 개구면적과 보 아래의 개구면적과의 합성 개구면적 A_b에 비례하는데, 이 A_b는 A_c의 어느 쪽보다도 작아진다. 따라서 천장의 개구면적을 일정하게 하더라도 보의 반대쪽 배연량은 보가 없는 경우에 비해 작아지는 것은 불가피하지만, 이 영향을 완화하기 위해서는 가능한 한 $A_b >> A_c$로 하는 것이 바람직하다.

(ii) 구획의 문 개구 개폐에 따른 영향

천장 챔버 배연의 배연량은 구획문의 개폐에 의해서도 큰 영향을 받는다는 점을 주의해야 한다. 그림 6-24의 왼쪽 구획과 같이 문이 닫혀 있으면 부압이 된 천장 챔버가 구획으로부터 공기를 끌어들이려고 해도 이를 보충할 급기가 없으므로 끌어들일 수 없고 단지 구획의 압력이 내려가 천장 챔버의 압력에 가까워질 뿐이다. 한편 문이 비어 있으면 공기의 유입이 있으므로 구획의 압력이 떨어지지 않고 천장 챔버와의 압력 차가 유지되므로 배연량이 많아진다.

이때 주의해야 할 것은 예를 들어 비화재실 등 일부 구획의 문만 열려 있고, 그 밖의 모든 구획의 문이 폐쇄되어 있으면 배연기로 배출되는 기체 전부가 문이 열려 있는 구획을 통과하는 것이다. 이는 천장의 개구를 지나야 하므로 개구가 작으면 천장에 큰 압력 차가 작용하게 된다. 이로 인해 천장이 파괴되었을 때 문제가 발

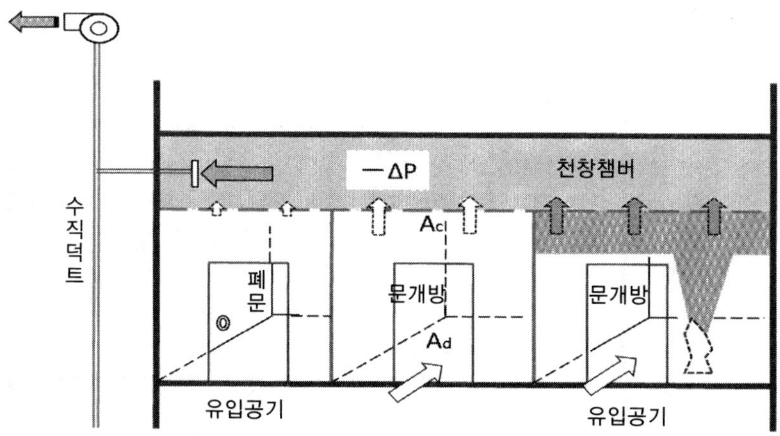

그림 6-24 문의 개폐에 따른 배연량의 영향

생한다면, 천장의 구조강도를 확보하거나, 천장 개구의 면적을 크게 하거나 과도한 부압이 생기지 않도록 배연기를 제어하는 등의 대책을 생각할 필요가 있다.

05 고층건축물의 연돌효과와 연기확대 방지

고층건축물은 비교적 천장 높이가 낮은 층이 쌓인 공간을 계단이나 엘리베이터 샤프트가 종적으로 연결하고 있는 형태다. 이전에는 덕트나 배관도 샤프트 구획벽 내부에 삽입되어 있었지만 지속적인 화재사고의 교훈에 따라 각 층에서 바닥을 설치하고 층간 구획을 하도록 변경되었다. 그러나 당연하게도 계단이나 엘리베이터를 층간 구획할 수는 없으므로 연기 침입 방지를 위한 대책이 필요하다. 특히 피난계단에 연기가 침입하면 건축물 전체에 연기 전파 위험을 초래할 뿐만 아니라 대피나 소방활동에 중대한 지장을 초래하게 된다.

1. 연돌효과

수직관통공간이 고층건축물의 연기확산 방지에 있어 주의를 필요로 하는 이유는 연돌효과라고 불리는 현상 때문이다. 일반적으로 건축물 내부와 외부는 온도가 다

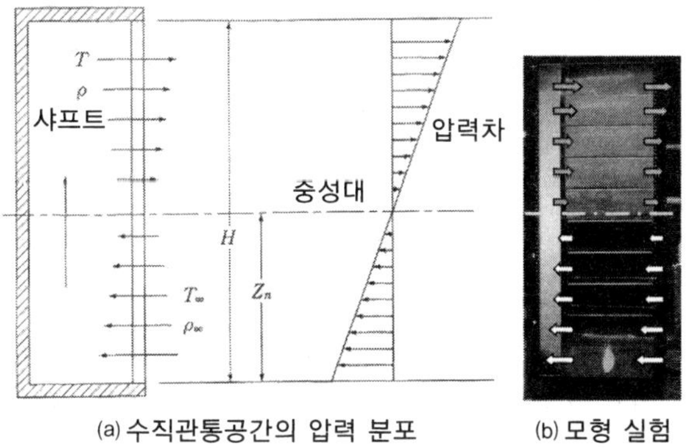

그림 6-25 개구부가 상하방향으로 균일하게 위치하는 수직관통공간[1]

르고, 따라서 공기 밀도에 차이가 있다. 이 때문에 건축물 내의 수직관통공간과 외기의 문에는 그림 6-25(a)와 같은 높이 방향의 압력 차 분포가 가능하다. 이 압력 차에 의해 수직관통공간에서는 중성대의 하부로는 온도가 낮은 외기가 유입되고 반대로 상부에서는 온도가 높아진 공기가 외기로 유출된다. 이는 굴뚝이 연기를 배출하는 것과 같은 물리적 메커니즘이며, 연돌효과로 불린다. 수직관통공간이 난방열 및 화재 시의 연기가 가진 열의 유입으로 온도가 높아지면 같은 현상이 일어난다. 수직관통공간의 높이가 높을수록, 또한 외기와의 온도 차가 클수록 압력 차가 커지므로 연돌효과에 의한 기류는 강해진다. (연돌효과에 대해서는 부록 B를 참조할 것.)

실제 건축물에서 수직관통공간은 외기 중에 단독으로 있는 것이 아니라 거실 등의 공간을 통해 외기와 연결되어 있다. 이들 공간의 압력은 수직관통공간과 외기 압력 사이의 값이 되므로 하층에서 화재가 발생했을 경우 연돌효과는 연기를 화재층 거실 → 수직관통공간 → 상부 거실 → 외기로 유동시키는 구동력이 된다. 그림 6-25(b)는 고층건축물에서 연기 유동의 성상을 가시화한 모형 실험이다. 수직관통공간과 상층부가 연기에 오염되었음을 알 수 있다. 연기에 오염된 층과 오염되지 않은 층의 경계가 중성대의 위치이다.

2. 피난계단과 부속실의 연기제어를 위한 법 규정

고층건축물에서는 피난계단으로 연기를 침입시키지 않는 것이 매우 중요하다. 이에 따라 피난계단에 부속실을 마련해 계단을 보호하는 것이 미국에서 개발되었고, 이러한 방연대책을 시행한 계단을 스모크 프루프 타워(smoke proof tower)라고 불렀다. 고층건축물의 화재대책에 관한 지식이 충분하지 않았던 일본은 이를 1936년 특수건축물규칙에 도입해 특별피난계단으로 명명했다. 그림 6-26은 미국의 smoke proof tower 구조이다. 여기서 볼 수 있듯이 계단과 일반 부분 사이에 개구부가 없는 내화벽으로 구획한 다음, 계단으로는 상시 외기에 크게 개방된 발코니나 부속실로 나갔다가 들어가는 형식이다.

이러한 계단은 거의 확실하게 연기 침입으로부터 계단을 보호할 수 있다. 그러나 아직 법규에는 남아 있지만 현대 건축물에서 이런 조건을 가진 계단은 거의 없다. 외기개방 복도형 공동주택 계단이 예외로 이와 가깝다고 할 수 있지만, 대부분의 경우 계단은 외기에 개방되어 화재층 상부의 출화층에서 분출되는 화염에 노출될 우려가 있다.

일본 건축기준법의 특별피난계단은 그림 6-26과 같이 계단을 연기로부터 보호하는 부속실의 방식을 계승한 것이지만, 부속실의 배연을 자연배연으로 할 경우에는 일정면적의 배연창이 화재 시 개방되거나, 피난계단이 건축물 외주에 인접해 배치할 수 없는 경우에는 기계배연을 이용하는 것도 좋다고 되어 있다(그림 6-27). 더욱이 일부 건축물에서는 상시 개방되어 있는 방화문을 화재 시에만 연기감지기 연동으로 폐쇄함으로써 부속실이 형성되는 시스템도 있다.

이는 현대 건축물에서는 평상시의 편의성에 무게가 실리기 때문인데, 시스템을

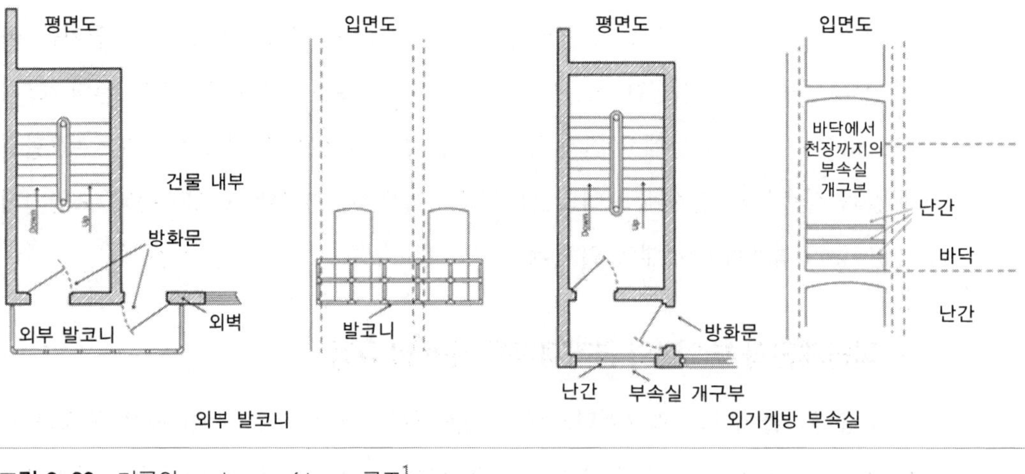

그림 6-26 미국의 smoke proof tower 구조[1]

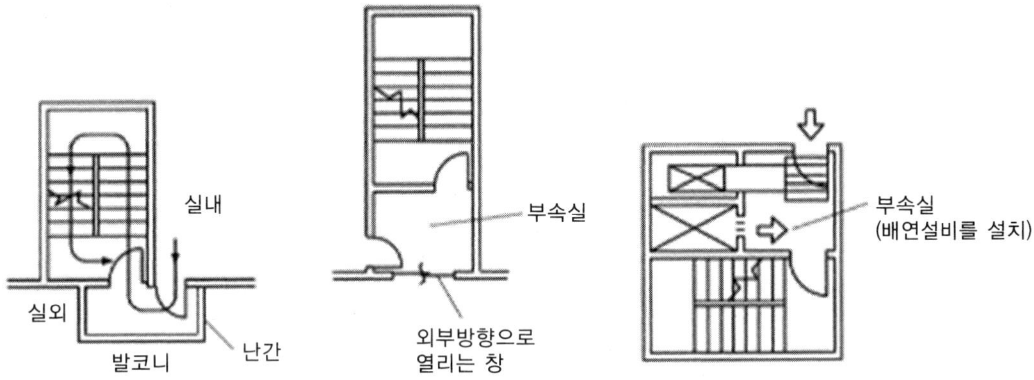

그림 6-27 건축기준법에 따른 특별피난계단의 구조[1]

복잡하게 하면 그만큼 작동과 관련된 구성요소가 많아진다. 복잡한 시스템은 하나의 구성부품의 고장이 시스템 전체의 기능부전을 초래하는 원인이 되므로 작동신뢰성이 저하되지 않도록 충분한 주의가 필요하다.

3. 외기에 개방된 복도에 연결되는 피난계단

일본에서는 외기에 개방된 복도에 외부계단이 달린 공동주택을 흔히 볼 수 있다. 미국의 법규에서 계단은 방화벽으로 둘러싸이지만, 일본의 공동주택 계단은 개방되어 있다. 따라서 화연에 노출될 우려가 있다는 점이 나르나. 그렇더라도 계단의 안전성에서는 대부분의 경우 문제가 적을 것으로 생각된다.

그림 6-28과 같은 공동주택에서의 외기개방 복도와 계단의 배치에서는 복도가 연기에 오염될 위험은 거실의 복도에 면하는 문이나 개구로부터 연기가 분출된 경우이다. 분출한 연기는 복도 천장에 닿은 후 천장류가 되어 퍼지는데, 그 퍼지는 각노는 크게 보아 45도 정도이다. 따라서 분출된 연기에 오염되는 범위는 개구부의 폭과 각 복도의 폭 정도인 셈이 된다.

또한 복도가 외기에 크게 개방되어 있는 한 복도에 두꺼운 연기층이 생길 우려도 적다. 단, 상층 복도는 연기에 노출되기 때문에 다소라도 피난 시 통과에 문제가 생길 가능성이 있다.

유일하게 계단이 화연에 침범될 우려가 있는 것은 계단 정면의 거실 화재의 경우이다. 이는 확률의 문제이나 만전을 기하기 위해 계단 복도에 면하는 면에는 벽을

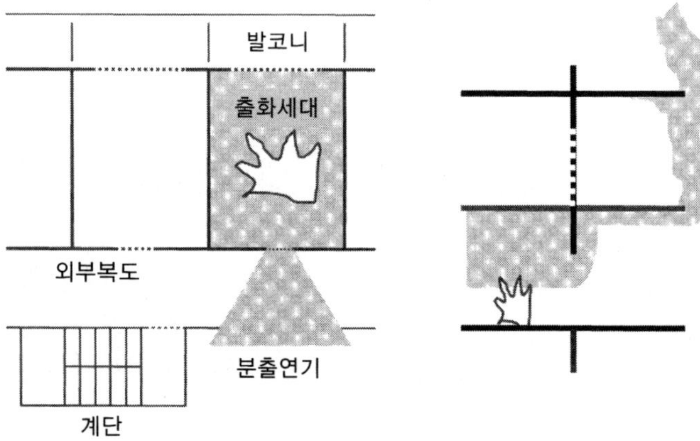

그림 6-28 외기에 개방된 복도의 연기성상

설치하고 계단 입구는 문을 달아 화연의 침입을 막는 것이 바람직하다.

다만, 특히 소규모 공동주택에서는 외부 복도가 작아짐으로써 외기개방성이 낮아지는 경향이 있다. 이러한 공동주택에서는 계단을 연기의 침입으로부터 보호하고 복도의 연기층이 피난에 방해가 되는 것을 방지하기 위한 충분한 고려가 필요하다.

4. 부속실의 자연배연

부속실의 자연배연은 그림 6-26의 오른쪽 그림의 외기개방 부속실과 유사하며, 이를 원형으로 한 것으로 보이나 상시 외기개방이던 것에서 화재 시 개방되는 배연창으로 대체되고 있다.

05의 1.에 기술한 바와 같이 고층건축물의 수직관통부에는 연돌효과가 작용하여 외기와의 사이에 그림 6-29와 같은 압력 차 분포가 나타난다. 일반실의 압력분포도 이 압력 차이의 영향이 미치며 이것이 화재 시 연기의 상부 전파에 중요한 영향을 미친다.

부속실을 외기개방형으로 하는 것은 연기를 배출하여 계단실 침입을 막는 의미도 있지만 동시에 연기 유동에 관한 수직관통 연돌효과의 영향을 끊는 것이기도 하다. 그림 6-30은 화재층 부속실의 창문을 크게 열어 외기에 개방했을 경우의 압력분포를 나타내고 있다. 부속실을 외기에 크게 개방하면 화재층의 연기나 공기의 출입이 직접 외기와의 사이에서 일어나게 되므로 계단실의 연돌효과와 연계되지 않

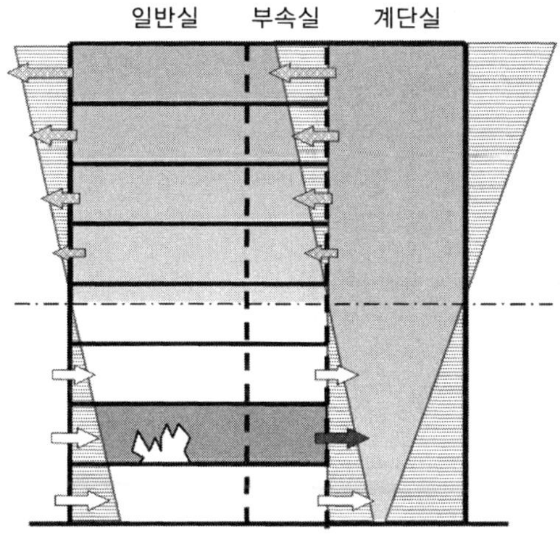

그림 6-29 계단실의 연돌효과와 거주부의 압력분포

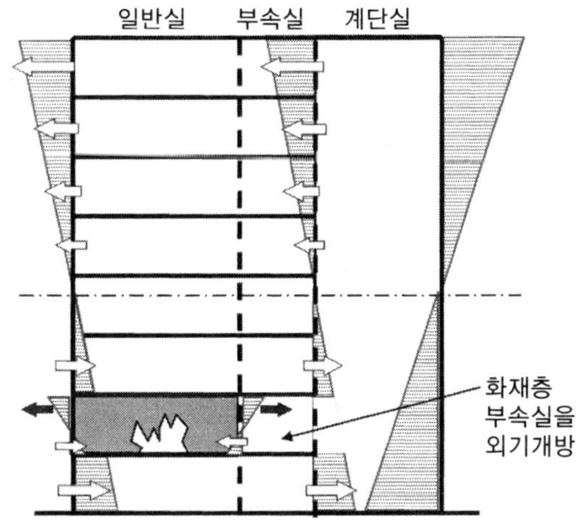

그림 6-30 화재층 계단부속실의 외기개방 시 압력분포

아 건물 내의 연기전파에 관하여 화재층이 마치 독립된 1층 건물처럼 되는, 단순하면서도 인명안전상 가장 중대한 문제를 해결할 수 있으므로 매우 효과적인 방법이라고 할 수 있다.

부속실의 효과적인 자연배연을 위해서는 배연창의 개방면적은 가급적 크게 잡아 연기가 원활하게 배출되도록 해야 한다. 적어도 부속실의 연기층 높이가 계단입구의 문보다 낮아지지 않을 정도의 배연창이 바람직하다.

5. 부속실의 기계배연

대규모 건축물에서는 여러 계획상의 조건으로 인해 계단이 외부가 아닌 중앙 부분으로 계획되는 경우가 많다. 이 경우 외기에 개방되는 배연창을 부속실에 설치할 수 없으므로, 배연을 기계배연으로 계획하는 경우가 많다. 이럴 때는 부속실에 대한 급기도 반드시 함께 계획해야 한다. 그림 6-31(a)은 부속실에 급기구가 없는 경우이다. 이런 상황에서는 배연으로 연기를 배출하더라도 이를 보충하기 위한 기체가 들어오는 경로가 화재실 쪽밖에 없기 때문에, 배연량을 아무리 증가시켜도 그만큼 많은 연기가 들어올 뿐이다.

한편 그림 6-31(b)의 경우는 외기에 면하는 벽에 급기구를 설치한 경우이다. 배연을 하면 부속실이 부압이 되기 때문에 이 경우에도 화재실 쪽에서 연기가 들어오

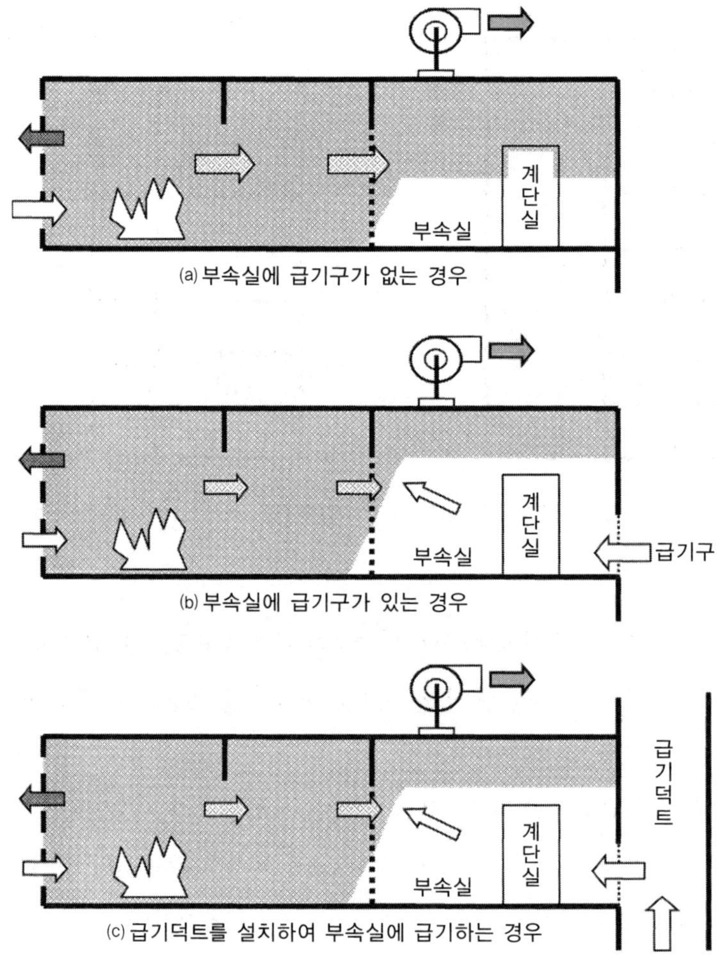

그림 6-31 부속실의 기계배연과 급기확보

는 것은 불가피하지만 급기구로도 공기가 동시에 들어온다. 화재실 쪽이든 부속실 쪽이든 외기압은 0으로 부속실과의 압력 차가 같으므로 저항이 작은 쪽에서 더 많은 기류가 유입된다. 따라서,

(부속실 급기구 면적) > (화재실 쪽 통로의 개구부 합성개구면적)

이면 화재실로부터의 연기 유입이 적어진다. 이 관계를 고려하여 충분한 면적의 배연구를 설치하면 된다.

그림 6-32는 기계배연이 되는 부속실에 착안하여 급기 쪽의 개구 조건과 화재실 쪽의 개구 조건이 부속실 기계배연에 미치는 영향을 보려는 것이다. 급기 덕트와 급기구를 통해 공급되는 유량을 m_A, 화재실 쪽에서 유입되는 연기량을 m_B로 한다. 공기와 연기는 온도가 다르지만 여기서는 대략적인 성상을 이해하는 것이 목적이므로 그 차이를 무시한다. 외기에서 부속실까지 급기 쪽과 화재실 쪽 각각의 경로의 총 개구부 면적을 $A_{e,s}$ 및 $A_{e,a}$라고 하면, 이들은 외기와 부속실과의 압력 차에 대하여 병렬적인 관계에 있으며, 다음 식으로 나타낸다.

$$m_A = \alpha A_{e,a}\sqrt{2\rho\Delta p_L}, \quad m_B = \alpha A_{e,s}\sqrt{2\rho\Delta p_L} \tag{6-18}$$

이 합계는 배연량 mE와 동일해야 하므로

$$m_E = m_A + m_B = \alpha\left(A_{e,a} + A_{e,s}\right)\sqrt{2\rho\Delta p_L} \tag{6-19}$$

따라서 m_A, m_B는 단순히

$$m_A = \frac{A_{e,a}}{A_{e,a} + A_{e,s}} m_E, \quad m_B = \frac{A_{e,s}}{A_{e,a} + A_{e,s}} m_E \tag{6-20}$$

가 된다. 즉, 총 개구부 면적이 큰 쪽에서 더 많이 유입된다. 따라서 부속실의 압력 Δp_L을 알고 싶다면 식 6-19를 Δp_L에 대해 다음 식으로 계산하면 된다.

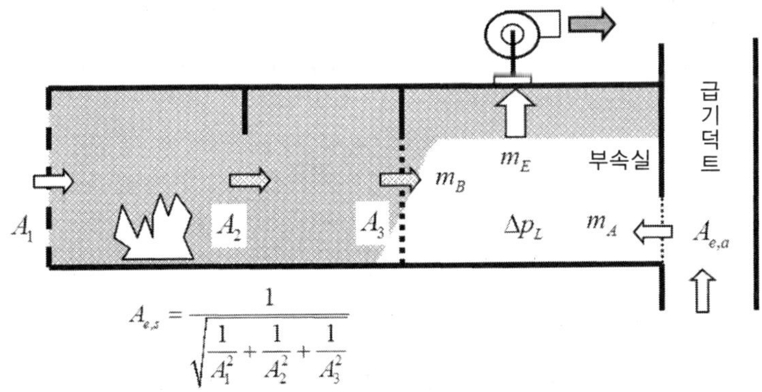

그림 6-32 부속실의 기계배연 효과에 대한 급기와 연기유입 경로크기의 영향

$$\Delta p_L = \frac{m_E^2}{2\rho\left\{\alpha\left(A_{e,a} + A_{e,s}\right)\right\}^2} \tag{6-21}$$

(또한 총 개구부 등에 대해서는 부록 A를 참고할 것)

6. 부속실 가압방식

부속실 가압방식의 연기제어는 1980년대에 일본의 건설회사나 설계사무소에 의해 실현되어 점차 보급된 결과 건축기준법에도 도입된 것이다. 이 방식은 특별피난계단 바로 앞의 부속실에 기계급기하여 가압한다. 부속실로의 연기 침입을 막으면 계단으로의 연기 침입도 막을 수 있게 된다. 계단실을 가압하는 방식에 비하면, 공기의 누출에 관계되는 문이 부속실 문과 계단실 문에 한정되므로 문의 개폐에 관한 불확정 요인이 적다. 한편, 각 층의 부속실까지는 급기 덕트를 돌리고, 각 부속실에는 급기구를 설치하여 화재층만 개방하도록 할 필요가 있는 등, 다소 복잡한 시스템이 된다. 그러나 급기 덕트계는 배연 덕트계와는 달리, 고온의 가스가 아닌 공기밖에 흐르지 않으므로 화재온도가 높아지더라도 연소방지를 위해 급기를 정지할 필요는 없다. 그림 6-33에 그 개요를 나타냈다. 그림 중 P_L, P_C, P_R, P_S는 동일 높이에서 외기압력을 기준치(=0)로 했을 때의 각 실의 압력이다.

부속실에 급기된 공기는 부속실의 압력을 높이고, 그 압력에 의해 건물 내의 공간을 순차적으로 흘러간다. 부속실로부터 외기까지의 공기의 유동 경로에 있는 각 공간의 압력은 개구부를 지날 때마다 압력이 저하되어 $0 < P_R < P_C < P_L$이 된다. 또한 급기는 계단 쪽으로도 유출되기 때문에 $P_L > P_S$이 된다.

외기와 부속실의 압력 차 P_L은 공기의 통로에 있는 각 공간의 압력 차로 분배되며, 출화실로 가정하는 거실측의 유로(流路)는 식 6-22의 관계가 된다.

$$\Delta P_{LC} + \Delta P_{CR} + \Delta P_{RO} = P_L \tag{6-22}$$

이들의 압력 차는 개구부 크기에 따라 결정되며, 개구부가 클수록 압력 차는 작고, 개구부가 작을수록 압력 차는 커진다.

예를 들어 거실이 화재 초기이고 아직 창문이 파손되지 않아 (거실-외기)의 기밀성이 높은 경우에는 그림 6-33(a)과 같이 ΔP_{RO}가 커져 P_L의 큰 부분을 차지하고 다

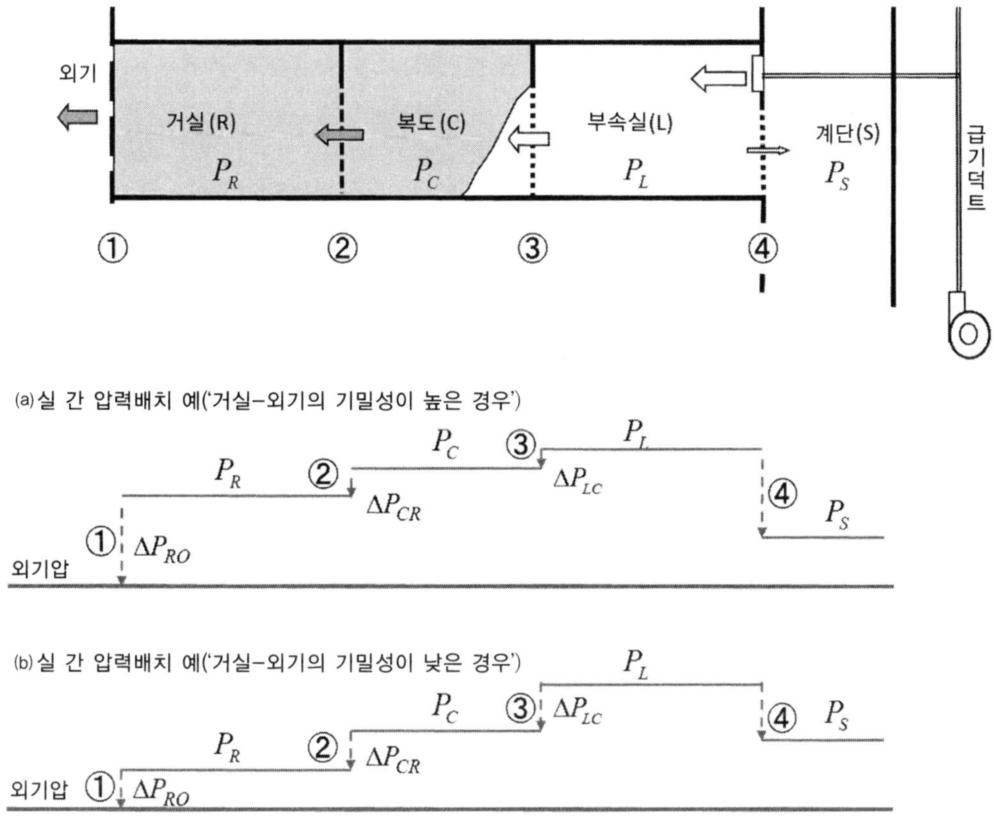

그림 6–33 부속실 가압에 따른 화재층 각 실의 압력관계

른 압력 차가 나머지를 차지한다. 또한, 화재가 성기가 되어 거실의 창이 파손되고 개구부가 커지는 경우에는 그림 6–33(b)와 같이 ΔP_{RO}가 작아져 다른 압력 차가 커진다. 어디까지나 예에 불과하지만, 이는 화재 초기 피난 단계에서는 부속실 문에 가해지는 압력 차가 대피에 지장이 있을 정도로 크지 않다가, 전관 피난이나 소방 활동이 문제가 되는 이후의 단계에서는 부속실을 보호하기 위해 압력 차가 커지도록 하는 설계도 생각할 수 있다. 단 건물의 기밀성 조건에 따라서는 부속실 문에서의 필요 차압을 확보하기 위해 배연을 병용하여 거실이나 복도에서의 압력을 낮춰야 하는 경우도 있을 수 있다.

7. 계단 가압방식

화재 시 피난에 있어서 가장 중요한 피난경로인 계단에 송풍기로 급기하여 가압하는 계단 가압방식은 개념적으로도, 그림 6-34와 같이 시스템적으로도 단순 명쾌한 방법이다. 급기는 계단실에 직접 도입하는 것이 가장 단순하지만, 공기압을 조절하는 챔버를 계단을 따라 병설하고 이를 통해 계단실로 급기하는 등 다른 방법도 생각할 수 있다.

그림 6-34에 개념적으로 나타낸 바와 같이, 건물 내의 압력은 계단실 내부에서 가장 높고, 외기로 향하는 통로의 공간마다 저하하여 $0 < P_R < P_C < P_L < P_S$가 된다. 계단 가압은 계단으로의 연기침입 방지가 목적이므로 화재층의 계단실 입구에서 차연할 수 있으면 필요한 최소 목표를 달성했다고 할 수 있다. 그렇지만 각 실 간의 압력 차는 부속실 가압의 경우와 마찬가지로 개구부 크기의 관계로 정해지므로 계단실 입구의 문이 크게 열리면 부속실도 계단실과 거의 같은 압력이 되어 부속실로의 문으로 차연할 수도 있다. 건축물이 고층으로 갈수록 계단실은 커지기 때문에 틈새량이 늘어나고 계단실에 기계급기를 했을 경우의 누출량이 커질 가능성도 있다. 따라서 화재층에서의 연기침입 방지에 필요한 압력을 확보하기 위해서는 이 틈새량을 최대한 정확하게 평가하고, 누설량을 고려한 급기량을 확보하는 것이 필요

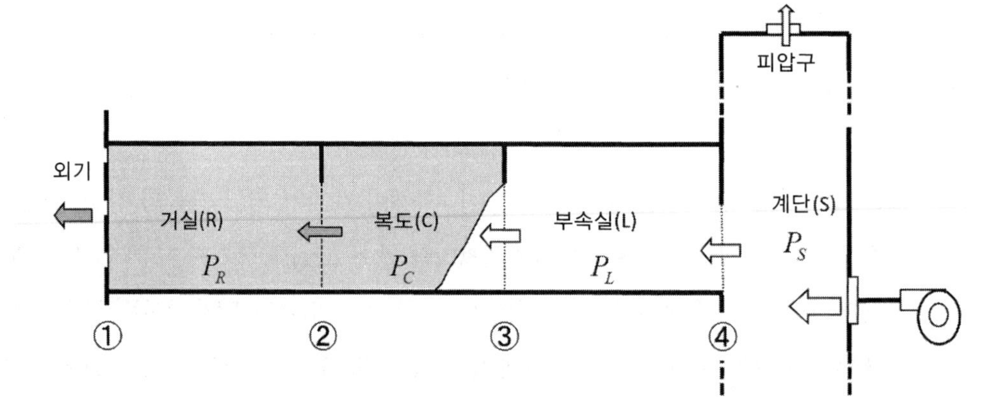

그림 6-34 계단가압 시스템과 건물공간의 압력

하다. 다만, 이 틈새량은 계단실의 구획벽만으로 생각할 필요는 없고, 계단실에서 외기까지 총합개구부로 해도 좋으므로 건물의 기밀성이 전체적으로 높은 건물일수록 계단 가압에 유리하다고 할 수 있다.

계단이 가압되면 모든 층의 계단 입구의 문에 피난 방향과 역방향의 압력이 가해지게 된다. 그 압력 차가 피난자가 문을 열 수 없을 정도로 커지는지는 가압 급기량 외에 건물의 기밀성 정도도 연관된다. 비화재층에서는 창문 파손도 일어나기 어렵기 때문에 외부의 기밀성이 높다면 계단문에 그리 큰 압력 차가 작용하지 않을 수도 있다. 그러나 작용하는 압력 차가 과대해질 수 있는 경우에는 압력이 일정 이상이 되면 스스로 열려서 공기를 배출하는, 피압구(避圧口)를 마련해 과도한 압력 발생을 막을 수 있다. 이 피압구를 부속실-계단 사이의 구획벽 등에 설치하는 것으로도 피압 기능은 수행하지만, 모든 층에 설치할 필요가 있다. 계단실-외기 사이에 설치하면 하나로 충분하므로 훨씬 간단하다.

8. 부속실 및 계단에 대한 연기제어에 관한 보완

부속실 가압 방식이나 계단 가압 방식의 연기제어는 위에서 언급한 것과 같은 기본적 성격을 근거로 설계할 필요가 있지만, 그 밖에도 유의해야 할 점이 몇 가지 있다. 모든 것을 설명하는 것은 아니지만 아래에 2, 3가지 보완한다.

(1) 필요 급기량

차연을 확보하기 위한, 부속실에 대한 필요 급기량은 이 문 개구부를 지나는 공기량에 부속실에서 계단이나 외기 등으로 누출되는 공기량을 더한 것이 된다. 차연 소선의 압력 차가 같아도 문 개구부를 지나는 공기량은 문의 개구부 폭에 따라 달라지며, 피난이나 소방활동을 위해 문이 어느 정도 개방된 상태를 상정해 계산된다.

(2) 피난문의 개방 장애

부속실 가압 방식 등의 연기제어에서는 피난문에 작용하는 압력 차이가 피난문의 개방 방향과 반대로 되어 문제인 경우가 많다. 이 압력 차는 건물 각 구획의 기밀성과도 연관되고, 또 피난에 지장이 있는지는 송풍기의 작동시간 및 피난시간과 연관된다. 이들을 검토한 후 지장이 생길 가능성이 있다면 피압구 등을 설치하는 등 피난에 지장이 발생하지 않도록 할 필요가 있다.

(3) 송풍기의 작동시간

연기제어설비는 빠르고 확실하게 작동하는 것이 이상적이다. 그러나 현실적으로 빠른 것과 확실한 것은 모순될 수 있다. 예를 들어 빠르게 작동하기 위해 일반 재실자에게 기동시키는 시스템일 경우 작동방법을 이해하고 있다 해도 오작동을 하지 않는다고 할 수 없다. 피난은 거실 피난, 층 피난, 전관 피난 순으로 일어나며, 전관 피난을 위한 부속실 가압이나 계단 가압의 연기제어는 다른 것보다 몇 분 후의 단계가 되므로 작동은 확실성에 비중을 둔 설계를 해야 한다고 생각된다. 건물 방재담당자나 소방대원 같은 전문가가 기동하는 시스템에서는, 너무 늦게 작동하는지 등 건축물의 구체적 조건에 따라 검토해 볼 필요가 있다.

(4) 부속실 배연 및 급기가압의 외기 유입 위치

부속실의 배연을 외기에 직접 개방된 배연구에서 하는 경우에는 개구부 위쪽 절반 부분에서 연기가 배출되고, 아래쪽 절반 부분에서 외기가 유입된다. 한편, 부속실의 배연을 기계배연으로 하는 경우에는 배연만을 하면 부속실의 압력이 저하되어 인접실로부터 연기를 유인하게 되므로 급기 샤프트를 통해 신선한 공기를 유입하여 압력 저하를 막아야 한다. 또한 부속실 가압 연기제어에서는 당연히 급기 덕트를 통해 외기가 공급된다. 이러한 경우 외기의 유입구 위치는 원칙적으로 건축물의 하방부로 해야 한다. 화재 시에는 파괴된 창문으로 맹렬한 연기가 분출하여 건축물을 덮는 사례가 적지 않고, 이 연기를 외기 유입구에서 흡인하면 부속실에 연기를 밀어 넣는 결과가 된다. 외기의 유입구를 건축물 상부에 설치하는 것은 화재실로부터 분출된 연기를 흡인할 두려움이 없도록 충분히 고려한 경우에 한정해야 한다.

06 대공간 연기제어

극장, 행사·전시회장, 돔구장, 아트리움 등 대공간은 방화구획이나 방연구획으로 분할하기 어렵고 스프링클러 등 초기 소화설비가 효율적으로 기능하기 어려운 경우도 적지 않아 피난 및 연기제어의 역할이 더욱 중요해진다.

1. 대공간의 연기 성상

그림 6-35에서는 돔형 대공간에서의 연기성상을 조사한 화재실험 사진을 이용해 연기층의 형성 과정을 설명하고 있다. 천장 높이가 큰 공간에서 화재가 발생한 경우, 극히 초기에는 연기층이 높은 위치에 있기 때문에 화재플룸은 상승 과정에서 주위로부터 신선한 공기를 대량으로 끌어들여 희석되고, 이로 인해 연기층의 온도나 농도는 낮아진다. 그러나 시간과 함께 천장 하부에 축적되는 연기층의 두께가 커지고, 동시에 공간 하부의 공기층의 두께가 작아지면 화재플룸의 공기층으로부터의 혼입은 적어지며, 연기층으로부터의 혼입이 증가된다. 따라서 시간과 함께 연기층의 온도나 연기 농도는 높아진다.

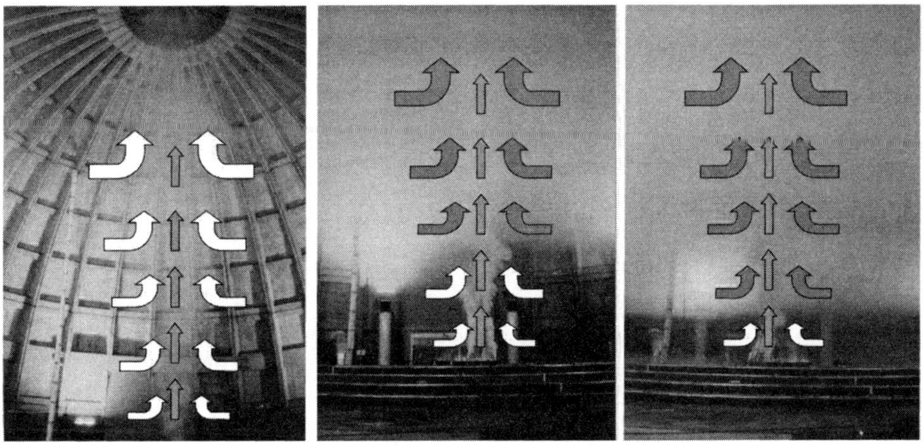

그림 6-35 대공간의 연기층 하강성상(화원중앙, 왼쪽부터 착화 후 1, 3, 8분)

2. 연기층의 하강속도와 피난 가능 시간

그림 6-36은 연기층 하강속도의 예로 공간의 높이에 따른 비교를 나타내고 있다. 연기층의 하강속도는 화원의 규모에도 관계하는데, 여기서는 알기 쉽도록 화원을 발열속도가 일정한 정상 화원이라고 가정하였다. 이 그림에서 볼 수 있듯이 연기의 하강속도는 초기에 빠르고 시간이 지남에 따라 점차 느려진다. 또한 공간의 천장 높이가 클수록 초기 연기층 하강속도는 크다. 이것은 화재플룸의 성상 때문인데, 화재플룸이 주위의 공기를 연행하는 양이 화원으로부터의 높이에 강하게 의존하기 때문이다. 초기에 연기층의 하강이 빠르다는 것은 공기층의 두께 감소도 빠르다는 것이고, 이로 인해 화재플룸에 인입되는 공기량이 감소하여 시간과 함께 연기 하강속도가 느려지는 것이다. 일반적인 천장 높이의 공간에 비해 천장 높이가 큰 공간에서는 화재 연기가 쌓이는 공간의 부피가 크기 때문에 피난시간에 여유가 있을 것으로 예상할 수 있다.

그림 6-37은 공간의 천장 높이와 피난 가능 시간과의 관계를 계산한 것이다. 여기서의 화원은 피난안전검증법에서도 이용되는 성장화원을 이용해 발열속도 Q가 시간 t와 함께 $Q=0.1t^2$에서 증가하는 예를 설정하였다. 또한 피난 개시는 연기층 높이 Z가 천장 높이 H에 대해 $Z=1.6+0.1H$가 되었을 때라고 가정하고 있다. 결과는 그림에서 볼 수 있듯이 천장 높이가 10 m 정도까지는 피난 가능 시간이 높이와 함께 증가하지만, 그 이상이면 거의 변하지 않는다(조금 줄어들 것 같은 부분은 피난한계 연기층 높이 설정치의 영향으로 생각된다). 즉, 천장 높이는 대공간의 피난 가능 시간에 크게 영향을 주지 않는다는 것이다. 이는 그림 6-36의 성상과 마찬가지로 화재플룸의 성상 때문인데, 천장 높이가 높을수록 연기층의 부피도 크지만 동시에 연기층 하강속도도 크기 때문이다. 연기층 하강시간이나 피난 가능 시간에 크게 영향을 주는 것은 면적이며 면적이 늘어날수록 연기층 하강시간이나 피난 가능 시간이 대폭 길어진다. 상정한 화원의 규모나 피난한계 연기층 높이의 설정이 달라지더라도 그림 6-37의 결과는 근본적으로 다른 결과가 되지는 않을 것이다.

일반적으로 면적이 작으면 피난 가능 시간이 짧지만 동시에 피난자 수도 적어 피난시간도 짧고, 반대로 면적이 크면 피난 가능 시간이 길기 때문에 피난자 수가 많아 다소 피난시간이 소요되도 문제가 없다. 전반적으로 대형 공간에서는 피난에 대

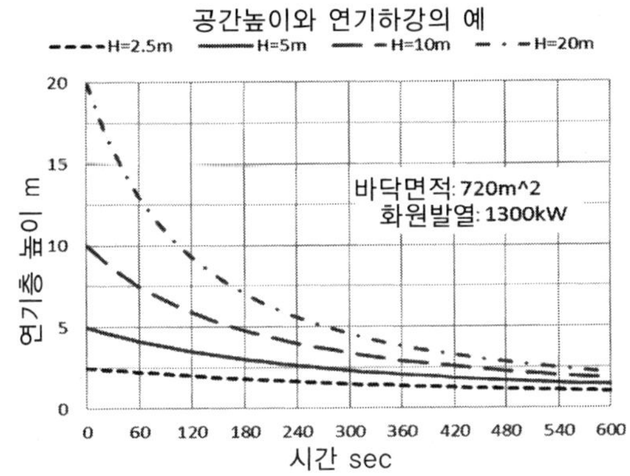

그림 6-36 공간 높이와 연기층 하강속도의 예

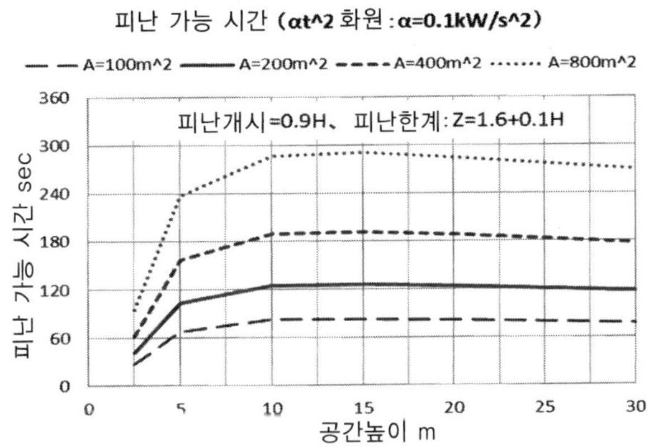

그림 6-37 공간 높이와 피난 가능 시간

해 연기 하강이 위협이 될 가능성은 작다고 할 수 있을 것이다. 단, 주의해야 할 것은 그림 6-37은 재실자가 공간의 바닥면 위에 있는 경우의 결과라는 점이다. 극장이나 쇼핑몰 등 위층에 재실자가가 존재하는 큰 공간은 많다. 그림 6-36에서 본 바와 같이 공간 상부에서의 연기층의 하강은 빠르기 때문에, 대공간에서의 피난이 문제가 되는 것은 이러한 경우로, 신속한 피난을 위한 설계·계획이 필요하다.

3. 대공간과 셔터에 의한 수직관통구획

아트리움 등 큰 공간 중에는 둘레에 구획에 다수의 거실이 접하는 통풍공간이 적지 않다. 이들은 대규모 수직관통공간이라고도 할 수 있기 때문에 통상적으로는 수직관통구획이 필요하며 화재 시에는 수시 폐쇄되는 방화방연셔터로 닫히는 시스템인 경우가 많다. 그러나 수시 폐쇄 방화방연셔터의 폐쇄 신뢰성은 100%가 아니며, 물품 등이 끼는 폐쇄장애나 작동시스템의 고장 등으로 폐쇄에 실패할 가능성이 있다. 많은 수의 셔터를 이용해 폐쇄하여 처음으로 수직관통구획이 형성되는 공간에서는, 비록 셔터 1매당 폐쇄 확률이 높다고 해도, 몇몇 셔터는 폐쇄하지 않을 확률이 결코 낮다고 볼 수 없다. 예를 들어 폐쇄 확률 90%의 셔터 10매가 모두 폐쇄에 성공할 확률은 $0.9^{10} \fallingdotseq 0.35$이기 때문에 하나 이상의 셔터가 폐쇄에 실패할 확률은 약 65%나 되는 셈이다. 셔터 수가 늘어나면 폐쇄실패 확률은 더 높아지는 것은 물론이다.

이러한 대공간에 관한 화재의 시나리오는 그림 6-38에 나타낸 것과 같이, 출화가 대공간에 면하는 층의 거실에서 발생하는 경우와 대공간 자체에서 발생하는 경우를 생각할 필요가 있다. 전자에서는 수직관통공간이 위층으로 위험을 미치는 것은 출화층에서 셔터의 폐쇄실패가 일어났고 위층에서도 폐쇄실패가 일어나는 경우이다. 반면 후자의 경우는 화원이 원래 수직관통공간 안에 있으므로 위층의 셔터 폐쇄가 실패하기만 해도 위층에 위험이 발생한다. 따라서 만일 다른 조건이 같다면 후자의 경우가 리스크가 높지만 용도나 규모에 따른 출화율이나 가연물량, 방재설비의 조건 등이 건물마다 다르므로 일률적으로는 결론지을 수는 없다. 두 시나리오 모두 셔터의 폐쇄 확률을 높이도록 설비를 보수 점검하고 폐쇄장애가 되는 주변 물품을 관리하는 것은 기본적으로 중요하지만, 셔터의 수 자체를 함부로 많이 하지 않

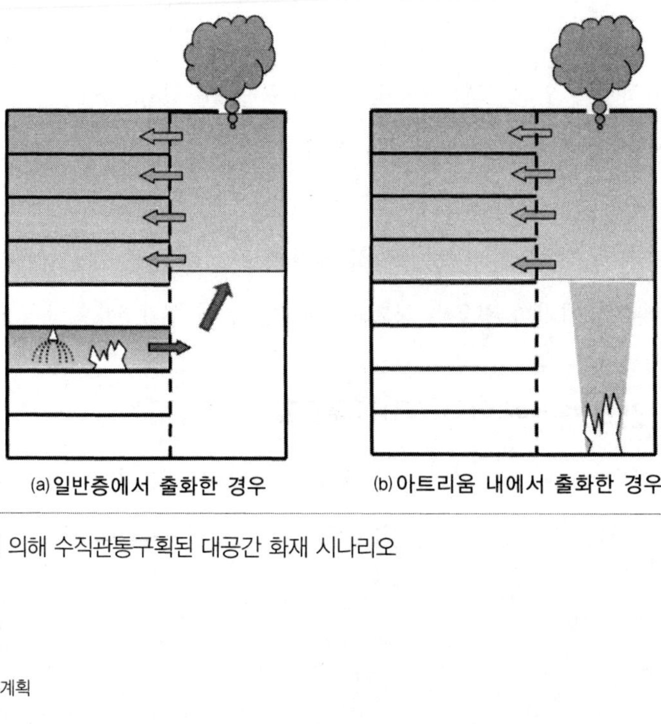

그림 6-38 셔터에 의해 수직관통구획된 대공간 화재 시나리오

는 것과 폐쇄실패 확률을 고려한 피난 안전계획이나 연소방지 계획을 생각해 두는 것도 필요하다.

4. 자연배연에 의한 연기의 상층부 전파 리스크 경감

수직관통구획이 셔터로 구성된 아트리움 등의 대공간에서의 연기의 상층전파 리스크가 셔터의 폐쇄실패로 발생하는 것을 생각하면, 대공간에서 배연함으로써 연기층을 높은 위치에 유지하고 연기층에 노출되는 층을 적게 하면 그만큼 연기의 상층전파 리스크를 낮출 수 있다. 그럼에도 연기에 노출되는 층에는 상시폐쇄되는 창호 등을 설치하면 좋다. 그러나 천장 높이가 큰 대공간에서 연기층을 높게 유지하기 위해서는 방대한 배연량이 필요하다는 문제가 있다. 그림 6-39은 참고로 화원상의 높이에 따른 화재플룸 유량의 예를 나타내고 있다. 화재플룸 유량은 화원의 발열속도에도 의존하는데, 예를 들어 2 MW 정도의 화재 규모로는 그다지 크지 않은 화원이라도 10 m 높이에서는 50 kg/s의 유량이 된다. 이렇게 큰 유량의 배연을 기계배연으로 실시하는 것은 설비비용적으로 매우 곤란하다. 한편 천장 부근에 배연구를 설치하는 자연배연에서는 배연구 높이까지의 연기층이 두꺼울수록 배연구 위치에서의 압력 차가 커지므로 천장 높이가 클수록 배연량이 증가해 연기층을 높게 유지할 수 있다. 그러나 자연배연은 연기층의 온도 상승에 의해 발생하는 배연구 위치에서의 압력 차를 이용하여 배연하는 방식이므로 어느 정도의 연기층이 공간 내에 있는 것이 본질적으로 필요한 시스템이다. 그림 6-40과 같이 연기층 높이

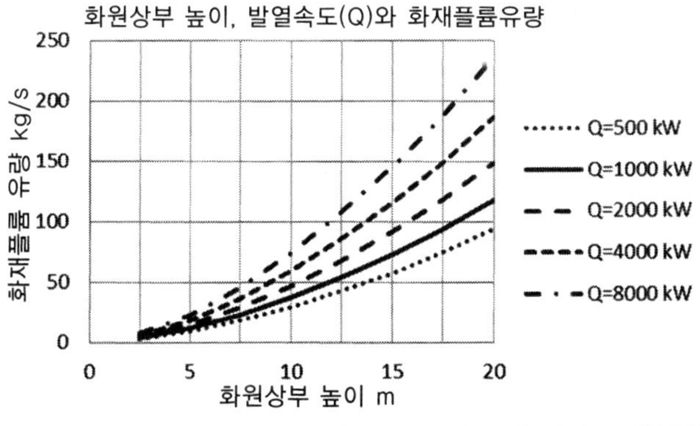

그림 6-39 화원상부 높이와 화재플룸 유량

가 작으면 화재플륨량도 작으므로 필요 배연량이 작고, 배연구에서의 압력 차도 크므로 필요 배연구의 면적도 작아진다. 연기층 높이가 큰 경우는 이 반대이다.

그림 6-41은 화원의 발열속도=10 MW, 공간의 바닥면적=720 m^2, 급기구 면적=14.4 m^2로 했을 때의 설계연기층 높이와, 다른 배연구 높이에서의 압력 차를 계산한 예이다. 배연구를 천장에 설치하는 경우라면 배연구 높이는 공간 높이와 같아진다. 설계 연기층 높이를 설정하면 배연구 높이까지의 연기층 두께와 연기층 높이까지의 화재플륨 유량이 결정되므로 급기구에서의 공기 유량과 압력 차와 배연구에서의 압력 차가 결정된다. 설계 연기층 높이가 작을수록 배연구 위치에서의 압력 차가 커진다는 것은 앞의 그림 6-40을 참조하면 이해할 수 있을 것이다. 또 설계

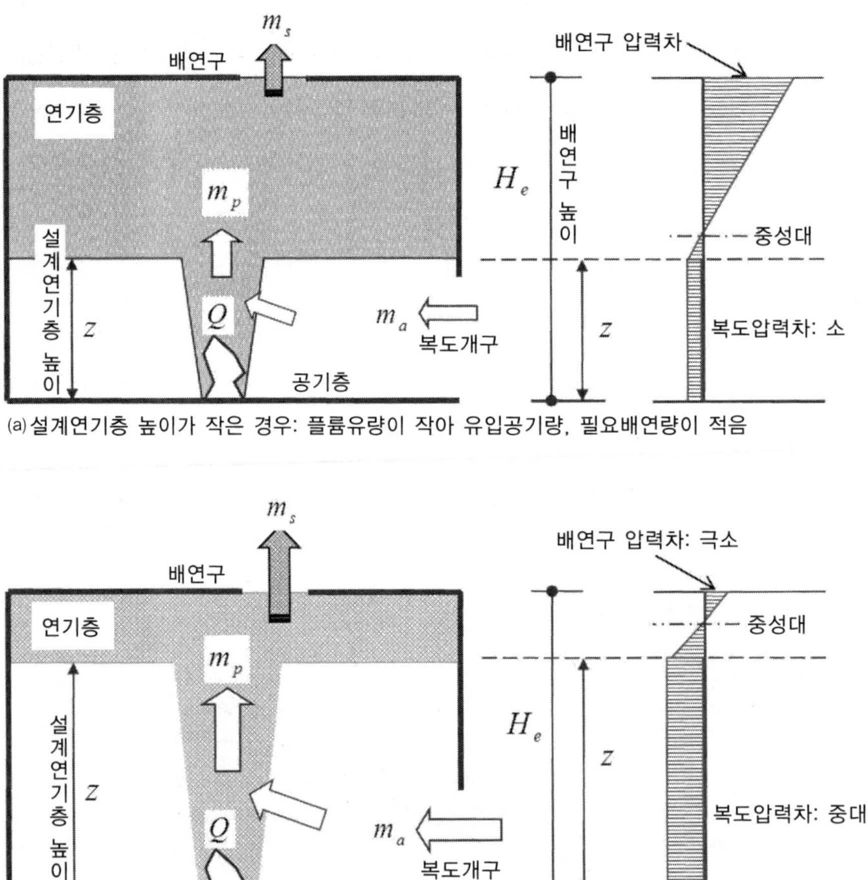

그림 6-40 자연배연의 연기층높이와 배연구의 압력차

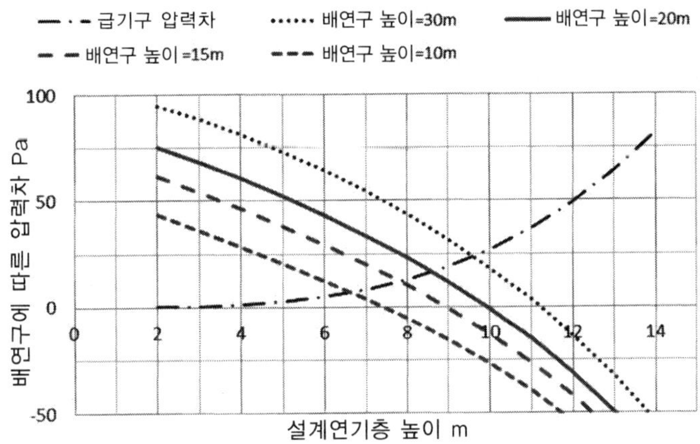

그림 6–41 설계연기층 높이와 배연구 위치에서의 압력 차(Pa)
(공간 면적 = 720 m^2, 급기구 면적= 14.4 m^2, 화원 발열속도= 10 MW)

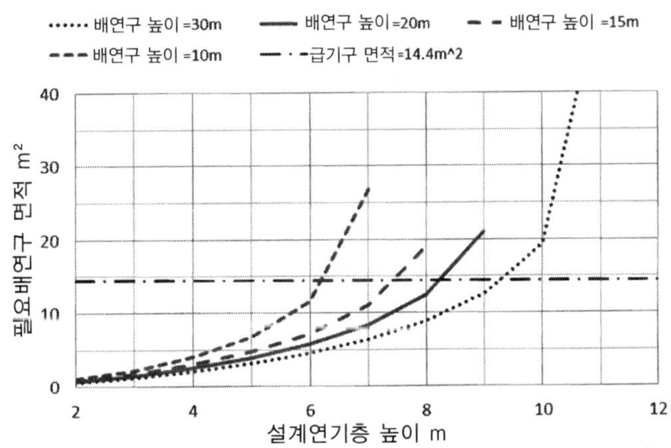

그림 6–42 설계연기층 높이와 필요배연구 면적
(공간 면적 = 720 m^2, 급기구 면적= 14.4 m^2, 화원 발열속도= 10 MW)

연기층 높이가 커질수록 급기구에서의 압력 차가 커지고 배연구 위치에서의 압력 차가 작아지는 것도 쉽게 알 수 있다. 배연구 위치에서의 압력 차<0이 되면 당연히 배연은 할 수 없다. 즉, 설정한 급기구 면적에서는 그러한 연기층 높이를 실현할 수 없음을 의미한다. 그림 6–42는 그림 6–41의 압력 차를 바탕으로 배연구의 필요면적을 산정한 예이다. 급기구나 배연구의 면적을 더 크게 하면 다르지만, 이러한 한계를 각각 공간의 바닥면적의 1/50 정도로 한다면, 가능한 설계 연기층 높이는 배연구 높이가 30 m일 때 10 m 정도, 배연구 높이가 20 m일 때 8 m 정도가 된다.

07 연기제어 시스템 작동기구

연기제어 시스템은 기동해야만 그 기능을 수행한다. 기동장치는 수동·자동·원격조작 등 다양한 유형이 개발돼 있지만 누가 언제 어디서 기동하는지의 시나리오에 따라 기동장치의 종류, 시스템 구성, 설치위치의 유효성이 다르다. 그 시나리오의 상정은 재실자나 공간의 특성, 방재관리 체제 및 피난계획이나 소방활동 지원계획 등을 종합적으로 검토한 후 실시할 필요가 있다. 만약 거실 피난을 위해 재실자가 배연구를 수동 개방한다면 이 때문에 피난이 지연될 수 있다. 특히 자연배연구라면 필연적으로 외주부에 설치되므로 피난방향과는 반대인 경우가 많기 때문에 피난시간의 손실로 이어질 가능성이 있다. 게다가 재실자가 배연구의 존재나 기동조작 방법을 알고 있는 자가 얼마나 있는지도 의문이다. 반면 화재층 복도 피난에는 출화실에서 연기가 배출되면 그만큼 유리해진다. 만일 거실 배연의 중점을 그쪽에 둔다면 기동장치의 보다 적절한 위치를 생각할 수 있을 것이다.

배연구 자동 개방은 화재감지기 신호와 연동해 개방하는 방식으로 언뜻 보면 고도의 시스템처럼 보인다. 그러나 화재감지기는 먼지·습도·배선의 열화 등 다양한 원인으로 비화재보가 상당히 많다는 문제가 있다.

그 결과, 소규모 건물에서는 화재경보 등과의 연동도 끊겨 대규모 건축물이라도 방재감시반으로 신호를 받은 뒤 방재관리자가 확인하러 가는 방법을 택하고 있는 경우가 많다. 실제 빈번하게 일어나는 비화재보 때마다 기계적으로 배연기가 작동해 피난해야 하는 불편을 생각하면 확인 프로세스를 끼우는 것도 이해할 수 있다. 중요한 것은 이를 위한 시간 지연을 예상하더라도 무리가 없도록 피난·연기제어 설계를 해 두는 것이다. 계단을 보호하기 위한 부속실 연기제어나 계단 가압은 어디서 일어날지 모르는 화재를 상대하는 것보다는 초점이 맞춰져 있어 시간적으로도 조금 여유가 있다. 또한 약간의 연기가 들어간 후에도 신선한 공기를 도입해 배출하면 문제가 없을 수도 있을 것으로 보인다. 연기제어 시스템의 작동기구는 이상적인 형태뿐만 아니라 건축물의 현실적인 환경을 바탕으로 설계해야 한다.

08 설계 시 고려해야 할 포인트

건축물 화재 시 다수의 사상자가 발생하는 경우, 대부분 화염보다 연기가 직간접적인 원인이 된다. 그만큼 화재 시 피난안전에서 차지하는 연기제어의 역할은 크다. 이런 측면에서, 법규의 배연규정은 실무적으로 무리가 없다는 점을 고려하긴 하지만 다양한 건축공간 모두에 합리적으로 대응할 수 있도록 규정되어 있지는 않다. 연기성상의 특징이나 예상되는 위험에 대해 잘 생각해 계획하지 않으면 연기제어 설비도 유효하게 기능하지 않는다.

(1) 피난과 함께 소방활동의 지원을 생각한다

현행 법규에서는 건축기준법상 배연과 소방법상 배연이 구별되고 있지만 실제 화재에서는 피난계단이 피난은 물론 소방활동에도 사용되고 재실자는 자력피난뿐만 아니라 소방대의 구조를 받는다. 연기제어는 피난 안전뿐만 아니라 소방활동의 지원도 항상 고려하여 계획해야 한다.

(2) 방연구획은 화재 시 연기의 확대 범위를 한정하는 것이 가장 중요하다

방연구획은 건축물의 화재 시에 연기의 확대 범위를 가능한 작게 한정함으로써 안전을 확보하는 것을 목적으로 한다. 연기제어는 이 방연구획의 목표와 계획과의 관계를 생각하는 것이 중요하다.

(3) 고층 건축물에서는 계단으로의 연기 침입 방지가 가장 중요하다

건축물이 대규모·고층으로 갈수록 재실자 수가 많아지고, 화재감지와 피난시간도 길어진다. 따라서 고층 건축물에서는 피난계단에 연기를 침입시키지 않기 위한 연기제어가 매우 중요하다.

(4) 층의 공용 피난경로는 계단 다음으로 중요하다

계단 다음으로 중요한 피난경로는 화재층의 모든 재실자가 공통으로 사용하는 복도다. 피난개시가 늦어지면 그만큼 화재도 성장하고 있다고 봐야 한다. 피난 시 예상되는 화재 규모나 소요 피난시간에 따라 유효한 연기제어 계획이 중요하다.

(5) 부속실 배연, 가압 급기(외기 유입구)

부속실의 배연 또는 가압은 피난계단을 연기로부터 보호하기 위해 매우 중요하지만 모든 부속실에 외기를 도입해야 하므로 도입구는 화재연기가 유입되지 않는 위치(많은 경우 건축물 하부)로 계획하는 것이 중요하다. 부속실 가압 방식은 배연방식에 비해 화재온도의 상승으로 연기제어 시스템이 정지되지 않는다는 이점이 있다.

(6) 배연도 가압도 연기제어 효과는 공간의 개구 조건에 의존한다

배연방식이든 가압 급기식이든 연기제어의 효과는 배연량 혹은 급기량만으로는 결정되지 않고 공간의 기밀성이나 급기구(공기의 공급 경로가 되는 개구)의 조건에 크게 의존한다. 효과적인 연기제어를 설계하기 위해서는 이러한 조건을 고려하는 것이 필요하다.

(7) 자연배연과 기계배연의 성능은 동일하지 않다

자연배연의 배연량은 연기층의 온도와 두께에 의존하므로 연기층의 온도가 낮을 때나 천장 높이가 작을 때는 배연효과가 작다. 한편 기계배연은 연기층의 온도나 두께에 의존하지 않지만 큰 배연량을 확보하려면 배연기나 배연덕트 등의 설비적 제약이 크다. 배연대상 공간의 조건에 따라 적절한 쪽을 선택할 필요가 있다.

A. 복수개구를 지나는 흐름의 압력 차와 유량

건축물에는 많은 개구부가 있으므로 화재 시 연기나 공기가 흐를 때 그 유로에 여러 개의 개구부가 존재하는 경우가 많아 연기나 공기의 유동성상이나 연기제어에 큰 영향을 준다. 기체 유로에 존재하는 개구는 압력 차에 대한 배치에 따라 병렬 개구와 직렬 개구로 분류된다.

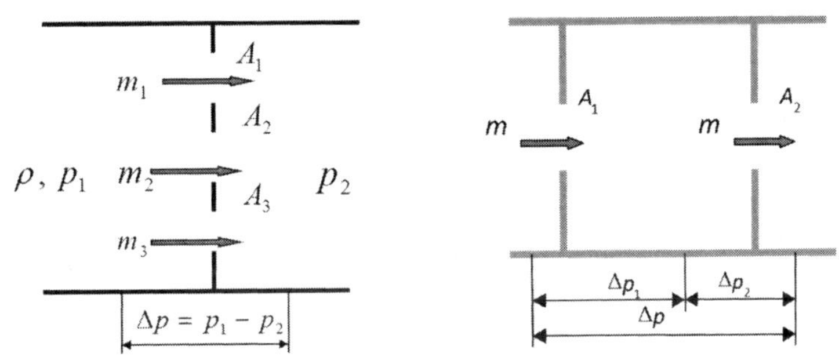

그림 A-1 병렬 개구와 직렬 개구

(a) 병렬 개구를 흐르는 유량

그림 A-1의 왼쪽 그림에서 어느 개구부에서도 압력 차는 동일하게 Δp이기 때문에, 임의의 개구 i의 유량은 $m_i = \alpha A_i(2\rho\Delta p)^{1/2}$이다. 따라서 이 개구부를 지나는 유량 $m=\sum m_i$는

$$m = \alpha A_e\sqrt{2\rho\Delta p} \quad , \quad A_e = \sum A_i \tag{a-1}$$

(b) 직렬 개구를 흐르는 유량

그림 A-1의 오른쪽 그림에서 압력 차 Δp의 양쪽 공간 사이에 있는 공간의 압력 차를 Δp_1 및 Δp_1로 하면

$$\Delta p_1 + \Delta p_2 = \Delta p \tag{a-2}$$

또한 질량 보존의 관계에서 2개의 개구를 지나는 질량 유량 m이 동일하다는 점에 유의하면, Δp_1 및 Δp_2는 각각

$$\Delta p_1 = \frac{m^2}{2\rho(\alpha A_1)^2},\quad \Delta p_2 = \frac{m^2}{2\rho(\alpha A_2)^2} \tag{a-3}$$

식 a-3을 a-2에 대입하여 정리하면 직렬 개구인 경우의 등가 개구 면적 A_e를

$$A_e = \frac{1}{\sqrt{\frac{1}{A_1^2}+\frac{1}{A_2^2}}} \tag{a-4}$$

로, 유량 m을

$$m = \alpha A_e\sqrt{2\rho\Delta p}\left(= \alpha A_1\sqrt{2\rho\Delta p_1} = \alpha A_2\sqrt{2\rho\Delta p_2}\right) \tag{a-5}$$

와 같이 중간 공간의 압력이 미지수이더라도 유로 양단의 압력 차 Δp를 이용하여 계산할 수 있다. 직렬 개구의 수 n이 $n > 2$인 일반적인 경우에도 동일하게 생각하여 등가 개구 면적을 계산하면

$$A_e = \frac{1}{\sqrt{\frac{1}{A_1^2}+\frac{1}{A_2^2}+\cdots+\frac{1}{A_n^2}}} \tag{a-6}$$

이 된다. 이것을 이용하면 유량 m을 일반적으로 다음 식으로 계산할 수 있다.

$$m = \alpha A_e\sqrt{2\rho\Delta p}\left(= \alpha A_i\sqrt{2\rho\Delta p_i}\right) \tag{a-7}$$

또 유로상의 어느 개구를 지나는 유량도 동일하게 m이므로 직렬 개구를 구성하는 임의의 개구 i에서의 압력 차 Δp_i가

$$\Delta p_i = \left(\frac{A_e}{A_i}\right)^2 \Delta p \tag{a-8}$$

으로 계산할 수 있음을 알 수 있다. 임의의 개구 i에 대해 항상 $A_e < A_i$이므로 $\Delta p_i <$

Δp이지만 식 a-8에 의해 개구 면적이 작을수록 압력 차 Δp 중 큰 비율을 차지하고, 개구 면적이 클수록 작은 비율밖에 차지하지 않는 것을 알 수 있다.

B. 수직관통공간의 연돌효과와 중성대

고층 건축물에는 건물 이용자의 상하 방향 이동을 위해 계단실, 엘리베이터 샤프트, 아트리움 등의 수직관통공간이 마련된다. 이들이 건물의 통상 난방이나 화재 시 연기 침입으로 외기온도보다 높은 온도가 되면 연돌효과로 불리는 현상이 생긴다. 이는 수직관통공간의 부력 때문에 공간 내의 상부에서는 내부의 압력이 외기보다 높아져 안에서 밖으로 공기가 유출되고, 반대로 하부에서는 내부의 압력이 외기보다 낮아져 밖에서 안으로 공기가 유입되어 수직관통공간 내에 아래에서 위로의 흐름이 생기는 현상이다.

그림 B의 (a)는 개구부가 높이 방향으로 고르게 분포하는 경우, (b)는 바닥부나 상단부에 개구부가 있는 경우를 나타내고 있다.

(a)에서의 중성대 높이 Z_n

개구 높이를 H로 하고 중성대 하부에서의 질량 공기 유입 속도, 상부에서의 유출 속도는 각각

$$m_a = \frac{2}{3}\alpha B\sqrt{2g\rho_a \Delta\rho}Z_n^{3/2} \tag{b-1}$$

$$m_g = \frac{2}{3}\alpha B\sqrt{2g\rho_g \Delta\rho}\left(H - Z_n\right)^{3/2} \tag{b-2}$$

이므로 질량 보존 관계 $m_a=m_g(\equiv m)$을 이용하면,

$$\frac{Z_n}{H} = \frac{1}{1+\left(\rho_a / \rho_s\right)^{1/3}} = \frac{1}{1+\left(T_s / T_a\right)^{1/3}} \tag{b-3}$$

단, 식 b-3의 T는 온도(K)이다. 예로 계단 등 수직관통공간에 연기가 충만하여

온도가 308K(=35℃)가 되었다고 가정하면 $Z_n/H \fallingdotseq 0.48$, 즉 중성대는 수직관통공간의 거의 중앙 높이에 형성됨을 알 수 있다.

(b)에서의 중성대 높이

수직관통공간의 바닥부 및 상부의 개구 면적을 각각 A_a, A_s라 하면 다음 식이 주어진다.

$$\frac{Z_n}{H}=\frac{1}{1+\left(\frac{\rho_\infty}{\rho_s}\right)\left(\frac{A_a}{A_s}\right)^2}=\frac{1}{1+\left(\frac{T_s}{T_\infty}\right)\left(\frac{A_a}{A_s}\right)^2} \qquad \text{(b-4)}$$

즉, 중성대의 위치 Z_n은 $A_a \gg A_s$이면 낮아지고, $A_a \ll A_s$이면 높아진다. 간단하게, 중성대는 큰 개구 쪽에 가깝게 위치한다고 기억하면 좋을 것이다.

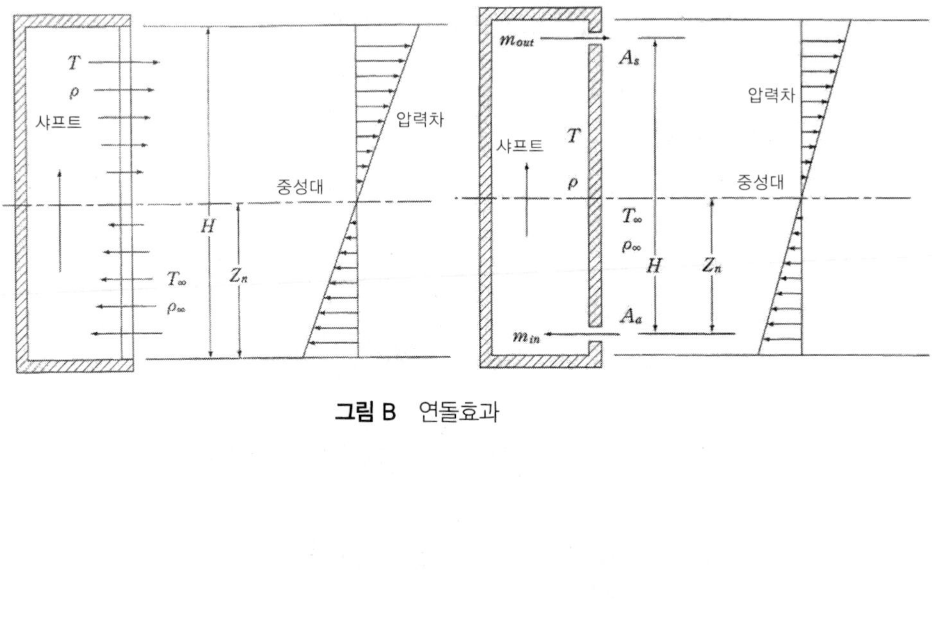

그림 B 연돌효과

참고문헌

1. 田中哮義: 改訂版建築火災安全工学入門, 日本建築センター, 2002
2. 日本建築学会: 建築物の煙制御設計指針, 丸善,2014
3. 東京消防庁 24予 第606号: 消防法施行令第28条及び火災予防条例第45条の2に基づく排煙設備に係る技術上の基準の特例等について(通知)
4. 日本建築学会: 火災性状予測計算ハンドブック, p56, 丸善, 2018

7장

건물용도와 피난안전설계

건축물 화재에서 인명의 안전은 피난안전과 거의 동일한 의미이며, 건축 법규에서도 피난경로 확보가 중시되고 있다. 한편 건축물은 규모, 구조, 공간형태, 용도, 재실자 등이 매우 다양한 성격을 갖는 구조물이며 이에 따라 유효하고 현실적인 피난안전 계획도 달라진다. 이와 같은 다양성이 건축물의 피난안전설계를 복잡하게 만들고 있기 때문에 법규에 규정된 기준이 항상 충분한 안전성을 보장한다고 할 수 없으며, 보다 나은 설계를 고안할 수 있는 여지는 매우 크다. 이를 위해서는 우선 피난안전과 관련된 건축물의 재실자나 공간의 특징을 파악한 후, 적합한 피난계획을 세워야 한다. 피난안전 설계에서는 피난경로 배치가 중요하지만 건축물의 특징에 따라서는 앞 장에서 설명한 방화구획이나 연기제어 시스템 등의 계획도 종합적으로 고려할 필요가 있다.

01 건축물 피난안전설계의 요점

건축물 화재 시 무엇이 피난안전의 약점이 되는지는 과거에 많은 희생자를 냈던 화재사고를 교훈 삼아 점차 밝혀졌고 법규의 기준에도 그 해결 수단이 도입되어 왔다. 그러나 법규의 요구는 대체로 시방서적인 기준으로 작성되므로, 그 의도가 명확히 전달되기 어렵다. 또한 시방서적 기준 중에는 성능적으로 판단하는 것이 합리적인 해결 수단으로 작용할 여지가 있는 것도 있지만, 필요성을 성능적으로 표현하기 어려운 것도 있다.

건축물에는 사무실, 백화점, 호텔 등 다양한 용도가 있으며 각각 사용 방법이나 건물구성 등의 특징이 달라 화재 시의 과제나 피난안전대책에서도 용도별 특징을 볼 수 있다. 그러나 건축설계로서 구체화되었을 때는 달라 보인다고 해도 건축물의 용도나 규모와 관계없이 피난안전설계를 위한 원칙은 동일하게 된다. 그 요점을 표 7-1에 정리하였다.

표 7-1 피난안전설계의 요점

(1) 피난계획과 피난경로 설계와의 적합성	피난계획을 건축설계 초기 단계부터 고려	
	피난계획은 화재 시 실행할 수 있도록 함	
(2) 피난경로의 필요조건	(a) 피난행동 동선으로서의 적절성	건물 밖 피난 장소까지 연속적으로 있을 것
		양방향 피난이 가능할 것
		피난경로가 명확할 것
	(b) 피난행동 중 안전성	화재 위험으로부터 안전할 것
		중요 피난경로일수록 안전 수준이 높을 것

1. 피난계획과 피난경로설계와의 적합성

(1) 피난계획은 건축물 설계의 초기 단계부터 고려할 수 있음

현행 법규에서는 건축물의 피난경로사양이나 설비에 관한 기준을 정하고 있긴 하지만 화재 시 재실자를 어떻게 피난시켜야 하는지에 대해서는 언급하지 않고 있다. 결과적으로 피난계획은 건축물이 완성된 후에 상정하는 경우가 많다. 그러나 이미 건축물 설계가 끝난 이후에 피난계획을 세우는 것은 부적절하다. 올바른 피난안전설계를 위해서는 건축물의 설계 초기 단계부터 피난계획을 명확하게 의식해야 하며, 완성된 설계도를 건축주에게 인도할 때는 의도하는 피난계획의 내용을 전달해야 한다.

(2) 피난계획은 화재 시 실행 가능한 실질적인 것으로 할 것

화재 시 피난은 건축물의 재실자나 공간의 특징에 의존하므로 이를 고려하지 않으면 실제 화재 시 피난이 불가능하다. 예를 들어 병원이나 고령자 시설에서는 피난자가 정상인과 마찬가지로 신속하고 단독적인 계단으로 피난할 수 있다고는 생각할 수 없으며, 방화 관리자가 상주하지 않는 건축물에서는 화재가 즉시 발견되어 신속하게 피난 유도가 이루어질 것으로 기대할 수 없다. 피난계획은 실제로 예상되는 조건을 고려한 후 실행 가능한 것으로 해야 한다. 건축물의 사용상황이나 관리체제는 시간대에 따라 변화하는 경우도 많기 때문에 그에 따라 피난계획의 전제가 되는 시나리오가 무너지지 않고 있는지도 검토하여 확인해야 한다.

또한 피난출구를 안이하게 잠그는 것은 위험성이 있다. 최근에는 보안 자물쇠로 평상시에는 잠겨 있다가 비상시에 감지기 연동으로 자동으로 열리는 시스템이 많지만, 피난 시에 유효하도록 충분한 주의가 필요하다. 다른 방재 시스템과 마찬가지로 감지기나 문 개방 시스템의 작동 신뢰성도 100%가 아니기 때문이다. 또 불특정 다수가 모이는 용도의 건축물에는 장년 비장애인뿐만 아니라 고령자나 아동 및 최근에는 외국인도 많이 포함된다. 화재상황하에서는 누구도 평상심이 아니기 때문에 극히 간단한 개방소작일시라도 실패할 우려가 있다. 모든 사람에게 평소 익숙하지 않은 조작이 필요한 장치는 특히 신속한 피난을 요하는 피난경로상 부분에는 마련해서는 안 된다.

2. 피난경로 설계 조건

(1) 피난행동 동선으로서의 적절성

(ⅰ) 피난경로는 재실자의 위치에서 건물 밖의 안전한 장소까지 보행이동이 가능하여야 한다.

피난경로는 화재로 인한 위험으로부터 긴급 대피할 필요가 있는 재실자가 최종적으로 안전을 확보받는 대피장소까지 이동하는 공간이다. 보행에 의한 피난이 곤란한 피난자에게 특별한 피난 지원이 이루어지는 경우를 제외하고, 피난의 주체는 보행이동이다. 통상의 재실자가 보행으로 이동하기 어려운 부분이 피난경로에 포함되어서는 안 된다.

(ⅱ) 양방향 피난이 가능한 피난경로를 확보한다.

일반적으로 착화원도 가연물도 없는 공간은 화재 발생 우려가 낮은 장소라고 할 수 있다. 이외 공간에서는 언제 어디서 화재가 발생할지 미리 알 수 없으므로 어디에서 화재가 발생하더라도 그로부터 벗어나 안전한 방향으로 피난할 수 있는 피난경로 계획, 즉 '양방향 피난(7장 02의 4(1) 참조)'을 할 수 있는 배치가 이상적이며, 설계에 있어서 우선 지향해야 할 배치이다. 그러나 현실적인 건축물에서는 엄밀한 의미에서 양방향 피난 배치를 철저히 할 수 없는 경우도 있으므로 어느 나라에서도 약간의 단방향 피난 부분이 남도록 허용하고 있다. 피난방향이 한 방향밖에 없는 경우 경로 중간에 화재가 발생하면 그 안쪽 대피자의 피난이 곤란해진다. 피난경로가 길수록 중간에 화재가 발생할 확률도, 안쪽으로 갇히는 피난자 수도 증가된다. 「중복거리」 혹은 「막다른 복도의 길이」 등으로 불리는 제한이 이러한 위험을 줄이기 위한 대책과 관련된다.

(ⅲ) 피난경로는 피난에 지장이 없는 통과 용량·치수·형상으로 한다.

피난출구·복도·계단 등 피난경로의 각 부분은 화재 시 신속하고 원활한 대피가 가능하도록 재실자의 인원에 따라 적절한 용량(폭이나 치수 등)을 확보하여야 한다. 또 재실자의 특성이나 피난행동능력에 따라 피난경로에 있는 피난문이나 계단, 경사로를 포함해 쉽고 안전하게 통과할 수 있는 시방이어야 한다.

화재 시 피난위험요소로는 연기나 화염뿐만 아니라 패닉으로 대표되는 피난행동 자체에서 생길 위험에 대한 주의도 필요하다. 밀도가 낮은 집단의 피난이라면 누군가 걸려 넘어져도 그 당사자의 부상만으로 끝나겠지만 과밀한 군중 대피 속에서는 다수의 인원이 넘어져 대규모 사고로 확대될 우려가 있다. 또 많은 피난자가 좁은 출구로 몰리면서 피난자들끼리 서로 밀쳐 꼼짝 못 하게 되는 이른바 병목현상이 생길 위험도 있다. 과거 화재에서는 이 원인으로 많은 사람이 숨지는 대형 참사가 일어나기도 했으며, 이것이 법규에 의한 극장 등에서의 피난출구폭 요구 기준으로 이어지고 있다. 피난출구 등 대피 경로상의 걸림돌 부분(협착부)에서의 과다한 체류 발생을 막기 위해 피난자를 여러 출구로 분산하는 등의 계획이 필요하다.

참고로 군집류에 의한 사고는 화재 등의 재해 이외에도 군집류가 마주 오거나 합류하는 장소에서는 발생하기 쉬우므로 대규모 군중 유동이 예상되는 경로에서는 동선 계획에 주의해야 한다. 대규모 군집 피난이 예상되는 경로에는 피난자의 발이 비틀거리거나 넘어지는 원인을 최대한 만들지 않을 필요가 있다.

(iv) 피난경로는 재실자가 인식하기 쉬운 경로로 하여야 한다.

피난경로는 피난자에게 인식하기 쉬운 것이어야 한다. 공간인식의 난이도는 특정 재실자나 불특정 재실자에 따라 크게 다르다. 특정 재실자가 주체인 사무실 빌딩이나 공동주택에서는 적어도 근무 혹은 거주하고 있는 공간 주변에 대해서는 대부분 잘 인식하고 있다고 생각해도 좋을 것이다. 한편, 불특정 다수의 고객이 방문하는 대규모 물품판매점 등에서는 피난출구의 위치 등을 인식하고 있는 재실자는 극히 적다고 생각할 수 있다. 설계자는 피난출구나 계단을 도면에 기입하고 있으므로 충분히 명쾌하다고 생각하겠지만, 불특정한 고객에게 그것들은 전혀 미지의 공간이다. 찾는 쪽에서 본 공간 인지와 설계자가 상정하는 공간 인지는 다를 수 있다고 생각해 볼 필요가 있다.

(2) 피난행동 중의 안전 확보

(i) 피난경로의 각 부분은 피난이 완료될 때까지 화염·연기·열·붕괴·파손 등 화재에 인한 위험으로부터 안전한 것으로 하여야 한다.

건축 화재에서 피난자에 대한 위험요소 중 연기는 가장 빠르고 광범위하게 확대되므로 연기로부터의 안전 확보는 가장 중요하다. 그러나 화재로 인한 화염·복사열·건축부재의 파손이나 붕괴도 경우에 따라 피난상 문제가 될 수 있다는 것을 유의해야 한다.

피난경로는 최소한 피난경로의 각 부분에서의 피난이 완료될 때까지 안전하여야 한다. 예를 들어 거실은 거실 피난 완료까지, 층 피난경로는 층 피난 완료까지 안전하면 된다. 다만 고층 건축물의 계단실은 피난 완료까지 상당한 시간이 소요되며 소방대에 의한 소방활동에도 사용되므로 실질적으로는 화재진화까지의 안전확보가 필요한 경우가 많다. 이 경우 연기뿐만 아니라 열의 침입이나 구조 붕괴에 의한 위험도 고려해야 한다.

(ii) 중요성이 높은 피난경로일수록 안전성을 높여야 한다.

고층 건축물을 예로 들면, 피난경로는 나무에 비유될 수 있다. 줄기는 피난계단, 가지는 각 층의 공용복도, 잎은 거실 내의 통로이다. 줄기가 손상되면 나무 전체의 잎이 말라붙듯, 피난계단에 화재가 침범하면 건물 전체 재실자의 생명이 위험해진다. 가지가 손상되면 그 가지 전체의 잎이 말라붙듯이 계단으로의 공용복도에 화재가 침범하면 층 전체 재실자의 생명이 위험해진다. 피난안전상 층 공용복도는 거실 내 통로보다, 피난계단은 층 공용복도보다 월등히 중요하다.

건축물의 용도나 형상에 따라 상기의 예가 해당되지 않는 지점이 어느 정도 있을지 모르지만, 일반적인 건축물의 피난안전설계에서는 피난계단이나 층의 공용복도 등 피난안전에 특히 중요한 부분을 판별하여야 한다. 이런 중요성의 수준에 따라 화연 등의 위험으로부터 안전수준과 확실성을 높인 설계가 필요하다.

02 피난안전설계의 순서

사람은 건축물뿐만 아니라 생활의 편익을 위해 다양한 것을 만들어 사용하고 있지만, 그 어떤 것에서도 인명에 대한 안전대책을 경시할 수는 없다. 건축물 화재 시

인명안전대책은 재실자에 의한 피난을 수단으로 하고 있으며 피난안전설계는 그 기반을 이루고 있다. 피난안전설계는 단순히 피난경로의 치수나 사양을 법규에 적합하도록 조치하는 것뿐만 아니라 화새나 연기의 확대 방지를 위한 구획이나 설비 등을 포함한 종합적 설계라 할 수 있다.

피난안전설계 시 적용되는 피난경로나 방화구획 등은 건축물의 통상적인 이용시설·기능과도 관련이 있다. 피난계획은 이러한 통상의 이용계획과의 조화를 도모하는 것이 효율적이고 효과적인 경우도 적지 않다. 이를 위해서는 건축설계의 가능한 한 이른 단계부터 피난계획을 의식해 설계에 통합하는 것이 효과적이다.

피난안전설계 절차는 원칙적으로 표 7-2의 ①~⑥에 근거한다. 단, 건축물의 규모나 용도 구성에 따라 ②는 불필요해질 가능성이 있다.

1. 건축물의 용도에 따른 출화와 피난자의 특성에 관한 분석·정리

건축물의 여러 조건과 재실자의 특성을 고려하여 실제 실행 가능한 피난계획을 생각해야 한다. 화재 시에는 건물 용도별 출화 위험성과 피난자가 되는 재관자의 대략적인 특성 예를 표 7-3에 나타냈다. 출화 위험성은 표 1-1에 제시된 건물 전체의 출화율 통계수치를 통한 대략적인 판단이며 건물규모나 출화공간의 용도 등 자세한 내용은 알 수 없으므로 우선 용도별 상대적 출화 위험도리고 생각해 둘 수밖에 없을 것이다. 덧붙여서 최근의 건축물에서는 다양한 용도의 공간이 입주하는 복합용도 건축물이 되는 경우도 많은데, 복합용도 건축물의 출화율 통계치는 다른 용도의 건축물에 비해 월등히 높다. 그 이유는 알 수 없으나 복합용도 건축물은 단일용도의 건축물에 비해 대규모가 많기 때문일 것으로 사료된다.

표 7-2 피난안전설계의 기본절차

순서	검토 · 설계내용
①	대상 건축물의 특성에 관한 분석·정리
②	건축물의 피난상 독립 부분으로 분할 가능성에 관한 검토
③	건축물(혹은 피난상 독립적인 부분)의 공간용도 구성과 피난계획
④	피난경로 배치 계획
⑤	피난경로의 용량, 치수, 시방의 설계
⑥	피난경로 화재로부터의 안전 확보에 관한 설계

표 7-3 화재 시 화재발생과 피난자에 관한 특성

<table>
<tr><th colspan="2" rowspan="2">건축용도</th><th rowspan="2">출화
위험성</th><th colspan="4">재실자 특성</th></tr>
<tr><th>취침여부</th><th>피난행동능력</th><th>공간인지도</th><th>재실자 밀도</th></tr>
<tr><td colspan="2">공동주택</td><td>높음</td><td>취침·기상</td><td>높음·중간·낮음</td><td>높음</td><td>낮음</td></tr>
<tr><td colspan="2">음식점</td><td>높음</td><td>기상</td><td>높음</td><td>낮음</td><td>높음</td></tr>
<tr><td colspan="2">공장·작업장</td><td>높음</td><td>취침·기상</td><td>높음</td><td>높음</td><td>낮음</td></tr>
<tr><td colspan="2">극장·영화관</td><td>중간</td><td>취침·기상</td><td>높음</td><td>낮음</td><td>높음</td></tr>
<tr><td colspan="2">판매시설</td><td>중간</td><td>취침·기상</td><td>높음</td><td>낮음</td><td>중간</td></tr>
<tr><td rowspan="2">호텔</td><td>객실</td><td rowspan="2">중간</td><td>취침</td><td>높음</td><td>낮음</td><td>낮음</td></tr>
<tr><td>연회</td><td>취침·기상</td><td>높음</td><td>낮음</td><td>높음</td></tr>
<tr><td colspan="2">사무실</td><td>낮음</td><td>취침·기상</td><td>높음</td><td>높음</td><td>중간</td></tr>
<tr><td colspan="2">학교</td><td>낮음</td><td>취침·기상</td><td>높음</td><td>높음</td><td>높음</td></tr>
<tr><td rowspan="2">병원</td><td>외래</td><td rowspan="2">낮음</td><td>취침·기상</td><td>중간</td><td>낮음</td><td>높음</td></tr>
<tr><td>입원</td><td>취침</td><td>낮음</td><td>중간</td><td>낮음</td></tr>
<tr><td colspan="2">사회복지시설</td><td>낮음</td><td>취침·기상</td><td>낮음</td><td>중간</td><td>낮음</td></tr>
<tr><td colspan="2">복합용도</td><td>매우 높음</td><td>취침·기상</td><td>높음·중간</td><td>높음·중간·낮음</td><td>높음·중간·낮음</td></tr>
</table>

재실자 특성은 대표적인 특성만을 나타낸 것이다. 실제로 건물에는 다양한 사람들이 드나들기 때문에 재난약자 등의 비교적 소수의 재실자는 이런 특성에 해당하지 않는다. 구체적인 계획건물에서는 보다 상세한 정보를 얻을 수 있다고 생각되므로, 그 분석·정리를 통해 더욱 정확한 재실자 특성을 파악하도록 노력해야 한다.

출화나 재실자의 특성은 건축설계로는 거의 제어할 수 없으므로 지진하중이나 풍하중과 마찬가지로 확률적인 조건으로 생각한다. 일반적으로 건축물의 용도는 계획 초기에 결정된다고 생각되므로, 우선 그 특성은 표 7-3에 나타내는 유형 중 어느 것에 해당하는지를 파악하고, 어떠한 피난계획이 필요한지 검토한다. 그 특성 유형에 따라 실효성 있는 피난계획이 다르고 피난안전설계의 중점이나 기본방향도 달라지게 된다.

2. 건축물의 화재안전상 독립부분으로의 분할 가능성에 관한 검토

대규모 건축 프로젝트 중에는 법규상 1동의 건물이라도 실질상 별동의 건물이

동일 부지에 복수 배치하여 지어지는 경우도 있다. 이런 경우에는 그중 한 동에서 화재가 발생했더라도 다른 건물에서는 일부러 대피할 필요성이 없다고 생각되는 경우가 적지 않다. 여기서 말하는 '화재안전상 독립적인 부분'이란 전형적으로는 이처럼 한 동의 건물을 여러 부분으로 분할하여 각각이 마치 종합 건축물인 것처럼 다른 부분에서 화재가 발생하더라도 굳이 피난할 필요가 없도록 한 것이다. 그림 7-1에 법규상 한 동의 건물을 오피스 동, 호텔 동, 지하주차장의 3개로 분할한 예를 나타낸다.

대규모 건축물을 이러한 화재안전상 독립 부분으로 분할하는 것은 그만큼 화재로 인한 잠재적 피해규모를 제한할 수 있고 피난계획을 단순화할 수 있다는 이점이 있다. 만약 건축물 일부에서 화재가 발생했을 때, 방재관리요원이나 소방 모두 담당하는 대응에 바빠 다른 부분까지 대응해야 하는 것은 부담이 과중될 우려가 있다. 이런 경우 '화재안전상 독립적인 부분'으로의 분할은 이를 대폭 경감할 수 있다.

화재확대 범위를 한정하는 것은 인적 피해든 물적 피해든 화재 피해를 최소화하는 데 있어서의 기본이며, '화재안전상 독립 부분'으로의 분할은 말하자면 제1레벨 방화구획과 같은 것이라고 해도 좋을 것이다. 그러나 '화재안전상 독립 부분'은 완전한 의미의 복합건축물이 아니며, 인접한 '화재안전상 독립의 부분'과 접속부를 통해 연결되어 있다. 즉, 이 접속부를 화재나 연기의 통과를 방지하는 완충대로 할 필

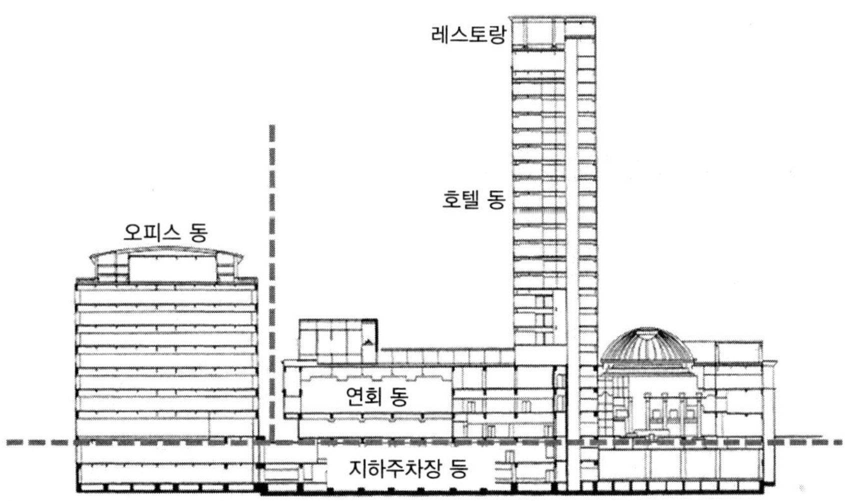

그림 7-1 법규상 1동의 건물을 화재안전상 독립적인 부분으로 분할하는 예

요가 있다. 접속 부분의 벽은 내화구조로 한 후 양측의 '화재안전상 독립 부분'에 방화설비를 설치하여 2중의 방화구획을 하고 내부에는 배연설비를 설치하는 것 등이 표준적이지만 보다 안전성을 높이기 위해 접속 부분 주변의 공간은 가급적 화재의 우려가 작은 공간으로 하는 것이 바람직하다.

접속부는 통상 지하층이나 저층부에 몇 개 설치될 뿐이며 기본적으로 그 층에서 화재가 났을 경우에만 폐쇄하면 충분하다. 폐쇄 시스템에 높은 신뢰성은 요구되지만, 그로 인해 얻을 수 있는 이점은 매우 크다고 할 수 있을 것이다.

3. 건축물의 공간 용도와 피난계획

건축기준법의 피난안전규정은 건축물을 주용도에 따라 특수건축물의 형태로 분류해 각각의 일반적 특성에 따라 화재안전상의 요구를 부과하고 있으나 현재의 건축물은 용도도 다양해지고 있으며 사용실태도 계속 변화하고 있어 건축물 내 공간의 용도는 주용도만으로는 충분히 파악할 수 없는 경우가 많다. 또 최근의 건축물에서는 주용도조차 정하지 못하는, 여러 용도가 입주하는 복합용도 건축물도 많아지고 있다. 따라서 복합건축물이라도, 혹은 상기 2.의 화재안전상 독립적인 부분이더라도 건축물에 입주할 공간이 어떤 용도로 사용될 수 있는지를 파악할 필요가 있다. 이러한 용도에 따라 당연히 피난안전설계의 본연의 목적이 영향을 받거나 달라진다.

건축물 내의 공간용도 파악에 관하여 피난안전설계상 특히 주목해야 할 시점은 아래와 같은 것이 있다.

(1) 건축물에 포함되는 출화율이 높은 공간

건축물의 거실은 통상 가연물이 수납되고 전기기구나 약간의 화기 등도 사용되므로 출화 위험이 다소 존재하지만, 가스·석유·전기 등의 연료나 에너지를 많이 사용하는 용도나 가연물을 대량으로 수납하는 공간은 평균보다 출화 위험이 높다. 이런 공간은 중요한 피난경로에서 분리하여 배치하거나 방화구획하고 개구부는 상시 폐쇄문으로 한다. 화재확대가 최소화되도록 가연물을 최대한 제한하는 등 건물 피난에 영향을 미치지 않도록 대책을 취하는 것도 중요한 피난안전설계의 일부이다.

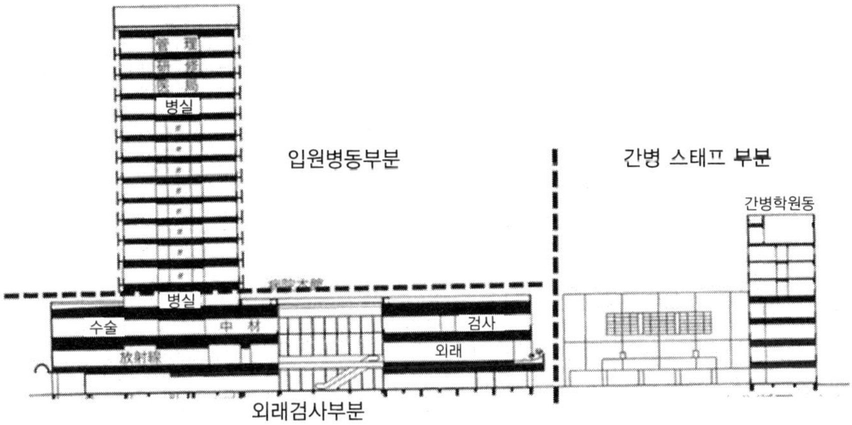

그림 7-2 병원에서의 재실자 특성에 따른 구분

(2) 건축물의 용도 자체가 복수의 특성이 다른 공간을 필요로 하는 경우

단일 용도의 건축물이라도 그 용도 자체가 복수의 특성이 다른 공간을 필요로 하는 경우도 적지 않다. 예를 들어 병원은 외래부분, 검사·수술부분, 입원부분 등을 가지며, 각 부의 재실자 특성이나 재실 시간대 등이 다르다. 따라서 이들을 화재안전상 분할하면 외래부분 피난안전계획은 주간 화재만 고려하면 되고 입원부분에서는 야간 화재만 검토하면 주간에는 그보다 유리하므로 검토가 불필요해진다(그림 7-2).

호텔의 경우에는 객실과 연회 · 집회실이 주된 용도이나, 각각이 재실자의 체재 시간도 거의 상이하므로 객실 에어리어에서는 야간, 연회 · 집회실 에어리어에서는 주간을 상정하여 피난안전계획을 세울 수 있다.

이와 같이 건축물의 공간 용도의 재실자 특성을 분석 · 정리함으로써 대규모의 건축물이라 하더라도 효과적인 피난계획을 세울 수 있다.

(3) 용도가 다른 여러 업종이 입주하는 경우

최근 대규모 건축물에서는 용도가 다른 복수의 업종이 입주하는 이른바 복합용도 건축물이 증가하고 있다. 여러 업종이 조합될 수 있는데 사무실-점포, 사무실-호텔, 사무실-학교 등 특히 사무실과 함께 상주하는 복합건축이 많은 것 같다. 이들 복합용도 건축물은 대개 통상업무상 업종 간 상호연락조정 등을 할 필요성이 있는 것은 물론 관리운영체제도 별개로 된다. 따라서 본래는 다른 용도마다 각각 '화재안전상 독립 부분'으로 분할해도 무방하나, 그렇게까지 철저하지는 않더라도 가능한 피난상 독립적으로 취급하여 지장이 없는 공간구성이 되도록 설계하는 것이 바람직하다. 그렇지 않으면 특성이 다른 재실자를 동시에 대피시켜야 하므로 피난계획이 복잡해질 가능성이 있다.

상기에서 이해되는 바와 같이 방화구획이나 방연구획을 적절히 설치하여 화재의 확대범위를 한정하는 것은 실효성 있는 피난안전계획을 수립하는 데 기반이 되는 것이다. 이것들을 법규에 의한 요구이기 때문에 어쩔 수 없이 설치하는 것으로 볼 것이 아니라, 피난계획안에 적극적으로 적용하여 효과적으로 설치해야 한다.

예를 들어 그림 7-3과 같은 사무실와 공동주택 복합용도 건축물의 경우 위층 공동주택 부분에서의 화재가 아래층 사무실 부분에 미칠 위험은 경미하므로 사무실 부분에서 화재가 발생할 경우 공동주택에 미치는 영향만 문제가 된다. 또 엘리베이터 역시 용도상 주택 부분과 사무실 부분으로 나눌 수 있으므로 피난계단을 공용할 경우의 대책만 궁리하면 된다.

그림 7-4는 도쿄의 유명한 건축물로, 대규모 건축물을 완충 지대(Buffer Zone)에서 피난안전상의 독립화를 도모한 좋은 예라고 할 수 있다. 이 건축물은 지하 4층, 지상 13층 건물인데 지하 1층~지상 7층까지는 점포, 9~12층이 영화관, 호텔이다.

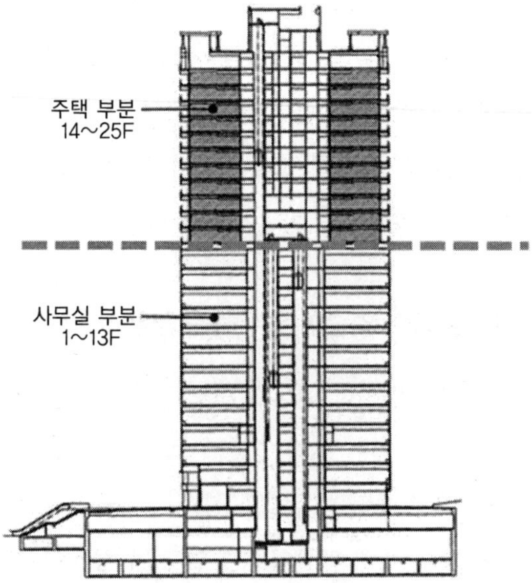

그림 7-3 복합용도 건축물의 피난안전상의 독립화

이 건축물에서는 우선 8층의 로비층을 수평 완충 지대로 하여 점포와 영화관·집회라는 두 가지 용도 부분을 분할했다. 또한 건축물의 중앙 통로가 상부 개방된 몰로 구성되어 있으며, 이를 완충 지대로 하여 동일 용도의 부분이라도 좌우 대칭 구역으로 2분할하고 있다. 이 두 구역은 다리로 연결되어 있어 평상시에도 서로 오갈 수 있으며, 한쪽 구역에서 화재가 발생한 경우에도 이를 건너서 다른 쪽 구역으로 대피할 수 있다. 게다가 다리는 외기에 개방된 발코니로 되어 있기 때문에 연기는 여기서 배출되어 다른 쪽으로의 확산을 막을 수 있다.

이 분할에 의해 약 78,600 m^2의 연면적의 건축물에서 화재 문제는 완충 지대로 구분된 각각의 부분에서의 화재 문제로 단순화된다. 예를 들어 점포층에서 기준층의 바닥면적은 4,800 m^2 미만이므로, 하나의 점포부분은 $(4{,}800\ m^2/2) \times 8$층 $<$ 20,000 m^2의 복합 건축물 화재에서의 피난문제와 동일하게 취급할 수 있게 된다.

나아가 만약 한 층에서 발생한 화재가 다른 층으로 확산되지 않는 경우 피난안전

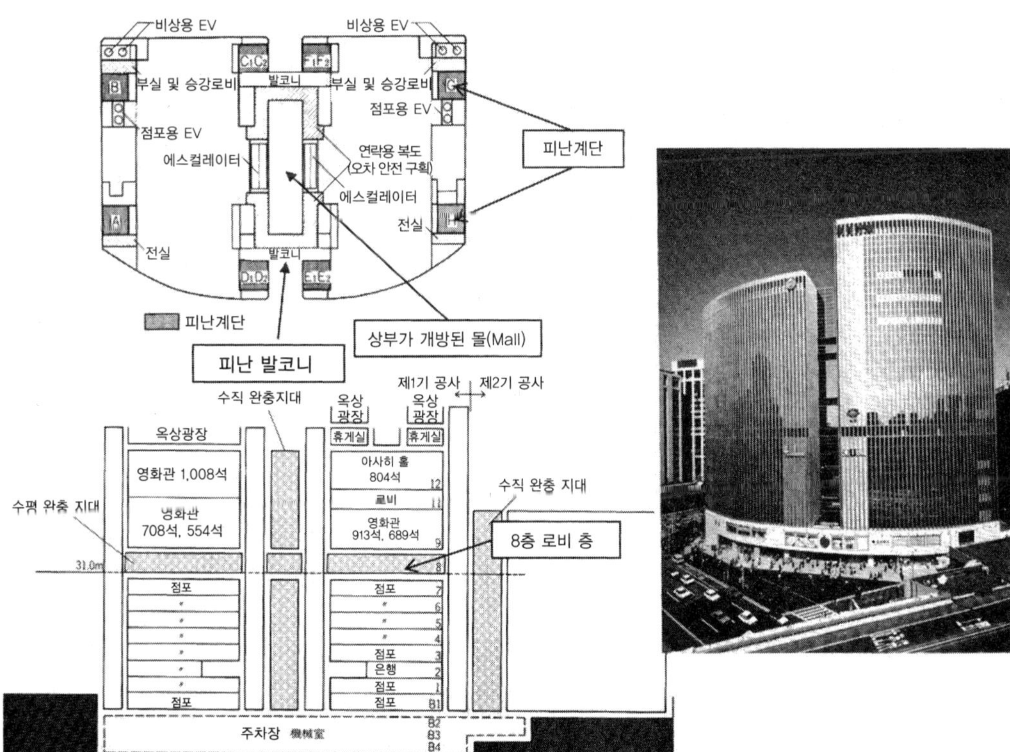

그림 7-4 전체를 여러 블록으로 분할하여 수평·수직으로 완충 지대를 설치한 예

계획을 단순히 할 수 있다. 그렇지만 다른 층으로 화재가 확산되지 않도록 하기 위해서는 에스컬레이터나 계단 구획의 신뢰성이 매우 높아야 하므로 현실적으로 쉽지 않을 수 있다.

그러나 개별 피난상 독립부분에서의 피난은 필요하다고 하더라도 이 예와 같이 수평이동으로 인접 안전부분에 피난을 실시할 계획이라면 피난약자의 피난문제나 계단의 필요용량 부족 문제를 포함해 많은 과제를 해소하는 데 도움이 될 것으로 생각된다.

그림 7-4의 사례는 어디까지나 하나의 사례이고 항상 가능한 계획은 아니다. 중요한 것은 대규모 건축물에서의 피난안전설계를 실시하는 경우에 그 건축물의 조건에 따라 화재의 영향을 받는 범위를 가능한 한 국한하여 피난계획을 단순화하는 설계를 염두에 두는 것이다.

4. 피난경로 배치 계획

화재 시 피난경로는 거실 내 통로·층의 공통복도·피난계단 등으로 구성되는데, 이들 중 상당수는 일상 재실자의 동선이며, 일상과 화재 시 요구를 잘 조화롭게 배치해야 한다. 일반적으로는 일상 동선으로 자주 사용되는 경로일수록 재실자의 인지도가 높아 비상시 피난경로로도 유용할 가능성이 높다. 그러나 건축물이 고층화될수록 계단은 평상시 동선에서 벗어나 비상 전용이 되고, 따라서 가장 중요한 피난경로임에도 그 적절한 배치가 경시되는 경향이 있다.

피난경로는 화재 시 피난자가 쉽게 사용할 수 있어야 하며 피난경로의 배치는 이와 크게 관련된다.

(1) 양방향 피난경로 확보

건축물 화재 시 피난은 화재로 인해 위험한 상황에 놓이게 된 재실자가 화재로부터 안전한 대피장소로 탈출하는 행동이다. 그러나 고층 건축물에서는 건축물 외부로 탈출하는 데 상당한 시간이 걸리기 때문에 계단에는 높은 안전성이 확보되어야 한다.

양방향 피난 원칙은 건축기준법에 따르면 2개 이상의 직통계단 설치와 중복거리 제한이라는 형태로 포함되어 있으며 거실 내에서 직통계단에 이르는 보행거리의 1/2 이내로 하도록 되어 있다. 중복거리는 미국의 법규 등에서 말하는 Commonpath distance of egress travel(출구 이동의 중복거리)과 같은 개념이지만 거실 내와 층 공용복도에서는 피난의 저해 원인이 되는 화재나 연기 및 저해되는 피난자 집단의 시나리오가 동일하지 않다. 본래는 거실과 복도 각각에 적절한 양방향 피난 배려가 이루어져야 한다.

재실자가 안전한 대피장소까지 이르는 경로 중간에 화재가 발생하면 화연에 의해 대피경로가 막힐 우려가 있다. 만약 물리적으로는 어떻게든 화연을 뚫고 지나갈 수 있다고 해도 사람은 본능적으로 화연에서 멀어지는 방향으로 대피하는 성질이 있다. 화연을 돌파한 앞의 상황을 모르면 더욱 그렇다. 이러한 경우 화연이 존재하는 방향과는 역방향으로 대피하더라도 안전한 대피장소까지 이를 수 있음을 보증하는 피난로 계획을 줄여서 양방향 피난경로라고 하며, 화재 시 피난경로계획의 대원칙이 되고 있다. 피난계단에 들어간 후에는 피난 층까지 바로 이동하면 되므로 대부분의 경우 양방향 피난은 층 피난까지의 문제이다.

그러나 현실적으로는 양방향 대피 원칙을 엄격히 적용하면 설계상에 어려움이 있을 수 있어 다소 완화는 허용되고 있다. 건축기준법 시행령 121조(2 이상의 직통계단을 설치하는 경우)의 중복거리나 막다른 복도의 대피상 유효한 발코니에 의한 완화 등이 그 예이다. 이것들은 본질적으로 화재 리스크 허용의 문제이며, '피난을 차단하는 화재 발생 확률' × '그 화재로 인해 피난 불능이 되는 인원수'의 값이 사회통념상 허용되는 정도로 작다고 간주되고 있는 것이다.

(ⅰ) 층 피난에서 계단으로의 양방향 피난

화재 시에 보통 층의 공용복도가 모든 실의 피난자를 위한 계단까지의 피난경로가 된다. 공용복도에는 거실이 접해 있으므로 어떤 실에서 화재가 일어나거나 문짝에서 화연이 분출되더라도 그 부근을 지나지 않고 계단으로 피난할 수 있도록 배치한다. 대부분의 경우 2개 이상의 계단을 최대한 근접하지 않도록 배치하는 것이 좋다. 만일 계단 자체가 건축계획상의 사정으로 근접할 수밖에 없는 경우에도 공용통로에서 계단으로 들어가는 입구는 분리하도록 계획한다. 양방향 피난의 관점에서 본 계단배치의 좋은 예와 나쁜 예의 이미지를 그림 7-5에 나타낸다. 계단을 떼어 계획하고 있는 경우(왼쪽 그림)는 어느 방에서 화재가 나더라도 그로부터 멀어지는 방향으로 피난해 계단에 도달할 수 있지만, 2개의 계단이 접근해 있는 계단 배치의 경우(오른쪽 그림) 화재가 난 위치가 계단에 가까울수록 계단으로 대피하지 못하는 피난자가 많아진다. 또한 미래에 거실의 칸막이 변경이 있을 것으로 상정했을 경우에도 계단을 분리 배치해 두면 양방향 피난을 유지하기 쉽다.

참고로 그림 7-6과 같이 공용복도가 회전형이라면 계단에 가장 가까운 방에서 화재가 발생하지 않는 한 어느 비화재실에 대해서도 양방향 대피가 확보되어 있다는 점에서 그림 7-5의 예의 직선형 복도보다 층 피난상 유리하다고 할 수 있다. 그러나 근접해 있는 계단 근처 방에서 화재가 났을 경우 화연과 반대편으로 대피하더라도 공용복도를 한 바퀴 돌고 마지막으로 계단으로 들어가려면 화연을 향해서 가야 하므로 두려움이 있고 무엇보다 피난거리가 길어지는 문제가 있다. 한편 계단이 충분히 떨어져 배치돼 있으면 최소한 한 계단을 통해서는 화연을 향하지 않는 방향으로 대피할 수 있다.

설계에서 여러 개 계단 전부 또는 일부의 사용 불가 여부는 계단의 배치계획과

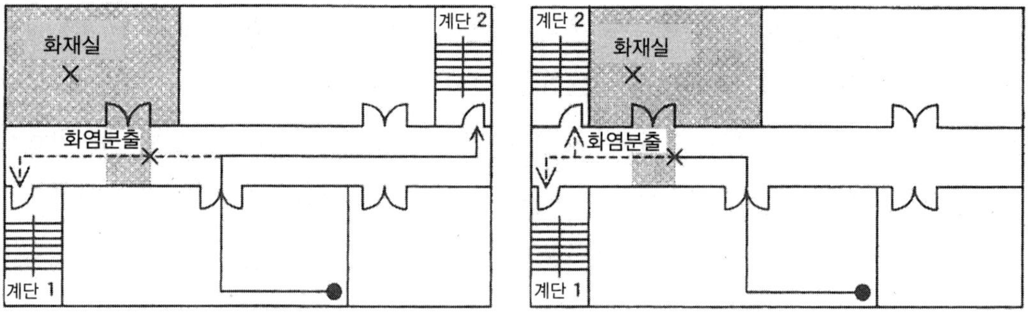

그림 7-5 양방향 피난의 설치 예[2]

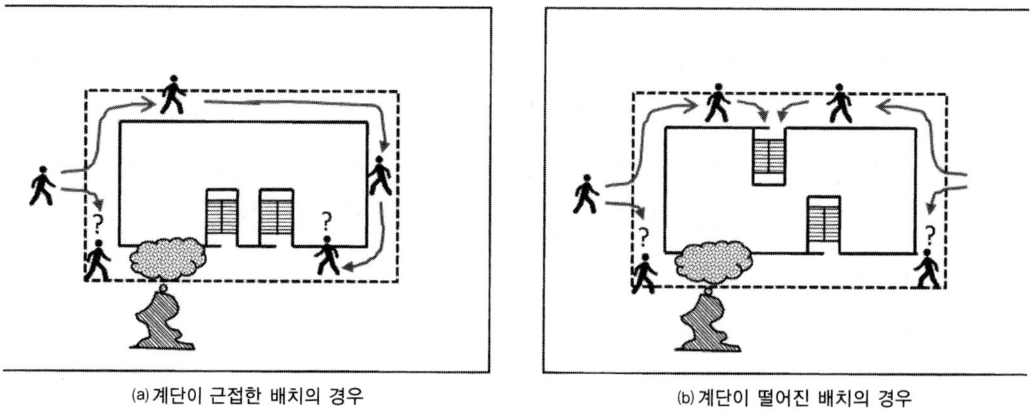

그림 7-6 복도가 회전식일 경우 양방향 피난과 계단 배치

실의 문 위치 및 배연계획과도 연관되지만, 전부를 사용할 수 없게 되는 사태는 절대로 발생해서는 안 된다. 또 일부를 사용할 수 없게 되더라도 피난안전에 지장이 발생하지 않도록 고려해 두는 것도 중요하다.

(ii) 거실로부터 양방향 피난

거실로부터 양방향 대피에 대해서는 다음에 나타내는 2가지 화재 시나리오를 생각할 수 있다.

- **시나리오 (a): 해당 거실 이외의 실 화재로 인해 공용복도가 피난불능이 되는 경우**

화재 시 전형적인 시나리오 중 하나로 과거 화재에서도 나타난 사례이다. 호텔 뉴 재팬 화재(1982)에서는 화재가 발생한 객실 문을 닫지 못하면서 복도로 화연이 유출돼 다른 객실 투숙객들이 피난불능이 됐고 많은 희생이 발생했다. 교토 국제관광호텔 화재(1967)에서는 더스트 슈트(Dust Chute)를 통해 화재 및 연기가 위층으로 전파되었으나 객실 밖에 연속 발코니가 설치되어 있어 피난자들은 소방사다리차에 의해 구조될 수 있었다. 이 때문에 간사이에서는 호텔이나 공동주택에서의 양방향 피난을 위한 시설로서 옥외 발코니의 역할을 중요시하는 경향이 있다. 하지만 건물 고층화와 노약자, 유아 등도 포함된 재실자 특성을 감안할 때 발코니에 지나치게 의존하는 것은 불안전하다. 발코니는 없는 것으로 간주하여 공용복도에 의한 피난안전을 도모해야 한다. 이 경우 (i)의 '층 피난 시 계단으로의 양방향 피난' 문제와 같다.

- **시나리오(b): 해당 거실 내 화재로 공용복도로 대피가 불가능한 경우**

다수의 희생자가 발생한 화재로 실내에서 양방향 피난이 확보되지 않은 사례는 많지 않다. 여기에는 다수의 인원을 수용하는 거실은 대부분이 일어선 상태에서 사용되는 실이므로 화재의 인지나 초기대응이 신속하게 이루어지기 쉽다는 점, 일상에서 이용할 때도 공용복도로의 동선이 여러 개로 취해지는 경향 등이 관계되어 있을지도 모른다.

사무실 등 재실자 밀도가 그다지 높지 않은 거실에서는 사무책상, 의자, 가구·사무용 기구의 배치도 다양하기 때문에 피난동선은 확정할 수 없지만 적어도 평상시의 불편함이 없는 동선이 형성될 것으로 생각되므로 이것이 화재 시에는 피난동선이 된다고 보아도 지장이 없을 것이다. 그러면 양방향 피난에서 설계상 문제가 되는 것은 오직 피난출구의 배치뿐이다. 피난출구는 가능한 일상 사용하는 출구와 일치시키는 것이 바람직하다. 일상 출구는 항상 사용되기 때문에 출구도, 그곳으로의 실내 동선도 자연스럽게 유지되지만, 비상시만을 대비한 출구라면 이들의 유지가 경시될 우려가 있다. 따라서 복수의 피난출구를 가지는 거실에서는 이들을 균형 있게 배치해 근접시키지 않는 것이다. 이는 양방향 피난을 확보하는 것과 더불어 다수의 피난자가 근접한 지역에 집중함에 따른 과도한 혼잡을 막는 데서도 바람직하다.

거실의 면적이 작다면 피난출구가 1개라도 허용되고 있으며, 방재계획지침[5]에서는 그 조건으로 거실의 바닥면적을 200 m^2 미만으로 하고 있다. 인구밀도에 대해서는 따로 언급하고 있지는 않지만, 물품판매점에 적용하여 0.5 인/m^2인 경우라면 실내 인원으로는 100명 미만이 된다. 미국 및 유렵 규정을 참고하면 실내 인원이 기상상태에서 사용되는 실에서 50명 미만, 취침용도실에서 8명 미만 정도가 평균적인 곳이어서 상당히 차이가 크다.

극장 등 재실자 밀도가 현저히 높은 거실에서는 거실 내 피난동선을 피난자가 자유롭게 선점할 수 있을 정도로 공간이 충분하지 않기 때문에 피난출구뿐만 아니라 거기에 이르는 실내 피난동선도 함께 원활하게 피난할 수 있도록 계획할 필요가 있다. 이 경우 복수의 피난출구를 분리 배치하는 것은 피난자가 일부 구역으로 과도하게 집중되는 것을 막는 효과가 있다.

(2) 피난경로의 명쾌성

우리는 약속 시간에 늦거나 잊어버리는 등의 사소한 문제로 당황한 심리상태가 되는 경우가 적지 않아 이럴 때는 판단이나 행동에 실수가 나오기 쉽다. 더욱이 화재 시 피난자는 심리적으로 패닉 상태가 될 것으로 예상되므로 실수를 저지르기 쉽고, 또 그 실수가 새로운 실수를 유발하기 쉽다. 화재가 발생한 건물에서 탈출하여 자신이 안전하다고 확신하게 될 때 이런 패닉 상태에서 해소될 수 있지만 일단 피난계단에 들어서면 어느 정도 안전감을 찾게 된다. 이는 피난계단이 화재로부터 안전이 확보된 공간이라는 인식이 일반적으로 정착돼 있기 때문이다.

피난경로는 전형적으로는 거실→복도→계단→실외와 같이 구성되는데, 가장 명쾌성을 요하는 것은 특히 불특정 다수의 시설의 '계단에 들어갈 때까지' 부분이다.

대규모 물품판매점나 많은 음식점 등이 입주하는 용도의 건물에서는 피난계단은 층 주변부에 배치되는 경우가 많지만, 점포 손님은 에스컬레이터 또는 엘리베이터를 사용하기 때문에 피난계단이 어디에 존재하는지 전혀 모른다. 계단이나 통로를 평면도로 보고 있는 설계사의 시점에서뿐만 아니라, 안내된 건물에 방문한 재실자의 시점에서 명쾌한 피난경로인지 여부를 검토해야 한다.

명쾌성의 첫 번째 요소는 재실자가 어디에 있어도 계단으로의 피난출구가 가까이 있다는 점이다. 그런 의미에서 계단까지의 보행거리 제한은 피난시간을 과하게 하지 않는 것 외에 피난경로의 명쾌함에 관해서도 큰 의미를 갖는다. 다만 명쾌함에 관해서는 계단까지의 거리만이 아닌 피난출구까지의 거리를 가능한 가깝게 하는 것이 바람직하다. 따라서 피난계단에 이르는 출구를 균형있게 배치하는 것으로도 연결된다.

명쾌성의 두 번째 요소는 계단으로의 피난출구를 파악하기 쉬워야 한다는 점이다. 그러기 위해서는 피난출구가 구불구불한 통로 안쪽에 있거나 재실자의 일상 동선에서 떨어진 것은 바람직하지 않다. 초조해하는 피난자에게 앞이 보이지 않는 경로를 파고드는 것은 리스크가 가중되는 것이다.

피난출구로 가는 경로의 명쾌성에 있어서 유도표지의 적절한 배치가 중요하다. 그러나 유도표지에 의지하여 피난출구까지의 거리를 길게 두는 것은 바람직하지 않으며, 도중에 유도표지를 놓치거나 연기로 인해 유도표지의 시인성이 저하될 가능성도 고려해야 한다.

극장이나 집회시설 등 특정 재실자가 모이는 시설이라도 접속동선에 계단을 사용하는 설계라면 그 계단이나 근방의 피난계단을 대피동선으로 활용하는 것은 명쾌성의 관점에서 고려할 만한 피난계획이다. 단, 화재장소의 시나리오 등 그 밖에 고려해야 할 요소도 있으므로 이에 대한 검토는 필요하다.

(3) 피난계단까지의 보행거리

피난계단까지의 보행거리는 직접적으로는 화재층의 대피자가 피난계단으로 대피할 때까지의 시간과 관계되지만 소방활동에도 영향을 미친다. 피난계단까지의 보행거리가 길수록 계단까지의 피난시간이 길어져 신속한 피난이 어려워진다. 뿐만 아니라 피난계단은 소방대의 소화나 피난자 탐색 등 소방활동 거점으로도 사용되므로 피난계단까지의 보행거리가 긴 장소가 존재한다는 것은 소방활동을 필요로 하는 범위가 넓어진다는 의미이며 그만큼 소방대가 위험한 조건에서 활동해야 하기 때문에 피난자 검색이나 소화에 시간이 오래 걸린다는 의미다. 피난계단까지의 보행거리를 가능한 짧게 하는 것은 인명 안전의 효과뿐만 아니라 건축물이나 그 밖의 재산에 대한 손해규모를 억제하는 데도 매우 유익하다.

(4) 직통 계단

직통 계단의 목적은 피난자가 도중에 안전하게 피난층까지 피난할 수 있도록 하는 것으로 반드시 피난층까지 수직으로 도달할 필요는 없다. 중간에 수평으로 보행하는 장소가 있는 것이 피난자에게 편안한 경우도 있고, 또 위층과 아래층에서 바닥면적이나 구조가 다른 경우 등으로 계단의 위치를 바꾸고 싶은 경우에도 편리하다.

직통 계단은 지상에서 지하까지 바로 연결되는 설계도 많다. 그러나 피난상 지상과 지하의 직통 계단은 분리해 별도 계단으로 하는 것이 바람직하다. 분리되면 지하 화연이 계단을 통해 위층에 영향을 주거나 피난자가 대피층에서 합류해 혼란스러울 우려가 없어지고 그만큼 소방활동도 쉬워진다. 또 외기의 공급 경로가 없는 지하층에서의 유효한 연기제어 방법은 지상층과는 다를 수 있지만, 양자를 분리함으로써 각각 합리적인 방법을 선택할 수 있다.

5. 피난경로의 용량·치수

건물 화재 시 피난경로에서 피난자가 장애 없이 자유보행을 할 수 있다면 이상적이지만 건물 내 피난경로는 그런 여유로운 넓이를 가진 공간이 아닌 경우가 대부분이다. 피난자 수가 많을 때는 어떤 부분에서는 피난자의 체류가 일어나고, 또 다른 부분에서는 움직임이 멈추어 피난자의 수용 장소처럼 되기도 한다. 피난출구나 계단입구 등 피난경로의 걸림돌 부분은 전자의 예이고 계단실이나 계단부속실은 후자의 예이다. 이런 장소가 있으면 피난시간이 길어져 화재로 인한 화연의 위험에 노출될 우려가 생기지만 피난자의 과도한 체류나 과밀한 수용 그 자체가 위험을 발생시키는 원인이 되기도 하므로 피해야 한다.

(1) 계단·부속실 수용 가능 인원

미국방화협회(NFPA) 인명안전위원회에서는 20세기 초부터 거듭된 화재사고 분석과 건축물 피난안전기준을 검토하고 있다. 처음에는 피난계단의 기준에 대해 피난자를 신속하게 대피시키기 위한 경로로 생각하고 필요한 폭을 검토했으나 이 방법은 고층 건축물에서는 피난자 수가 매우 많아지기 때문에 필요 계단 폭이 비현실적으로 커진다. 그래서 계단을 화재 시 피난자가 빠져나가는 안전장소로 생각하고 그 안전 확보와 수용 가능 인원을 검토하는 것으로 방침을 전환했다.

건축기준법 시행령 제123조(피난계단 및 특별피난계단의 구조)도 이를 참고한 것으로 보인다. 이에 따르면 각 층의 계단과 부속실의 합계 면적은 거실 면적을 A로 하여 다음과 같이 하여야 한다.

① 법 별표 1(나)란의 (1)항과 (4)항의 용도에서는 $A \times (8/100)$ 이상

② 법 별표 1(나)란의 기타용도에서는 $A \times (3/100)$ 이상

이를 바탕으로 계단과 부속실에 수용하는 피난자의 밀도 p(인/m^2)로서 어느 정도를 상정하고 있는지 표 7-4의 데이터를 이용해 대략 계산한다. ①로서 판매공간(0.5 인/m^2)이라고 하면, $p(8/100)A=0.5A$에서 $p=6.25$ 인/m^{2}가 뒤다. 또 ②로서 사무실(0.125 인/m^2)이라고 하면 $p(3/100)A=0.125A$에서 $p=44.17$ 인/m^{2}가 된다.

한편 2000년 일본 건설성 고시 제1441호의 피난안전검증법에서는 계단 부분에서 $p=4$ 인/m^2, 부속실 부분에서 $p=5$ 인/m^{2}로 약간의 차이를 보이고 있다.

일본의 고층빌딩에서 보통 크기의 계단을 생각하면 4단으로 대략 1 m^{2}이지만 모든 단에 피난자를 채우는 것은 불규칙한 동작이 있을 경우 예상치 못한 위험이 발생할 수 있으며 심리적으로도 견디기 어렵다. 따라서 1단 간격으로 2명씩 줄을 서거나 1단에 좌우 엇갈려 1명씩 줄을 서는 것이 적당할 것으로 판단된다. 그렇다면 피난안전 검증법의 밀도 $p=4$ 인/m^{2}는 대체로 타당한 수치라고 생각된다.

검증법의 수치를 타당하다고 했을 경우, 사무실 빌딩에서 얼마의 바닥면적까지 피난자를 계단+부속실에 수용할 수 있는지 계산해보면 다음과 같다. 만일 1층의 계단 면적 10 m^2, 부속실의 면적을 15 m^{2}로 하면 수용인원은 피난계단 1개당

표 7-4 재실자 밀도[3]

<table>
<tr><th colspan="3">고시</th><th colspan="2">문헌[3]</th></tr>
<tr><th>거실 종류</th><th colspan="2">재실자 밀도(인/m²)</th><th>용도의 특징</th><th>기타 이와 유사한 것의 예</th></tr>
<tr><td colspan="2">주택 거실</td><td>0.06</td><td>거주를 목적으로 하는 것</td><td>하숙 · 기숙사의 거실</td></tr>
<tr><td rowspan="2">주택 이외의 건축물에 대한 침실</td><td>고정침대의 경우</td><td>침대 수/바닥면적</td><td rowspan="2">오로지 취침하는 것을 목적으로 하는 것</td><td rowspan="2">호텔 · 여관의 객실 숙직실 · 숙면실</td></tr>
<tr><td>기타의 경우</td><td>0.16</td></tr>
<tr><td colspan="2">사무실, 회의실
기타 이와 유사한 것</td><td>0.125</td><td>사무 집무에 사용되는 것

사무실에 인접하여 회의 등에 이용되는 것.(대회의실 제외)</td><td>학교의 교직실 · 교무실
식당의 주방
시장 등의 조리 작업실

휴식코너, 악기코너
사장실, 임원실, 응접실 중앙관리실, 방재센터</td></tr>
<tr><td colspan="2">교실</td><td>0.7</td><td>주로 책상과 의자를 나란히 사용하는 것</td><td>소규모 회의실, 연수실</td></tr>
<tr><td rowspan="2">백화점 또는 물건 판매업을 영업하는 점포</td><td>매장 부분</td><td>0.5</td><td>상품을 자유롭게 이동할 수 있는 것. 점포 내 통로를 포함한다.</td><td>시장
유흥업소, 오락실</td></tr>
<tr><td>매장에 부속된 통로 부분</td><td>0.25</td><td>연속식 점포 공용 통로 부분</td><td>쇼핑몰 통로 부분</td></tr>
<tr><td colspan="2">음식점</td><td>0.7</td><td>주로 책상과 의자를 나란히 놓고 음식을 이용하는 것</td><td>음식점, 레스토랑, 찻집, 커피숍, 다방, 티라운지, 카바레, 카페, 나이트클럽, 바, 댄스홀, 노래방</td></tr>
<tr><td rowspan="2">극장, 영화관, 연예장, 관람장, 공연당, 집회장 및 기타 이와 유사한 용도로 제공하는 실</td><td>고정석의 경우</td><td>좌석수/바닥면적</td><td rowspan="2">주로 불특정 다수의 사람이 고밀도로 이용하는 것.</td><td rowspan="2">이벤트 홀

식장, 연회장
회의장
디스코, 라이브하우스</td></tr>
<tr><td>기타의 경우</td><td>1.5</td></tr>
<tr><td>전시실 기타 이와 유사한 것</td><td></td><td>0.5</td><td>전시 주위를 자유롭게 이동할 수 있는 것</td><td>도서관, 박물관, 미술관, 갤러리, 쇼룸</td></tr>
</table>

4(인/m²)×10 m²+5(인/m²)×15 m²=115인, 따라서 계단을 통상 2개로 하면 230인이 된다. 이 인원에 대응하는 거실의 바닥면적을 A라고 하면 검증법의 재실자 밀도(0.125)를 이용해 $0.125A=230$, 즉 $A=1840$ m²가 된다.

계단·부속실에 전체 재실자를 수용할 수 있으면 안전이 확보됨으로써 전관피난을 고려할 필요 없이 층피난만을 고려하여 안전성을 판단할 수 있을지도 모른다. 그러나 계단으로 피난한 피난자가 아무리 안전하다고 해도 계속해서 화재건물에 머물러 있을 가능성은 없으며, 계단·부속실에 전체 재실자를 수용할 수 없는 경우에는 애초에 계단·부속실을 안전장소로 간주할 수 없다. 어느 경우든 가능한 한 신속하게 재실자를 실외까지 대피시킬 필요가 있으며, 그 소요시간은 계단이나 출구의 치수에 의존한다.

미즈노(水野) 등은 고층 건축물에서의 피난훈련을 이용하여 여러 조건에서 계단의 피난시간 측정을 지속적으로 실시하고 있는데, 그에 따르면 피난훈련에서의 피난속도는 조건에 따라 크게 다르지 않으며, 1계단당 매번 1 인/(초·계단) 정도라고 한다. 그러나 이 수치라면 계단 2개로 2 인/초 혹은 120 인/분으로만 대피할 수 있다. 피난훈련은 진짜 긴급 상황하에서의 피난이 아니기 때문에 피난자는 급박한 피난은 하고 있지 않은 것 같다. 그러나 급박한 피난을 했더라도 이번에는 계단 출구에서 피난속도가 제약을 받게 된다. 출구에서 피난 인원 P 인/분은 B를 출구 폭(m)으로 했을 때 P=90Bt으로 계산되므로 B=1 m×2(계단)로, 분당 P=180 인/분, 따라서 재실자 수가 180 인/층(사무실 면적 약 1440 m^2)이면 전관피난은 1 분/층이 된다. 이 건축물이 60층이라면 피난시간은 60분이 되지만 바닥면적이 2배가 되면 120분, 3배가 되면 180분으로 늘어난다. 한편 자유보행을 통한 계단의 수직보행속도는 0.4 m/초이기 때문에 이 건축물의 높이가 240 m라면 피난시간은 240 m/0.4(m/초)=600초=10분에 불과하지만, 많은 수의 피난자가 계단으로 유입되면 피난시간은 월등히 늘어나게 된다.

2011년 동일본 대지진 때 도쿄에서는 많은 빌딩에서 대피가 이루어졌지만 전관피난 완료까지 2시간 이상 걸린 사례도 적지 않았다고 한다. 현대 일본 건축물의 규모에서도 전관피난에 다수의 시간이 걸리는 건축물은 많이 존재한다는 것은 위와 같은 사례로 알 수 있다. 이렇게 장시간 선 채로 갇혀 있으면 체력적 부담이 되는 사람, 몸이 아픈 사람, 정신적으로 불안정해지는 사람 등 여러 문제가 생기는 사람이 발생할 수 있음을 유의해야 한다.

전관피난 시간이 극단적으로 길어지는 것을 피하려면 적절한 값의 계단 수나 폭을 확보할 필요가 있다. 이는 전관피난뿐만 아니라 화재 층 피난계획도 적정화하는 것으로 이어진다.

또한, 고층 건축물에서는 층에 따라 엘리베이터의 도착 층이 뱅크(빌딩의 엘리베이터 설비에 있어서 저층부·중층부·고층부 등으로 나눈 층의 정리를 '뱅크'라고 부른다.)로 나누어져 있는 경우도 많다. 이 경우 만약 비도착층에서는 엘리베이터 뱅크가 벽으로 닫혀 있다면 비도착층의 화재가 엘리베이터에 영향을 미치지 않으므로 피난에 사용할 수 있을 것으로 보인다. 현시점에서는 법규적인 제도가 정비되어 있지 않지만, 장래에 엘리베이터 뱅크 구분에 따른 피난계획에 대해 검토해 볼 가치는 있을 것이다.

(2) 피난출구에서 체류인원

피난경로상의 피난출구 등은 군중 유동에 막혀 피난자의 체류가 발생하기 쉽다. 이런 체류가 과대하게 되면 중대한 사고의 원인이 된다. 이는 단순히 연기에 노출될 때까지 체류가 해소되면 되는 시간문제가 아니라 심리적으로 초조해진 대규모 피난군집의 행동 자체에서 발생하는 위험이다. 피난출구 등에서 체류가 발생하지 않는 것이 이상적이지만 현실적으로는 어렵기 때문에 어느 정도의 체류인원까지 허용될 수 있는가가 중요한 문제다.

동경도 건축안전조례 제43조 제3항에서는 극장이나 집회장 등 공연장에 대한 피난출구의 최소폭을 0.8 cm/인으로 정하고 있는데, 이 기준치는 세계적인 평균적인 값이다. 이를 반대로 피난출구 폭당 피난자 수로 환산하면 125 인/m가 된다. 이때의 출구통과시간 t초를 유동계수 N(=1.5 인/m-s)·출구폭(B)을 1 m로 구하면, $t=P/NB=125(1.5\times1)\approx83$초가 된다. 또 「건축기준법 시행령」 제124조 1항 2호에서는 '물품판매점 각층(지상층)의 피난계단에 통하는 출입구의 최소폭'을 바닥면적 100 m^2당 27 cm로 정하고 있다. 이를 마찬가지로 피난출구 폭당 피난자 수로 환산하면 재실자 밀도를 p=0.5로 했을 때 $0.5\times100/0.27\fallingdotseq185$ 인/m가 되고 출구통과시간 t는 $t=P/NB=185/1.5\cdot1\approx123$초가 된다. 즉 다수의 재실자가 있는 공간의 피난출구는 대략 1.5~2분 만에 대피가 종료되는 기준이 되고 있음을 알 수 있다.

체류인원은 재실자 인원을 넘지 않으므로 피난출구 폭당 체류인원은 각각 상기 125 인/m 및 185 인/m를 넘지 않지만 실제 체류인원은 피난출구 유출로 인해

이 값보다 적어진다. 물품판매점에서는 피난계단까지의 보행거리가 거실 출구까지의 보행거리와 대체로 같으며, 이것을 40 m라고 하면, 단위 피난출구당 체류인원의 최대치 C_{max}(인/m)는 보행속도 v=1.0 m/s를 대입해 $C_{max}=P-NB(L/v)\approx185-1.5\cdot1\cdot(40\cdot1)=125$ 인/m가 된다. 피난상 위험을 방지하기 위한 체류인원의 허용치에 대해서는 아직 정설이 확립되어 있지 않지만, 여기서 참고한 피난출구폭의 기준은 체류인원을 대략 125 인/m 이하로 억제하는 것으로 되어 있어 이 정도의 값을 허용치로 생각해 두는 것이 바람직하다.

6. 피난경로 안전 확보

건축물의 피난경로는 거실·계단으로 구성되기도 하지만 전형적으로는 거실·복도·계단 부분으로 구성된다. 각각의 피난경로 부분은 그곳에서 피난 중 화재 위험으로부터 안전해야 한다. 또한 피난경로는 많은 경우에 소방활동 경로가 되기도 하기 때문에 피난경로의 보호와 소방활동의 보호를 함께 고려할 필요가 있다.

(1) 거실 내 피난경로

거실은 사람이 존재한다는 것만은 공통적이지만 폭넓은 개념이어서 다양한 유형의 사례가 존재한다. 거실 화재에 대한 피난안전계획을 생각하려면 우선 대상 거실의 재실자 특성, 출화 특성, 피난경로의 특징을 분석·정리할 필요가 있다.

① 소규모 거실

피난약자의 거실이나 취침상태 사용이 포함되는 용도의 거실은 소규모 공간인 경우가 대부분이다. 취침 상태인 재실자는 정상인이라도 피난 약자에 가깝다고 생각해야 할 것이다. 이러한 거실에서는 출구까지의 거리는 작고 출구 폭도 인원수에 맞추어 충분하므로 피난경로로 피난안전성을 향상시킬 여지는 얼마 남지 않았다고 할 수 있을 것이다. 이러한 거실은 주로 출화 위험성이 낮으므로 출화원이 되기 쉬운 것은 가급적 반입하지 않거나 적정하게 관리하고 취급하는 것이 인명안전의 주된 수단이 된다.

② 대규모 거실

재실자가 기본적으로 정상인인 호텔 객실이나 소규모 사무실, 물품판매점에서도 사정은 위와 같다. 한편 대규모 사무실이나 물건을 파는 식당 등에서는 거실 내 피난경로도 중요해진다. 이들 거실에서는 화재가 어디서 일어나기 쉽고 특정할 수 없으므로 사무실에서는 어디에서 화재가 일어나도 피난이 가능하도록 공용복도로의 양방향 피난, 또는 물품판매점에서는 재실자가 불특정하므로 어디에서나 가까이 발견할 수 있도록 피난출구를 균형 있게 배치하는 것이 피난경로 설계의 기본이 된다. 이들 거실의 피난로 설계에 대한 내용은 이 장 02의 4.와도 관련이 있으므로 그 내용을 참조하길 바란다. 대규모 거실에서는 방연구획 및 배연설비를 설치하여 연기의 확산을 방지하는 것도 피난 지원을 위해 필요한 경우가 나온다.

③ 출화율이 높은 장소를 특정할 수 있는 거실

출화의 원인은 다양하기 때문에 화재는 어디서 발생할지 알 수 없다고는 하지만 역시 가스, 기름, 전기기기 등을 많이 사용하는 장소 등에서는 일반적인 장소에 비해 출화율이 높다. 예를 들어 음식점에서는 주방, 극장에서는 무대 등이 거실 내에서 출화율이 높은 부분으로 생각되므로 배연설비 등 피난안전을 위한 방재설비는 그런 장소를 중점적으로 설치하는 것이 좋다.

(2) 층의 공용복도

층의 공용복도는 같은 층의 모든 거실에서 피난경로가 되므로 거실 내 피난경로보다 일반적으로 중요성이 높은 피난경로이다. 공용복도 자체에서 화재가 나면 층 피난의 전제가 무너져 버리기 때문에 화재가 날 우려가 없는 공간으로 하는 것은 물론 공용복도와 화재가 날 우려가 있는 거실의 문은 화연의 유출을 억제할 수 있는 구획을 마련하는 것이 안전 확보의 전제가 된다.

피난안전검증법 등 계산에 의한 피난안전성 평가가 일반화된 후 피난시간 < 연기 하강시간이라면 배연은 불필요하다고 해석하는 경향도 있지만 검증법은 주로 피난경로의 치수가 타당한지를 평가하는 방법으로 보는 것이 좋다. 피난개시시간이나 문의 연기 누설량 규정치 등은 이를 위한 편의적인 입력치라고 할 수 있다. 실제 화재에서는 피난개시 시간에 큰 편차가 있어 피난 지연이 발생할 가능성과 구조의 필요성도 충분히 생각할 수 있다. 또 문의 폐쇄 확률도 1이 아니므로 복도의 연기 하강도 빨라질 가능성이 있음도 유의할 필요가 있다. 이러한 실제 화재로 일어

날 수 있는 여러 시나리오에 대한 과제에 답할 수 있을 정도로 피난 계산이 만능은 아니다.

① 피난경로의 시인성

출화실에 비해 비출화실에서는 일반적으로 화재 인지가 지연되기 쉽고, 특히 호텔 등의 취침 용도에서는 인지 지연이 커진다. 이 때문에 비출화실 재실자가 화재를 알아차렸을 때에는 이미 공용복도로 연기가 누출됐을 가능성이 있다. 연기는 공용복도의 온도 상승과 함께 시인성의 저하를 초래해 피난을 방해한다. 연기가 문틈으로 누설되는 것만으로도 위쪽에 설치되는 피난유도표지나 피난구 표지의 시인성은 상당히 저하될 수 있다. 특히 재실자가 불특정한 용도인 경우에는 피난유도표지나 피난구표지는 공용복도에 누출된 연기에 의한 시인성 저하를 고려하여 시인성이 높은 표지판이나 설치 위치, 방법을 적절하게 선택해야 한다. 계단으로의 피난문은 색조나 디자인에 따라 평상시에도 벽이나 일반 문과 구별하기 어렵지만 연기 속에서는 구별이 한층 어려워지기 때문에 피난문임을 확실히 구분할 수 있는 색채나 디자인이어야 한다.

② 공용복도의 배연 및 연기제어

1982년 호텔 뉴 재팬 화재에서는 공용복도에 가득 찬 연기 때문에 많은 투숙객이 객실에 갇혔다. 즉 피난자 자신이 피난하거나, 소방대에 구조되거나 공용복도에 대한 배연의 중요성은 높다고 할 수 있다. 또한 연기가 문틈으로 누출되는 정도라도 피난유도등 등의 시인성을 저하시키므로 배연 등에 의해 연기를 제거하는 것은 피난경로의 시인성을 확보하는 데도 중요하다.

배연방식의 유효성은 공간의 조건에 의존하므로, 그것들을 충분히 고려하여 적절한 배연설계를 실시할 필요가 있다. 일반적으로 외기에 크게 개방된 복도가 아닌 한 보통 천장 높이의 복도에서는 기계배연이 자연배연보다 배연효과가 높은 경우가 많다. 또 부속실가압 등의 연기제어 방식을 채용하는 경우에는 그 급기를 이용하여 복도에 압출배연을 행하거나 또는 출화실을 배연으로 감압하여 복도로의 연기유출을 억제하는 등의 배연 방식도 생각할 수 있다.

복도에서의 배연량을 바닥면적에 따라 결정하는 것은 적절하지 않으며 피난안전이나 소방활동 등의 관점에서 결정해야 한다. 복도로의 연기 유입은 주로 화재실 개구부를 통해 생기는데, 유입량이 일정하면 복도에서의 연기층 하강속도나 온도 상승은 바닥면적이 작을수록 크다. 따라서 복도 면적이 작을수록 배연량은 반대로 커져야 한다는 생각도 할 수 있다. 이는 물론 하나의 예로 복도 바닥면적이 커지면 화재실에 면하는 문의 수도 늘어날 수 있고 피난시간도 길어질 수 있는 등 다른 요소들과도 연관될 가능성은 충분하다. 요점은 설계 배연량이 배연의 목표성능이나 건축물의 구체적 조건에 대해 충분히 분석·검토한 후 결정되어야 한다.

(3) 피난계단의 보호

초고층 건축물의 피난은 매우 오래 걸리므로 피난계단은 대부분 피난안전구역으로 간주할 필요가 있다. 또 초기 소화에 실패해 구획 화재로 성장하면 피난계단은 소화활동에도 장시간 사용된다. 이 때문에 거실 피난이나 층 피난에서는 대부분의 경우 문제가 되지 않는 피난경로로서의 구조적 안정성도 피난계단에서는 확인할 필요가 있다. 연기나 열의 침입 방지도 장시간 확보할 필요가 있으므로 계단에는 부속실을 설치하여 특별피난계단으로 한다. 부속실의 유형으로는 여러 가지가 있지만 연기를 계단에 침입시키지 않는다는 목적에서는 피난자가 일단 외기에 개방된 발코니 등으로 나와 계단으로 다시 들어가는 경로가 가장 효과적이다(6장의 05, 2. 참조). 그러나 현대의 건축물에서는 부속실이 건축물 내부로 도입되는 경우가 많아 연기의 침입 방지를 위한 연기제어 시스템을 사용할 필요가 있다.

① 계단식 부속실의 연기제어

부속실의 연기제어에서 종래 가장 일반적으로 사용되어 온 방식은 자연배연과 기계배연이다. 이것들은 각각 다음과 같은 특징이 있다.

- 자연배연 방식: 부속실에 배연창을 설치하여 침입한 연기를 배출하는 것인데, 부속실이 외기에 면하는 위치에 있어야 한다.
- 기계배연 방식: 부속실의 위치를 정하지는 않지만, 배연만 있으면 부속실이 감압되어 배연을 하는 한편 연기를 끌어들이기 쉬워진다. 따라서 부속실의 감압을 막기 위한 급기 샤프트를 병설할 필요가 있다.

배연 방식에 의한 부속실의 연기제어는 법규에서도 나타나 있는 방식으로, 적절히 설계하면 부속실로 들어간 연기를 배출함으로써 계단으로의 연기침입을 방지할 수 있다. 또한 외기에 크게 개방할 수 있는 개구로 인한 자연배연이라면 계단실 굴뚝효과를 막는 효과도 기대할 수 있다(6장의 05, 4. 참조).

그러나 부속실은 피난자의 일시 체류나 소방활동의 거점이 되는 곳이므로 한 걸음 더 나아가 부속실에도 연기를 침입시키지 않겠다는 계획이 더 바람직한 경우도 많다. 이를 위해서 부속실로 급기해 압력을 높이는 가압방식을 생각할 수 있다. 소방대가 부속실을 거점으로 소화활동을 벌이거나, 피난자 구조를 위해 복도로 나갈 경우 이 방식이라면 부속실 문이 어느 정도 열려 있지만 부속실에서 복도로 신선한 공기가 유입돼 소방대 등 뒤로 보내져 활동에 도움이 될 것으로 기대된다. 급기량은 이 경우에도 상정했을 때 부속실에 연기가 침입하지 않도록 설계하는 것이 좋다. 덧붙여 부속실 가압 방식에서는 부속실의 압력이 높아지지만, 피난자가 열 수 없는 경우가 발생하기 때문에 문에 가해지는 압력 차가 너무 강해지지 않도록 조정할 필요가 있다.

② 계단 가압연기 제어

계단실을 연기로부터 보호하는 방법으로 계단에 직접 급기하는 계단 가압 방식도 유력한 수단으로 해외에서는 많이 사용되고 있다. 일본에서는 초고층 건축이 건설되기 시작한 1970년대에 면밀히 검토되었으나 이후 부속실 가압 방식이 발전하였으므로 계단 가압 방식의 실시 예는 적다. 계단 가압 방식은 계단실로부터의 누설량을 가늠하기 어렵고, 그 때문에 급기에 의해 얻어지는 압력을 예측하기 어렵다는 난점이 있다. 그러나 계단실에 신선한 공기를 직접 급기하는 방식이어서 설령 약간의 연기 누출이 있더라도 충분히 안전한 농도로 희석할 수 있다. 명쾌한 연기 제어 시스템이므로 검토할 가치가 있다.

③ 열의 침입 방지

계단은 연기침입으로부터의 안전과 함께 열의 침입으로부터도 안전해야 한다. 열은 연기에도 포함되지만 그 외에도 화재에 노출되는 벽을 열전도로 침입해 오므로 계단 거실에 접하는 부분은 단열성을 갖는 벽으로 구획할 필요가 있다. 이 벽의 단열성능은 통상 내화시험에 의해 1시간 내화 등으로 평가된다. 그러나 오해해서는 안 되는 것은 예를 들어 1시간 내화의 벽으로 구획하면 1시간 피난 가능하다는 것을 의미하지 않는다는 점이다. 구획의 단열성은 비가열측 표면의 온도상승이 140℃에 달하는 시간 등 연소방지에 관한 판정기준으로 평가되지만 피난을 위해서는 더 낮은 온도기준이어야 하므로 피난 가능 시간은 훨씬 짧아진다. 계단실이 구획된 복도 등에서 거실과 격리되어 있어 직접 거실과 접하지 않는 위치에 있으면 계단실의 구획이 노출되는 온도는 화재실 만큼 높아지지 않지만 설계에 따라서는 문제가 될 가능성이 있다.

④ 부속실이 없는 피난계단

부속실을 요구하지 않는 피난계단은 일본의 경우 층수가 14층까지로 한정되어 있으므로 전관피난시간이 현저히 길어지는 것을 상정하고 있지 않다고 생각된다. 따라서 전관피난시간이 과대해지지 않도록 계단 폭을 확보하는 것이 전제가 된다.

만일 피난층의 출구폭이 0.9 m인 계단이 2개 있다면 대략적인 계산으로 시간당 피난인원은 1.5(인/m · 초)×0.9 m×2=2.7 인/초=162 인/분이므로 만약 14층 건물에 각 층 162인/층의 재실자가 있는 경우 피난시간은 1분×(14−피난층)=13분 정도가 된다. 덧붙여서, 이 규모의 건축물의 거실 면적은 사무실라면 162 인/층×8 m^2/인≒1300 m^2/층, 물품판매점이라면 대략 300 m^2/층 정도이다.

부속실이 없는 피난계단에서는 연기의 침입 방지가 중요한 과제가 된다. 부속실 배연이 없는 부분을 공용복도 등에서의 배연으로 보충할 수 있다면 바람직하다. 그러나 가장 중요한 것은 화재층 계단 피난문의 폐쇄 신뢰성이다. 특히 수시로 폐쇄 셔터나 방화문으로 폐쇄하는 유형의 것들은 세월이 흐르면서 유지관리가 소홀해지고 주변에 물건이 놓이거나 힌지가 녹슬어 있는 등 여러 가지 문제가 있는 것들이 적지 않다. 따라서 일반적으로 상시 폐쇄 문이 바람직하다고 생각되지만 문 아래에 고정 장치를 끼워 개방한 것도 있고 화재층 피난자가 피난 시 문을 꼭 닫고 피난하는 것도 어려운 점이다.

건축기준법에서 특별피난계단을 설치할 수 없는 규모의 건축물 계단에 대한 방연수단은 일반적으로 화재 발생 빈도가 그리 높지 않은 만큼 리스크 비용의 균형관계에서 상당히 어려운 측면이 있다. 만약 소방과의 협의를 통해 가능하다면 배연차 출동에 따른 계단 가압을 기대하고 건물 쪽에 계단으로의 송풍구나 과잉압력의 플립댐퍼 등을 비치하는 시스템이 갖춰진다면 효과적이다. 이는 꼭 연결 송수관과 같은 시스템이지만 건축기준법상으로는 별 문제가 없어 보이며, 만약 다소 무슨 일이 있어도 간단히 해결할 수 있을 것으로 판단된다.

(4) 피난층에서 건물 밖까지의 통로

피난층은 위층에서 내려온 피난자가 최종적으로 피난계단을 나와 건물 밖으로 나가는 층이지만 만약 피난층 자체에서 화재가 날 경우도 가정한다면 피난계단 출구에서 건물 밖까지의 경로도 화재로부터 보호받을 필요가 있다. 특히 건물 용도가 물품판매점이나 음식점 등인 경우에는 피난층에서도 화재가 발생할 가능성을 무시할 수 없는 경우가 많다. 그러나 이들 용도에서 피난계단은 대체로 외부 가까이에 배치되므로 계단에서 직접 건물 밖으로 나오도록 계획하는 것도 어렵지 않을 것으로 보인다. 한편 대규모 사무실 빌딩에서는 계단이 층 평면 중앙의 코어 부분에 계획되는 경우도 많아, 이 경우는 피난층에서의 계단 출구도 건물의 중앙부가 되므로 계획상 고려하여야 한다. 사무실 건물 피난층이 현관 로비라면 가연물도 적고 화재 위험도 작기 때문에 현관 로비 자체를 야외 대피경로로 삼을 수도 있다. 그러나 사무실 건물 피난층에 물품판매점이나 음식점을 설치할 경우에는 이들을 현관 로비와 적절히 구획하여 화재의 영향이 미치지 않도록 할 필요가 있다.

최근의 고층건축물은 복합화되어 있으므로 저층부는 판매·식당 등의 용도로 한시적으로 이용되고 고층부는 사무실이나 호텔 등의 용도로 종일 운영되는 사례가 많다. 이러한 경우, 고층부로부터 피난계단의 위치를 저층부에서 외벽측으로 이동시키는 것도 하나의 방법이다.

7. 피난경로의 사양설계에 관한 유의점

화재 시 피난자가 건물 내부에서 안전한 장소로 이동하는 경로의 각 부분은 피난자가 원활하게 통행 가능한 것이어야 한다. 일상적인 이용에서는 통행 가능하도록 설계된 통로라도 화재 시의 피난경로로는 더욱 고려할 필요가 있는 부분이 있다.

(1) 피난문의 개방 편리성

피난문은 건물 재실자가 화재 시 피난자가 되었을 때 누구나 쉽게 열 수 있어야 한다. 이 때문에 다음의 내용을 유의해야 한다.

(i) 개방 방법은 재실자 누구나 쉽게 알 수 있어야 한다.

화재 시 피난자는 당황하고 있기 때문에 문을 여는 방법이 평소 알고 있던 것과 다른 방법이라면 쉽게 열지 못해 패닉에 빠질 수 있다. 재실자가 불특정한 용도라면 남녀노소 외국인까지 다양한 사람들이 혼재돼 있기 때문에 누구나 상식적으로 알고 있는 가장 단순한 개방방법이 아니면 문제가 생길 수 있다. 특히 보안 자물쇠를 안이하게 설치해서는 안 된다.

화재 시 피난자의 대부분이 정상인일지라도 다양한 조건의 사람들이 섞여 있는 데다 화재 시 당황한 조건하에서는 평상시 판단력이 떨어진다고 보면 된다. 이 때문에 화재 시 안전 시스템에 대해서는 fail safe라든지 fool proof라든지 표어가 강조되는 것이다.

'fool proof'란 '바보라도 확실하게 할 수 있다'라고 직역되지만 아무리 영리한 자라도 초조해진 상황에서는 평소 익숙하지 않은 방법이나 언어능력이 저하되어 fool과 같은 상태가 되는 것이다.

세계에서 가장 먼저 피난에 대한 체계적인 기준을 만든 곳은 미국이다. 미국의 NFPA(National Fire Protection Association)에 의한 Life Safety Code를 비롯한 기준은 항상 개정되면서 세계에 보급되고 있으며, 새롭게 발전하여 건축물의 화재안전기준이 필요한 국가에서는 이들을 권위 있는 기준으로 본보기로 삼고 있다. NFPA101

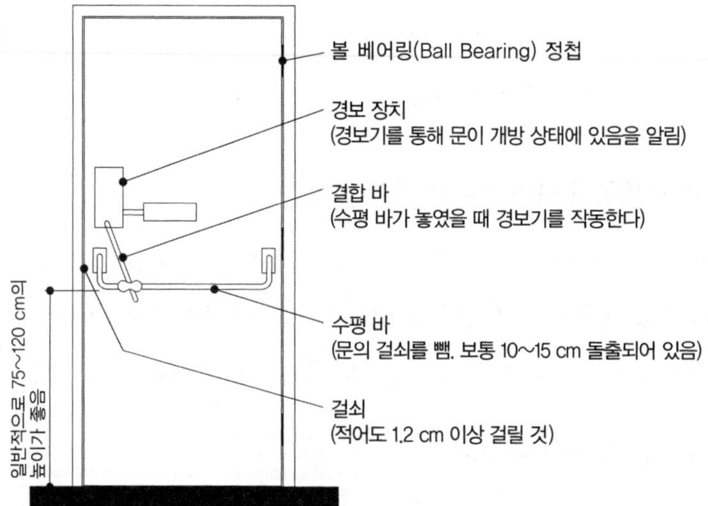

그림 7-7 패닉 디바이스 피난문(패닉 대응)

에 의하면, 문은 재실자가 있을 때는 항상 피난하는 쪽으로 쉽게 개방할 수 있도록 마련해야 한다. 또한 빗장(걸쇠) 혹은 기타 (문의) 폐쇄장치는 어떠한 조명조건하에서도 조작방법이 명백한 손잡이, 패닉바, 기타 개방장치를 구비하고 있어야 한다[8]. 화재 시의 피난문에 대해서는 비록 조명이 어두운 야간이나 연기에 의해 보기 어려운 가운데서도 특별한 지식 없이 쉽게 개방할 수 있는 기구로 되어 있는 것이 세계의 상식이며, 대부분의 국가에서도 상식 범위이다.

해외에서 피난계단 입구 등 피난경로에서 흔히 볼 수 있는 것은 그림 7-7과 같이 속칭 패닉 도어라고 불리는 것이다. 이러한 문이면 피난문임을 인식하기 쉽고, 또한 바에 몸을 맡기기만 하면 쉽게 열 수 있다.

그림 7-8의 사진은 캐나다의 한 호텔과 사무실의 피난계단 문이다. 그림 7-7의 것에 비하면 새로운 유형이라 할 수 있지만 왼쪽 호텔에서 피난문 표지는 문에 직각으로 설치되어 있어 복도를 지나는 고객들이 보기 쉽고 문에도 계단을 나타내는 픽토그램이 표시되었다. 오른쪽 사무실에는 작은 창문이 마련되어 있어 계단 안을 내다볼 수 있다. 둘 다 재입실은 안 되고 들어가면 피난층에서 나올 수밖에 없지만 계단으로는 단순히 손잡이를 돌리기만 하면 들어갈 수 있다.

(ii) 재실자에게 있어서 과한 개방력을 요하지 않음

현재의 여러 시설에서 일상적으로 사용되는 문은 자동문이나 회전문으로 되어 있는 경우가 많다. 그러나 일반적인 화재의 피난경로로 사용되는 문으로써 자동문

호텔: (좌) 피난문 표시, (우) 문 손잡이

사무실: 창이 달린 피난문, 문 손잡이

그림 7-8 해외의 피난계단으로 가는 문의 예

이나 회전문은 적합하지 않다. 덧붙여 회전문이 대형 참사로 이어진 문제가 되어 피난출구로 인정받지 못하게 된 것은 1942년의 코코넛 글로브 나이트클럽 화재(3장 03의 1)를 계기로 하고 있다. 일상 시 사용하는 출구는 화재 시에도 피난자가 집중되기 쉬우므로 만약 피난출구로 부적절한 경우에는 가까운 곳에 적절한 피난출구를 마련할 필요가 있다.

자동폐쇄장치는 화재 시 문이 열리면서 연기의 누출이나 연소를 막는 데 효과적이지만 피난문의 필요 개방력은 예상되는 피난자 누구나 쉽게 개방할 수 있도록 조정된 것이어야 한다. 특히 부속실이나 계단의 가압급기 등 송풍기를 이용한 연기제어를 할 경우에는 그로 인해 발생하는 피난문 양측의 압력 차도 고려할 필요가 있다.

(ⅲ) 다수의 피난자가 통과하는 문은 피난 방향으로 열리거나 바깥쪽으로 열려야 함

피난경로상의 문이 열리는 방향이 피난 방향으로 열면서 통과할 수 있는 것(그림 7–9(ⅰ))이 아니라 피난과 반대 방향으로 열린다면, 걸음을 멈추고 열어 통과해야 하므로 시간이 다소 소요된다. 그러나 그 이상으로 문제인 것은 많은 피난자가 통과하는 경우이며, 피난자가 열린 문짝에 걸리는 등이 피난 문제의 원인이 될 가능성이 있다. 또 피난자가 많아 피난군집처럼 되면 어떤 순간에 문이 닫히면 뒤에서 밀어오는 피난군집의 압력 때문에 다시 열기 어려워질 수도 있다(그림 7–9(ⅱ)). 다수 피난자의 피난경로가 되는 통로상의 문은 원칙적으로 모두 대피방향으로 열도록 하고 만약 출화위치 등에 따라 피난방향이 반대가 될 가능성이 있는 경우에는 스윙문 등 양방향으로 열리는 문으로 해야 한다.

일본 건축기준법 시행령 제118조에서는 극장·집회장 등 객석 출구는 안쪽으로 열리지 않도록 규정되어 있다. 이는 다수의 재실자를 수용하는 시설에서의 화재로

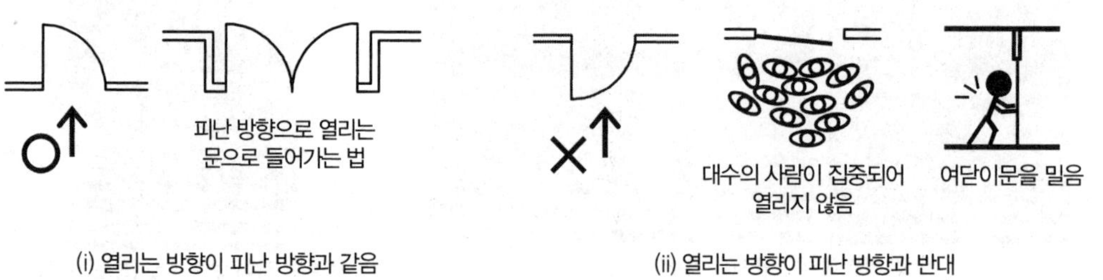

그림 7–9 피난문이 열리는 방향과 피난 방향

많은 희생자가 발생한 사고로 인한 사례를 살펴봤을 때 많은 재실자를 수용하는 용도에서는 동일한 고려가 필요하다.

피난 시 출구에서 체류인원이 많아질 경우 문의 접근성이 피난방향과 같아야 한다. 거실 피난로 출구에 체류가 발생하지 않는 것은 피난출구의 통과시간이 거실 내 보행시간보다 짧아지는 경우이며(그림 7-10), 식 7-1로 나타난다. 여기서 P: 피난자 수(인), N: 피난출구 유동계수(11.5인/(m/s)) B: 출구폭(m), L_{max}: 거실 최대보행거리(m), v: 보행속도(m/초)이다.

$$P / NB < L_{max} / v \qquad (7-1)$$

이 관계를 만족시키는 거실이라면 피난출구의 문이 열리는 것은 어느 쪽이든 상관없다고도 할 수 있다. 식 7-1의 조건은 안전 측의 조건이므로 약간의 체류는 허용되어도 괜찮다. 어쨌든 문이 열리기 편한 판단은 거실의 용도뿐만 아니라 출구폭이나 보행거리가 관여하게 된다.

(2) 층 공용복도의 높낮이 차, 바닥재

층 공용복도는 많은 재실자가 서둘러 피난하는 피난경로라는 점과 더불어, 재실자의 특성을 고려한 피난이 가능하고, 피난방향이 겹쳐 넘이지는 등의 시상이 없도

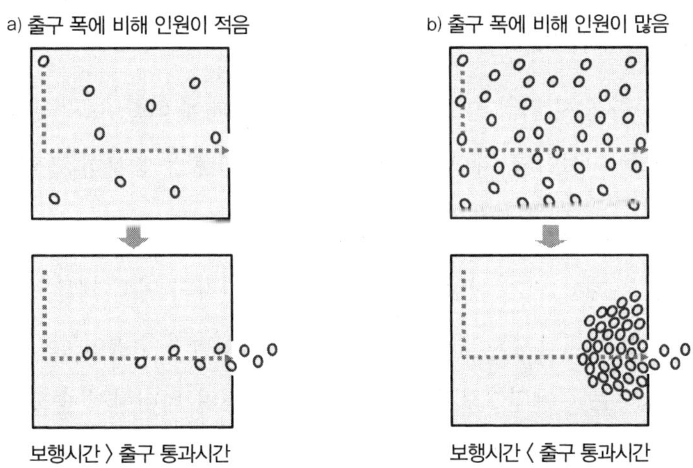

그림 7-10 보행시간, 출구 통과시간과 체류관계

그림 7-11 피난경로 도중 단차에 의한 넘어짐

록 설계해야 한다.

층 공용복도에 높낮이 차이가 있는 경우는 드물지만 전혀 없는 것은 아니다. 이 경우 이전에는 Life Safety Code 등에서도 높낮이 차이를 경사의 1/8을 초과하는 사로로 연결하지 않고 계단으로 연결하는 것으로 되어 있었다. 경사 1/8은 건축 내 공용복도의 길이를 고려하면 정상인의 피난에 문제가 되는 경사는 아니지만 최근에는 배리어 프리에 따라 휠체어 피난자도 대피할 수 있도록 경사의 기준이 1/16으로 바뀌었다. 어쨌든 기준의 경사를 넘을 때 계단을 설치하는 것은 간단하지만, 그렇다면 휠체어 피난자에게는 더욱 통과가 어려워진다. 일반 피난자에게도 단차가 있는 공용통로는 바람직하지 않으므로 최대한 피하도록 설계를 계획해야 할 것이다.

복도에 단차가 있을 때 전도의 원인이 될 수 있다(그림 7-11). 부득이하게 단차가 필요한 경우에도 불규칙한 단차로 하지 말고 계단의 디딤판이나 단차가 재실자 누구나 무리 없이 통과할 수 있는 치수로 하도록 유의해야 한다.

(3) 계단 · 부속실

계단은 화재 시 가장 중요한 피난경로로 소방대에 의한 소화 및 피난자 구출 활동에도 중요한 시설이다. 계단 설계에서는 이러한 역할을 충분히 고려할 필요가 있다.

① 부속실의 동선을 고려한 문 배치

부속실은 계단 연기 침입을 막는 동시에 피난자의 임시 체류 공간으로써의 기능도 갖고 있다. 피난자는 층 공용복도에서 부속실까지 수평이동으로 1보 50~60 cm 정도 진행하는데 계단으로 들어가면 1보가 디딤판 너비여서 속도가 약 1/2로 줄어들어 계단 앞 부속실에서 반드시 정체를 일으킨다. 만약 부속실로의 입구와 계단으로의 입구가 근접해 있으면 피난자의 흐름이 그 부근에 정체되어 안쪽이 낭비 공

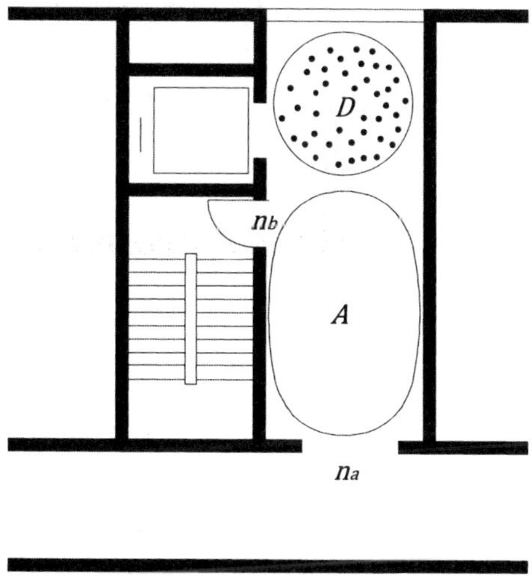

그림 7-12 피난경로 도중 단차에 의한 넘어짐

간이 되어 부속실의 면적을 일시 체류 공간으로 효율적으로 사용할 수 없다(그림 7-12). 부속실로의 입구와 계단으로의 입구는 피난자의 동선을 배려하여 가능한 한 분리 배치해야 한다.

② 나선 계단

나선 계단은 디딤판이 계단의 축에 가까울수록 좁아지므로 실질적으로 유효한 계단 폭이 작아질 뿐만 아니라 디딤판을 잘못 디디는 등 사고의 원인이 될 위험이 있다. 이는 계단참을 평면이 아닌 단으로 이루어지게 만들어진 구조도 마찬가지이다. 이들은 보조적 피난설비로 활용될 수는 있어도 많은 피난자를 위한 피난계단으로 적합하지 않다.

③ 단의 불규칙한 단차, 계단참의 단차

우리는 평소 계단을 내려갈 때 사실 디딤판이나 단 높이 등을 세심하게 주의하지 않고 무의식중에 계단의 치수가 결정하는 일정한 하강 리듬에 따라 내려간다. 전관 피난에 사용되는 계단은 많은 피난자로 정체될 수 있지만 밀도 높은 군집 안에 있는 피난자는 발밑을 잘 볼 수 없기 때문에 불규칙한 단차가 있거나 평면인 계단참에서 갑자기 단차가 나타나거나(그림 7-13) 하면 자세가 무너져 앞 피난자에게 밀리거나 넘어질 위험이 생긴다. 단독으로 계단을 내려가고 있다면 한 개인의 부상으

그림 7-13 계단참의 단차

로 끝나는 문제지만, 인구밀도가 높은 계단 내에서 일어나면 대규모 인명사고가 발생할 수 있다. 따라서 계단에 불규칙한 단차를 섞거나 계단참에 단차를 두는 것은 피해야 한다.

(4) 발코니·피난기구

발코니는 외기에 접해 배치되기 때문에 화재실보다 연기에 대한 안전성이 높다. 호텔·여관 등 취침시설처럼 피난 개시가 지연될 수 있는 용도 등에서는 만일의 경우 대피나 구조에 도움이 될 가능성도 있다.

소방법에서는 피난사다리, 완강기, 구조대, 피난로프, 미끄럼 봉, 미끄럼틀, 피난용 트랩, 피난교가 피난기구로 정해져 있다. 그러나 계단 등 본래의 피난시설을 대체할 성능은 없으므로 이에 의존하는 피난설계는 주의하여야 한다.

03 건물용도별 피난안전설계의 요점

건축물은 사람들이 필요로 하거나 요구하는 각종 서비스를 제공하기 위해 만들어지는 시설로, 이들 서비스를 기능적으로 수행할 수 있도록 건축물의 형체가 특징지어져 서비스를 공급하는 자와 소비하는 자가 재실자가 된다. 다만 서비스를 주고받는 형태는 다양하게 있으므로 재실자는 서비스 공급자와 소비자 한쪽이 주체일 수 있다. 건축물에서 제공되는 서비스의 종류가 건축물의 용도이며 서비스의 종류에 따라 특징지어진 서비스 공급자와 소비자의 특성이 재실자 특성이다. 이 때문에 건축물의 용도와 재실자 특성 및 건물의 공간구성은 밀접하게 관련되어 있고, 건축물의 현실적이고 효과적인 피난안전설계를 실시하는 데는 그러한 특성에 대한 이해가 필수적이다.

건축물의 용도에는 여러 가지가 있지만 용도에 관계없이 공통 사항은 7장 02에 기술하고 있으므로, 여기에서는 비교적 많이 볼 수 있는 일반적인 용도의 건축물에 대한 피난안전설계로서 특히 고려해야 할 점에 대해 개략적으로 설명한다. 또한 최근의 건축물에서는 복수의 용도가 하나의 건축물에 입주하는 복합건축물이 많아지고 있는데, 이 경우의 피난안전설계절차에 대해서도 02에 관련 내용이 있으므로 참조하기 바란다.

1. 사무실 빌딩

사무실는 주로 기업이나 행정 등이 정보의 수집·분석, 서류 작성 등의 사무처리를 하는 실로 이루어진 건축물이다. 사무실에서는 장시간 사무작업이 주체여서 노동환경의 위생적, 쾌적성 차원에서 외벽에 창문이 마련된다. 다수의 직원이 같은 실에서 업무를 하는 경우도 많고, 또 다양한 업무에 대응해 실을 유연하게 사용할 수 있도록 실내에 기둥이 없는 큰 실을 선호한다. 그 때문에 보와 보사이가 길어지는 스팬 구조로 구성되어 큰 실을 구성할 수 있고, 그 안쪽에 복도나 엘리베이터, 계단 등의 코어부가 설치되는 경우가 많다.

피난안전계획에 관한 사무실 빌딩의 주요 특징을 표 7-5에 나타냈다. 사무실 건물의 화재하중은 다소 높은 편이나 특정 정상인을 주체로 하는 재실자가 주로 낮에 사용하는 건물이므로 화재 시 피난안전상 비교적 유리한 용도의 건축물이다. 그러나 최근 건축물의 초고층화·대규모화에 따라 수용되는 재실자 수가 이전에 비해 현격히 많아지는 반면 층 피난이나 전관 피난을 위한 공간이나 시설이 재실자 수의 증가에 대응하지 않아 피난에 걸리는 시간이 증가하는 경향이 있다.

또 현재는 주 용도가 사무실로 되어 있어도 사무실 건물에 다양한 용도의 공간이 입주할 수 있으며, 일부 층에는 인구밀도가 매우 높은 용도나 재실자가 불특정한 용도의 실이 입주할 수도 있다. 따라서 사무실 건축에서는 화재 층이나 전관의 피

표 7-5 피난안전계획 관점에서 본 사무실 건물의 특징

	특징	고려해야 하는 부분
재실자 특성	• 특정, 기상, 정상인	• 자사 빌딩과 임대 빌딩
가연물량	• 가연물량이 많음	• 자사 빌딩과 임대 빌딩
공간특성	• 계단의 배치, 코어의 타입에 따라 피난안전상 특징이 상이함 • 고층빌딩이 많음	• 코어 타입별 피난안전을 고려 • 피난경로계획(일상 시와 비일상 시의 동선, 보안 시스템) • 엘리베이터 샤프트의 연기 확산 방지

난계획에 이들의 실태를 충분히 고려하여 피난경로의 용량 · 치수나 시방이 적절하도록 고려할 필요가 있다.

(1) 코어 타입에 의한 피난안전상의 영향과 주의점

사무실 건축물에는 크고 작은 다양한 규모가 있지만, 소규모 건축물 공간 구성의 다양성은 비교적 적다고 할 수 있을 것이다. 건물 외주 1면 쪽에 엘리베이터 로비와 그에 연결되는 복도가 있어 각 사무실에 연결되는 구성이 전형적인 평면 설계이다. 복도가 엘리베이터 로비를 겸하고 있는 것도 많고, 하나의 업체가 층 전체를 사용할 경우에는 복도가 없이 엘리베이터 문이 직접 사무실에 접해 있는 경우도 적지 않다. 사무실은 창면이 남향 혹은 도로 쪽으로 나 있는 것이 많다.

피난설계에 관해서는 계단으로의 양방향 피난경로를 확보하는 것은 필수적으로 계단으로의 연기침입 방지의 신뢰성 차원에서 문을 수시 폐쇄가 아닌 상시 폐쇄하는 것이 바람직하다. 또 피난거리가 긴 가운데 복도가 계단으로의 피난경로라면 복도에 기계배연설비를 설치하는 것이 바람직하지만 작동장치는 피난자가 쉽게 조작할 수 있는 것이 아니면 피난에 도움이 되지 못한다.

최근에는 고층의 사무실 건축이 대규모로 증가하고 있는데, 그 층평면의 설계는 코어의 배치 타입마다 비교적 패턴화되어 있다. 고층의 건축에서는 많은 엘리베이터가 필요하므로, 이것과 계단, 설비 샤프트, 화장실 등을 집중한 코어 부분이 큰 비율을 차지하기 때문이다. 이들 코어 타입은 건축물 바닥면적의 계획규모나 부지조건의 차이로 인해 생긴다. 그림 7-14에는 몇 가지 대표적인 코어 형태의 예를 소개한다. 단, 이들 설계 예는 피난안전상 권장하는 예로서가 아니라 설명의 형편상

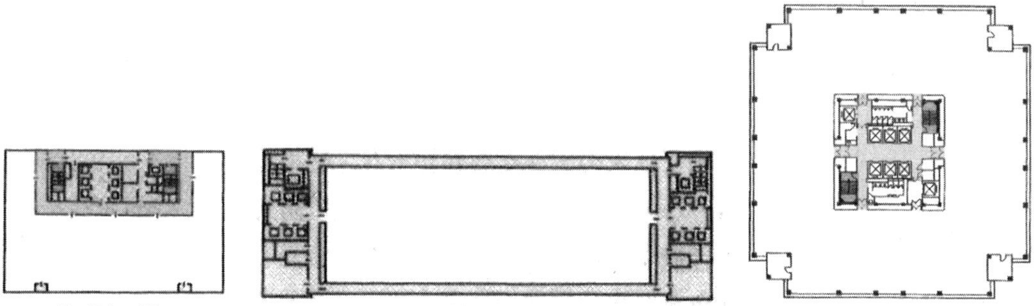

(i) 편심코어형 (ii) 양단코어형 (iii) 중심코어형

그림 7-14 사무실 건물의 코어 형태 예

나타낸 것이다.

(ⅰ) 편심코어형

층의 한쪽 끝에 코어가 배치되는 형태이며(그림 7-14(i)) 이 형태는 사무실 층이 코어의 한쪽 면밖에 없으므로 면적이 비교적 작은 빌딩으로 계획된다.

(ⅱ) 양단코어형

층의 양단 등 평면적으로 떨어진 위치에 코어를 각각 설치하는 형태이다(그림 7-14(ii)). 단, 이 형태는 비교적 적기 때문에 부지 형상과 도로와 접한 형식과의 관계에서 채택되는 형태이다.

(ⅲ) 중심코어형

바닥면적이 큰 사무실 건물의 설계에서는 1스팬으로 늘릴 수 있는 빔 길이의 구조적 이유, 코어 부분의 간략화에 따른 사무실 부분의 이용률 효율화 등을 고려하여 중심코어형이 되는 경우가 많다. 이는 그림 7-14(iii)와 같이 층의 중앙부에 고이를 설치하여 사무실 부분을 주위에 배치하는 형태이다. 그림은 평면 형상이 정사각형인 경우의 예인데, 더 규모가 커지면 코어에 설치할 수 있는 엘리베이터 뱅크도 늘어나므로 직사각형의 평면 형상이 되는 경우도 많다.

(2) 계단 배치와 연기로부터의 보호

고층 건축물이 될수록 전관 피난에 많은 시간이 소요되므로 계단에는 실질상 일시 피난 장소에 가까운 안전성이 요구된다. 그러므로 연기침입 방지를 위한 연기제어는 최대한의 유효성과 신뢰성을 갖춘 것이어야 한다. 그림 7-14의 형태 중 (i) 편심코어와 (ii) 양단코어형에서는 계단을 외부에 배치할 수 있으므로 모든 연기제어 방식을 채용할 수 있다. 가장 저렴한 방법은 부속실에 충분히 큰 배연창을 설치하는 방법인데, 부속실을 외기 개방 발코니로 만들면 연기침입 방지상의 성능상이나 신뢰성도 거의 문제없는 수준이라고 생각된다. 반면 (iii) 중심코어에서는 계단이 건물 내부에 배치되기 때문에 기계배연 또는 기계급기를 수반하는 연기제어 시스템이 될 수밖에 없다. 부속실을 기계급기로 가압하는 경우는 물론 기계배연하는 경우에도 급기가 필요하므로 외기에서 도입한 공기를 부속실로 운반하기 위한 샤프트를 마련하게 되는데 연기를 배출하기 위해서도 역시 샤프트가 필요하다.

(3) 공용복도와 양방향 피난

어느 실에서 화재가 나더라도 출화층 피난자는 층 공용복도를 경유하여 계단으로 피난한다. 거실에서 공용복도로 나오면 어느 방향으로 피난하더라도 계단 중 어느 하나에 도달할 수 있는 것이 원칙이며, 한 방향으로만 피난할 수 있는 부분은 최소한이어야 한다. 그림 7-14의 어떤 유형이라도 여러 계단이 근접하지 않도록 계획하는 것은 가능하다. 그러나 현실계획에서는 층 전체가 일체적인 거실로 사용될 경우에는 공용복도가 철거됨으로써 양방향 피난이 불가능해질 우려도 있으므로 설계상 주의가 필요하다.

(4) 거실의 양방향 피난과 구획

사무실 건물에서는 임대자에 대한 임대면적 규모에 따라, 혹은 사무실 용도에 따라 층을 구획 분할하여 사용하는 경우가 많다. 이 경우 특히 중심코어형의 층에서 모서리부에 해당하는 부분을 구획하면 공용복도로 나가는 문을 설치할 수 있는 위치가 매우 한정되어 거실 내에서 양방향 피난이 어려워져 공용복도를 연장해야 하는 경우가 있다. 같은 일은 편심코어형 사무실의 모서리부에 대해서도 일어날 수 있다.

(5) 거실의 문 배치와 소화

초고층 빌딩에서 소방대에 의한 소화활동은 건물 내부에서만 할 수 있으므로 거실 출구가 치우쳐 있으면 소화주수를 효율적으로 할 수 없다. 따라서 스프링클러에 의한 소화에 실패하면 화재는 방치 상태가 될 위험성이 높다. 이것은 모서리부 구획의 경우에 한정하지 않고 면적의 크기에 비해 주수 포인트가 적은 구획에 공통되는 리스크이다. 사무실 건물은 수납가연물도 비교적 많고 창문도 커서 초기 소화에 실패하면 대형 화재로 확대되기 쉽고, 또 가로로 긴 창문이 많아 화재가 심해지면 위층 연소도 확대될 위험이 높다. 성기 화재에 대해서는 법규의 스팬드렐 높이는 연소방지에 대해 반드시 충분하지 않으며 스프링클러에 의한 소화확률도 결코 100%가 아니므로 이러한 리스크가 잔존하는 것에도 주의가 필요하다.

(6) 자사 빌딩과 임대 빌딩

이전의 방재계획 지침에서는 자사 빌딩과 임대 빌딩 재실자 밀도 등을 차등화했다. 그러나 구체적으로 어떤 차이가 있는지는 분명치 않다. 당초에는 자사 빌딩이라도 오랜 세월 중에는 임대자로 바뀔 가능성도 작지 않다고 생각된다. 피난계획이나 설계의 기본적인 부분은 모두 대응할 수 있도록 해 두는 것이 현명할 것이다.

2. 대규모 물품판매점

물품판매점는 다양한 상품을 손님들이 고르기 쉽도록, 흥미를 끌도록 진열하기 위한 목적의 거실을 제공하는 건축물이다. 개별 손님은 거주 용도나 사무실 용도에 비해 체류시간이 길지 않기 때문에 창문은 특별히 중요하지 않으며, 오히려 일사 등으로 인한 상품 열화의 원인이 된다. 이 때문에 외벽에 창문은 적고 층 중심부에는 최대한 크게 매장에 비치되며 외주부 내벽도 진열장 등으로 활용된다. 또 그 뒷면은 상품을 저장하는 다양한 실로 사용된다.

대규모 물품판매점은 과거에도 일본의 경우 시라키야 화재, 센니치마에 백화점 화재, 타이요오 백화점 화재, 나가사키야 아마가사키점 화재 등 다수의 사망자를 낸 사례가 있다(1장 01의 2. 참조). 외국에는 사망자를 수백 명 규모로 낸 사례를 포함해 대규모 화재는 많이 있지만, 건물 용도로는 극장, 호텔, 클럽, 사무실 등이 많

표 7-6 피난안전계획 관점에서 본 대규모 물품판매점의 특징

	특징	고려해야 하는 부분
재실자 특성	• 불특정 다수	• 균형 있는 계단 배치를 통한 다방향 피난 확보
가연물량	• 가연물량이 많음	• 피난경로 확보, 방화관리
공간특성	• 면적이 큼 • 창문이 적음 • 에스컬레이터와 같이 공기가 상층부로 이동할 공간이 많음 • 방문객에게 보이지 않는 뒷공간의 동선이 계획됨 • 복합시설로 되어있는 경우가 많음	• 연소확대 방지를 위한 면적구획과 피난계획 • 수직관통공간에 의한 연기확산 방지 • 방화관리

아 대규모 물품판매점은 비교적 적은 것 같다. 따라서 대규모 물품판매점의 용도로 한정하면 일본의 화재는 세계적으로 대표적인 화재 사례가 될 수 있다. 그 이유는 알 수 없지만, 단순히 일본에 대규모 물품판매점이 많다는 것일 수도 있고, 어떤 건축 공간적, 영업 형태적으로 일본 특유의 미비가 있는지도 모른다.

피난안전계획의 관점에서 본 대규모 물품판매점의 특징을 표 7-6에 나타낸다. 대규모 물품판매점의 재실자는 점포 직원을 제외하고 불특정 다수의 사람들이기 때문에 피난경로의 위치 등 공간 구성은 기본적으로 파악하지 않고 있다.

다양한 상품이 판매되고 있으며, 제품 대부분은 가연물이고, 그중에는 의류 · 침구 등 타기 쉬운 물건도 많다. 대규모 매장의 공간에서는 개방적인 대공간 내에 여러 상품의 매장이 배치되는 유형과 같은 카테고리를 나누어 점포가 배치되는 유형이 대표적이다. 일반 고객은 보통 에스컬레이터나 엘리베이터를 통해 점포에 들어오는 반면 화재 시 피난계단의 대부분은 점포구역에서 숨은 외주부 후방지역에 배치돼 있다. 게다가 점포에는 다양한 상품의 진열이나 이를 부각시키기 위한 장식이 많이 되어 있기 때문에 피난경로의 위치를 인식하지 못하는 경우가 발생할 수 있다. 이 때문에 피난구 유도등은 법규 기준대로 설치돼 있었다고 해도 일반 고객이 화재 시 신속하게 피난경로를 찾기가 쉽지 않다.

(1) 수직관통구획에 의한 연기 확산 방지

대규모 매장은 아트리움 등 개방적인 공간을 연출하기 위한 층별 천장이 없는 구

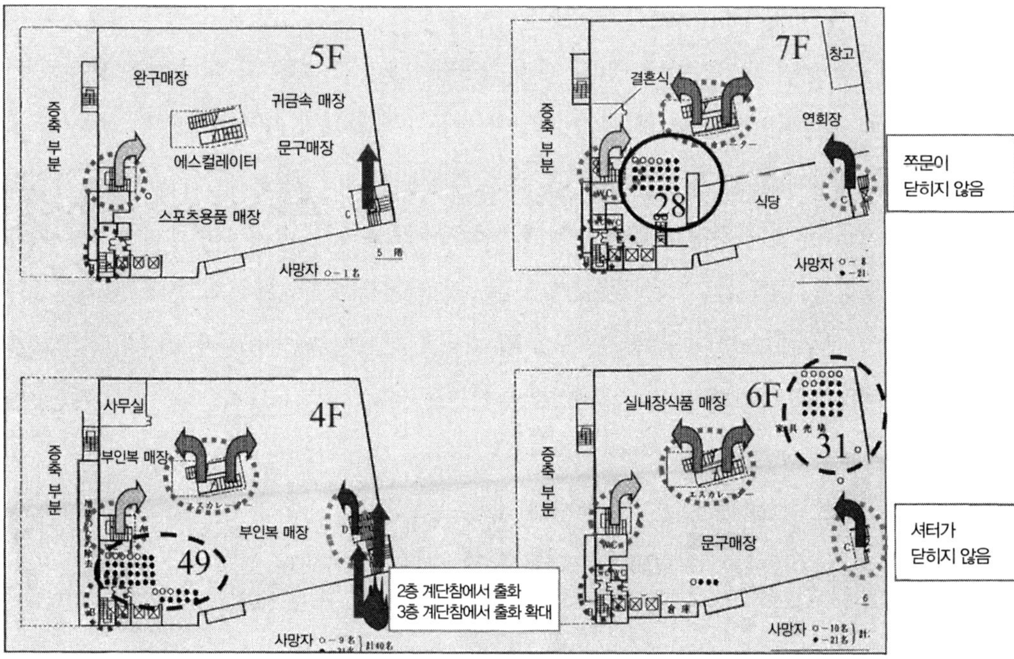

그림 7-15 타이요오 백화점 화재와 셔터의 폐쇄 실패

조와 매장을 연결하는 에스컬레이터 등 수직관통공간이 많이 계획되는 것이 특징이다. 이와 같은 건축물 특징을 가진 건축물에서 화재가 발생하면 발생한 연기가 위층으로 확대돼 출화층보다 오히려 위층 피난자에 대해 피난에 영향을 미친다. 디이요오 백화점 화재(1973년)에서는 사망자 103명, 부상자 121명이었는데, 그 가장 큰 원인은 계단이나 에스컬레이터 구획을 위한 셔터가 대부분 폐쇄되지 않아 연기가 확대되었기 때문이었다.

그림 7-15는 타이요 백화점 화재에서의 사상자 발생 위치와 셔터구획 폐쇄 실패로 인한 연기확대 경로를 나타낸 것이다. 계단과 에스컬레이터도 셔터구획 폐쇄에 실패해 많은 희생자를 내는 원인이 됐다. 5층만 유일하게 사망자를 내지 않은 것은 직원에 의한 피난 유도가 적절히 이뤄졌기 때문으로 알려져 있지만, 해당 층에서는 셔터가 폐쇄된 비율이 높았던 것도 피난 유도의 성공에 기여했다고 생각된다.

수직으로 연기의 상승 확산을 막기 위해 수직관통공간의 구획을 실시하는 것이 요구되고 있으나 실제 계획에서는 대부분 셔터를 설치하게 된다. 셔터의 폐쇄기구나 유지관리 레벨은 지속적으로 향상되고 있을지도 모르지만 셔터 부근에 장애물이 놓이거나 기계적 불량으로 인해 셔터의 강하 장애가 일어날 우려가 있으므로 폐쇄 신뢰성이 1은 아니다. 만일 폐쇄 확률이 0.9라고 해도, 수직 공간이 10개의 셔터로 폐쇄되어 있으면, 모두가 폐쇄에 성공할 확률은 0.9^{10}≒0.35이기 때문에, 적어도 1개 이상의 셔터가 폐쇄하지 않을 확률은 0.65나 된다. 셔터의 개수가 늘어날수록 모든 것이 완전히 폐쇄될 확률은 작아지므로 수십 개의 셔터로 수직 구획되는 아트리움 등에서는 모든 것이 폐쇄되는 것은 거의 바랄 수 없게 된다. 에스컬레이터의 경우에도 만약 둘레 4면을 모두 셔터로 폐쇄한다면 층수가 10층이라면 40개나 된다. 에스컬레이터의 앞뒤는 통로이므로 유리 스크린 설치는 불가능하지만, 한편으로는 놓인 물건에 의한 폐쇄 장애 확률은 감소할 것으로 생각된다. 측면에 유리 스크린을 병설하는 것은 셔터가 폐쇄되지 않았을 경우의 연기확대 방지에 성공할 확률을 높이는 데 효과가 있다고 할 수 있다.

(2) 균형 있는 피난계단 배치(다방향 피난)

대규모 물품판매점에서는 건축기준법 시행령 제124조의 규정에 따라 바닥면적당 계단폭이 다른 용도에 비해 많이 필요하다. 많은 인원이 모이는 대규모 물품판매점에서는 그림 7-16(a)과 같이 우선 피난계단을 평면상 균형 있게 배치하는 것이 계단을 피난에 유용하게 사용하기에도, 신속하게 피난계단을 발견하기에도 중요하다. 또한 건축기준법에 피난안전검증법이 도입되어 피난계단 폭을 규정보다 줄일 수 있게 된 데에는 이에 대해 설계자의 자각을 촉진함으로써 피난안전계획의 합리화를 촉진하는 것이 목표의 하나였다. 그러나 실제로는 피난계단은 그림

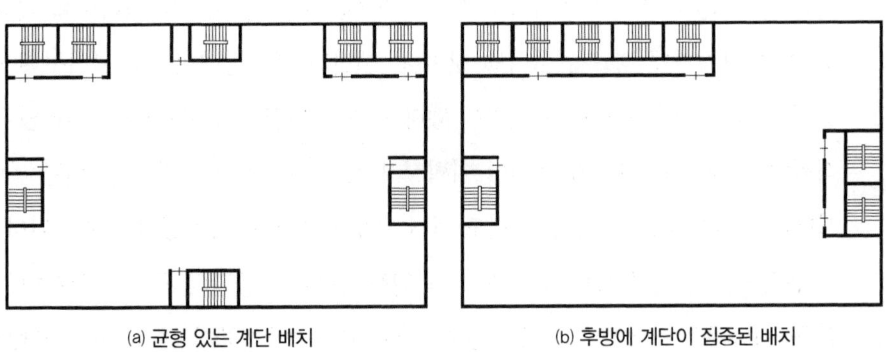

(a) 균형 있는 계단 배치　　(b) 후방에 계단이 집중된 배치

그림 7-16 백화점 계단 배치의 예

7-16(b)과 같이 후방 통로 쪽으로 한꺼번에 치우쳐 배치되는 사례도 많이 볼 수 있다. 이러한 경우에는 피난자의 유동상도 아래와 같은 비효율이 있다. 그러나 더 큰 문제는 피난출구의 배치 균형이 좋지 않으면 피난자가 그 존재를 인식하지 못한다는 점이다.

a. 계단 자체가 많아 큰 폭이 확보되어 있어도, 계단에 이르기 직전의 복도 폭이 좁으면 피난 유동상의 걸림돌이 되어 유동수를 한정하므로, 계단이 효율적으로 활용되지 않는다.

b. 만약 많은 사람이 편재한 피난계단 부근에서 출화되어 이들이 대피에 사용할 수 없게 될 경우에는 부족한 피난계단으로 다수의 피난을 실시하여야 하는 상황이 발생하기 쉬워진다.

(3) 매장으로부터의 피난경로 확보

대규모 물품판매점은 공간 구성에 익숙하지 않은 불특정 고객이 주체이기 때문에 막상 화재를 직면하면 피난자는 들어온 길을 거꾸로 가기도 하고, 공간 끝으로 가기도 하며, 타인을 따라 움직이는 등 피난자에게 특유한 행동이 일어나기 쉽다. 앞의 그림 7-15에서 나타낸 바와 같이 타이요 백화점 화재에서는 103명의 사망자가 발생하였는데, 벽에 가까운 여러 곳에 20~30명 규모로 사망자가 모여 있었던 것은 특징적이었다. 게다가 4층과 7층에서는 바로 가까운 곳에 연기의 침입으로부터 보호받은 특별 피난계단이 있었음에도 불구하고 피난을 하지 못하고 있었다. 불특정 다수의 재실자는 공간에 안내되지 않거나 조직적인 피난훈련을 받고 있지는 않다는 것을 고려한 설계가 필요하다.

① 점포 내 통로와 피난출구의 배치

불특정 다수의 재실자가 피난출구를 쉽게 찾을 수 있도록 가장 필요한 것은 피난자가 어디에 있어도 가까운 곳에 피난출구가 있을 수 있도록 피난출구를 점포 내에 균형 있게 배치하는 것이며, 그다음으로는 피난출구에 이르는 경로를 명확히 보여주는 것이다. 대형 물품판매점의 경우 점포 내 통로는 거실 피난경로인 동시에 층 피난경로의 대부분을 차지한다. 점포 내 통로는 사무실 건물 복도와 같이 구획되어 있지 않지만 사무실 건물의 공용통로 같은 것이다. 사무실 건물에서는 공용통로를 따라 반드시 피난계단으로 통한다는 것이 일반적인 상식인 것처럼, 점포 내 통로를 따라가면 그 출구를 쉽게 찾을 수 있다는 신뢰감을 피난자에게 줄 수 있는 배치계획이 필요하다. 매장에서 피난하는 입구를 향해 갈 때, 특정 점포를 관통하는 피난경로는 바람직하지 않다. 피난출구까지의 거리가 길거나 표지판을 찾기 어려운 등의 원인으로 피난출구의 발견까지 시간이 걸리는 경우 피난자에게 동요가 생겨 적절한 피난행동을 할 수 없게 될 우려가 있다. 그림 7-17에 소개한 바와 같은 점포

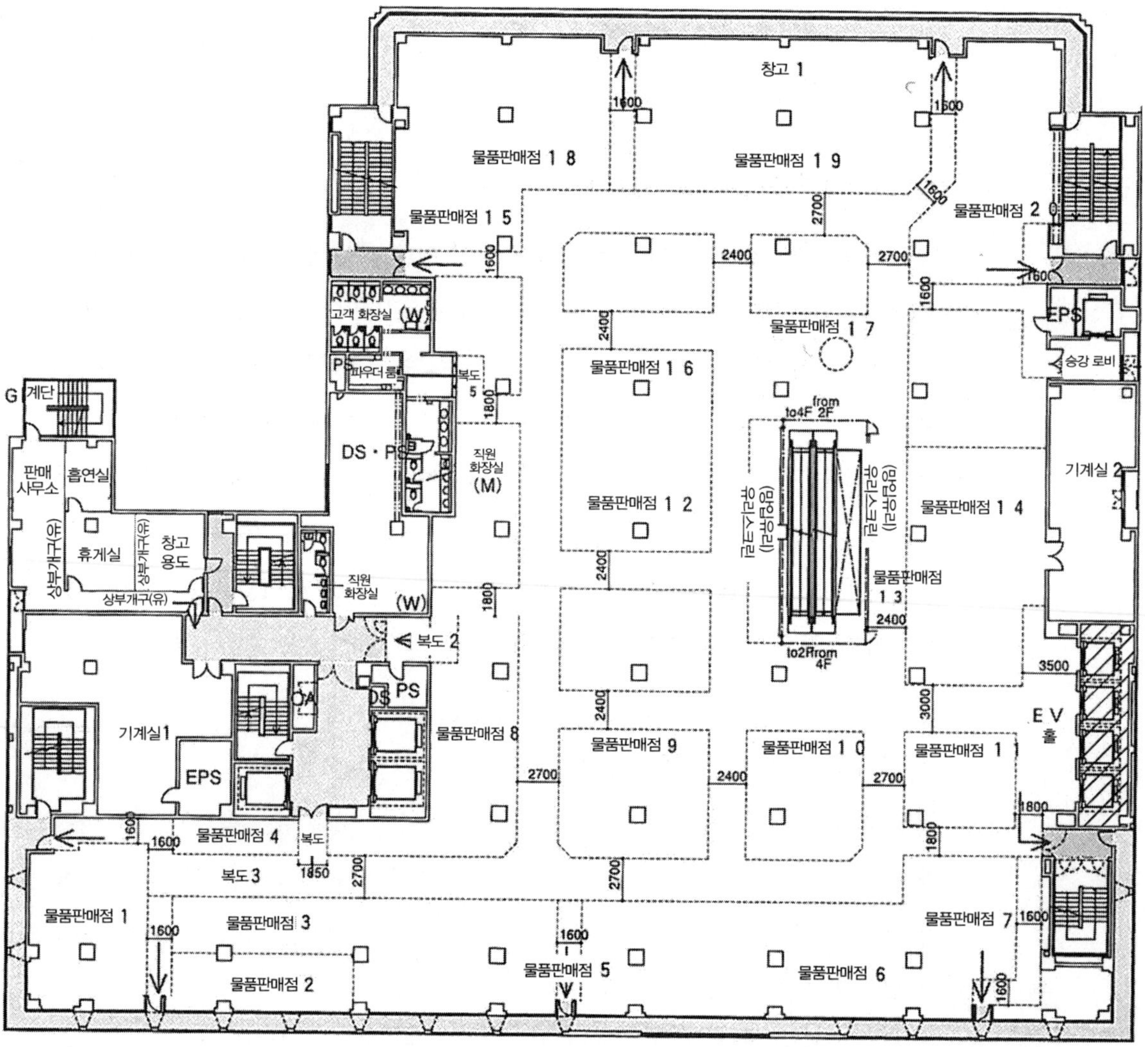

그림 7-17 피난경로가 균형 있게 배치된 대규모 물품판매점의 예

내 통로의 배치는 점포 내 통로를 거의 똑바로 따라가면 계단 혹은 후방 피난경로에 도달할 수 있고, 또한 피난경로가 균형 있게 배치되어 있다는 점에서 상당히 잘 계획된 예라고 할 수 있다. 그러나 물품판매점에서의 매장 배치는 꽤 빈번하게 변경되므로, 그때마다 항상 그림 7-17과 같은 상태를 유지하는 것이 과제가 된다.

② 후방 통로

대규모 물품판매점 후방에서는 물품창고나 물품 운반을 위한 통로가 계획되는데 피난계단을 후방공간으로 계획할 경우 피난경로로 사용하게 된다. 따라서 공간을 구획하여 연기의 침입으로부터 보호하고 피난경로에 물건이 놓이지 않도록 하는 것이 중요하다. 후방통로를 이처럼 안전성이 높은 피난통로로 계획한다면 후방통로로 들어간 후 계단까지의 거리는 다소 길어지더라도 매장에서 피난안전성을 확보할 수 있을 것으로 판단된다.

③ 보안 잠금장치

최근에는 보안상 일반 고객이 피난계단을 사용할 수 없도록 후방통로로 가는 출입문에 보안잠금장치가 설치되는 경우가 있다. 이 같은 경우 화재 시 피난의 심리 및 군중의 판단능력, 비상시 자물쇠의 신뢰성 등을 고려한다면 위험성은 증가하게 된다. 매장에서 후방의 피난출구는 잠겨 있어서는 안 된다. 후방 통로 보안에 문제가 있다면 폐쇄회로(CCTV) 사용 등 보안을 확보할 수 있는 다른 방법을 강구할 필요가 있다.

(4) 면적구역의 셔터 및 피난계획

대규모 물품판매점은 1층의 매장을 큰 공간으로 계획하는 경우가 많다. 이 경우 연소확대 최소화를 위한 방화구획을 구축하기 위해 방화셔터를 활용하여 면적을 구획하게 된다. 방화구획은 연소 및 연기의 확대를 억제하고, 손해를 최소화하는 목적뿐만 아니라 피난안전과 소방활동 측면에서도 매우 효과적이다. 그러나 셔터를 활용한 공간의 폐쇄는 화재 시 실패 가능성을 고려할 필요가 있다. 또한 셔터 폐쇄가 피난과 동시에 진행되기 때문에 피난행동에 미치는 영향에 대해서도 고려할 필요가 있다.

① 셔터의 폐쇄 장애

방화셔터는 폐쇄 장애 등에 의한 실패가 문제가 된다. 셔터가 내려오는 위치에 물건이 놓이지 않도록 관리하는 것도 중요하지만 셔터를 물건이 놓이기 쉬운 위치에 설치하는 것도 문제가 된다. 따라서 면적 구획을 설정하는 단계에서 강하 장애가 일어나기 어려운 위치를 선택하여 셔터를 설치할 필요성이 있다. 또한 셔터의 폐쇄 실패는 강하 위치에 물건이 놓이는 것뿐만 아니라 기계적, 전기적 고장 등에 의해서 발생할 수 있으므로 항상 점검을 실시하여 상태를 유지해야 할 필요성이 있다.

② 셔터 폐쇄로 인한 피난상의 단점

방화셔터가 닫히면 피난통로가 막혀 피난자가 패닉에 빠질 우려가 있다. 셔터 옆에 쪽문을 설치하여 피난이 가능하도록 하는 것이 중요하다. 다만 방화셔터 쪽문을 설치했을 때 피난자가 쪽문의 위치를 알아보기 어려울 경우가 발생할 수 있으며, 피난경로가 굴곡되는 등의 문제가 발생할 수 있다. 따라서 다수의 피난자를 위한 피난출구를 구축하는 것도 중요하며, 셔터의 쪽문에만 의존하여 피난로를 구축하는 것보다 셔터로 구획되는 공간에 적정한 피난계단을 균형 있게 배치하는 것이 바람직하다(그림 7-18). 셔터로 공간이 폐쇄되어 피난자가 갇히는 일이 없도록 해야 한다.

(5) 연기제어 계획

일반적으로 개구부가 많지 않은 공간에서의 화재는 공기의 공급이 적기 때문에 불완전 연소가 되기 쉽다. 더불어 물품판매점에는 각종 원료로 만들어진 상품이 많

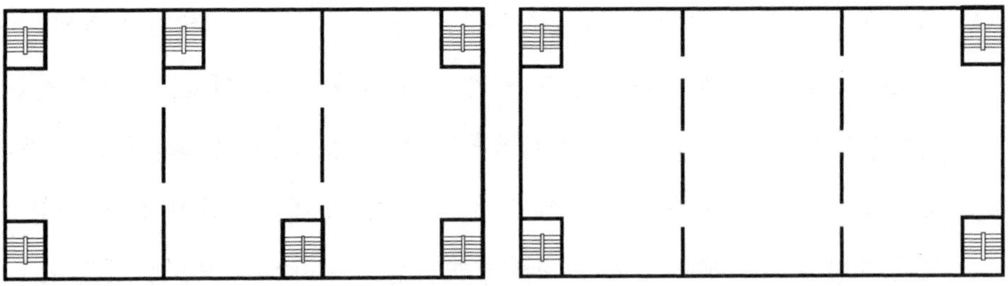

(a) 각 구획에 피난계단이 균형 있게 배치됨 (b) 가운데 구획에 피난계단이 없음

그림 7-18 방화구획과 계단배치

이 수납되어 있어 연기 농도가 짙고 다양한 유독가스를 대량 함유한 연기를 발생시키기 쉽다.

대규모 물품판매점에서도 피난은 거실 피난인 동시에 층 피난이기도 하다. 피난과 소방대의 활동을 위해서 방화구획과 배연을 통해 연기의 확대를 최소화할 필요가 있다. 그러나 면적이 1,500 m^2, 3,000 m^2의 방화구획이라면 둘레가 각각 150 m 이상, 200 m 이상이 되므로 구획을 하기 위해 설치되는 방화셔터의 수도 많아져 모든 구역이 폐쇄되지 못할 수도 있다. 피난안전설계는 전체 셔터 중 일부는 폐쇄에 실패할 가능성도 있으므로 실패했을 경우도 검토할 필요가 있다.

3. 극장·영화관·공연장

극장, 공연장 등에 방문하는 방문객은 잠시 일상생활에서 벗어나 새로운 체험을 경험할 수 있는 장을 연출하는 것을 목적으로 한다. 또 방문객들의 체류시간도 비교적 짧아 외부의 경치나 소리 등을 느낄 필요가 없고 오히려 방해가 되므로 이를 가급적 차단할 수 있도록 계획된다.

극장과 각종 공연장, 영화관 등은 방문객의 오락을 목적으로 구성된 시설이며, 각 시대마다 인기를 끄는 소재를 제공함으로써 많은 이들이 방문하게 된다. 각종 공연장의 가장 큰 특성은 관중석의 인구밀도가 높다는 것이다. 시대의 흐름과 함께 오락의 대상과 감상하는 방법도 다양해져 현재는 TV, 인터넷, DVD 녹화 등을 통해 집에서 편하게 즐길 수도 있지만 현장에서 직접 경험하는 경우도 여전히 많다. 현장에서 직접 관람하는 경우 배우나 가수 등의 무대를 가깝게 관람할 수 있도록 하며, 관객에게 최대의 만족을 제공하기 위해 객석의 조밀하게 구성하여 좌석의 밀도가 높다.

극장 등 공연장 피난안전계획에 있어 가장 중요한 과제는 인구밀도가 높은 공간의 재실자를 화재로부터 어떻게 안전하게 피난시킬 것인가에 관한 것이다.

(1) 극장에서의 화재

표 1-5의 건축화재 연표를 보면 초기부터 2차 세계대전 후까지 한동안 영화 상영 중 화재가 많이 발생한 것을 알 수 있다. 이 중에는 영화관에서 발생한 화재도

있지만 기타 시설에서 발생한 화재도 있다. 당시에서는 영화 상영이 국민들의 주요 오락이였으며, 학교 및 마을회관 등을 비롯한 다양한 시설에서 영화를 상영했다. 과거의 영화 필름은 가연성이었기 때문에 영사기 램프 열에 의한 착화로 인해 화재가 자주 발생한 것이다.

극장이나 객석에서 화재가 난 사례는 적으며, 대규모 화재사례 역시 찾을 수 없다. 과거에 비해 현재는 의자의 난연화가 의무화되었으며, 흡연이 금지되어 객석에서의 화재 가능성은 더욱 낮아진 것으로 보인다.

극장·영화관 등 시설의 출화 비율이 낮은 시설은 아니지만(표 1-1) 극장에서 발생한 화재보다 극장 창고 부분이나 관련 부대시설에서 발생한 화재가 많을 것으로 판단된다. 극장·영화관 등에서 화재 장소를 상정할 때 극장의 부대시설이나 및 가연물이 많은 무대 등의 시설을 고려할 필요성이 있다.

(2) 군중 패닉과 피난경로 계획

무대에서 화재가 발생해 600명의 사망자를 낸 이로코이 극장 화재(1903년, 미국, 그림 7-19)와 같이 다수의 사상자를 낸 화재는 과거에 많이 발생하였다. 이는 화재 확대가 빨랐다기보다 관객이 패닉에 빠진 것과 피난경로 관리가 부적절했던 것이 원인으로 꼽힌다. 실제로 화재에 의한 위험은 매우 적었음에도 불구하고 군집 패닉으로 인해 많은 사상자를 발생시킨 예도 있다(3장의 03 참조). 극장의 경우는 아니지만 비벌리 힐스 서퍼클럽 화재(1977년 미국)에서도 패닉으로 인한 다수의 사망자가 발생했다. 극장에서 군중 패닉에 의한 구체적 위험은 다수의 피난자가 피난출구나 계단으로 쇄도함으로써 피난구에 사람이 막혀 움직이지 못하거나 피난자가 넘어져 압사하는 경우가 있다. 사람은 가슴이나 복부에 강한 압박을 받게 되면 호흡할 수 없게 된다. 이러한 위험을 방지하기 위해서는 피난출구나 계단에 ①과 ②와 같은 사항을 고려해야 한다.

① 피난자의 과도한 집중이 일어나지 않도록 할 것
② 피난자의 발이 걸려 넘어지지 않도록 할 것

①을 위해서는 피난출구를 균형 있게 분산해서 설치해야 하며, 피난출구는 피난자가 원활하게 피난할 수 있는 폭이나 시방으로 해야 한다. ②를 위해서는 피난출

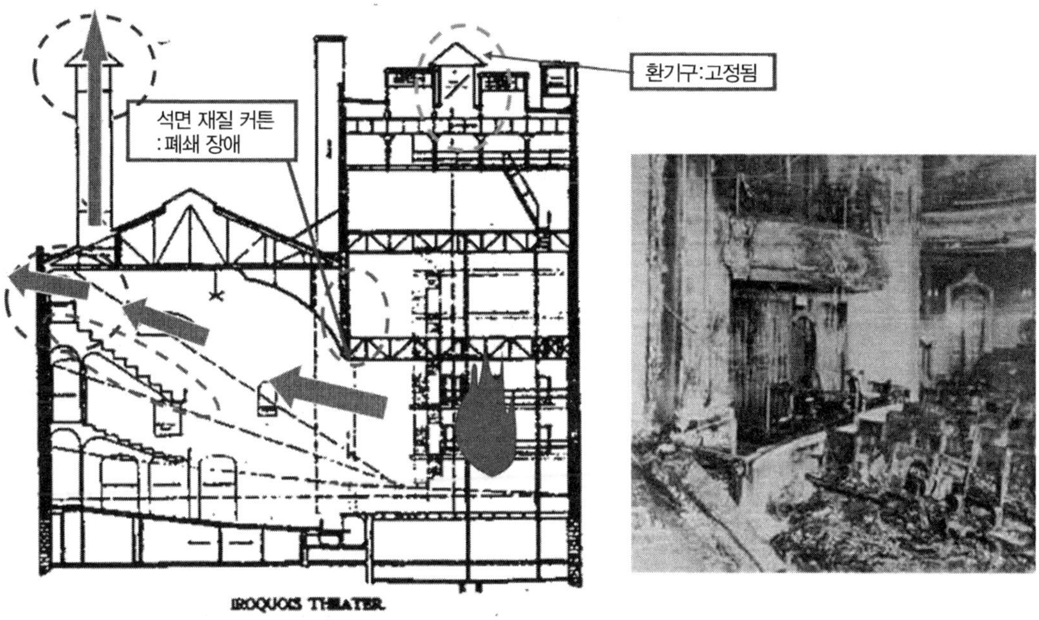

그림 7-19 이로코이 극장 화재(왼쪽 : 무대, 객석 단면, 오른쪽 : 객석 부분의 소손 모습)

구 부근이나 계단 내에 걸려 넘어지거나 발을 헛디딜 수 있는 불규칙한 단차나 디딤판을 구축하지 않는 것이 중요하다.

(3) 피난자 전용 피난경로

건물 용도에 관계없이 피난경로는 항상 피난자가 통행이 가능한 상태로 유지하는 것이 원칙이다. 대다수의 용도는 특정 재실자나 불특정 재실자들이 동일한 공간에 함께 상주하고 있기 때문에 피난경로를 같이 사용한다. 그러나 극장에서는 배우들의 연기를 보는 객석의 방향과 연기를 보여주는 무대의 방향이 다르기 때문에 보통은 공간적으로도 객석 쪽과 무대 쪽의 구역이 나뉘게 된다. 배우들이 연기하는 구역이 관객석을 가로지르는 경우가 있어 피난경로를 막을 수 있다. 관객의 피난경로는 언제든 피난이 가능한 상태가 되도록 해야 한다.

(4) 일반 접근 통로 쪽으로의 피난

대부분 극장의 접근 경로는 현관 로비 → 홀 → 객석이며 특수한 용도가 아닌 이상 화재 위험이 높은 경로는 아니다. 다른 용도의 경우 화재의 위험이 낮더라도 혹시 발생할 수 있는 화재로부터 안전성을 확보하기 위해 구획을 나누어 피난통로를 확보하게 된다. 극장의 경우 화재에 의한 위험이 발생할 가능성이 있는 장소는 무대와 무대 관련 시설 등이므로 피난경로와는 반대편에 있어 무대 반대편으로 피난이 가능하도록 구성할 필요성이 있다.

(5) 배연계획

극장에서의 연기제어는 무대와 무대 관련시설에서 화재가 발생할 것을 가정해 계획하는 것이 좋다. 객석에서의 출화 가능성은 매우 낮을 것으로 판단되며, 만약 가능성이 있다 하더라도 무대 출화 시나리오에 대응하는 것으로 대체될 수 있을 것으로 판단된다.

대규모 극장의 경우 무대 관련 실들이 매우 많으며, 연극 등에 필요한 소품, 현수막, 조명 등 여러 가연물이나 열원이 있어 화재 발생 확률이 높지 않더라도 만일의 화재에 대비할 필요성이 있다. 앞서 언급한 이로코이 극장 화재에서는 현수막이 조명에 의해 가열되어 화재가 발생하였으며, 현수막이 높은 위치에 설치되어 소화에 실패하였다. 현재에도 같은 위치에 화재가 발생하게 되면 소화가 쉽지 않은 것으로 보인다.

그림 7-20은 현대 극장의 표준 단면 형상이다. 이전 극장에서는 무대 천장에 자연 배연구, 프로시니엄(무대 전면이 반원이나 원형으로 돌출된 부분)에 방화구획을 설치했으나, 현재에는 기계배연 설비를 설치하기 때문에 프로시니엄에 방화구획을 설치하는 경우는 거의 없다. 프로시니엄은 높은 위치에 설치됨에 따라 화재 시 연기가 관객석으로 확산되는 것을 일정 부분 지연시킬 수 있을 것으로 예상할 수 있지만 이는 거의 불가능하다. 따라서 재실자의 안전은 피난만이 유일한 수단이 된다. 극장에서 화재가 발생하게 되면 연기는 위층으로 퍼져나가기 때문에 위층 객석 재실자의 피난시간은 1층보다 많이 부족해지는 점을 유의해야 한다. 앞서 언급한 이로코이 극장 화재에서도 사망자는 3층석, 2층석 관객에 집중된 반면 1층석 관객의 사망자는 거의 없었다. 무대는 천장 높이가 높기 때문에 화재가 발생하더라도 관객석으로 연기가 확산되기까지 어느 정도 시간이 걸리지만, 무대 관련시설 등 관객에게 보이지 않는 공간에서 화재가 발생하게 되면 최초 발견이 늦어지며, 관객이

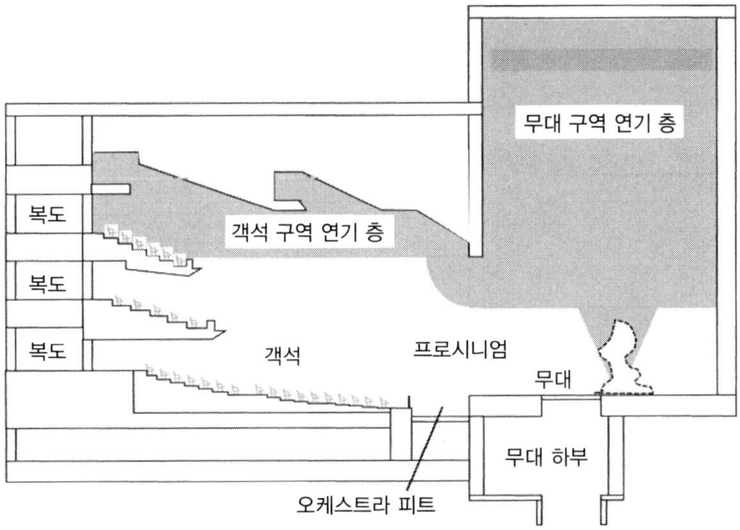

그림 7-20 극장 무대 출화의 경우 연기 유동

화재가 발생한 것을 알아채기까지 시간이 오래 걸리고 발견하더라도 패닉에 빠지기 쉽다. 피난출구는 관객의 피난이 개시되는 시점이 연기가 객석 부분에 노출되기 시작한 이후라도 피난이 가능하도록 계획하는 것이 바람직하다.

배연계획에서는 전술한 패닉 방지와 관련하여 무대 관련시설에서 화재가 발생한 경우를 가정하고 관객석 연기확산을 방지를 위한 배연이 중요하다. 이는 무대 관련시설 지역에서의 피난과 연관되지만 관객석으로부터의 피난이 완료될 때까지 연기확산을 방지할 수 있는 배연계획이 필요하다.

4. 호텔

호텔 등의 숙박시설은 개인 또는 가족 등 소규모 그룹이 취침·휴식·휴양을 위한 실을 집합시킨 것이다. 객석의 조망은 숙박료에도 반영될 정도로 체류환경의 쾌적성과 관련된 중요한 요소 중 하나이기 때문에 대부분의 객실에는 창문이 설치되며, 실의 크기는 소모임에 따라 실에서 복도까지의 거리는 짧다. 호텔의 실의 배치에 따라 일자 복도형, 양쪽에 실이 배치된 중복도형, □자형으로 바깥쪽에 실이 나열되어 안쪽에 복도가 설치된 코어 또는 보이드형으로 구분된다.

피난안전계획의 관점에서 본 호텔의 특징은 표 7-7과 같다. 호텔 피난계획과 관

표 7-7 피난안전계획 관점에서 본 대규모 호텔의 특징

	특 징	고려해야 하는 부분
재실자 특성	〈객실 층〉 • 불특정 • 야간 취침 시설	• 알기 쉬운 계단 배치 • 피난개시의 지연대책
	〈연회장 층〉 • 불특정 다수	• 다수 인원의 피난계획
가연물량	• 연회장 층은 가연물량이 많음	• 물품과 화기관리
공간특성	〈객실 층〉 • 객실이 구획되어 화재 발생을 인지하지 어려움 • 복도 형상과 계단 배치에 따라 야간에 피난 시 계단 피난이 어려워짐	• 복도의 안전 • 알기 쉬운 계단 배치 • 발코니 설치
	〈연회장 층〉 • 연회장 전면부뿐만 아니라 팬트리(배선실) 부분도 피난경로가 되는 경우가 많음	• 피난경로 계획과 계단 배치

련된 큰 특징은 취침 시설인 점을 꼽을 수 있다.

야간에 화재가 발생한 경우 화재 발생을 인지하기까지 많은 시간이 소요됨에 따라 피난시작 시간 역시 늦어지게 된다. 또한 호텔 재실자는 건축공간에 익숙하지 않은 불특정 다수의 투숙객인데, 호텔의 공간구성을 간단하게 구성할 경우 단시간에도 쉽게 파악할 수 있다.

외국인 고객에 대한 비상방송이나 피난유도표시 문제가 일본에서 가장 먼저 거론된 것은 호텔 뉴 재팬 화재(1982년)이다. 최근 들어서는 외국인 관광객이 증가하며, 외국인의 국적도 다양해지고 있다. 이에 따라 피난계획에서도 일본어를 이해하지 못하는 투숙객에 대한 대응계획이 요구되고 있다.

또한 도시형 호텔의 경우 연회장·회의장·음식점 등이 복합적으로 상주하는 복합형 시설로 구성된 사례가 많아 불특정 다수를 위한 피난안전계획이 요구되고 있다.

(1) 객실층의 피난계획

객실은 사생활이 보호될 수 있도록 구획되며 주 용도가 취침 용도임에 따라 투숙객이 화재를 인지하기 쉽지 않다. 또한 인지 후에도 옷을 정돈하거나 소지품을 정리하는 등 준비에 시간이 걸리기 쉽다. 최근 객실문은 대부분 자동잠금장치가 부착

되어 있어 폐쇄될 확률이 높을 것으로 판단되지만, 출화실에서 발생하는 연기는 문틈 등으로 새어 나오기 때문에 비출화실의 투숙객이 피난을 시작할 무렵 이미 복도가 연기로 오염되었을 가능성이 있다. 따라서 가장 먼저 복도를 연기로부터 보호하는 것이 중요하다.

투숙객은 보통 엘리베이터를 이용해 객실 층에 접근하게 된다. 일반적인 호텔의 공간 구성은 비교적 단순한 경우가 많기(그림 7-21) 때문에 피난계단을 비롯한 피난경로를 명확하게 표시하는 것은 어렵지 않을 것으로 판단된다. 그러나 투숙객은 엘리베이터에서 내린 뒤 객실까지 이동하여 숙박 중 피난경보를 듣고 피난을 실시할 때 객실로 이동하는 동안 발견한 피난유도표지를 기억하지 못할 가능성이 있다. 게다가 복도에 연기가 차게 되면 피난 표지의 시인성은 현저하게 저하된다. 따라서 피난계단 등 피난표지 인식의 용이성은 매우 중요하며, 피난계단의 문은 다른 방의 문이나 복도의 벽과 다르게 하여 식별할 수 있도록 설계해야 한다. 외국에서는 문에 패닉 디바이스를 설치하거나 계단실 안을 들여다볼 수 있는 작은 창을 문에 달아 평소에 피난계단을 의식하도록 하는 경우도 많다. 일본에서는 계단 문을 벽과 같은 색으로 만들거나 계단으로의 피난구 표지를 눈에 띄지 않도록 문에 평행하게 설치하는 등 설계의 컨셉이 거꾸로 되어 있는 것도 많다.

피난계단의 문은 누구나 쉽게 열 수 있도록 설계하는 것이 매우 중요하다. 7장 02의 7에서 소개한 바와 같이 외국에서는 피난문의 개방장치의 기준에 관하여 누

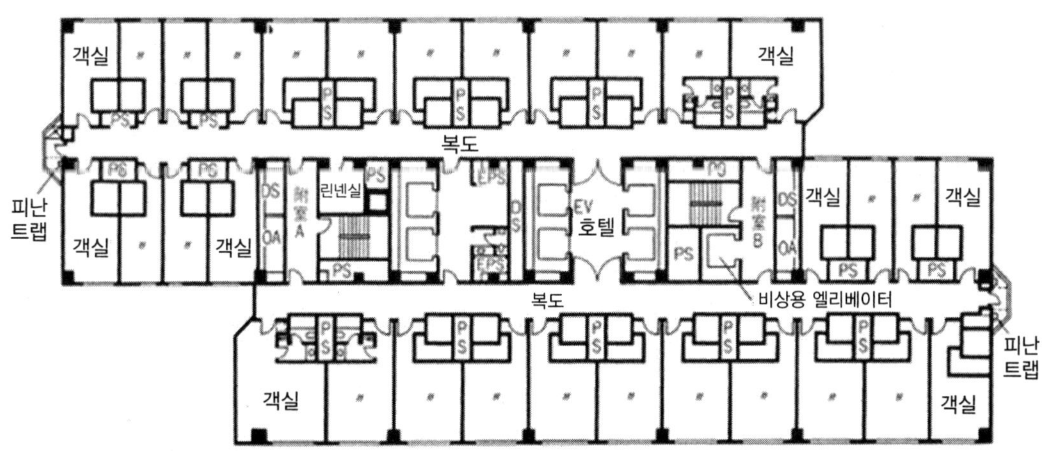

그림 7-21 호텔 객실층의 예

구나 어떤 조명조건에서도 쉽게 알아볼 수 있으며, 쉽게 개발할 수 있음을 명시하고 있다. 야간에는 조명이 어두운 데다 연기에 의한 시인성이 저하됨으로써 외국인을 포함한 다양한 재실자가 피난에 어려움을 겪을 것으로 판단됨에 따라 피난 문에 대한 기준을 엄정하게 따를 필요가 있다.

(2) 연회장의 피난경로 계획

규모가 큰 호텔에서는 연회장이나 집회장이 마련되기도 한다. 연회장 등에서는 앞부분 로비를 경유하여 입장하기도 하며, 뒷면 팬트리를 경유하는 통로도 있어 각각의 통로를 피난통로로 계획하는 예가 많다. 하지만 뒷공간 통로에는 연회를 위한 요리 준비나 비품을 놓는 경우가 많으며, 화재 발생 장소가 팬트리 공간이 될 가능성이 높다. 불특정 재실자는 자신이 이용한 통로를 화재 시 피난경로로 선택하는 경향이 강하다. 위급한 상황에서 어디 있는지 알 수 없는 피난경로를 찾기보다 이미 알고 있는 경로를 선택하는 경우가 많다. 연회장 등에 오는 손님의 대부분은 피난층의 현관 로비를 지나 들어오게 된다. 만일 연회장 등이 피난층이라면 연회장으로 들어오는 경로가 피난경로로 활용될 수 있다. 그렇다면 설령 연회장 등이 2층에 있다 하더라도 현관 로비를 중요한 피난경로 중 하나가 될 수 있도록 설계상 검토가 필요하다.

(3) 연기제어 계획

계단실 연기침입 방지는 용도에 따라 모든 고층 건축물에서 중요하며, 호텔 용도에 대해서도 예외는 아니다. 층 공용 피난통로의 연기제어도 많은 용도에서 중요한 요소이지만 특히 불특정 다수의 투숙객을 위한 건축물인 호텔·여관 등에서는 화재 인지나 피난 개시가 지연되기 쉬우므로 복도에 대한 연기제어는 더욱더 중요하다.

객실 등에서 화재가 발생한 경우 문이 닫혔더라도 문틈으로 연기가 새어 나와 투숙객이 화재가 발생한 것을 인지했을 때 이미 복도는 연기로 오염됐을 가능성이 있다. 만일 복도의 연기 농도가 높지 않더라도 복도는 시간이 지날수록 연기가 축적되어 시인성이 낮아지며, 화재에 의해 발생한 연기는 유독가스가 포함되어 있어 피난계단을 찾기 위해 복도에 머무르는 것은 위험하다. 화재 층의 피난안전을 위해서는 복도의 연기를 배출하여 연기의 위험을 저감할 필요성이 있다. 배연의 방법은 자연배연과 기계배연이 있으며, 기계배연이 적절한 경우가 많다. 호텔 객실 층의 구조는 대게 중복도형인 경우가 많다. 따라서 자연배연구를 설치할 장소가 적고 배연구까지의 거리가 멀어질 수 있다. 또한 일반적으로 복도의 천장높이는 높지 않으므로 자연배연으로 피난이 가능해지려면 한쪽 복도에 큰 자연배연구를 설치가 가능한 경우에만 적용될 수 있다. 기계배연의 경우 자연배연과 다르게 연기층의 조건과 관계없이 필요한 배연량을 확보하거나 배연구 수를 늘림으로써 긴 복도 어디에서나 안전하게 배연을 할 수 있다. 단, 배연에 의해 복도는 반드시 가압되므로 기밀성이 높은 경우에는 복도 어딘가에 급기구를 설치하여 과압이 생기지 않도록 해야 한다. 복도가 과압되면 화재실로부터 연기의 유입이 증가될 수 있으나 급기구를 적절한 크기로 배치하게 되면 연기의 유입은 줄어든다. 덧붙어서 복도를 어느 정도 가압함으로써 계단으로 연기 유입을 막는 데 효과적이므로 복도에서의 기계배연을 계단으로의 연기침입 방지를 위한 목적으로 설계하는 것도 가능할 것으로 판단된다.

5. 병원

피난안전계획의 관점에서 본 병원의 특징은 표 7-8과 같다. 병원은 자력피난이

표 7-8 피난안전계획 관점에서 본 대규모 병원의 특징

	특징	고려해야 하는 부분
재실자 특성	〈병동 층〉 • 야간 취침 시설 • 자력피난 곤란자	• 수평구획 • 발코니 설치 • 야간 피난유도 체제
	〈저층 (외래 · 수술 · 관리)〉 • 고령자의 비율이 높음	
가연물량	• 약품 등의 관리	• 가연물 관리
공간특성	〈병동 층〉 • 병실과 복도 • 간호사 스테이션	• 안전구역인 복도의 연기 누출 방지
	〈저층 (외래 · 수술 · 관리)〉 • 다양한 용도가 상주한 복합 공간	• 수술실 안전구획

어려운 사람이 내원 또는 입원하는 시설로서 비상시 안전에 대한 세밀한 대책이 요구된다. 병원의 재실자 특성은 노인복지시설과 유사한 부분이 많다. 병원 등에서는 화재 예방에 세심한 주의를 기울이고 있다고는 하지만 그럼에도 일본에서는 많은 사상자가 발생한 건축 화재 사례 중 병원 등이 차지하는 비율이 높은 것은 재실자의 특성이 다른 것이 큰 영향을 미친 것으로 판단된다.

병원은 병동층 이외에 외래 부분·수술 부분·검사 부분·관리 부분·식당 등 다양한 부분이 복합된 시설이다. 해당 시설의 배치나 사용하는 사람의 특성, 사용 시간대의 차이를 고려하여 방화구획이나 피난경로를 계획하는 것이 필요하다.

(1) 부분별 특성을 고려한 피난계획

병원은 입원 병동층, 외래부분, 수술부분, 중앙검사부분, 관리부분, 식당 등 다양한 부분이 복합된 시설이다. 대부분의 건축물에서도 여러 부분으로 나뉘어 있지만 병원의 경우 부분에 따라 재실자의 특성이 크게 다르다는 특징이 있다. 병원의 피난안전계획은 각 부분의 특성과 피난 관련 조건을 확인할 필요가 있다. 병원의 각 부분의 배치는 그림 7-22와 같다.

부분의 종류나 특성은 병원의 운영 방법에 따라 다소 차이가 있지만 표 7-9와 같이 환자의 체류시간과 피난행동 특성에 따른 각 병원의 부분 사용 용도는 비슷할 것으로 판단된다. 표 7-9의 시간대별 체류밀도를 나타내며, 짙은 색은 체류 빈도가 높은 것을 나타내며, 옅은 색은 체류 빈도가 낮은 것을 나타낸다. 이표에서 각 부분의 시간대나 환자 특성을 보면 각 부분은 ① 입원 병동, ② 수술, ③ 검사·외래·식당, ④ 관리로 분류할 수 있다. 입원환자나 외래환자는 ③에 포함되는 검사부분에 방문하게 되며, 피난자 특성의 변화는 크지 않다. 중요한 것은 특성에 따라 분할하면 각 그룹의 영역에서 발생한 화재의 영향이 다른 그룹에 미치는 것을 최대한 방지할 수 있는 방화구획 등을 구체화할 수 있다는 것이다. 그러면 다른 그룹의 영역에서 피난의 여유가 생기므로 긴급한 대응이 필요한 출화지역 피난에 집중할 수 있게 된다.

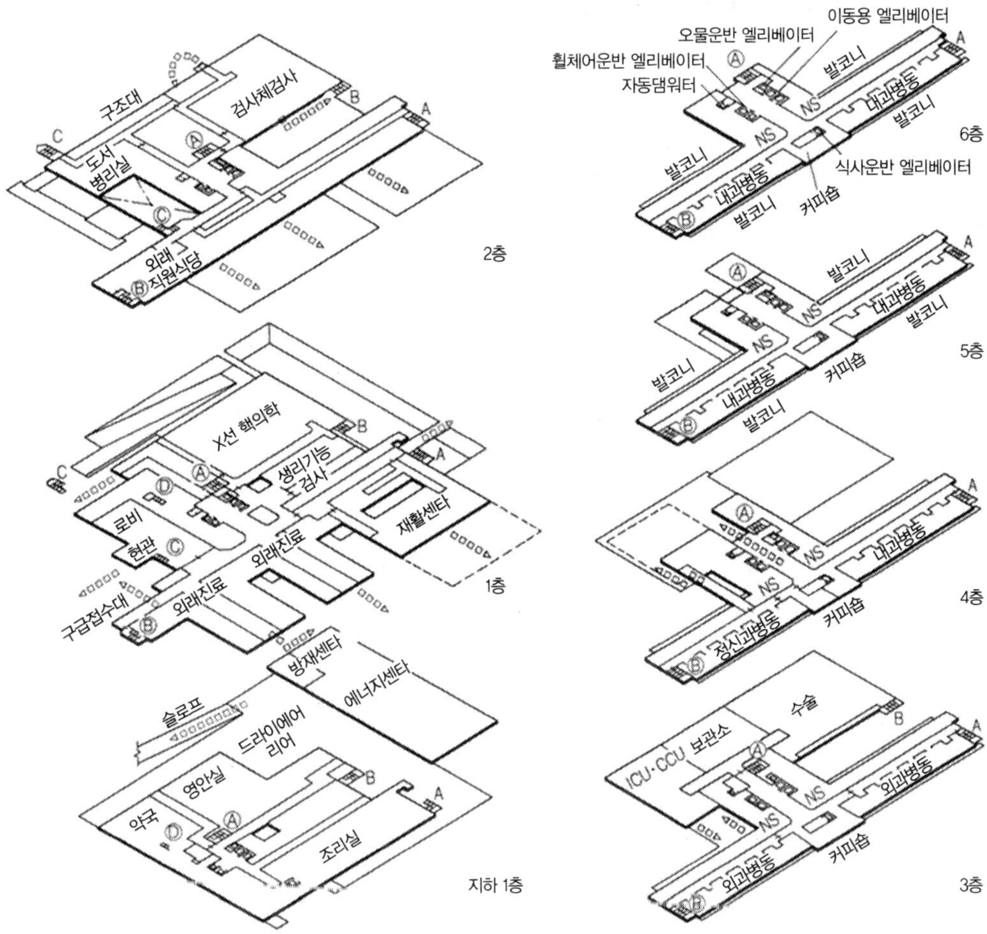

그림 7-22 병원의 각 부분 레이아웃의 예

표 7-9 병원 부분과 재실자 특성

부분	체류 시간대			환자 등의 특성		
	오전	오후	야간	공간인지	자력피난	인수
입원				△	△	많음
수술				×	×	적음
검사				×	ㅇ	많음
외래				×	ㅇ	많음
식당				△	ㅇ	많음
관리				◎(직원)	◎(직원)	많음

공간인지, 자력피난 ◎: 전원가능, ㅇ: 대부분가능, △: 대체로 불가능, △: 불가능

(2) 입원 병동의 피난계획

병동층 입원환자는 자력피난이 불가능한 환자가 많고 자력피난이 가능한 환자라도 피난행동에 시간이 많이 소요될 수 있다. 고령자가 증가함에 따라 요양시설보다 병원을 이용하는 사회문제가 대두되면서 1983년 의사·간호사 배치를 줄이고 간병 인력을 증가 배치하는 특례가 허가된 노인병원이 제도화되었다. 또한 1993년 의료법 개정과 2006년 의료보험제도 개혁 등을 거친 결과 주로 의료를 필요로 하는 환자를 대상으로 한 의료요양병상과 간병을 필요로 하는 사람을 대상으로 한 요양형 노인보건시설이나 특별 양호 노인홈 등으로 2분화 되었다. 각각의 환자 특성이 크게 다르지만 모두 화재 시 병원이나 시설 등의 직원에 의해 도움을 받아야 피난이 가능한 점을 고려해야 한다. 특히 도움을 받아야 하는 환자를 중심으로 병상에 누워있는 환자가 매우 많아 자력피난이 가능한 환자는 약 10%에 불과하다(그림 7-23). 야간에는 직원의 인력이 소수이며, 화재 발생 시에는 한정된 인원으로 환자를 피난, 초기진화, 소방대 신고, 관계자에게 연락 등 다양한 대응을 해야 하므로 다른 층 직원의 도움이 있더라도 매우 어려운 상황이 예상된다. 입원병동 피난계획은 야간 출화 시나리오에 따라 검토해야 한다. 주간에는 환자의 가족·지인 등이 피난자로 추가될 수 있지만 직원의 수가 야간보다 증가함에 따라 야간출화 시나리오에 대응할 수 있는 피난계획이면 주간 출화 시나리오에도 충분히 대응이 가능할 것

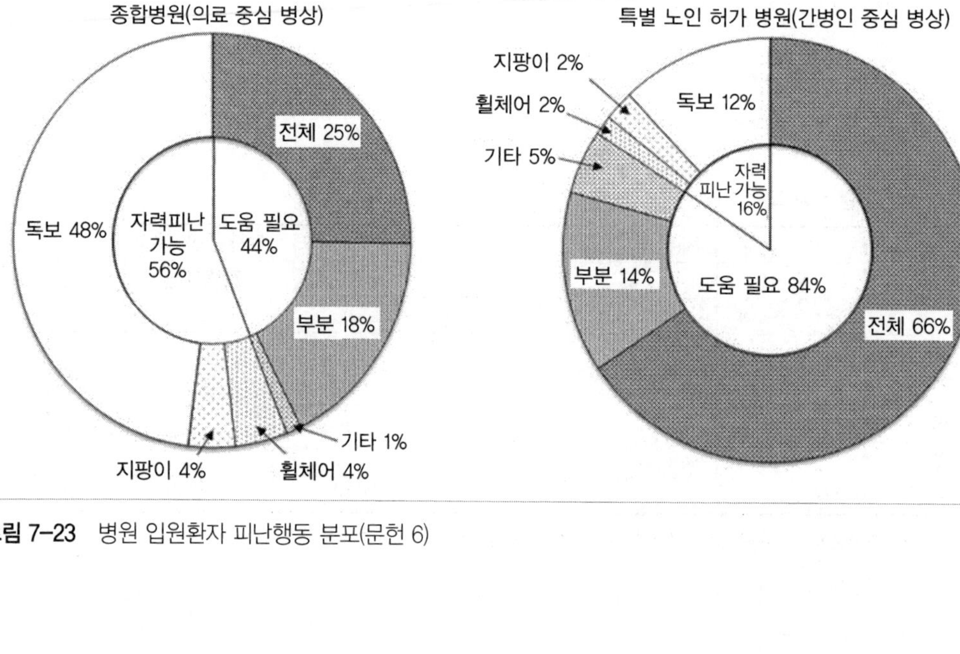

그림 7-23 병원 입원환자 피난행동 분포(문헌 6)

으로 판단된다.

① 출화와 화재확대 방지

우선 중요한 것은 출화와 화재확대의 방지다. 출화 방지를 위해 화기를 사용하는 실이나 출화 가능성이 있는 설비는 가급적 병동층에 배치하지 않는 것이 좋다. 직원 스테이션은 최근 복도와 연속된 개방공간으로 계획되는 경우가 많다. 그 예로 그림 7-22에 3층 이상의 병동 층에서 데이룸 및 간호사 스테이션이 NS로 나타나 있다. 그러나 이런 개방적인 직원 스테이션에는 서류와 약품, 비품 등이 다수 놓여 있다. 직원이 상주함으로써 다른 실보다 가연물이나 출화 방지 관리가 수월할 수 있지만 출화했을 경우 입원환자에 미치는 영향이 매우 크기 때문에 출화 방지와 화재확대 방지는 무엇보다 중요하다.

다음으로 중요한 것은 만약 화재가 났을 경우 화재를 확대시키지 않는 것이다. 직원 수는 한정되어 있으므로 화재확대 범위가 커질수록 대응은 곤란해진다. 화재확대 방지를 위한 가장 효과적인 방법은 초기 진화를 통해 소화하는 것이다. 야간의 경우 직원 수가 적다고는 하지만 병동의 각 층에 상주하고 있어 각 병실의 환자 상태를 체크하고 있으므로, 화재가 발생한 것을 인지하고 방재센터에 연락을 취하는 것이 빠르다. 화재를 발견했을 때 소화는 소화기보다 소화전이 효과적이다. 소화기로는 소화가 확실하게 이루어지지 않을 경우도 있고 사용되는 분말이 환자에 영향을 미칠 수 있기 때문이다. 소화전이라면 조작성도 좋으며, 물에 의한 소화이므로 안전하다.

초기 소화에 실패했을 경우를 대비하여 화재확대를 억제하기 위해 병실과 복도 문 및 인접 병실 문은 천장 위까지 구획하고 병원문은 자동장금장치가 설치된 방화문을 사용하도록 한다. 병실의 화재하중은 비교적 낮기 때문에 구획의 내화성능은 그리 높지 않더라도 쉽게 인접 병실로 연소가 확대되지 않도록 유의할 필요가 있다. 반면 창고나 린넨실 등 가연물이 많이 수납된 실은 화재를 가둘 수 있도록 방화구획 해야 한다.

② 층 피난

병원과 같은 자력피난이 불가능한 환자가 상주하는 시설의 피난대책은 건축기준법 규정만으로 안전성이 확보되기는 부족할 것으로 판단됨에 따라 화재 시나리오를 구체적으로 검토하고 이에 대한 피난계획을 수립하여 계획이 실행 가능하도록 피난설계를 실시할 필요성이 있다.

화재는 병실에서 발생하는 경우와 그 외의 실에서 발생하는 경우로 나뉜다.

병실에서 발생했을 경우「우선 직원이 신속히 환자를 복도로 내보낸다」→「문을 닫는다」→「환자를 근처 일시대기장소로 옮긴다」→「비출화실에 있는 환자의 경우 출화실과 가까운 환자부터 순처적으로 일시대기장소로 옮긴다」→「안전한 피난장소로 이동한다」와 같은 피난 시나리오가 상정된다.

또한 출화실이 병실 이외의 경우「출화실을 닫는다」→「출화실을 닫는 동시에 병실 구역으로 연기가 침입하지 않도록 구획한다」→「화실과 가까운 실에서 순차적으로 일시대기장소로 옮긴다」→「안전한 피난장소로 이동한다」와 같은 시나리오가 상정된다.

이와 같은 시나리오는 건축물의 조건에 따라 다를 수 있다. 화재 초기에는 지원이 적기 때문에 일단 가까운 장소로 피난시키고 지원 인력이 도착하면 보다 안전한 장소로 피난시킨다면 앞서 설명한 방법과 같은 피난 절차가 이루어질 수 있다. 출화실의 문을 닫아도 연기는 누출되므로 출화실을 포함한 구역에서 배연은 필요하다. 이 경우는 자연배연보다 기계배연이 효과적이다.

또한 당연하지만 화재 및 연기가 다른 층으로 확산되는 것을 방지해야 한다. 출화층에서의 피난에는 다른 층 담당 직원의 지원도 필요하지만 만약 다른 층에 화재 및 연기의 영향이 미친다면 도움을 받기 어려워진다.

③ 수평피난

자력보행이 어려운 환자나 휠체어 사용자 등 피난 상 다양한 어려움이 있는 재실자에게는, 정상인과 동일한 피난계단을 통해 피난시키는 피난계획은 어렵다. 병동층에서 자력피난 곤란자의 피난에 대한 피난방식인 수평피난은 법규상 요구되지 않지만, 일반적으로 자주 사용되는 방법이다(그림 7-24). 병동 층에는 보통 2~3개의 방화구획으로 분할되어 있어 자력피난이 어려운 환자를 출화구획에서 인접한 방화구획 쪽으로 일단 이동시켜 피난시간의 여유를 만들고 병원 인력 등을 동원하여 환자를 피난을 돕는 방법을 사용한다. 어딘가에서 화재가 발생하더라도 피난자

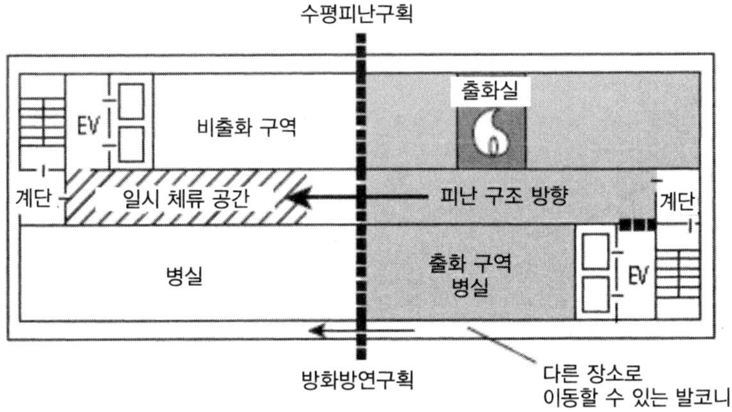

그림 7-24 수평피난 방식의 개념[4]

를 인접 구획으로 일시수용하기 위해서는 각각의 방화구획을 동일한 면적으로 분할하는 것이 바람직하다. 소규모 병원의 경우 수평구획까지는 실시하지 않더라도 적당한 크기의 실을 방화구획하여 일시피난장소로 활용하는 것도 가능할 것으로 판단된다.

④ 화재 층으로부터 피난

현재 운영되고 있는 병원이나 설계가 진행 중인 병원에서도 병동 층의 피난은 피난계단까지로 정한다. 피난계단을 통해 지상으로 이동하기 위해서는 직원의 도움이 무조건적으로 필요하다. 입원 환자 중에는 덩치가 크거나, 치료기구를 멈출 수 없는 사람이 있을 수 있다. 직원이 아무리 훈련을 해도 환자와 함께 계단을 이용하기는 어려움이 많다. 따라서 계단을 이용한 피난 시나리오나 피난계획의 실행은 불가능에 가깝다.

최근 건축물은 베리어 프리화 되면서 장애인 비율이 낮은 시설임에도 경사로나 비상용 엘리베이터 설치가 되는 경우가 많다. 병원의 경우 피난행동에 도움이 필요한 환자 비율이 매우 높은 시설임에도 수직피난 시 계단의 이용만을 고려하는 것은 문제가 있다. 계단을 대신해 슬로프를 사용하는 것에 아무런 문제가 없으며, 그렇게 함으로써 병원 환자의 피난은 도움이 필요한 환자든 자력으로 피난이 가능한 환자든 피난이 쉬워질 것으로 판단된다.

엘리베이터는 화재 시 정전으로 갇히거나 갇힌 상태에서 화연에 노출될 위험성이 있는 것으로 알려져 일반 피난 시 사용하는 것이 금지되어 있다. 한편 비상용 엘리베이터는 소방대에 의해 소화활동을 위한 설비이지만 비상 전원을 갖추고 있으며, 배연설비를 갖춘 로비도 있다. 따라서 비슷한 기능을 가진 엘리베이터와 로비를 피난계단에 병설하여 계단으로 피난이 어려운 사람을 위한 피난에 제공하는 것도 좋을 것으로 보인다.

(3) 저층 부분의 피난계획

병원의 저층 부분에는 외래진료부분·검사부분·수술부분·조리실 등이 있는 경우가 많다. 검사부분은 외래환자와 입원환자 모두 검사를 위해 공통으로 사용된다. 종합병원에는 고층이 입원부분, 저층부 여러 층이 외래 및 검사부분 등으로 배정되기도 하며, 대규모 종합병원이라면 입원 병동과 분리되어 별채로 있기도 한다.

① 외래진료부분과 검사부분

외래진료부분에는 외래환자의 진료접수, 각종 진료과의 진찰실이나 대기실, 대기 로비 등이 분포되어 있다. 또한 외래환자는 검사부분으로 이동할 가능성이 있지만 대규모 병원에서는 외래진료는 대부분 오전에만 진료시간으로 잡혀 외래환자와 입원환자가 검사 부분에 섞이지 않는다. 고층부에 배치되는 경우가 많은 입원부분의 화재가 외래부분에 미칠 가능성은 적지만 만약 가능성이 있다면 적절한 방화구획 등으로 분리함으로써 저층부와 독립된 피난계획을 세울 수 있다. 그리고 수술부분도 구획하여 분리한 후 독립적인 피난경로를 마련하면 수술부분만을 고려한 피난계획을 수립할 수 있다. 기능상 큰 문제가 없는 경우 부분 간 분리하는 것은 저층부 화재의 영향이 다른 부분에 미치지 않을 수 있어 효과적이다.

진료과목이 많은 대규모 병원에서는 저층부 면적이 매우 커진다. 외래환자는 대부분 자력피난이 가능하지만 저층부 진료부분과 검사부분 면적이 넓다면 외래환자에게는 미로처럼 복잡한 경로로 느껴질 수 있다. 각 진료과로 이동하는 경로를 가능한 알기 쉽게 구성하고 밖으로나 피난계단으로의 피난출구를 각 진료과 위치에서 너무 멀지 않도록 균형 있게 배치하는 것이 바람직하다.

면적이 큰 저층부에서는 채광을 위해 건축물 내부에 정원을 설치하고 그 곳을 건물 외부와 같은 공간으로 간주하여 자연배연구를 설치하는 경우가 있다. 건축물 내부 정원이 충분히 넓으면 문제가 없지만 좁고 높을 경우 해당 공간은 굴뚝이 되어 위층으로 연기확산이나 연소의 위험이 발생할 수 있어 주의할 필요가 있다.

② 수술실의 구획

수술실은 수술 중 화재가 발생하더라도 수술을 멈출 수 없는 경우가 있어 수술존 내에서는 화재가 발생하지 않도록 최대한 억제하는 것이 중요하다. 수술실이 다른 화재의 영향을 받지 않도록, 수술존과 기타 출화의 우려가 있는 부분은 방화·방연 구획할 필요성이 있다. 연기의 누출 방지를 철저히 할 필요가 있는 경우 개구부에 이중으로 방화구획이나 배연설비를 이용하여 안전성을 확보한다. 병원에는 이송설비나 엘리베이터 등 많은 수직 샤프트가 관통하게 되는데 이런 관통부들이 수술존을 통과하지 않도록 해야 한다. 마지막으로 수술실 밖에서 화재가 발생하더라도 피난이 가능하도록 피난경로를 확보해야 한다.

6. 공동주택

공동주택은 복수의 주거공간이 집합되어 1동으로 되어 있는 건축물이다. 따라서 층의 평면 플랜은 대체로 I자형이나 □자형이 된다. 다시 분류하면 I자형은 편복도형과 중복도형, □자형은 보이드형과 코어형으로 나뉜다. 어느 타입이라도 집합주택마다 경계벽으로 세밀하게 구획할 수 있으므로 대체로 화재는 확대되기 어렵다. 그러나 이것이 반대로 화재정보가 전달되기 어렵고 피난개시가 늦어지는 원인이 되기도 하므로 층 대피나 전관 대피에 대한 대피경로의 안전이 충분한 시간 동안 확보되도록 계획한다.

재실자는 특정 거주자이므로 일반적으로 공간 인지도도 높지만, 정상인뿐만 아니라 고령자·영유아·장애인 등 대피 능력이 다양하다. 또 취침상태를 포함하므로 화재가 지니 대피 시작에는 상당한 지연이 나타날 수 있다. 집합주택마다 불을 사용하고 가연물량도 많기 때문에 동당 출화 위험은 높고 플래시 오버를 상정한 대피계획이 필요하다.

(1) 공동주택의 형태와 피난안전

① 편복도형

편복도형 공동주택의 복도는 외기개방형 복도가 되는 경우가 많고(그림 7-25), 만일 화재가 발생한 공간의 현관문이 활짝 열려도 연기는 외기로 배출되기 때문에 화재층의 다른 주거공간에 복도 측에서 연기의 침입이 일어날 걱정은 거의 없다. 단, 화재가 발생한 주거공간 앞을 지나는 피난은 어려울 가능성이 있으므로 복도 양단 근처에 피난계단을 설치하여 양방향 피난을 확보한다.

외기개방 복도에서 문제가 되는 것은 화재층보다 오히려 위층의 피난이다. 화재층에서 외기로 나온 연기는 퍼지면서 상승해 위층의 외기개방 복도를 덮기 때문에 현관문이 연기에 노출되는 세대가 나올 가능성이 있다. 이 위험을 저감하기 위해서는 현관문을 자동폐쇄장치가 부착되거나 복도에 면한 거실의 창문을 망유리로 하는 등으로 화재가 발생한 주거공간으로부터의 연기의 유출량을 줄이는 데 효과를 볼 수 있다.

② 중복도형

중복도형의 공동주택은, 한쪽 면의 세대가 북향이나 서향 등 일본에서는 선호되

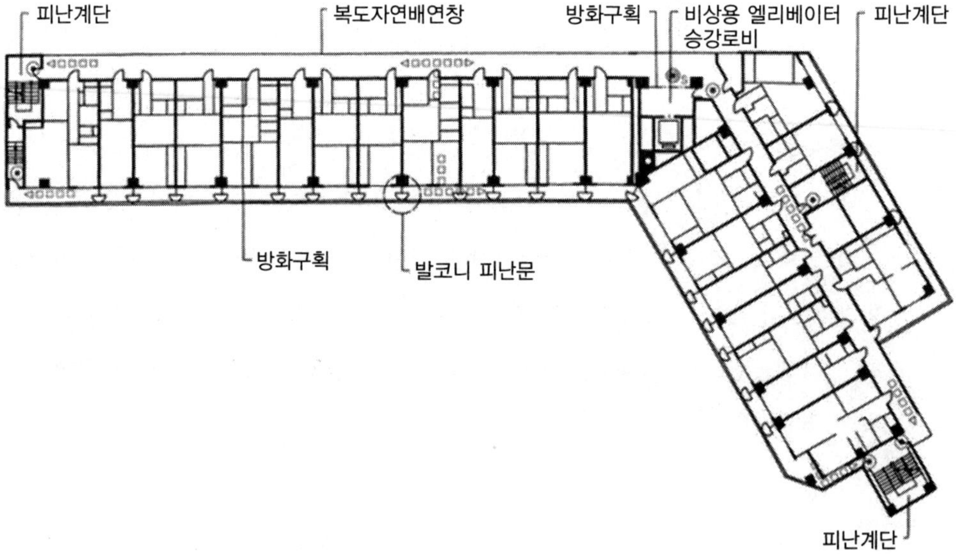

그림 7-25 편복도형 공동주택(일부 중복도)

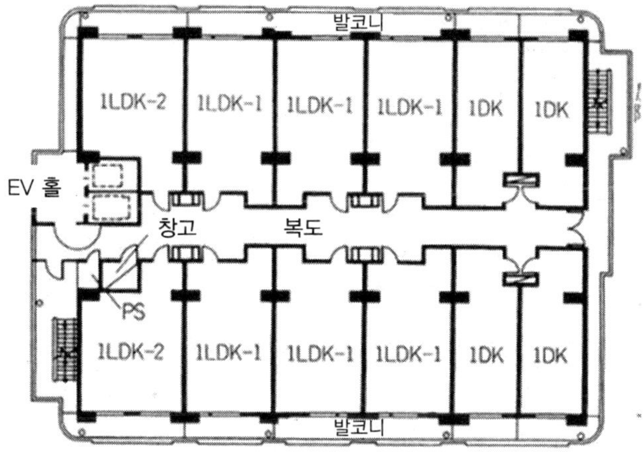

그림 7-26 중복도형 공동주택

지 않는 방향에 접하게 되기 때문에 그다지 많지 않다(그림 7-26). 이 형태의 주택동에서의 대피계획에 대해서는 중복도에서의 배연계획이 가장 중요하다. 일반적으로 기계배연이 바람직하지만 공간적 · 비용적 제약 때문에 어려운 경우가 많다. 계단으로의 연기침입을 막으면 위층의 대피에 대한 문제는 거의 없지만 통상 계단은 복도 끝부분에 설치됨에도 불구하고 자연배연구도 같은 장소에 취해지는 경우가 적지 않으므로 외기개방 외계단이라면 배연이 계단을 오염시키는 원인이 되는 모순이 발생할 수 있다.

③ 보이드형

보이드형은 그림 7-27에 나타내는 예와 같이 □자형의 평면 안쪽이 보이드 공간으로 되어 있고, 그에 따라 보이드 공간에 개방된 복도가 마련되어 이에 계단이나 엘리베이터 등이 연결된다. 보이드 공간이 크면 외기와 같아지므로 피난상의 문제는 한쪽 복도형과 유사해지지만 복도가 돌고 있으므로 이론적으로는 계단은 하나라도 두 방향 피난이 가능해진다. 다만 아래층 출화실에서 분출된 연기가 위층으로 확대되므로 그 연기에 계단이 노출될 우려가 있는 경우에는 반대편 등 떨어진 위치에 계단을 설치할 필요가 있다. 주의가 필요한 점은, 보이드 공간은 면적이 작고 높이가 클수록 외기와 같지 않아 연기가 잘 빠져나가지 않는다는 것이다. 이렇게 되면 출화층 위쪽에서는 보이드 공간에 개방된 복도가 연기로 뒤덮이는 층이 발생해 대피상의 문제가 생긴다. 보이드형 공동주택을 설계할 때는 연기의 확산범위

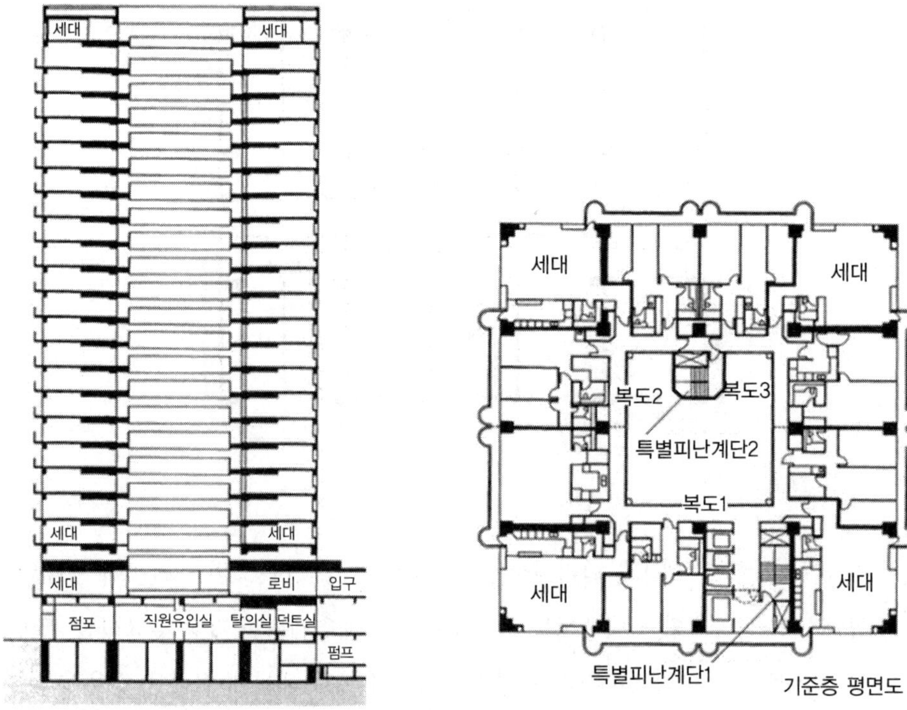

그림 7-27 보이드형 공동주택

가 출화세대의 위쪽으로만 한정되는 조건을 확인할 필요가 있다.

④ 코어형

코어형 공동주택은 그림 7-28에 나타내는 예와 같이, 말하자면 보이드형 공동주택의 보이드 공간을 좁히고 거기에 계단이나 엘리베이터 등을 채운 형태의 주택동이다. 층의 평면 플랜에서 주호 영역의 외주부와 복도측의 길이는 각각 코어부의 중심으로부터의 거리에 대체로 비례하기 때문에, 거주구역을 몇 개 분할해 가능한 각 주호는 사다리꼴과 같은 형태가 되고 복도에 면하는 길이는 짧아진다. 이 때문에 화재 시 연기 유출 경로는 대부분 현관문만이 해당된다.

복도에 채광은 들어오지 않기 때문에 인공조명이 없으면 어두워진다. 재관자는 특정 거주자이지만 복도에 연기가 침입해 어두워지면 피난계단의 위치를 인식하지 못할 수 있다. 따라서 복도의 배연과 시인성이 확실한 피난경로 표지는 중요하다.

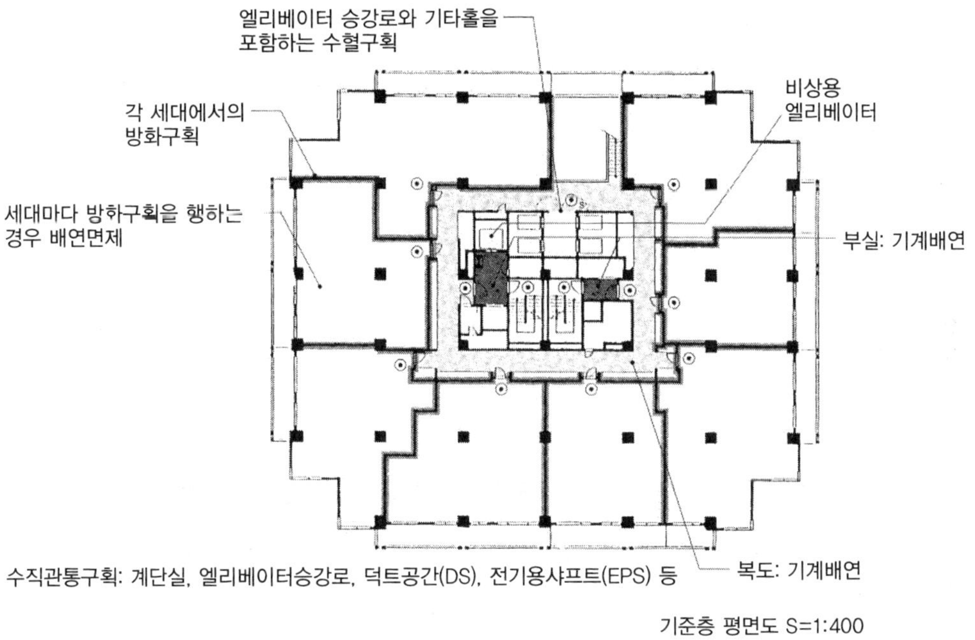

그림 7-28 코어형 공동주택

(2) 발코니의 역할

발코니가 설치되어 있어도 헛간 대신 가연물이 설치되는 경우가 많아 피난경로로 활용하지 못할 수 있다. 또 유아나 고령자 등 피난 능력이 낮은 재관자도 많이 거주하는 주택이라는 용도를 고려할 때 발코니 칸막이판을 파괴하거나 피난 트랩을 내려야 하는 등의 활동에 의존하여 피난하는 것은 적절하지 않다. 소방사다리차가 닿는 높이라면 소방대에 구조될 가능성도 있으므로 발코니가 피난에 전혀 도움이 되지 않는 것은 아니지만, 그것이 불충분한 피난경로의 면죄부가 되어서는 안 된다. 복도나 계단 등 통상의 피난경로를 사용할 수 없게 될 우려를 최대한 작게 하는 것이 선결과제이다. 이를 위해서는 출화된 거주공간이 어디든 반대 방향으로 대피할 수 있도록 양방향으로 계단을 설치하는 것이 기본이지만, 층당 거실면적이 200 m^2 이하인 소규모 공동주택 등에서는 「건축기준법 시행령」 제121조에서 인정되고 있기 때문에 계단이 1곳뿐인 곳이 많다. 이 경우에는 양방향으로 피난할 수 없으므로 계단까지의 도중의 거주공간에서 화재가 발생하여 피난이 저해될 확률을 가능한 작게 하여야 한다. 이를 위해서는 출화실에서 복도로 화연이 분출할 위험을 줄이는 것, 계단의 위치를 가급적 복도 중앙에 가깝게 배치하여 출화실로부터의 화연 분출에 의해 피난이 저해될 우려가 있는 세대수를 줄이는 것 등을 생각할 수 있다.

04 피난계산

피난안전계획에서는 건물 내 재실자가 안전하게 계단실이나 야외로 피난하기 위한 피난경로를 계획하되 계획한 피난경로에 따라 원활하게 피난할 수 있는지는 정량적으로 확인하여야 한다. 피난에 필요한 시간이나 체류 상황의 시뮬레이션을 실시해 피난경로의 계획이 적절한지를 확인하는 작업을 피난계산이라고 부른다.

피난계산의 주된 목적은 피난시간의 평가이지만, 피난경로상의 병목구간(협착부분)으로 과대한 체류가 발생하는 일이 없음을 확인하는 역할도 있다. 계산방법으로는 멀티 에이전트 방법에 의한 컴퓨터 시뮬레이션도 있지만 화재안전설계 실무에서는 고시된 피난안전검증법[7](이후 검증법으로 칭함)이나 방재계획 지침에 의한 피난계산법[5](이후 지침법으로 칭함) 등의 간단한 예측방법을 이용하는 것이 일반적이다. 이러한 간단한 계산법에서는 개별 피난자의 피난행동에 주목하는 것이 아니라 전체를 하나의 유체의 흐름처럼 간주하여 계산한다. 이 때문에 비교적 간단한 식으로 계산할 수 있고, 또 컴퓨터 시뮬레이션과는 달리 계산 과정을 따라가며 검토할 수도 있어 이해하기 쉽다.

1. 피난계산의 기본적 사고방식

피난안전설계에 있어서 피난계산의 개념을 그림 7-29에 나타냈다.

(1) 피난시간과 허용피난시간

화재 시 피난시간의 안전 목표는 '화재의 위험이 미치는 시간까지 전원 피난이 완료되는 것'이다. 화재 발생부터 전원이 피난을 완료할 때까지의 시간을 피난시간

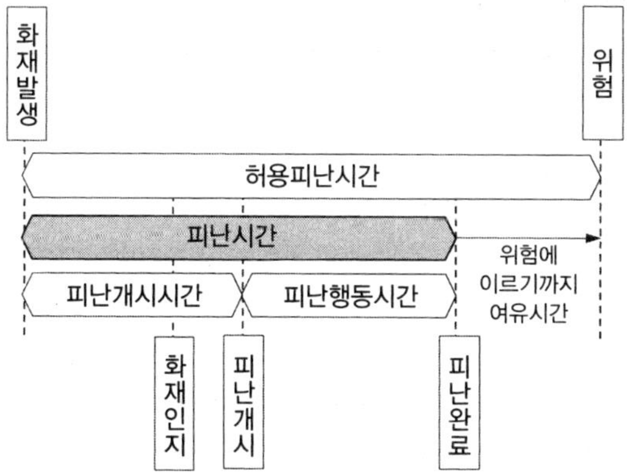

그림 7-29 피난시간

(t_{evac}), 화재 발생부터 위험이 미칠 때까지의 시간을 허용피난시간(t_p)으로 하면, 식 7-2의 관계가 만족되어야 한다.

$$t_{evac} \le t_p \tag{7-2}$$

피난시간은 화재 발생부터 위험을 깨닫고 피난개시까지의 시간 t_{start} 및 피난개시부터 피난완료까지의 시간 t_{act}로 나뉜다(식 7-3). 한편 허용피난시간 등은 화재 진전에 따라 피난자가 위험해질 때까지의 시간이지만 피난안전설계에서는 연기를 위험지표로 삼아 연기층이 피난자의 허용 높이까지 하강하는 시간으로 삼는 경우가 많다.

$$t_{evac} = t_{start} + t_{act} \tag{7-3}$$

(2) 피난개시시간

피난개시시간은 일반적으로 '화재감지시간'에 '화재감지 후에 피난준비 등을 하고 피난을 시작할 때까지의 시간'을 추가한 것으로 알려졌다. 화재감지시간은 피난자가 어떤 정보에 의해 화재 발생을 알아차린 시간이다. 실제 화재에서는 직접 화재를 눈으로 볼 수 있으면 물론 즉시 감지되지만, 예를 들어 비상벨 등 경보음만 있는 단계에서는 확신을 갖지 못하고 비상방송 등의 통지나 화재 징후 등 다른 추가 정보를 얻으려는 경향이 있다. 화재감지는 화재 발생 장소나 건축공간의 특성, 피

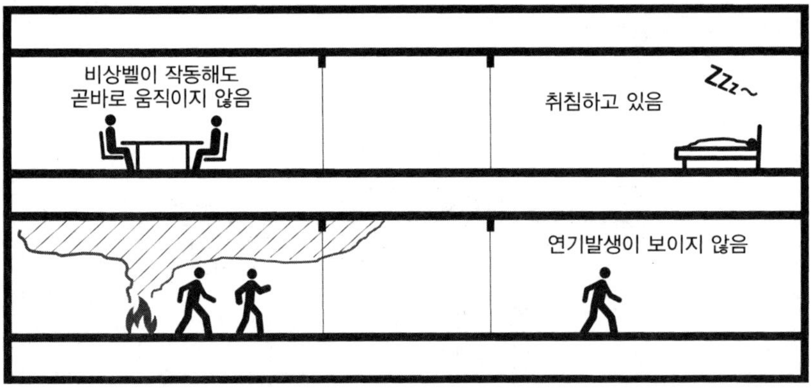

그림 7-30 피난개시의 지연 요인

난자의 상태에 따라서도 좌우된다(그림 7-30).

피난안전검증법에서는 피난개시시간을 피난자에게 화재 정보가 전달될 시간이 실면적 A의 제곱근($\sqrt{A}$)에 비례한다고 가정하고 있다. 또 연기층이 천장 아래에 어느 정도 쌓이면 피난자가 위험하다고 판단해 피난을 개시한다고 가정하고 천장 높이의 10% 높이까지 연기층이 하강한 시점을 피난개시 시점으로 취급하기도 한다.

실제로는 화재가 발생하더라도 먼저 상태를 확인하거나 진화를 시도하는 피난자도 많기 때문에 전원이 어느 시점에 일제히 피난을 개시하는 일은 있을 수 없어 피난개시시간은 달라진다. 위와 같은 피난개시시간의 설정은 피난경로의 치수나 용량이 타당한지를 평가하기 위한 공학적 계산상의 규칙에 불과하다고 생각하는 것이 좋다.

(3) 피난행동시간

피난행동시간은 피난행동을 시작한 후 안전한 장소로 피난을 완료하기까지 소요되는 시간이다. 피난행동시간은 피난보행시간과 출구통과시간에 따라 산정한다.

① 보행시간

피난자가 있는 거리를 보행으로 대피하는 데 소요되는 보행시간 t_{travel}(초)은 식 7-4로 계산한다. 여기서 L은 보행거리(m), v는 보행속도(m/초)이다.

$$t_{travel} = \frac{L}{v} \tag{7-4}$$

거실 내 대피의 경우 보행거리 L을 출구에서 가장 먼 지점에서 출구까지의 거리로 하는 것이 최대한 보수적으로 보행시간을 계산하는 것이다. 거실 내에는 테이블 등 어떤 가구가 놓이기 마련이므로 그림 7-31과 같이 출구까지의 직각보행으로 거리를 상정한다. 단, 가구를 두지 않는 것이 분명한 경우에는 제외한다. 또 고정좌석 등으로 보행할 수 있는 부분이 정해져 있는 경우는 그에 맞춘 거리로 한다.

보행속도 v는 재관자의 피난행동능력 등에 따라 다르다. 참고로 고시된 피난안전검증법에서 이용되는 보행속도를 표 7-10에 나타냈다(건설성 고시 제1441호 3)에 나타나 있는 보행속도(m/분)에 보행속도(m/초)를 추가 기재하여 정리한 것이다). 참고로 사무실 등에서의 속도 1.3 m/초는 자유보행 시의 속도이며 실내에서 책상

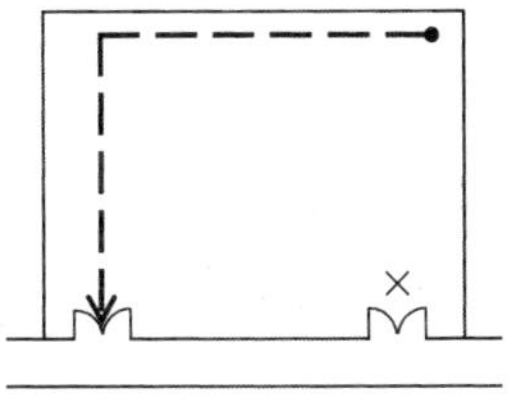

그림 7-31 보행거리 산정법

표 7-10 피난안전검증법의 보행속도

건축물 또는 거실의 용도	건축물 부분의 종류	피난의 방향	보행거리 (m/분)	참고 (m/분)
극장 기타 이와 유사한 용도	계단	상행	27	0.45
		하행	36	0.60
	객석부분	–	30	0.50
	계단 및 객석 부분 이외의 부분	–	60	1.00
백화점, 전시장 및 그 밖에 이와 유사한 용도 또는 공동주택, 호텔 및 그 밖에 이와 유사한 용도(병원, 진료소 및 아동복지시설 등 제외)	계단	상행	27	0.45
		하행	36	0.60
	계단 이외의 건축물 부분	–	60	1.00
학교, 사무실, 기타 이와 유사한 용도	계단	상행	35	0.58
		하행	47	0.78
	계단 이외의 건축물 부분	–	78	1.30

이나 의자의 모퉁이를 피하면서 걸을 때는 이러한 속도로 걸을 수 없다고 생각되는데, 이 역시 공학적 계산의 편의상 수치라고 생각하면 된다.

② 출구통과시간

출구통과시간 t_{queue}(초)는 출구 앞에 대기하고 있는 한 인원의 피난가 일제히 출구를 통과하기 시작한 후 전원이 다 나올 때까지 소요되는 시간으로 식 7–5로 계산한다. 여기서 P는 피난자 수(인), N은 유동계수(인/m·초), B는 출구폭 계(m)이다.

$$t_{queue} = \frac{P}{NB} \tag{7–5}$$

유동계수 N은 출구의 단위폭당 단위시간당 통과하는 인원수이다. 통상 평탄부에서는 1.5(인/m·초), 단상부에서는 1.3(인/m·초)이 이용된다. 이들은 출구 끝 공간이 혼잡하지 않고 출구를 원활하게 통과할 수 있는 상태일 때의 기준치이다.

③ 출구에서의 체류인원수

피난출구 등 피난경로 중 불시에 피난 군집이 집중되어 큰 사고가 된 사례는 과거에도 적지 않다. 대피 군중에 대해 적절한 피난문 폭을 계획하고 과대한 체류를 막는 것도 피난계산의 중요한 역할이다. 그림 7–32에는 출구를 통과하는 군중 피난을 도해하고 있다. 피난하기 위해 피난출구로 몰려드는 피난자의 집결속도(인/초)가 출구를 통과할 수 있는 피난자의 속도(인/초)보다 크면 출구에서 대피 대기자가 쌓이는 체류가 가능하다.

이 체류인원을 계산하는 식을 구하기 위해 그림 7–33과 같은 그래프를 생각한다. 피난경로 출구에 총 P(인)의 대피자가 초당 p(인/초)의 속도로 집결해 온다면 대피 군집의 선두가 대피 출구에 도달한 후 시간 t(초)에서는 누적으로 pt(인)가 집결한다. 한편 출구에서 유출도 동시에 일어나고 있으며 누적으로 NBt(인)가 유출되어 있기 때문에 출구 앞에 체류하고 있는 대피자 수 Q(인)는

$$Q = pt - NBt = (p - NB)t \tag{7–6}$$

가 되고, $p > NB$인 한, 시간과 함께 증가한다. 그러나 대피자 집결은 누적 인원이 P(인)로 된 시간 t_p로 종료하므로, 그 시점에서 체류인원은 최대 Q_{max}가 되고, 그 후

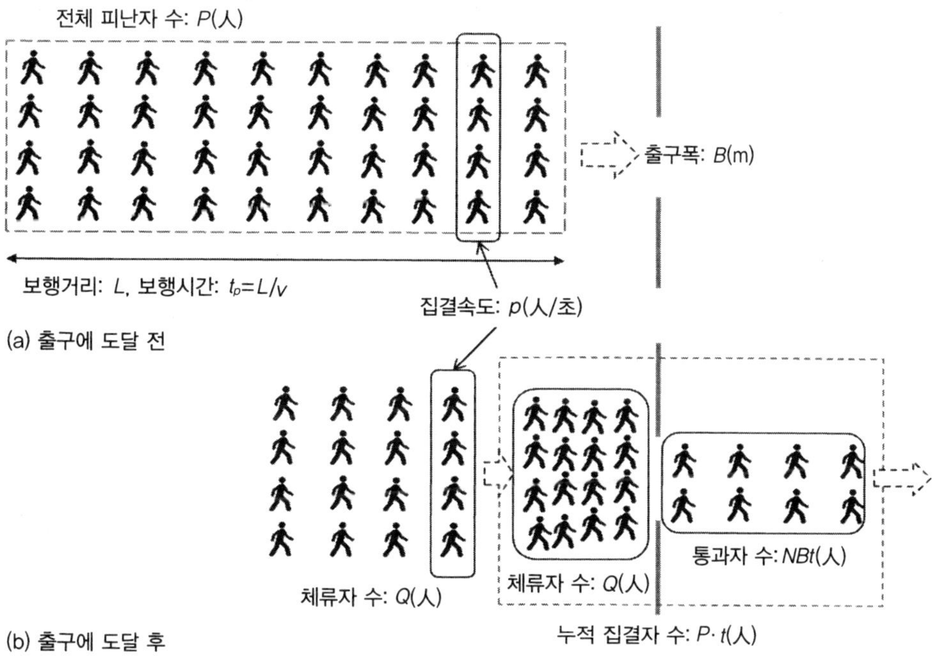

그림 7-32 피난출구에서 피난 군집의 통과

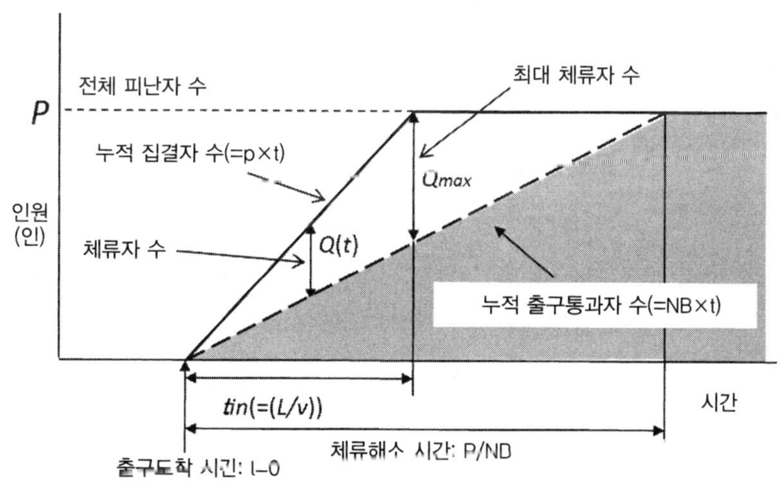

그림 7-33 피난출구 체류인원

에는 유출만 되어 점차 감소한다. 상식에서 $t = t_p$로서 $P = pt_p$이기 때문에 Q_{max}는

$$Q_{\max} = P - NBt_p \tag{7-7}$$

이다. 거실의 피난자가 피난출구에서 피난하는 경우 근사적으로 시간에 의하지 않고 일정한 집결인원으로 가정하면, 위 식의 t_p는 $t_p = L/v$가 되므로 식 7-7은

$$Q_{\max} = P - NB\frac{L}{v} \tag{7-8}$$

가 되고 보행거리가 클수록 최대 체류인원 Q_{max}는 작아지게 된다. 덧붙여서, $Q_{max}<0$ 이 될 때는 출구에서의 체류가 생기지 않을 때인데, 그림 7-33에서 알 수 있듯이, 이때의 출구통과시간은 집결 시간으로 결정된다. 따라서 출구의 통과시간 혹은 거실의 피난시간은 결국 다음 식으로 결정된다.

$$t_e = \max\left(\frac{L}{v},\ \frac{P}{NB}\right) \tag{7-9}$$

④ 피난경로 상에 여러 개의 다른 폭의 출구가 있는 경우의 피난시간

피난자가 건물 밖 또는 계단까지 피난하는 경로상에 피난의 방해가 될 수 있는 문 개구를 많이 설치하는 것은 일반적으로 바람직하지 않지만, 방화구획 등 여러 가지 관련으로 마련하지 않을 수 없는 경우도 있다. 그럴 때의 피난시간이나 출구에서 체류인원 평가는 어려울 수도 있지만 의외로 간단한 경우도 있다. 그림 7-34와 같이 어떤 인원수 P의 피난자가 도중에 다른 피난자의 합류가 없이 여러 개의 문 개구를 지나면서 거리 L의 경로를 대피하는 데 필요한 시간 t_E는 다음 식으로 주어진다. 단, B_{min}은 해당 경로에 포함되는 문 개구 폭 중에서 최소의 폭이다. 즉 단순히 보행 시간과 최소 폭의 문 개구에서의 통과시간의 합으로 계산된다.

$$t_E = \frac{L}{v} + \frac{P}{NB_{\min}} \tag{7-10}$$

또한, 도중의 어느 문 개구 k에서의 체류는 개구 k의 상류에 그보다 폭이 큰 개구가 있는 경우에만 발생하고, 그 최대 체류인원 Q_{max}는 다음 식으로 계산할 수 있다. 여기서 B_{min}은 개구 k보다 상류에 있는 개구 폭 중 최소인 것이다.

$$Q_{\max} = \begin{cases} (1 - B_k / B_{\min})P & (B_k < B_{\min}) \\ 0 & (B_k \geq B_{\min}) \end{cases} \tag{7-11}$$

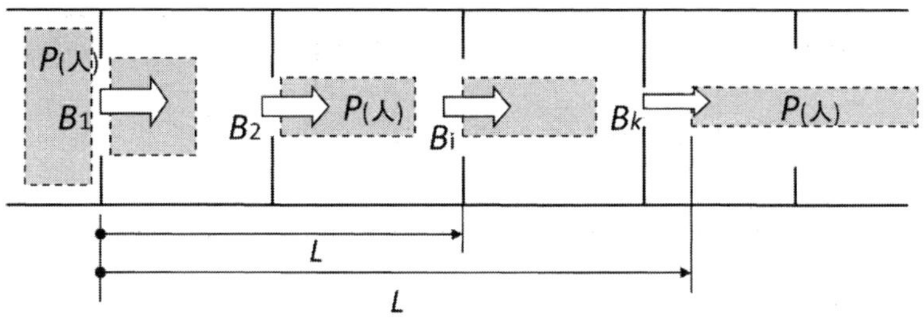

그림 7-34 폭이 다른 여러 개의 출입구를 지나는 피난

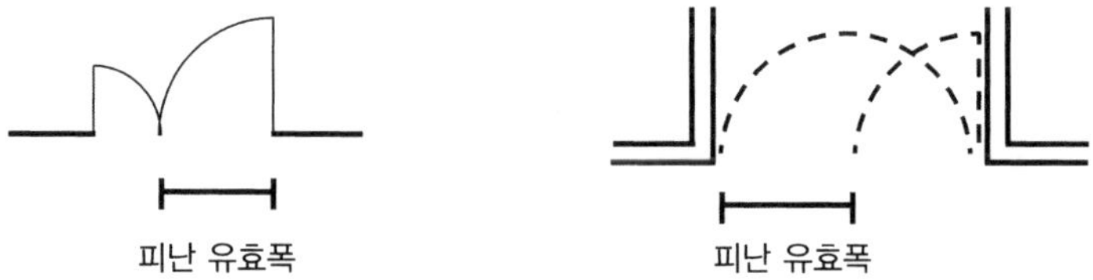

그림 7-35 피난상 유효한 문 부분의 예

최근에는 방화문 등에 여러 기구의 것이 개발되고 있으므로 언뜻 보면 개구폭이 넓어질 것 같아도 피난할 때는 한정된 폭밖에 사용할 수 없을 수도 있으므로 주의가 필요하다. 그림 7-35에는 흔히 볼 수 있는 예 중 일부를 제시했다. 주 출입구 및 부 출입구의 양문이 겹쳐진 경우에는 겹친 부분 외에 남은 부분의 문 폭만이 피난상 유효하다. 방화구획의 상시 개방 접힌 문의 경우는 피난용 자문의 폭 또는 문 폐쇄 후에 최초로 열 수 있는 문의 폭을 피난상 유효하다고 간주한다.

⑤ 피난경로상에 면적이 작은 공간이 있는 경우의 피난시간

층 대피로 부속실을 통해 계단으로 피난할 경우 복도 및 부속실 문의 입구는 넓어도 부속실과 계단 간의 출구가 좁으면 부속실로 대피하는 시간이 길어질 수 있다. 이는 상기와 같은 피난문의 조건과 부속실의 수용가능인원이 작을 때 일어나는 문제이며, 그림 7-36에는 거실-복도-부속실과 계단의 피난경로 구성을 나타내고 있으나 이론적으로는 다른 경우에도 일어날 수 있다.

부속실이 작을 경우 부속실의 입구에서 계단으로의 출구까지의 이동시간은 무시할 수 있으므로 부속실에 도착한 피난자는 NB_3(인/초)의 속도로 계단으로 유출하면 된다. 즉, 부속실의 수용가능인원 P_L을 남기고$(P-P_L)$ 사람이 계단으로 유입되었을 때가 P인의 피난자가 부속실로의 피난을 마치는 시간 t_E이다(식 7-12). 덧붙여서 거

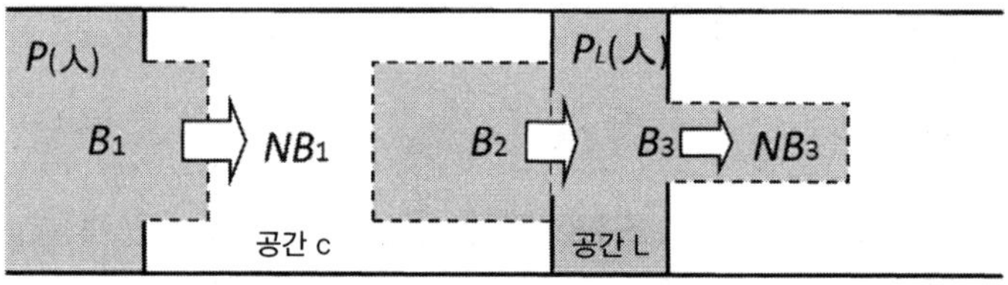

그림 7-36 피난경로상에 면적이 작은 방이 있는 경우의 피난시간

실로부터의 피난시간은 이 t_E에 부속실까지의 보행시간을 더하면 된다.

$$t_E = \frac{P - P_L}{NB_3} \qquad (7-12)$$

2. 피난단계별 피난시간 계산방법

화재 시에는 먼저 출화실에서 복도로 피난하고 다음으로 다른 방에서 피난하는 사람들과 복도에서 합류하면서 계단으로 피난하는 것처럼 보다 안전한 피난경로로 차례로 이동하면서 피난한다. 일반적으로 거실·층·전관 등 3개 피난단계별로 피난안전점검을 실시한다. 예를 들어 전관 피난시간이란 건물 내 전원이 지상 옥외 등 안전구역으로 대피할 때까지의 시간을 말한다. 여기에서는 피난유동상황을 파악하는 데 유용한 기초적인 방법으로 방재계획지침 방법을 이용하기로 하고, 피난계획 평가에 가장 많이 이용되고 있는 거실 대피와 층 대피에 대해 해설한다.

(1) 거실 피난시간

거실 피난시간이란 실내에서 불이 난 경우에 그 실 전원이 복도 등 실외공간으로 피난할 때까지의 시간을 말한다. 피난행동시간은 식 7-9를 이용해 보행시간과 출구통과시간에 따라 산정한다(단 고시 검증법에서는 최대치가 아닌 합계치를 이용해야

표 7-11 거실 피난시간 산정 예에서 보행시간과 출구통과시간

거실 1	거실 2
보행시간: $\frac{26}{1.3} = 20$(초) 출구통과시간: $\frac{(1.5\times1.6)}{30} = 12.5$(초)	보행시간: $\frac{26}{1.3} = 20$(초) 출구통과시간: $\frac{(1.5\times1.6)}{60} = 25$(초)

한다). 만일 그림 7-37과 같은 평면도를 이용해 피난행동시간을 산정하면 표 7-11과 같이 되고 피난행동시간은 거실 1에서는 20초, 거실 2에서는 25초가 된다.

피난개시 시점에서 실내에 피난자가 일정하게 분포하여, 실의 출구에서 일정한 흐름으로 유출된다고 했을 경우의 피난 상황을 그래프로 나타내면 그림 7-38과 같다. 그림의 그래프의 가로축이 경과시간, 세로축이 누계인원이며 피난개시 후를 피난행동의 출발 시점으로 하여 거실 내 보행에 의한 출구 도착 라인을 파선으로, 출구통과시간의 계산에 의한 유출 능력의 라인을 실선으로 나타내고 있다. 거실 1과 거실 2에서는 실의 형상이 같기 때문에 실내 보행시간 즉 출구까지의 도착시간은 같다. 그러나 거실 2의 피난자 수가 거실 1의 2배이기 때문에 출구통과시간(문 유출 가능시간)도 2배가 된다. 거실 1에서는 출구통과시간이 짧아 도착한 사람이 그대로

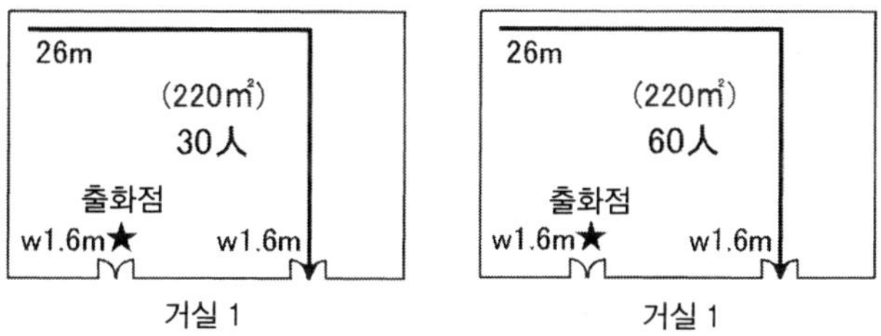

그림 7-37 거실 피난시간 산정 예(평면도와 거실 피난 자료)

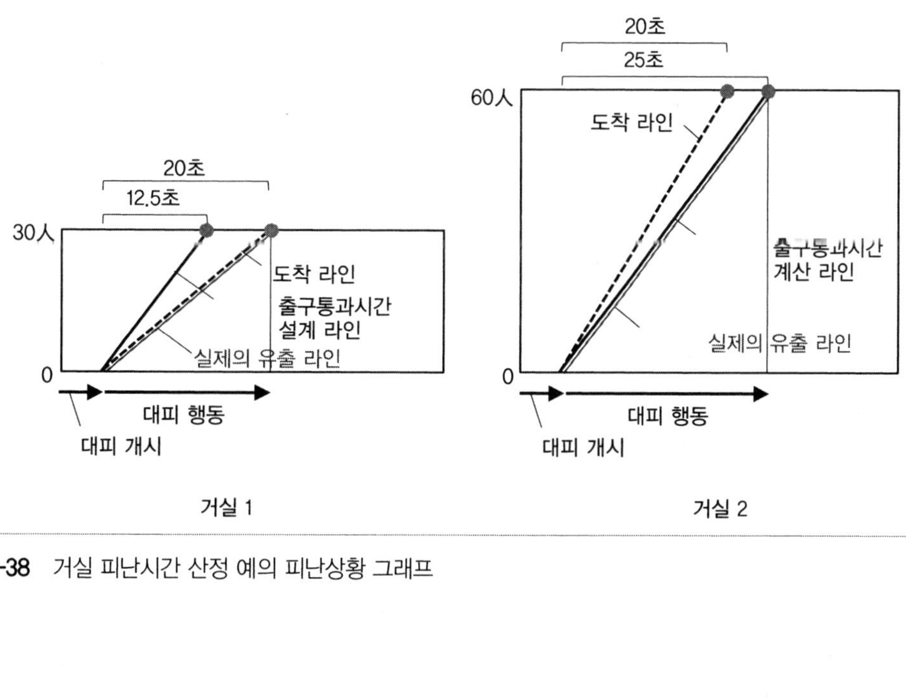

그림 7-38 거실 피난시간 산정 예의 피난상황 그래프

원활하게 유출되는 상황을 나타낸다. 거실 2에서는 출구통과시간이 길기 때문에 문 앞에서 체류하면서 일정하게 유출되고 있는 상황을 나타내고 있다.

(2) 층 피난시간

층 피난시간이란 층 전체가 계단(혹은 피난층이면 지상)으로 대피할 때까지의 시간을 말한다. 층 피난에서는 복수실에서 피난자의 합류나 계단 유입 상황을 파악할 필요가 있어 거실 피난계산과 같은 단순한 계산기 계산만으로는 상세 정보를 파악하기 어렵다. 대신 막대 그래프[5]를 사용하면 피난자의 피난상황을 알기 쉽게 나타낼 수 있다. 이하에서는 그림 7-39와 같은 사무실 층의 예를 이용해 층 피난계산 방법을 설명한다.

그림 7-39의 사무실 1과 사무실 2에서 계단 A로의 피난상황을 나타낸 그래프가 그림 7-40이다. 그림 7-40의 위는 각 실로부터의 피난 흐름을 경과 시각별로 나타낸 막대 그래프, 아래는 피난자 누계를 경과 시각별로 나타낸 체류 그래프이다(피난시작 시간은 만일 화재실에서 출화 후 30초, 비화재실에서 60초로 설정하고 있다.). 막대 그래프의 각 라인은 거실에서 계단으로 유입될 때까지의 피난자의 시간 경과를 나타내고 있다. 또 체류 그래프는 대피자 수의 누계를 시간 경과와 함께 나타낸 것으로 혼잡이 발생하는지 아닌지, 언제 혼잡이 발생하는지 등 대피 유동 상황을 한눈에 파악할 수 있다. 그림 7-40을 예로 설명한다.

① 실 대피(그림 7-40 실선)

처음 거실을 나온 사람부터 마지막으로 나온 사람까지의 흐름이다. 그림의 사무

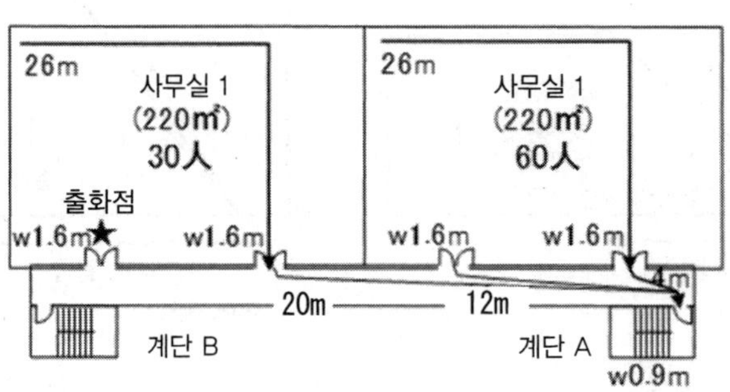

그림 7-39 층 피난시간의 산정 예(평면도와 층 피난 자료)

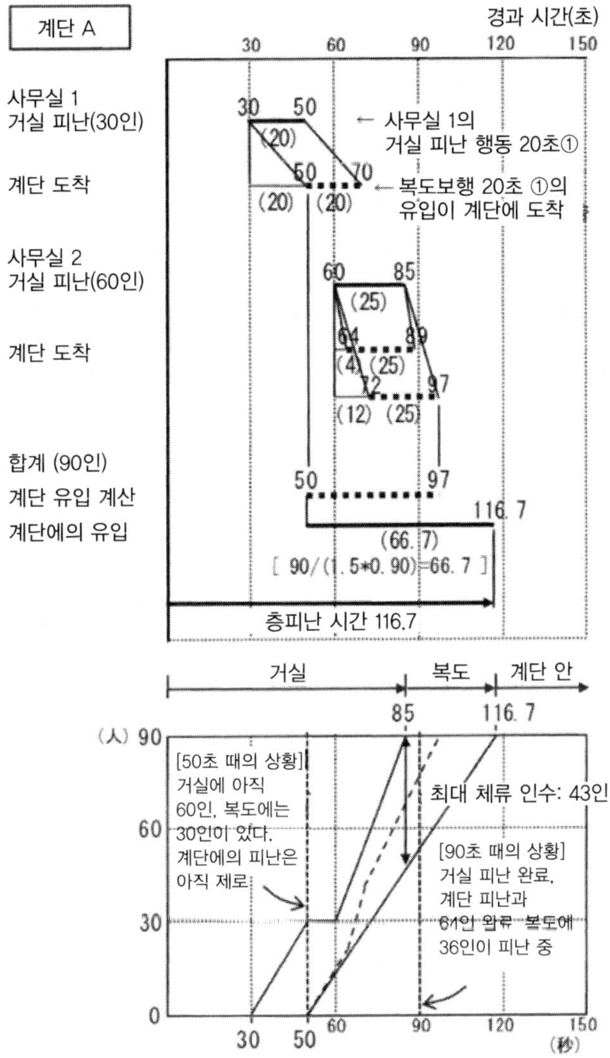

그림 7-40 층 대피시간 산정 예에서 막대 그래프를 통한 피난상황 분석

실 1에서는 30초일 때 첫 사람이 거실에서 나오고 50초일 때 마지막 사람이 거실에서 나오고 있음을 나타낸다. 피난행동시간은 일반적으로는 전술한 거실 피난시간으로 산정한 값을 이용하면 된다. 사무실 2의 피난개시가 사무실보다 느린 것은 사무실 2는 비화재실이기 때문에 출화 감지가 늦어져 피난개시가 늦어진다는 시나리오 설정에 따른 것이다.

체류 그래프의 30초부터 85초까지의 꺾은선은 막대 그래프에서 그린 거실에서의 유출 상황을 시간과 누적 인원으로 나타낸 것이다. 50초에서 60초 사이 라인이 수평으로 되어 있는데, 이는 50초 만에 최초의 실 대피가 완료되어 다음 60초까지 아무도 거실문을 통해 나오는 사람이 없을 것임을 보여준다.

② **계단도착**(그림 7-40 점선)

거실을 처음 나온 사람은 복도를 걸어 계단문에 도착한다. 이 보행 상황은 그림의 사무실 1에서는 30초에서 50초 주로 가는 실선으로 표현하고 있다. 그리고 거실에서 남은 피난자도 처음과 마찬가지로 복도를 걸어서 계단문까지 도달한다(50초에서 70초의 점선). 사무실 2에서는 피난에 사용하는 문이 2곳으로 계단까지의 보행거리가 다르기 때문에 흐름의 차이를 2개의 점선으로 나타내고 있다.

③ **계단도착 합계**(그림 7-40의 점선)

각 객실에서의 계단 도착 흐름을 합치면 계단문에 도착하는 흐름 전체를 얻을 수 있다. 체류 그래프의 점선도 막대 그래프의 계단 도착 합계를 누적 인원으로 나타낸 것이다.

④ **계단 유입**(그림 7-40의 굵은 실선)

상기 ③은 계단문까지 도달한 상황이지 아직 계단 안으로 들어간 것은 아니다. 계단에 도착한 피난자들이 원활하게 계단문 안으로 들어갈 수 있는지를 판단하기 위해 유입계산을 실시한다. 그림 7-40의 예에서는 90명이 0.9 m 폭의 문을 통과하는 데 필요한 시간(계단 유출능력)은 66.7초로 산정된다. ③의 계단도착 합계의 최종시각과 유입계산에 의한 시간의 최종시각을 비교하여 계단도착 합계의 시각이 더 길 경우에는 계단문 앞에서 체류하지 않고 도착한 흐름대로 원활하게 계단으로 유입되고 있는 상황이다. 반대로 유입계산에 의한 시간이 더 길다면 도착 흐름대로 계단으로 유입될 수 없어 계단 앞 복도에서 대기가 발생한다. 그림 7-40의 체류 그래프에서는 50초에서 116.7초의 실선이 유입계산에 의한 시간으로 실제 계단으로의 유입상황이기도 하다.

최대 체류인원을 알고 싶다면 거실 대피선과 계단 유입 라인이 가장 떨어져 있을 때의 인원을 고려하면 된다.

05 설계 시 고려해야 할 포인트

건축설계에 있어서 피난안전상 유의해야 할 포인트는 다음과 같다.

(1) 건축공간의 화재, 용도, 재관자의 특성을 분석 정리하여 피난계획을 수립하여야 한다.

피난계획의 방침을 고려하지 않고 실시하는 피난안전설계가 실제로 유효하고 실행 가능한 피난안전이 이루어질 수는 없다. 건축물 공간의 용도로 화재나 대피자 특성에 관한 특성을 파악하고 실제 화재 시 어떤 방법으로 피난안전을 도모할지에 대한 방침을 정하고 이에 따라 피난안전설계를 하는 것이 중요하다.

(2) 건축물 사이의 완충대나 방화구획, 방연구획 등을 이용하여 화재의 구획화를 도모한다.

건축물에서의 화재나 연기의 확대 범위를 가능한 한 한정하는 것이 피난안전에 있어서 가장 효과적인 대책임은 분명하다. 건축물의 공간 중에서 화재위험이 높은 곳을 용도나 피난자의 특성, 사용 시간대 등을 고려하여 구획한다. 그 밖의 방법이라도 분리할 수 있는 것은 가능한 한 분리하여 화재가 영향을 미치는 범위를 국한화함으로써 피난안전계획을 단순화한다.

(3) 피난안전설계에서는 소방대에 의한 활동도 고려한다.

피난을 위한 시설은 소방대에 의한 소화나 구조활동과도 관련된 것이 적지 않다. 또 소방활동을 쉽게 함으로써 화재확대가 억제되면 피난안전성도 높아지게 된다.

(4) 방재 시스템의 실패 가능성을 고려한다.

건축물의 피난안전은 스프링클러, 배연·제연설비, 방화구획, 초기 소화설비, 화재감지기 등의 방화시스템이 없이는 이루어질 수 없다. 그러한 성능이 가능한 한 유효하게 발휘되도록 설계해야 한다. 그러나 이들의 작동 신뢰성은 현재로선 100%가 아니다. 따라서 피난안전설계는 무조건 신뢰하는 것이 아니라 실패할 확률도 있다는 점도 염두에 두고 하는 신중함이 필요하다.

(5) 양방향 대피는 피난경로 배치의 기본 원칙이다.

출화가 어디서 발생하는지는 미리 알 수 없으니 어디서 불이 나더라도 화재에서 대피하는 방향으로 피난이 가능하도록 피난경로를 배치한다. 이는 특히 층 피난에서 필요한 경우가 많으므로 계단과 공용복도의 적절한 배치가 중요하다.

(6) 피난경로는 언제 화재가 발생해도 재실자가 쉽게 사용할 수 있는 상태로 유지되어야 한다.

피난경로의 안전은 각종 방재 설비로 지원되지만 화재의 양상은 다양하기 때문에 예상대로 효과를 발휘하지 못하는 경우도 있다. 어떤 경우에도 피난경로 자체가 재실자 피난안전 대책의 주역이기 때문에 재실자가 언제든지 확실하게 사용할 수 있는 상태로 유지되어야 한다. 계단이나 층 공용 피난경로 등은 특히 중요한 피난경로인 만큼 그 신뢰성이 높아야 한다.

(7) 피난경로는 피난자에게 화재 시 인식하기 쉬운 것이어야 한다.

피난경로는 화재 시 피난자에게 인식되지 않으면 도움이 되지 않는다. 인간은 평상시에는 냉정한 판단이 가능해도 비상시에는 패닉에 빠져 판단력이 둔해지는 점을 고려하여 인식되기 쉬운 피난경로를 설계하는 것이 중요하다. 특히 불특정 다수의 재관자가 존재하는 건축물의 피난경로 계획에서는 어디에서나 가능한 한 가까이 피난출구를 찾을 수 있도록 할 것, 출입할 때의 방향에 피난출구가 있도록 하는 것 등을 고려할 필요가 있다.

(8) 피난경로는 피난행동에 따른 위험을 방지하는 데 적절한 시방이어야 한다.

과거에 많은 사망자가 발생한 화재사례에서는 그 원인으로 급격한 화재확대도 있지만 피난출구의 부족이나 패닉에 의한 피난행동상의 사고도 많으며, 사망자수로는 오히려 후자가 압도적으로 많다. 군집이 피난하는 피난경로의 설계는 심리적으로 패닉 상태일 때 발생할 수 있는 사고에도 유의하여 위험을 방지하는 것이어야 한다. 이를 위해서는 피난자 수에 맞는 넓이를 확보하며, 피난자를 원활하게 통과시킬 수 있도록 피난문이 열리는 방향을 고려해야 하고, 걸려 넘어짐이나 전도의 원인이 되는 복도나 계단의 단차를 두지 않을 것 등을 고려하여야 한다.

참고문헌

1. 川越邦雄, 若松孝旺他: 新建築学大系 12建築安全論, 彰国社, 1983
2. 日本火災学会編: はじめて学ぶ建物と火災, 共立出版, 2007
3. 2001年版避難安全検証法の解説及び計算例とその解説, 2001
4. 日本建築学会編: 建築物の煙制御計画指針, 丸善出版, 2014
5. 建設省住宅局建築指導課他監修: 新・建築防災計画指針−建築物の防火・避難計画の解説書−, 日本建築センター, 1995
6. 東京消防庁: 高齢者を中心とした災害弱者施設の防火安全対策に係る調査報告書, 1993
7. 建設省告示 1441号・1442号避難安全検証法, 2000
8. Life Safety−Means of Egress/Exits−NFPA 101
9. 監修 建設省住宅局建築指導課: 建築防災計画実例図集, 日本建築センター, 1985
10. 日本建築学会(編): 図解 火災安全と建築設計, 朝倉書庄, 2009

8장

구조 부재와 내화성능

건축물의 내화성능은 화재 시 인명안전 확보, 재산 확보, 소방활동 확보, 시가지 화재피해 방지 등의 요소에 관계되며, 화재 시 건축물 안전성의 기반이 된다. 건축물의 내화성능은 화재 시 건축물의 구조 안정성을 유지하는 것과 건물 내부 및 인접 건물로의 화재 확대를 방지하는 것 크게 두 가지로 나눌 수 있다. 이와 같은 내화성능을 구비한 건축물의 부위 또는 부재를 내화구조라고 한다. 대표적인 구조로는 강구조, 철근콘크리트구조, 철골철근콘크리트구조, 목구조를 들 수 있으며, 화재로 가열되었을 때의 성상에는 각각의 특징이 있고 내화성능을 확보하기 위한 방법에도 차이가 있다. 내화성능을 확보하기 위한 설계행위를 내화설계라 부르며, 현재는 시방설계와 성능설계의 2가지 기법이 있다. 사양설계는 최상층부터 층수와 부위만으로 내화시간을 결정하는 방법으로 현재의 내화건축물의 대부분이 이 방법에 의해 건축된다. 한편 성능설계는 층수에 관계없이 화재구획별로 화재성상을 예측하여 내화시간을 결정하는 기법으로 화재외력 및 화재내력을 성능적인 방법으로 유도한다. 사양설계는 화재성상을 예측하지 않는 대신 저층부일수록 높은 내화성능을 부여하기 때문에 골조의 안정성에 기여하는 측면이 있다. 한편 성능설계는 가연물이 많은 화재실에 높은 내화성능을 부여하기 때문에 화재성상을 고려하는 설계라고 할 수 있지만, 중 · 고층 건물의 최하층에도 1시간 내화성능을 적용하는 것이 가능해 가연물의 편차 등을 고려하면 위험한 설정이 될 가능성도 있다. 각각 일장일단이 있으므로, 양 측면을 이해한 후에 적절히 내화설계하는 것이 바람직하다.

01 화재에 의한 건축물 붕괴방지

건축물의 구조는 주로 강재, 콘크리트, 목재 등의 부재로 구성되어 있다. 이와 같은 구조 부재는 평상시에는 건축물 자체나 적재물의 하중(장기하중)을 충분히 지지할 수 있도록 설계되어 있지만, 화재가 발생할 경우 화열에 의한 온도 상승으로 재료의 강도가 떨어지고 건전한 단면이 감소하여 하중을 지지할 수 없게 되어 건물 붕괴에 이를 수 있다.

건물의 구조재료로 강재를 사용하기 시작한 것은 미국이지만 강재는 일정한 온도에 이르면 변형되어 건축물이 쉽게 붕괴된다는 사실이 당시부터 알려져 있었기 때문에 강재의 온도 상승을 막기 위해 내화피복 기법이 발전해 왔다. 현재 초고층 건축물은 대부분 강구조로 되어 있어 내화피복의 중요성은 말할 것도 없다. 1장에서 골조 붕괴사례로 소개한 스페인의 윈저빌딩은 중앙에 철근콘크리트(이하 RC)조의 코어 부분을 가지고 있으며, 일부 RC조의 기둥과 철골보의 골조(기둥과 보로 묶인 구조)에 의한 구조형식이고, 건물 외주부에 소단면의 철골기둥 및 커튼월을 이용한 32층짜리 고층건물이었다. 외부의 철골기둥에 내화피복이 되어 있지 않아 21층에서 발생한 화재 연소로 인해 17층 이상의 외주골조가 붕괴되었다. 일본에서는 공장용도나 소규모의 철골조 건물은 준내화 건축물(축조 불연구조)로 간주하여 내화피복을 실시하지 않는 경우가 있으며, 이 경우 화재에 의한 붕괴사례가 많다. 윈저빌딩에서는 RC조였던 코어 부분의 붕괴는 면했지만, 화재 피해를 입은 RC조 건물이 화재 이전의 구조 내력을 유지해 화재 후에도 사용할 수 있다고는 할 수 없다. 내화설계된 건물도 화재진단에 의해 내력부족으로 판명되고 결국에는 철거되는 경우도 적지 않다. 원래 일본에서는 전쟁으로 피해를 입은 RC조 건물이 사용 가능한지 여부를 조사하는 것을 목적으로 건축 내화에 대한 연구가 시작되었던 것이다.

화재역사에서 화재에 견딜 수 있는 구조재료로 목재를 그대로 둘 수 없다는 것은 말할 필요도 없이 분명하다. 그러나 동시에 목재는 역사적으로 일본 건축의 특색을 형성해 온 주요한 건축재료로 남아 있는 것도 사실이다. 현재의 법 규제에 의해 목재를 구조 부재로 사용할 수 있는 건물은 극히 소규모로 한정되어 있지만, 목조건물의 새로운 전개를 위한 내화기술 개발이 진행되고 있다.

02 내화성능과 방화구획의 개념

내화성능은 건축부재가 화재에 견디는 것과 관련된 몇 가지 성능이 혼합된 개념이다. 그 내용은 건축기준법에서 3가지 성능으로 표시되어 있으며, 일반적으로는 비손상성, 차열성, 차염(비차열)성으로 불리고 있다. 비손상성은 국제규격 ISO834 및 JIS A 1304에서는 하중지지능력(load bearing)이라 부르므로, 여기에서는 비손상성을 하중지지능력이라 표기한다. 이들 3가지 성능의 개념을 그림 8-1에 나타낸다.

① **하중지지능력**(Load bearing)은 장기하중에 대하여 화재가열에 노출되어도 부재가 파괴, 붕괴되지 않는 성능으로 기둥, 보, 바닥 및 내력벽 등의 하중지지 부재에 요구되는 성능이다(그림 8-1a).

② **차열성**(Insulation)은 화재의 열이 화재구획의 바닥이나 벽을 통해 직상·직하 공간 측이나 인접 공간 측으로 전파되는 것을 방지하는 성능으로, 바닥이나 방화구획 벽의 직상·직하 공간 측이나 인접 측 표면온도의 상승을 억제하기 위해 요구되는 성능이다(그림 8-1b).

③ **차염성**(Integrity)은 화재 가열에 의해 방화 설비가 타거나 변형되어 화염이 인접 공간 측에 침입하는 것을 방지하기 위해서 요구되는 성능이다(그림 8-1c).

방화구획은 상기 ②의 차열성을 부여받은 바닥·칸막이벽·외벽(층간구획 스팬드럴 포함)으로 구획된 공간이다. 방화구획 설정은 건물 내 화재성상이 동일해지는(구획 내 전체화재가 되는) 공간을 한정하여 내화설계의 전제가 되는 매우 중요한 행위이다.

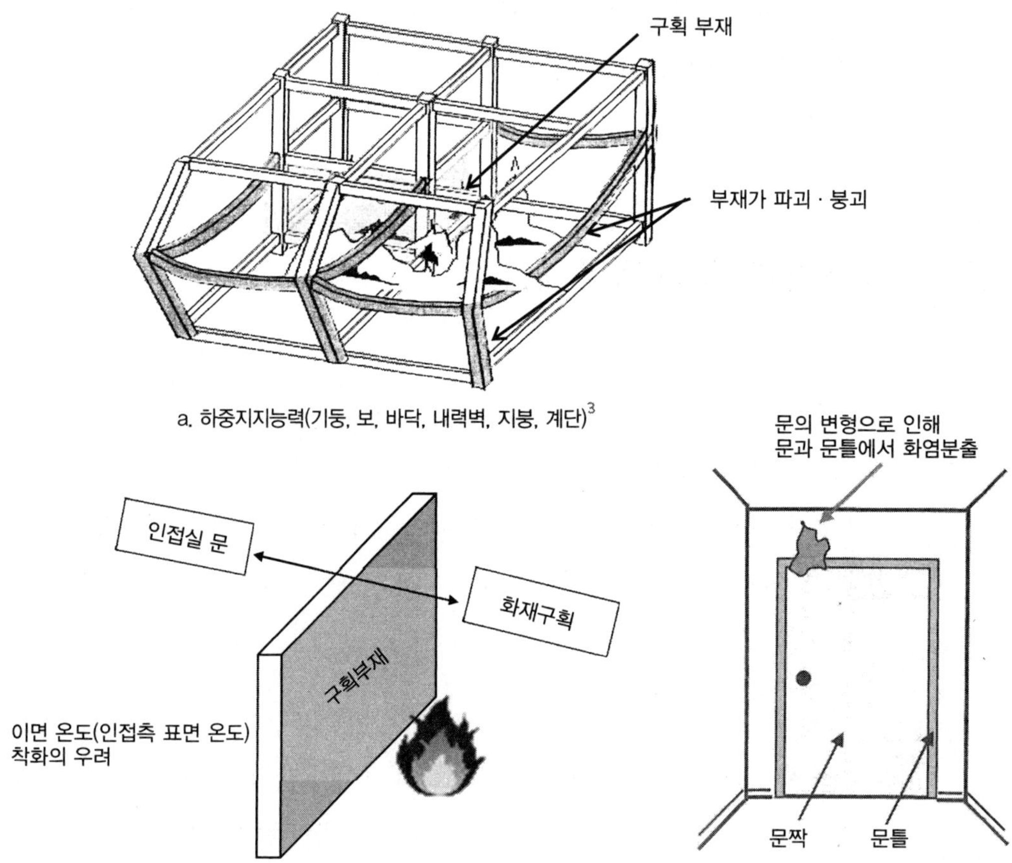

그림 8-1 내화성능(하중 지지 능력, 차열성, 차염성)

각 층의 바닥은 보통 철근콘크리트판과 ALC판으로 구성되며 외벽부의 층간구획과 함께 화재를 해당 층에 가두는 역할을 한다. 기둥·보·바닥·지붕이나 내력벽의 내화 인정은 화재가 1층에 한정되는 것을 전제로 하고 있다. 방화구획의 칸막이벽은 통상 철근콘크리트판·ALC판·압출성형시멘트판이나 석고보드로 구성된다. 큰 면적의 공간을 최대 3,000 m^2 이하로 한정하고 계단이나 엘리베이터 샤프트 등의 수직관통공간을 구획할 때 배치되어 화재 시 내부로부터의 위층 연소나 층 붕괴 등을 방지하는 역할을 담당한다. 외벽(층간구획 스팬드럴 포함)은 보통 철근콘크리트판, ALC판, 압출성형시멘트판, 규산칼슘판 등으로 구성되어 있으며 실내화재에 대해서는 차염성만이 요구되는데 실외 화재(혹은 하층의 분출화염)에 대해서는 차열성까지 요구된다. 실외 화재의 실내 연소를 방지하고 각 층의 바닥과 합하여 위층의 연소를 방지하는 역할을 한다.

03 내화 건축물의 주요 구조부에 필요한 성능

일정 규모 이상의 특수 건축물(예: 극장·영화관 등 불특정 다수의 수용시설)이나 방화지역 및 준방화지역 내에 지어지는 건축물은 피난안전상 및 시가지 대형화재 방지의 관점에서 건축기준법을 기준으로 층수·규모 등에 따라 내화 건축물 혹은 준내화 건축물로 하도록 요구하고 있다. 내화 건축물이란 기둥, 보, 바닥, 외벽 등의 주요 구조부를 내화구조로 하고, 외벽의 개구부에서 연소의 우려가 있는 부분에 방화문 등의 방화설비를 설치하는 것으로 되어 있다. 준내화 건축물은 주요 구조부를 준내화구조로 하고, 또한 외벽 개구부에서 연소의 우려가 있는 부분에는 방화문 등의 방화설비를 이용한다.

상기에 말하는 내화구조란, 하중지지능력에 관해 통상의 화재에 의한 가열이 소정의 시간 가해진 경우에, 가열종료 후에도 구조 내력상 지장이 있는 변형, 용융, 파괴 및 기타 손상이 생기지 않는 것(건축기준법 시행령(이하 시행령) 107조 제1항)으로 되어 있다. 이 시간을 통상 내화시간이라고 부른다. 내화시간은 건물의 층에 따라 그림 8-2에 나타나 있듯이 최상층부터 셀 때 1~4층까지가 1시간, 5~14층이 2시간, 15층 이상이 3시간이다. 또한 차열성 및 차염성에 관해서도 그림 8-2에 나타내는 요구·내화시간을 만족할 필요가 있다(시행령 107조 제2항, 제3항). 그림 8-2에 따라 층수와 부위별로 내화성능을 부여하는 설계방법을 시방설계라고 부른다.

또, 준내화구조에서는 가열 종료 시점까지 상기 3개 성능을 만족할 필요가 있다. 요구 내화시간은 30분·45분·1시간이며, 준내화구조는 가열 종료 시점에서 성능 유무를 판단하게 된다. 이것은 소정의 시간 동안 연소를 억제하기 위한 하중지지능력이 요구되고, 그 후 화재가 계속되어 붕괴에 이르는 것은 방지할 필요가 없다는 것에 기초하고 있다. 한편, 내화구조는 가열 종료 후에도 포함하여 판단하지만, 붕괴와 연소를 방지할 필요가 있는 ISO에서는 준내화구조와 동일하게 가열 종료 시점을 채택하고 있다. 따라서 해외에서는 준내화구조와 내화구조를 구별하지 않는다. 내화 건축물의 요구는 피난안전 및 시가지 대형화재 방지의 관점에서 규정되어 있으나 층수에 따른 구체적인 내화시간 요구를 고층건축물에 적용한 경우의 목적과의 관련성은 구체적이지 않다.

건축물의 내화성능이 가장 중요시될 때는 화재 발생에서 최성기 화재로 성장하는 과정이지만, 각 건물에서 화재가 최성기 화재까지 발달할 확률은 그리 높지 않다. 그러나 건물에 붕괴 가능성이 있고 지역에 큰 피해가 예상되는 경우라면 화재가 발생했을 때 건물이 붕괴될 가능성을 줄여야 한다. 필요한 내화성능은 최성기 화재의 발생 확률과 구조가 붕괴했을 경우 영향 크기의 곱, 즉 화재에 의한 붕괴 리스크에 의해 결정되며 이 리스크가 클수록 구조의 내화성을 높일 필요가 있다. 붕

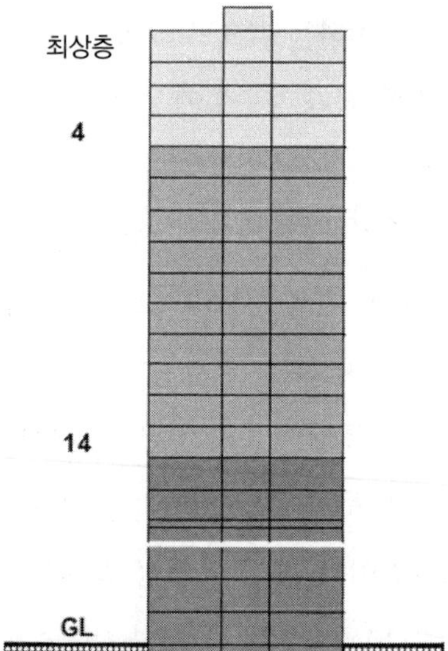

하중지지능력		차열성	차염성	
기둥 보	바닥 내력벽	벽, 바닥	외벽	지붕
1시간	1시간	1시간 (단, 비내력벽 외벽에서 연소 위험이 있는 부분 이외의 부분은 30분간)	1시간 (단, 비내력벽 외벽에서 연소 우려가 있는 부분 이외의 것은 30분 간)	30분
2시간	2시간			
3시간				

그림 8-2 건물 층수에 따른 요구 내화시간

괴했을 때 지역에 주는 영향이 작은 단독주택에는 특별히 내화성이 요구되지 않는데, 건물이 높고 커짐에 따라 요구 내화시간이 증가하고 있는 이유에는 이러한 가정이 반영되고 있다고 생각할 수 있다.

이와 같이 요구 내화시간을 층수와 부위에 따라 정하는 방법(시방설계)과는 별도로 실의 화재성상을 예측하여 요구 내화시간을 유도하는 방법도 있으며, 이를 성능설계라고 정의한다. 이는 7절에서 후술한다.

04 고온 시의 각 건축재료 특성

구조 부재에 사용되는 재료는 주로 강재, 콘크리트, 목재이다. 여기서는 이 재료들이 화재 가열을 받았을 때의 특성에 대해서 개략적으로 설명한다.

1. 강재

(1) 상온에서 강재의 응력-변형 관계

강재 중 건축구조용으로는 일반구조용 압연강재 SS400(JIS G 3101), 용접구조용 압연강재 SM 490A(JIS G 3106), 건축구조용 압연강재 SN400 및 SN490(JIS G 3136)이 주로 사용된다. 구조용 강재에 하중을 가하여 당기면 하중에 비례하여 늘어나지만, 하중이 작은 범위에서는 하중을 제거하면 변형이 원래대로 돌아온다. 이것을 탄성 변형이라고 한다. 그러나 하중이 늘어날수록 하중과 뒤틀림이 비례하지 않아 하중을 제거해도 변형은 원래대로 돌아오지 않는다. 이 단계를 소성 변형이라고 한다.

이와 같이 강재에서는 하중과 함께 변형이 증가하면 그림 8-3과 같이 탄성력이 항복점에 도달한 후 소성력으로 이행하여 다시 하중을 계속 지탱하지만 응력이 최대치에 달하면 응력이 저하되기 시작하여 파단에 이른다.

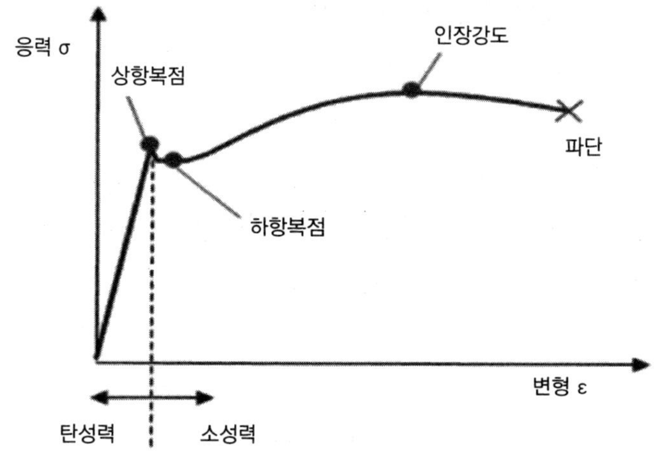

그림 8-3 상온에서의 강재의 응력-변형 관계

(2) 고온에서의 응력-변형 관계

강재는 가열되어 온도가 높아지면 팽창하여 늘어난다. 이때, 선팽창률은 1 × 10^{-5}/K 정도이므로 온도 상승이 100℃일 경우 1 m당 1 mm 정도 늘어나는 셈이 된다. 또 온도 상승과 함께 탄성계수가 저하되어 부드러워지고 하중이 가해진 경우에도 변형되기 쉬워진다. 그림 8-4에는 상온보다 700℃까지 상승시켰을 때 각 온도

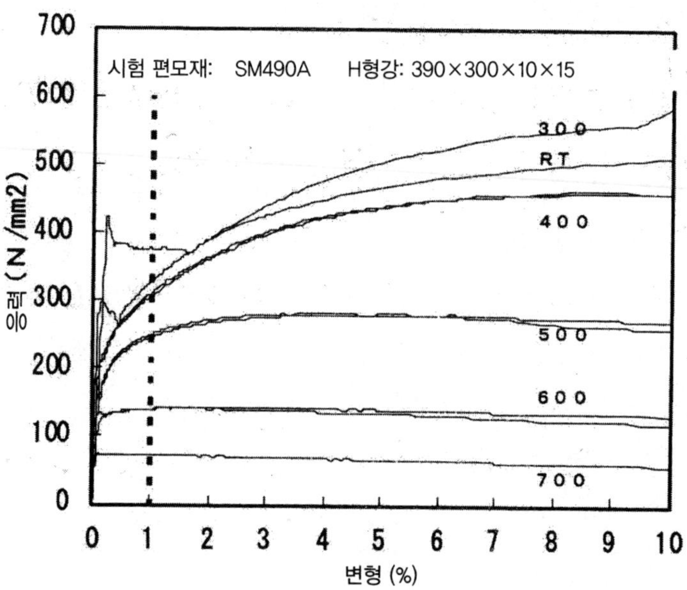

그림 8-4 고온에서 강재의 응력-변형 관계의 예[6]

에 있어서의 강재의 응력-변형 관계의 예를 보여주고 있는데 온도가 높을수록 하중을 지탱하는 능력이 저하하는 것을 알 수 있다. 그림 중 숫자의 단위는 ℃이다. 또 고온이 될수록 그림 8-3과 같이 탄성변형과 소성변형의 경계 및 항복점이 명료하게 나타나지 않는다. 그래서 내화성능 검증법(2000년 건설성고시 제1433호)이나 강구조내화설계지침[5]에서는 변형이 1%일 때의 응력도로 구조강도를 정의하고 있다.

(3) 강재의 온도-항복응력 모델

그림 8-5는 각 온도에 있어서 1% 변형 시의 응력도 실험값의 예와 고시식 및 강구조내화설계지침에 있어서의 온도-응력 모델을 나타낸 것이다. 실험값의 응력은 표본마다 편차가 있지만, 모델에서는 실험값의 평균치로부터 표준편차의 3배를 뺀 값을 포함하도록 안전측에 정해져 있어 고시식에서는 온도가 325℃ 이하일 때에 강도는 일정하지만 온도가 그 이상이 되면 저하되고, 온도가 700℃가 되면 강도가 0이 되는 것으로 간주하고 있다.

그림 8-6에 화재가 가열되는 강재 온도의 시간 변화 예를 나타낸다. 이때의 강재는 내화피복이 되어 있지 않다. 화재 초기에는 강재의 열용량에 의해 온도는 화재구획 내 온도에 늦게 상승하지만, 10분 정도 지나면 300℃를 넘어 30분 정도 되면 화재온도와 거의 동일하다. 이는 피복되지 않은 강재가 구획 내 전체화재를 견뎌내기란 거의 불가능함을 보여준다.

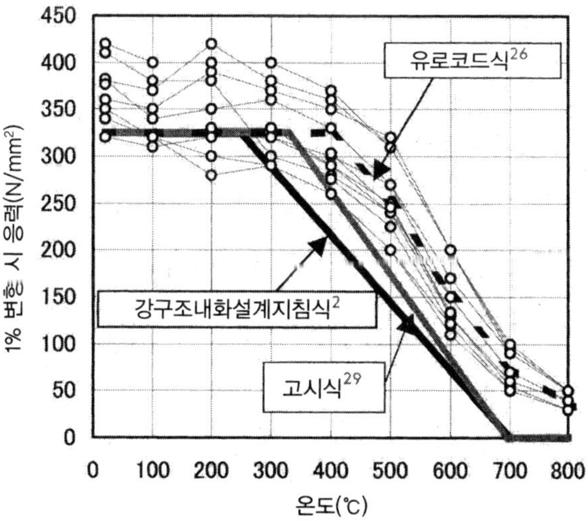

그림 8-5 강재의 온도-항복응력 모델(SN490)[9]

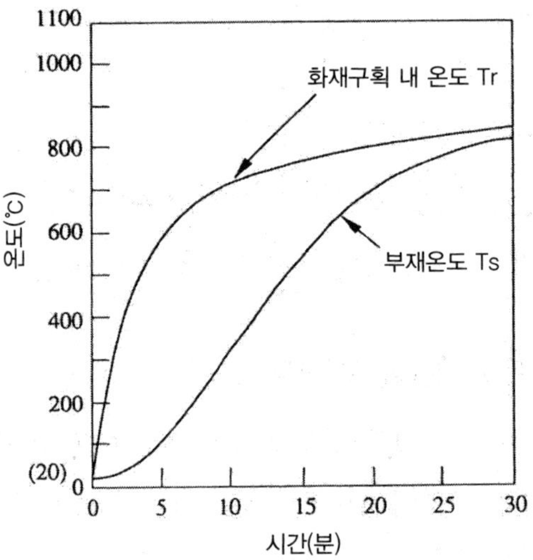

그림 8-6 화재 가열을 받는 강재 온도상승[5]

2. 콘크리트

(1) 고온에서 콘크리트의 압축응력-변형 관계

고온에서 콘크리트의 강도는 골재의 종류나 물·시멘트비에 영향을 받기 때문에 편차가 크고, 이들이 일정하다고 가정했을 경우의 고온에서 압축응력-변형 관계는 그림 8-7에 나타낸 예와 같다. 또한 세로축은 상온에서의 응력 $\sigma_{u,0}$에 대한 고온에서의 응력 σ의 비(응력비)이다. 그림에서 볼 수 있듯이 온도의 증가와 함께 동일하중을 가했을 때의 변형이 증가하여 강도가 저하된다.

(2) 고온에서의 압축강도

고온에서의 보통 강도부터 고강도까지의 콘크리트 압축강도 측정 예를 그림 8-8에 나타냈다. 압축강도란 콘크리트가 압축력을 받아 파괴에 이를 때의 응력도이다. 왼쪽 그림은 고온(가열 중)의 강도, 오른쪽 그림은 가열 냉각 후의 강도를 나타내고 있다. 그림 중 Fc의 값은 설계기준 강도(N/mm²)이고 Fc60은 고강도 콘크리트이다. 고온에서의 압축강도는 200℃ 정도까지는 상온에서와 거의 다르지 않지만, 그 이상의 온도가 되면 급격하게 저하한다. 특히 고강도 콘크리트의 강도 저하

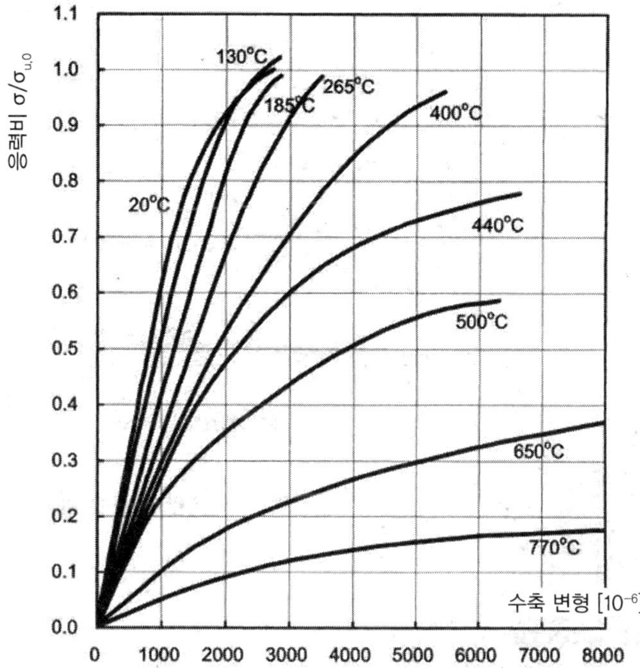

그림 8-7 고온 시 콘크리트의 압축응력비-변형 관계[7] (주: 가로축 1,000=0.1%)

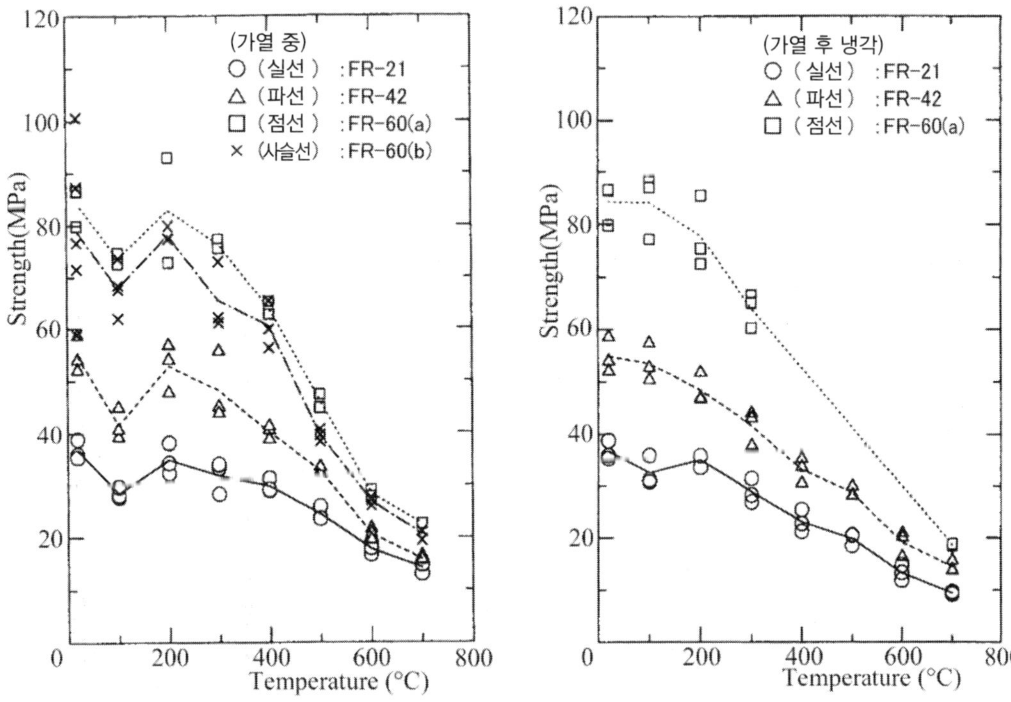

그림 8-8 콘크리트 강도 저하[23] (좌: 가열 중, 우: 가열 냉각 후)

가 현저하여 600℃를 넘어가면 일반 콘크리트와 거의 다를 바 없는 정도의 강도가 된다. 가열 냉각 후의 압축강도도 비슷하다. 온도 상승에 따라 콘크리트의 강도가 저하되는 원인은 가열에 의한 온도 분포나 골재 등 조성 별 열팽창률 차이 등에 의해 내부에 크고 작은 균열이 생기기 때문으로 생각된다.

(3) 폭렬

화재 가열을 받는 콘크리트의 특유의 현상으로 폭렬이 있다. 이것은 가열을 받는 콘크리트의 표면이 폭발음과 함께 갑자기 박리·박락되어 비산하는 현상으로, 비교적 얇은 표면층이 박락되는 경우와 더불어, 내부의 철근이 노출될 정도로 깊게 박락되는 경우도 있다. 그림 8-9의 사진은 콘크리트 강도가 다른 4종류의 RC조 기둥을 내화시험했을 때 폭렬이 발생한 예이다. 그림 아래의 〈 〉은 콘크리트 강도를 나타낸다. 고강도 콘크리트는 보통강도 콘크리트에 비해 내부가 조밀하고 수분이 빠져나갈 수가 없어 폭렬이 발생하기 쉬운 것으로 알려져 있다. 폭렬은 가열의 비교적 초기에 발생하는 경우가 많으나 원인은 아직 명확하게 밝혀지지 않았다. 내부 온도 차에 의해 발생하는 열응력이 원인이라는 설과 내부에 포함되는 콘크리트 중의 수분이 기화하며 발생하는 수증기압이 원인이라는 설이 있다.

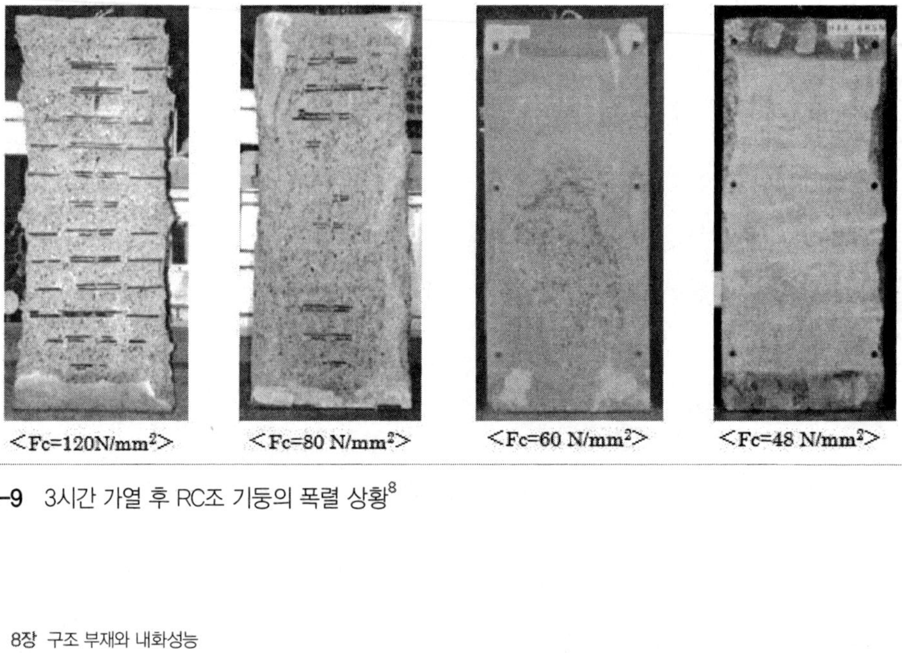

<Fc=120N/mm^2> <Fc=80 N/mm^2> <Fc=60 N/mm^2> <Fc=48 N/mm^2>

그림 8-9 3시간 가열 후 RC조 기둥의 폭렬 상황[8]

3. 목재

목재는 화재로 가열되면 표면이 열분해되어 가연성의 열분해 가스가 발생하며 260℃ 정도에 착화하기 시작하며 탄소 성분의 일부는 고체로 남아 작열 연소된 탄화층을 형성한다. 탄화층이 형성된 목재에서 화재의 열은 열전도로 탄화층에 전달되며 아직 열분해되지 않은 목재 내부의 온도상승과 열분해를 가져온다. 열분해된 가스는 목재 표면을 통해 밖으로 빠져나가고 이후에는 탄화층이 형성되므로 탄화현상은 점차 목재 내부로 확대된다. 그러나 열분해 가스가 빠져나간 뒤 탄화층은 다공질체이기 때문에 열전도 속도를 줄이는 작용을 한다. 그 때문에 수종, 비중, 함수율 등에 따라 다르지만, 목재의 탄화속도가 억제되어 대체로 0.5~0.8 mm/min이 된다. 즉, 1시간 동안 화재에 가열되면 연소하더라도 표면에서 심재 방향으로 약 50 mm 정도까지는 탄화되지만 내부는 대체로 건전하게 유지된다. 목재로는 제재(製材) 외에 집성재나 CLT가 사용되고 있다. 목재의 압축강도에 미치는 온도의 영향을 그림 8-10에 나타냈다. 여기서, σ25는 상온(25℃)에서의 강도를 나타낸다.

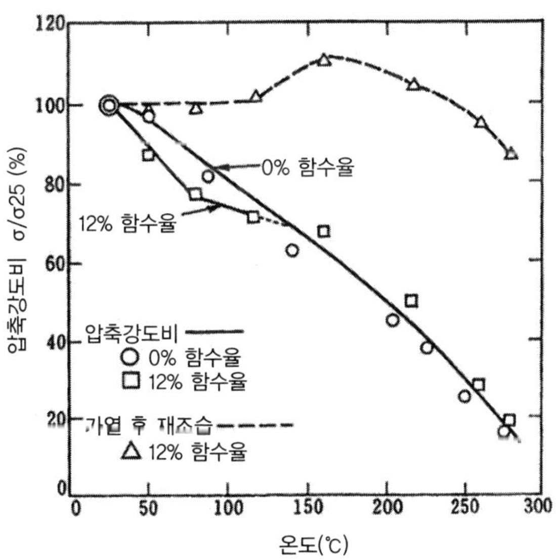

그림 8-10 가열 및 가열냉각재 재조습 후 목재의 종 압축강도 변화[9]

05 구조 부재의 내화성능

건축물의 기둥, 보, 내력벽 등의 구조 부재는 재료가 변형에 저항하는 힘인 응력에 의해 하중을 지탱한다. 구조설계에서는 상온에서 재료의 응력 특성을 바탕으로 하여 예상되는 하중에 대하여 인장, 압축, 좌굴 등에 의한 파괴가 생기지 않도록 설계된다. 그러나 이들 구조 부재가 화재에 가열되면 부재의 종류를 불문하고 재료의 특성이 변화하며, 하중지지능력이 떨어져 파괴에 이르게 될 위험이 높아진다.

예를 들어 강재는 온도 상승에 의해 연화되고 콘크리트는 가열에 의해 내부균열이 발생하여 강도가 저하되며 목재는 표면에서 탄화해 강도를 유지하는 단면이 감소한다. 이 때문에 구조 부재가 화재가열을 받는 상태에서도 하중지지능력을 유지하기 위해서는, 구조재료가 화재가열을 받았을 때의 특성을 토대로 설계할 필요가 있다.

기둥의 경우, 길이에 비해 단면이 작은 강재 기둥이나 목재 기둥에서는 특히 좌굴파괴가 발생하기 쉽고(그림 8-11), 또 비교적 단면이 큰 콘크리트 기둥에서는 압축파괴가 발생하기 쉽다. 그림 8-11에 강재 기둥의 파괴모드[6]를 나타냈다. 보의 경우는 바닥으로부터의 하중에 의해 휨 모멘트가 작용하여 강재의 온도 상승에 따른 휨 내력의 저하로 휨 파괴가 발생하거나 이음부가 파단되어 붕괴에 이른다.

그림 8-12에 강재 구조에서 화재를 입은 보가 늘어나게 되어 기둥을 밖으로 밀

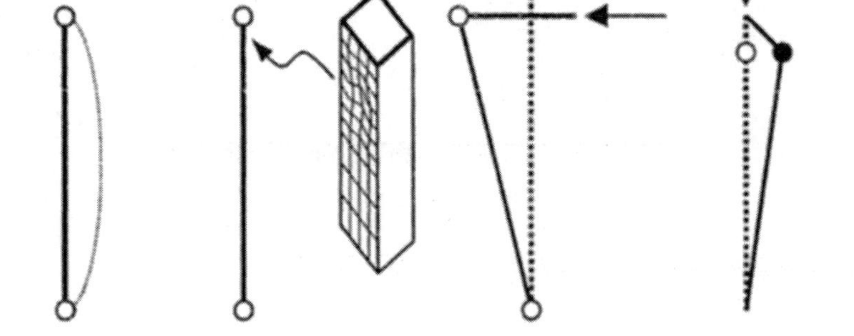

그림 8-11 강재 기둥의 파괴 형태[6]

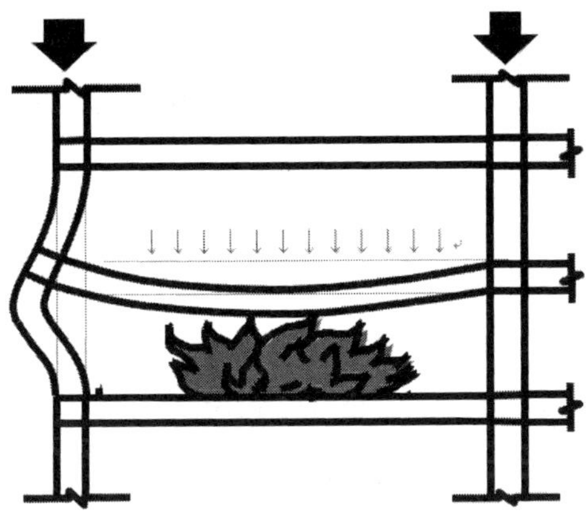

그림 8-12 화재 시 골조의 거동

어냄으로써 기둥에 과대한 부재각(部材角)이 발생하고, 주두주각이 휨 파괴되거나 또는 국부좌굴에 의해 파괴되며 더 나아가 보가 과대하게 소손되는 상황의 이미지를 나타낸다.

1. 강구조

강재는 밀도가 크기 때문에 단위 체적당 열용량은 크지만, 강구조 부재는 단면이 작기 때문에 다른 재료의 부재보다 온도가 상승하기 쉽고, 기계적 성질이 저하되기 쉽다. 따라서 단열성이 높은 재료로 내화피복을 실시하여 화재로 가열되었을 경우의 온도 상승을 억제할 필요가 있다. 내화피복의 대표적인 기법으로 다음과 같은 5가지를 들 수 있다.

① **뿜칠공법**: 록울이나 세라믹계 내화재료 등을 미리 시멘트 모르타르와 혼합하여 배합하고 펌프나 분무기로 건물에 분사하는 것으로 습식, 건식 등 여러 종류가 있다. 구조 부재의 형상이 복잡해도 빈틈없는 시공이 용이하다.

② **성형판 붙임공법**: 규산칼슘판, 강화석고보드, ALC판 등으로 구조재 주변을 덮는 것으로 건식이기 때문에 시공 시 분진의 비산 등이 적고, 노출되는 부위에도 사용할 수 있다. 한편 구조 부재의 접합부 등 형상이 복잡해지면 시공에 시간이 걸린다.

③ **붙임공법**: 록울이나 세라믹 화이버(ceramic fiber)를 재료로 펠트 모양으로 감싼 내화피복재를 구조 부재의 치수에 따라 커터칼 등으로 자르고 부재에 감은 후 고정핀이나 피스로 고정한다. 유연한 재료이므로 시공이 용이하다.

④ **내화도료**: 내화도료는 열을 받았을 때 20~30배로 발포하여 탄화층을 형성함으로써 구조 부재를 단열하여 보호하는 재료이다. 에어 스프레이로 분사하는 타입과 솔이나 롤러로 도포하는 타입이 있다. 도포 두께는 몇 mm 정도로 다른 내화피복 방법에 비해 매우 얇기 때문에 높은 시공 정밀도가 요구되지만, 마감은 불필요하다.

⑤ **시트 부착공법**: 발포재를 시트 형태로 만든 피복재를 구조 부재에 감는다. 피복재의 두께는 0.5~3 mm 정도로 매우 얇다.

철골은 법으로 정해진 불연재료이다. 즉, 철골조라고 하면 구조체는 불연이므로 원칙적으로 '축조(기둥, 보) 불연형 준내화 건축물'에 해당한다고 규정되어 있다. 그림 8-13에는 보와 기둥 내화피복의 전형적인 이미지를 나타내고 있다. 다만, 내화피복 재료와 시공 방법은 여러 가지가 개발되었으므로 비용, 시공성, 의장성 등을 감안할 수 있어 선택 시 선택의 여지가 상당히 많이 제공되고 있다고 할 수 있다.

내화피복을 실시하지 않은 강구조 부재의 온도는 그림 8-6의 예에서 볼 수 있듯이 급격히 상승하지만, 내화피복을 실시하면 그림 8-14, 그림 8-15와 같이 온도 상승을 지연시킬 수 있다. 또한 그림 8-14의 보 단면은 H-488×300×11×18, 그

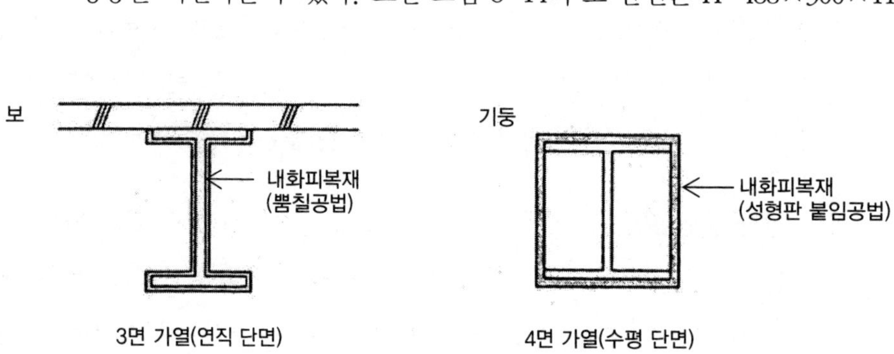

그림 8-13 보와 기둥의 내화피복 예[10]

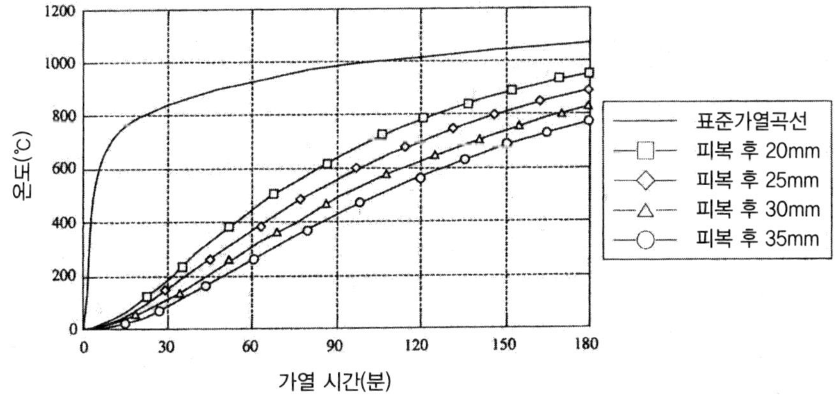

그림 8-14 내화피복(록울의 뿜칠) 두께와 철골 보 온도의 예[10]

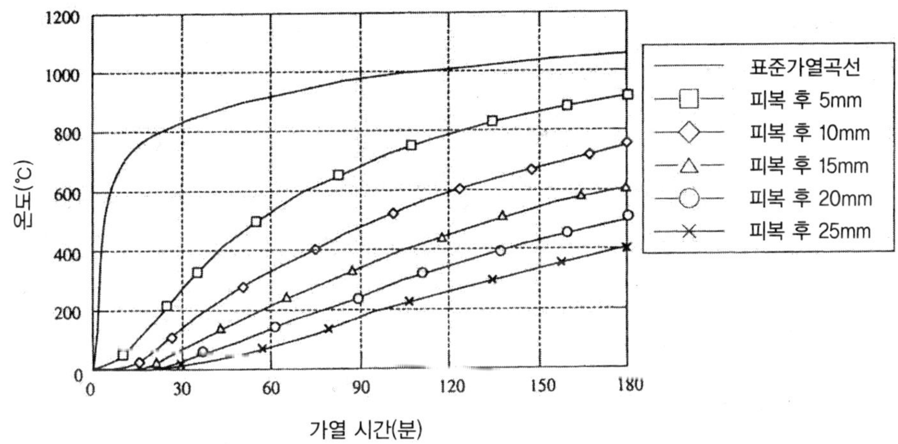

그림 8-15 내화피복(록울의 뿜칠) 두께와 철골 기둥 온도의 예[10]

림 8-15의 기둥 단면은 H-414×405×18×28이다. 화재 가열이 장시간 지속되면 결국 고온에 도달하겠지만 화재가 종료될 때까지 한계 온도에 도달하지 않도록 막는다.

2. 철근콘크리트구조

콘크리트의 인장강도는 압축강도의 1/10 정도로 낮고, RC조에서는 인장응력은 철근에 부담시킨다. RC조 부재가 구조체로서 일체적으로 거동하기 위해서는 콘크리트와 철근이 분리되지 않도록 충분히 부착되어 있어야 한다. RC조 부재에는 철근을 부식으로부터 보호하는 동시에 철근의 부착강도를 확보하기 위해 콘크리트에 일정한 피복 두께를 확보할 것이 요구된다.

이 피복 두께는 화재 시에는 내화피복과 마찬가지로 철근의 온도 상승을 일부 억제하는 역할을 하지만 화재지속시간에 따라서는 단열성을 충분히 확보할 수 있는 두께가 아닐 수 있고, 철근의 강도를 유지할 수 없게 될 가능성도 있다. 또 온도 상승과 함께 철근과 콘크리트의 부착력도 떨어져 철근이 원형강일 경우 200℃에서 50% 이하, 400℃에서 10% 이하의 부착강도로 된다. 또한 콘크리트가 폭렬에 의해 비산됨으로써 노출된 철근이 화재가열에 직접 노출될 수 있다.

예를 들어 수평부재인 보가 화열을 받았을 경우의 성상을 그림 8-16에 나타냈다. 화재 시 열전도와 폭렬로 인해 휨 스팬 중앙하부의 인장측 철근이 온도 상승에 의해 강도가 떨어지면 RC조 보가 휨 모멘트를 견디지 못해 붕괴위험이 발생하게 된다.

결국 일본의 경우에서는 RC조의 내화상 안전성에 대해 건축기준법 등에서 그 시방이 정해져 있어 거의 무조건적으로 신뢰해 왔다. 또 대규모 RC조 건축물이 화재 중에 붕괴되는 중대한 화재사고도 경험하지 않았기 때문에 RC조의 내화성에 관해서 특별히 문제가 되지 않았다. 그러나 고강도 콘크리트 폭렬 문제가 지적된 것을

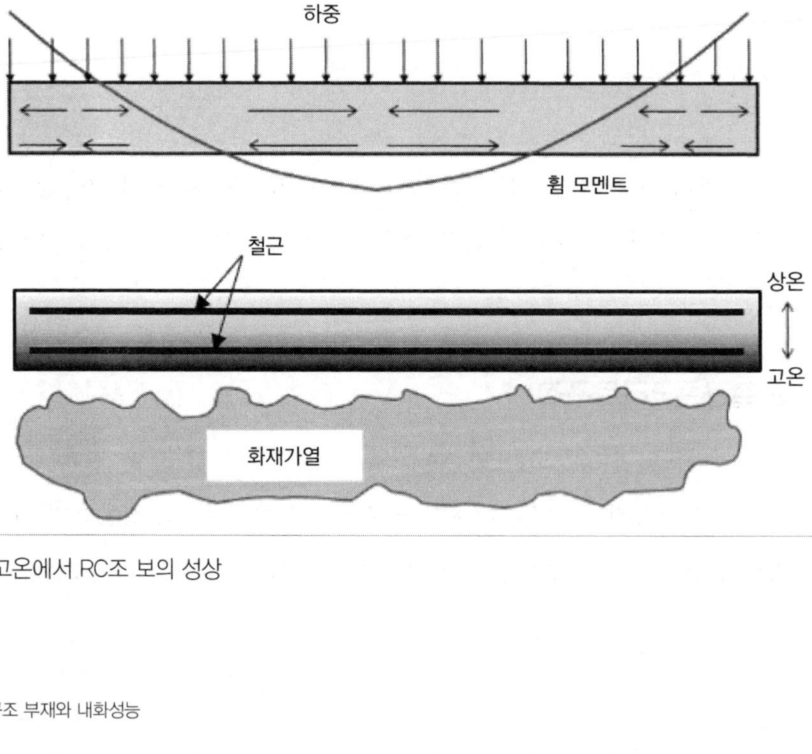

그림 8-16 고온에서 RC조 보의 성상

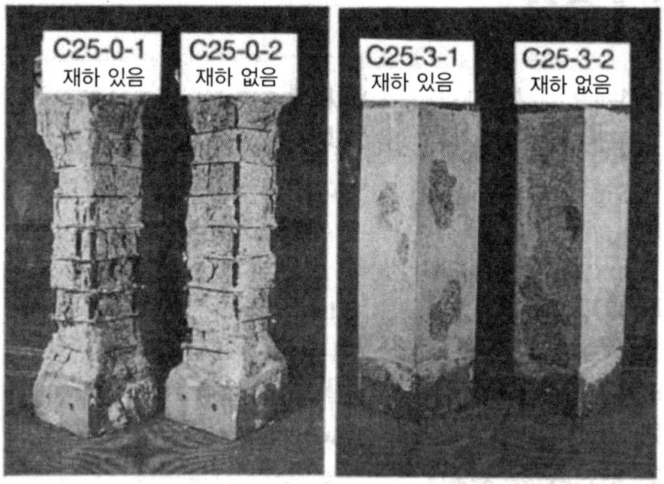

그림 8-17 내화 시험 후의 고강도 콘크리트 RC조 기둥의 폭렬 상황[11]

계기로 강구조와 마찬가지로 어떠한 내화피복의 필요성, 폭렬 방지 대책으로 콘크리트 폴리프로필렌(이하 PP) 단섬유 등의 유기 섬유를 혼입하는 공법 등에 관심이 모아지고 있다. 그림 8-17에 고강도 콘크리트를 이용한 RC조 기둥의 PP 단섬유 혼입 여부에 따른 내화 시험폭렬 방지효과를 나타냈다. PP 단섬유가 고온에 의해 소실되어 공동을 형성하고 폭렬의 원인으로 지목된 수증기압이나 열응력을 완화시키는 것으로 판단된다.

3. 철골철근콘크리트구조

철골철근콘크리트구조는 일본 고시 1399호에 따라 기둥·보 모두 3시간 내화성능을 가진 구조 부재로서 취급된다.

4. 목구조

목재는 가연물이므로 화재에 견디는 구조 부재로 하기 위하여 개념적으로는 내화, 준내화로서 다음과 같은 방법을 생각할 수 있다.

① **대단면 구조**: 목재의 연소로 인한 탄화분을 미리 예상함으로써 화재 종료 시 남은 건전부분으로 하중을 지탱할 수 있도록 단면을 넓게 한다. 이것을 연소

대 설치 설계라고 하며, 준내화구조의 건축물에 적용된다.

② **내화피복**: 구조 부재를 불연재료로 피복하여 화재에 의해 착화·연소가 일어나지 않도록 하고 내화성능을 확보한다.

③ **불연약제의 함침**: 목재에 무기물질이나 불연약제를 함침시켜 목재를 불연화함으로써 내화성능을 확보한다.

방법 ①은 연소대 설치 설계라고 불리는데, 목재의 면을 그대로 나타내어 내장면으로 할 수도 있어 디자인적인 관점에서 꽤 많이 선호되기도 한다. 무구재(원목)에서는 대단면을 얻을 수 있을 정도의 거목이 적고, 또한 뒤틀림이나 균열이 생기기 쉬우며 품질이 안정되지 않는 경우도 많기 때문에 집성재나 단판적층재 등 소단면의 각재나 판재를 접착제로 붙여서 구성한 부재가 이용되는 경우가 많다. 그림 8-18에 단면이 20 cm×30 cm인 대단면 집성재 기둥을 내화시험에서 60분 가열한 후의 절단면을 나타냈다. 가운데 흰 부분이 건전하게 남은 부분(잔존부), 그 주변의 검은 부분이 탄화된 부분(탄화층), 또한 그 주변은 탄화층이 재가 되어 박락되어 없어진 부분(박락부)이다. 방법 ②는 목질 구조재가 소단면의 경우에 많이 이용되고

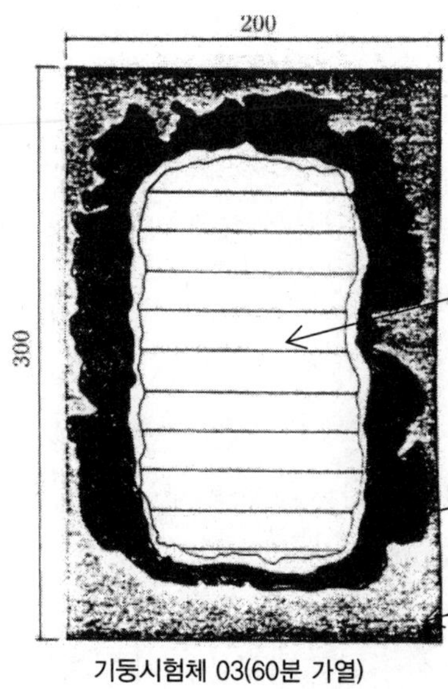

그림 8-18 대단면 집성재 60분 가열 후 절단면(치수 단위: mm)[12]

있다. 단면이 작을 경우 화재 가열에 직접 노출되면 결손된 부분이나 탄화된 부분을 제외한 나머지 건전 부분이 매우 작아지기 때문에 하중을 지지할 수 없다. 따라서 석고보드 등 피복재로 덮어 부재 착화를 방지하거나 늦추면 화재 시간 중 붕괴되는 것을 방지할 수 있다. 구조 부재를 개별적으로 피복하는 방법도 있지만, 보다 일반적으로는 2"×4" 구조와 같이, 석고보드 등의 불연재를 표면재로 하여, 기둥이나 보 등의 구조 부재를 정리해 대형벽 형식으로 둘러쌓는 방법이 있다.

방법 ③의 약제 함침 방법에 대해서는 표 8-1의 방책 2와 같이 불타고 남은 잔존부에 약제 함침 방법을 적용함으로써 내화구조를 실현한 사례가 있다. 내화구조 부재로서 개발이 적극적으로 진행되고 있다.

소단면의 목재를 구조 부재로 사용하는 경우의 어려움을 극복하기 위해 여러 가지 연구가 진행되고 있다. 표 8-1은 나무기둥의 내화구조화에 대해 현재 개발이 진행되고 있는 예이다. 대책 1은 석고보드 등 불연재료로 내화피복하고 목재의 연

표 8-1 목조내화구조의 개념[13]

	대책 1 (피복형)	대책 2 (연소방지형)	대책 3 (철골내장형)
개요	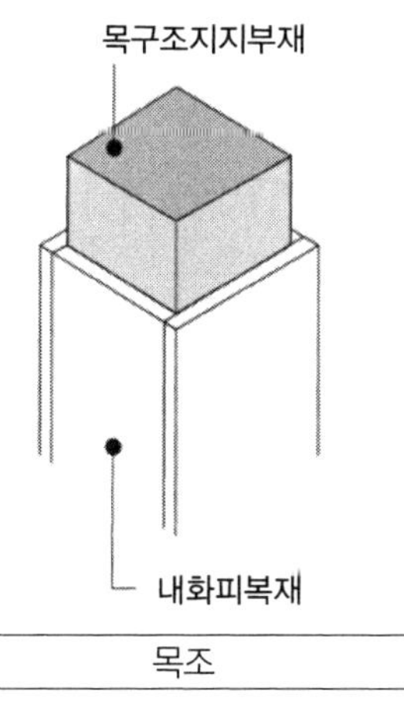	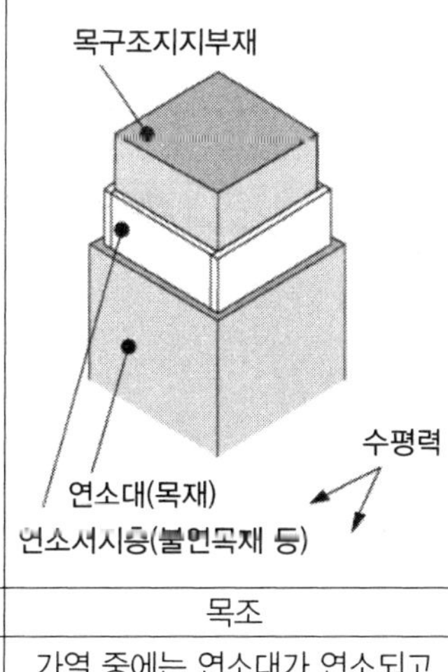	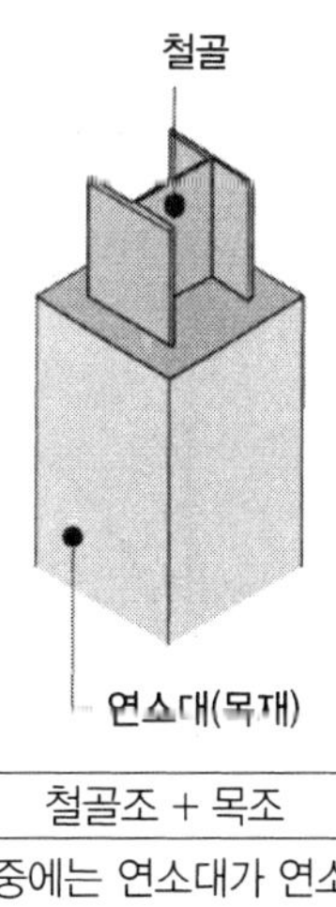
구조	목조	목조	철골조 + 목조
특징	목구조부를 내화피복하여 연소 탄화하지 않도록 한다.	가열 중에는 연소대가 연소되고 가열 종료 후 잔존부에서 연소를 정지시킨다.	가열 중에는 연소대가 연소되고 가열 종료 후 정지층에서 연소를 정지시킨다.
장점	이미 상용화되고 있다. 피복재를 선택하면 수종이 한정될 필요가 없음	목재가 보임	목재가 보임
단점	목재가 보이지 않음	제조방법이 복잡함	현시점에는 목재의 종류가 한정

소·탄화 방지 또는 지연을 도모하는 것이다. 대책 2는 표면의 연소대(목재) 뒤에 연소저지층을 삽입함으로써 화재의 연소방지를 도모하는 것이다. 이는 표면의 목재를 내장으로 나타낼 수 있는 이점이 있다. 대책 3은 철골과 목재를 이용한 하이브리드 기둥을 구성하는 것으로 화재 시에는 목재가 아닌 철골이 내력부재의 역할을 하며, 목재는 불에 타는 재료로 내화피복의 역할을 한다.

06 내화 시험

건축물의 내화설계를 할 경우 구체적으로 어떠한 재료, 시방으로 하면 내화구조 혹은 준내화구조가 되는지를 파악할 필요가 있다. 일부는 건축기준법 고시에 기재되어 있지만[14], 이것들은 예시에 불과하기 때문에 지정 성능평가기관에서 실시하는 내화시험에 의해 요구되는 성능을 확인하여 국토교통성 장관의 인정을 획득하여야 한다.

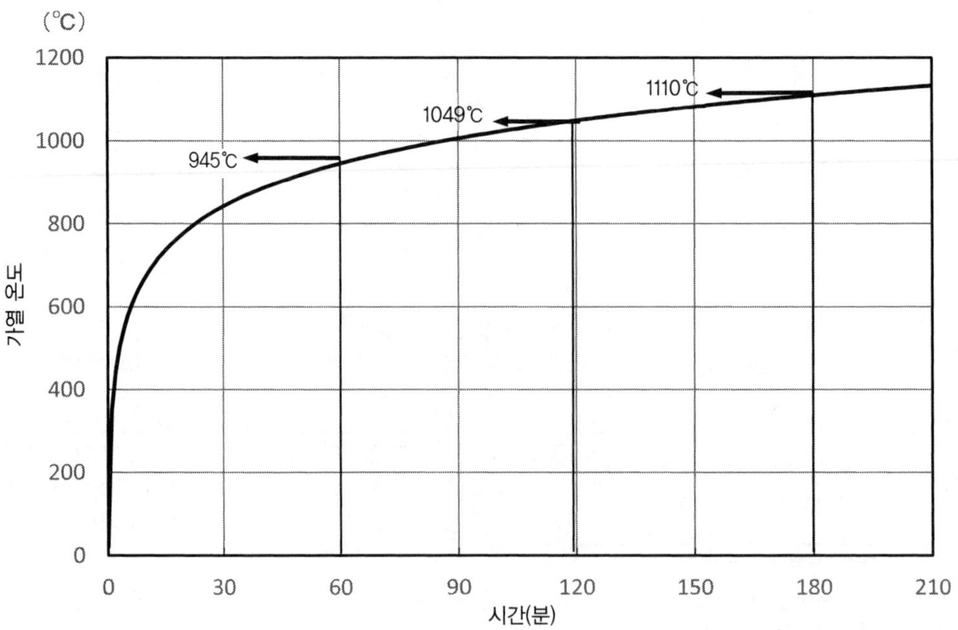

그림 8-19 ISO 834 표준 가열 온도 곡선

내화시험에서는 ISO 834 또는 JIS A 1304에 근거한 내화시험방법에 따라 가열온도를 그림 8-19에 나타내는 ISO 834 표준가열온도곡선에 따라 제어한 내화로에서의 가열이 이용되었다. JIS A 1304는 2017년에 ISO 834를 기초로 개정이 이루어졌으며, 일본 상황에 부합되도록 일부 변경되고 있다(한국의 경우에는 KSF 2257-1에 따른다).

상기에 나타내는 가열곡선은 내화 건축물·실내의 화재를 상정해서 설정되어 있다. 실화재의 온도 추이를 그림 8-20에 나타낸다. 화재의 성장은 다음 순서로 이루어진다. 먼저 가연성 물질에 착화 후 연소 범위가 확대되며, 플래시오버가 되어 연소가 가속된다. 유리창이 파손되거나 문이 개방될 때 공기가 유입되면 천장면에 쌓인 가연성 가스에도 착화되면서, 화재실의 온도는 급상승해 개구부로부터 검은 연기와 불꽃이 내뿜어진다. 이후 최성기 상태로 진전되어 화재 온도가 시간이 지남에 따라 점차 증가, 실내의 가연물이 모두 연소할 무렵에 최고 온도에 도달한다. 마지막으로 화재 감쇠기를 맞이해 화재 온도가 서서히 저하된다. 이 중 플래시오버와 그 후의 최성기 이후를 내화에서는 이를 모델링해 표준 가열 온도 곡선으로 설정하고 있다.

내화로는 평가하는 부재에 따라 사용되는 종류가 다르다. 방화구획 벽이나 방화설비 등에서는 내화성능 중 차열성과 차염성이 평가대상이며 그림 8-21과 같은 시험장치가 이용된다. 앞에서 설명한 바와 같이 차열성은 비가열측 표면온도가 기준치를 초과하고 있는지 여부, 차염성은 화염이 통과하도록 간극이 발생하지 않는지

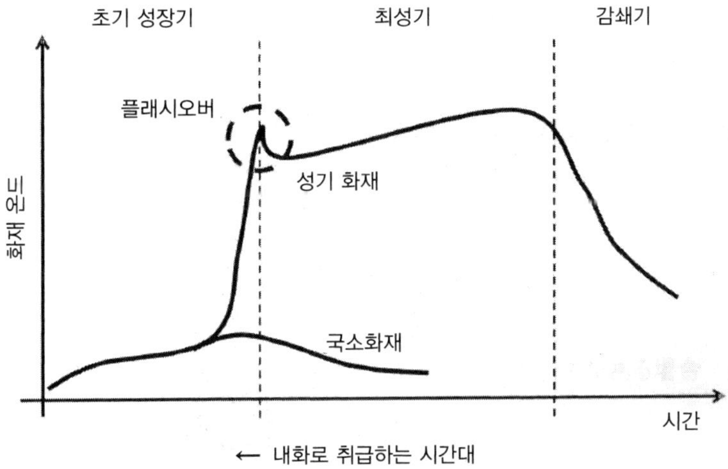

그림 8-20 실 화재의 온도 추이[15]

그림 8-21 벽의 재하 가열 시험장치[16]

그림 8-22 기둥의 재하 가열 시험장치[17]

그림 8-23 바닥·보의 재하 가열 시험장치[18]

여부에 따라 평가한다.

한편, 내화성능 중에서 하중지지능력이 평가대상이 되는 구조 부재에 대해서는 재하 가열 시험으로 이루어진다. 내력벽 시험에서는 전술한 바와 같은 벽로가 사용되며 건식방화구획(비내력벽) 방화설비와는 달리 하중을 주면서 시험을 실시한다.

또 기둥은 그림 8-22와 같은 기둥로, 보나 바닥, 지붕은 그림 8-23에 나타낸 것과 같은 수평로가 이용된다. 모두 재하는 단순지지조건에서 실시되며 부재의 변형량이나 변형속도를 측정해 규정 값 이하인지를 평가한다.

건축부재는 기본적으로 고온에 노출됨으로써 하중지지능력이 저하되므로 복잡한 재하 가열 시험에 의하지 않고 부재의 온도를 지표로 내화성을 판정하면 된다고 생각할 수도 있으나 구조 부재의 종류와 내력부재의 구조방법은 다양하고 복잡하므로 부재의 온도만으로는 판정이 어렵고 재하 가열 시험이 적합한 경우가 많다. 그 하나의 예로서 그림 8-24에 2"×4"의 내력벽 시험체의 예를 나타내었다. 그림

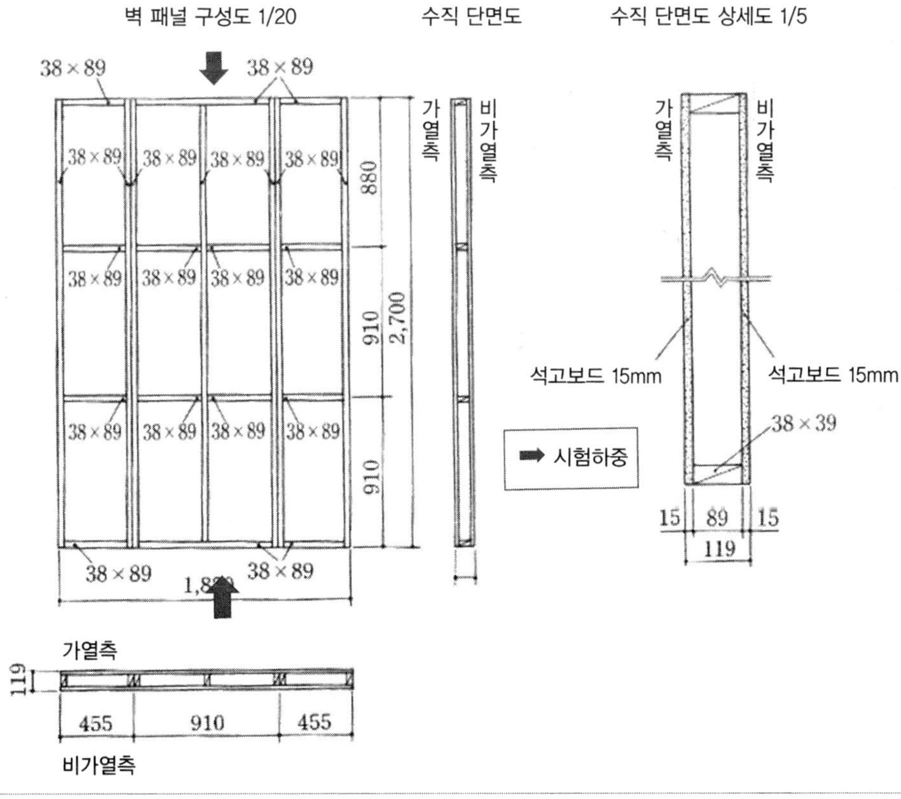

그림 8-24 내력벽 (2"×4")의 시방 예(치수 단위: mm)[12]

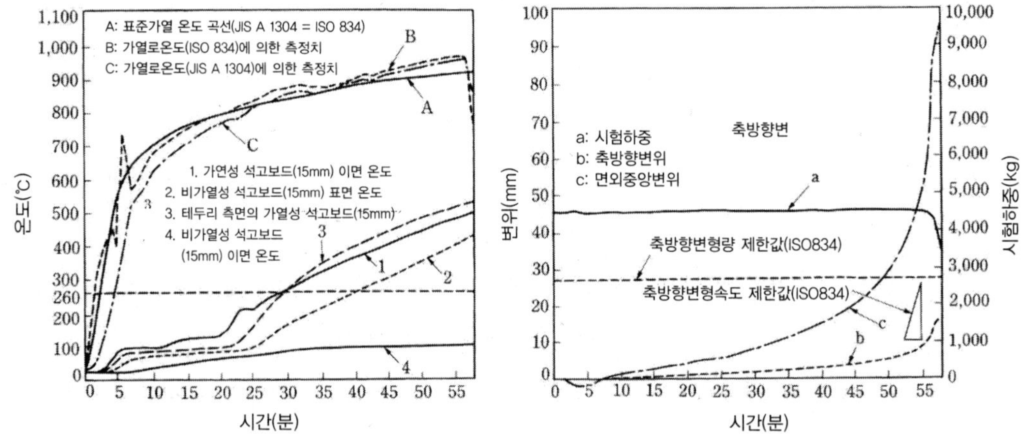

그림 8-25 내력벽(그림 8-24의 2"×4")의 재하 가열 시험 결과[12]

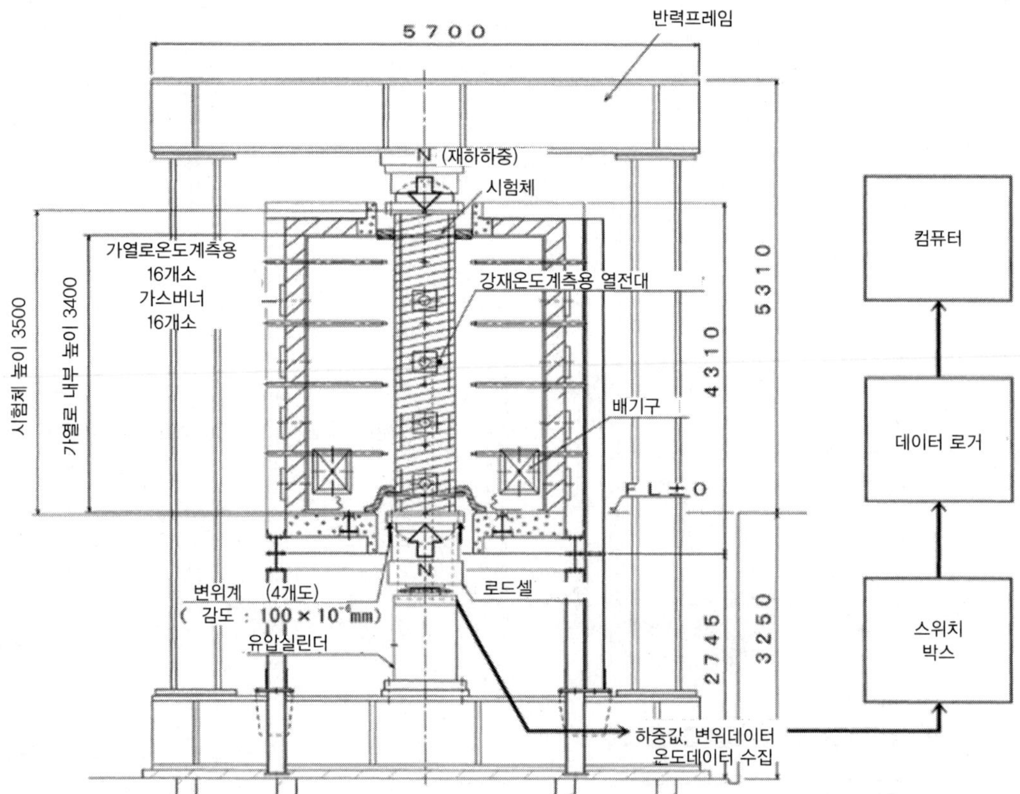

그림 8-26 기둥의 재하 가열 시험상황[19]

8-25는 이 내력벽을 재하 가열 시험한 결과이다. 그림 8-25의 왼쪽 그림과 같이 비가열측 석고보드의 이면 온도를 측정한 결과를 판정기준과 비교하면 1시간 가열해도 충분히 성능에 여유가 있지만, 그림 8-25의 오른쪽 그림의 변형량 측정결과에서는 좌굴발생으로 60분 이내에 축 방향변위가 판정기준을 초과하게 된다. 이는 석고보드의 가열측 면이 먼저 손상되어버리기 때문으로 사료된다.

구성에 따라서는 이면온도가 판정기준을 초과하는 경우도 있으나 구조 부재의 변형량이 판정기준을 충족하지 못하는 경우도 있을 것이다. 내력부재에 재하 가열 시험이 행해지고 있는 것은 이 때문이다.

기둥의 재하 가열 시험 실시 상황을 그림 8-26에 나타냈다. 또 기둥의 내화시험 시 변형 거동의 예로서 강관 콘크리트 기둥의 경우를 그림 8-27에 나타냈다. 가열 시작부터 바깥쪽 강관부분이 열팽창하여(①), 강관에서 전체 하중을 지탱할 수 없게 된 시점에서 팽창을 멈춘다. 그 후 수축하기 시작하여 강관에 국부좌굴이 시작된다(②). 내부의 충전콘크리트에 서서히 응력이 이행한다(③). 콘크리트가 응력을 다 부담할 수 없게 된 시점에서 콘크리트가 압괴하기 시작해 전체 좌굴에 의해 붕괴에 이른다(④).

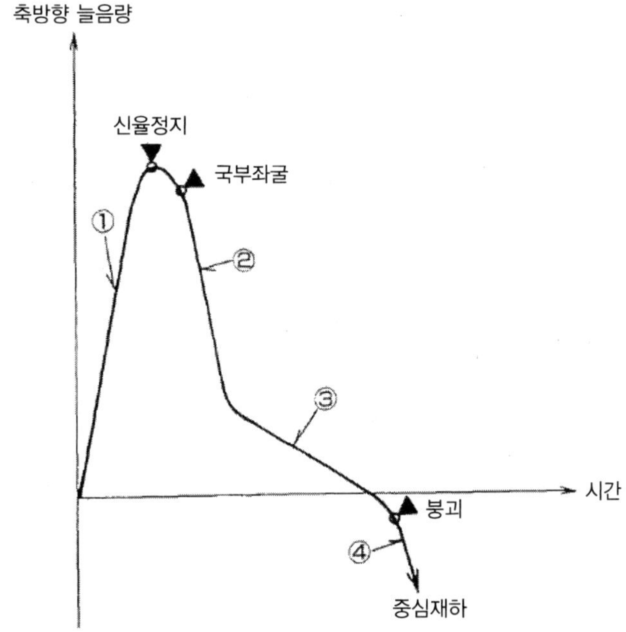

그림 8-27 강관 콘크리트 기둥의 재하 가열 시험에서 변형 거동[20]

07 시방설계와 성능설계의 차이

건물은 용도·규모에 따라 요구되는 내화성능이 다르며 사용하는 구조 부재의 종류에 따라 그 내화성능을 유지하는 방법이 다르다. 따라서 구조 부재 등이 필요한 내화성능을 유지할 수 있도록, 또 화재 시에 그 성능을 발휘할 수 있도록 적절한 내화설계가 필요하다. 또한 방화구획은 연소방지 역할을 하기 위해 설치된다.

일본의 내화설계에 대한 개념을 그림 8-28에 나타낸다. 두 가지 방법으로 나누어져 있는데, 하나는 층수·부위별로 요구 내화시간을 설정하는 시방 방법(시방설계)이며, 나머지 하나는 실의 화재 성상을 고려한 성능 방법(성능설계)이다. 성능 방법은 다시 내화성능 검증법, 고시 1433호에 정해진 방법을 따르는 것, 실험 등에 의거한 고도의 평가법에 의해 심사를 받는 이른바 Route C로 불리는 것으로 세분할 수 있다. 사양설계는 실의 화재성상과는 관계없이 층수와 부위별로 필요한 내화시간을 정하는 방법으로, 전술한 03절 '내화 건축물의 주요 구조부에 필요한 성능'에서 구체적인 방법을 나타냈다. 한편, 성능설계는 화재실의 화재 성상을 예측해 그 화재 성상에 견디도록 내화시간을 설정하는 방법으로, 화재실 내의 주요 구조부에 대하여 다음 식을 만족시키는 것을 기본으로 한다. Route C에서는 필요에 따라서 골조 해석으로 화재 시의 구조 안정성을 확인하는 경우도 있다.

$$\text{화재 지속 시간} \leq \text{보유 내화시간}$$

개념으로써 화재 지속 시간을 '화재 외력', 보유 내화시간을 '화재 내력'이라고 하면 구조 설계자가 이해하기 쉬울 것이다.

또한 강구조에서는 시간이 아닌 아래 식으로 구조안정성을 확인하는 방법도 있다.

$$\text{강재 온도} \leq \text{한계 부재 온도}$$

내화시험에 의한 내화성능 평가는 ISO 834 등에 표준화재로서 규정되는 표준가열온도곡선에 따른 가열하에서 실시한다. 그러나 실제 건축물에서의 화재성상은 화재실 구획이나 개구 등의 조건에 따라 달라지며, 화재온도 역시 표준화재에 비해 높을 수도 있고 낮을 수도 있다. 화재구획 조건에 온도가 의존하기 때문에 예를 들

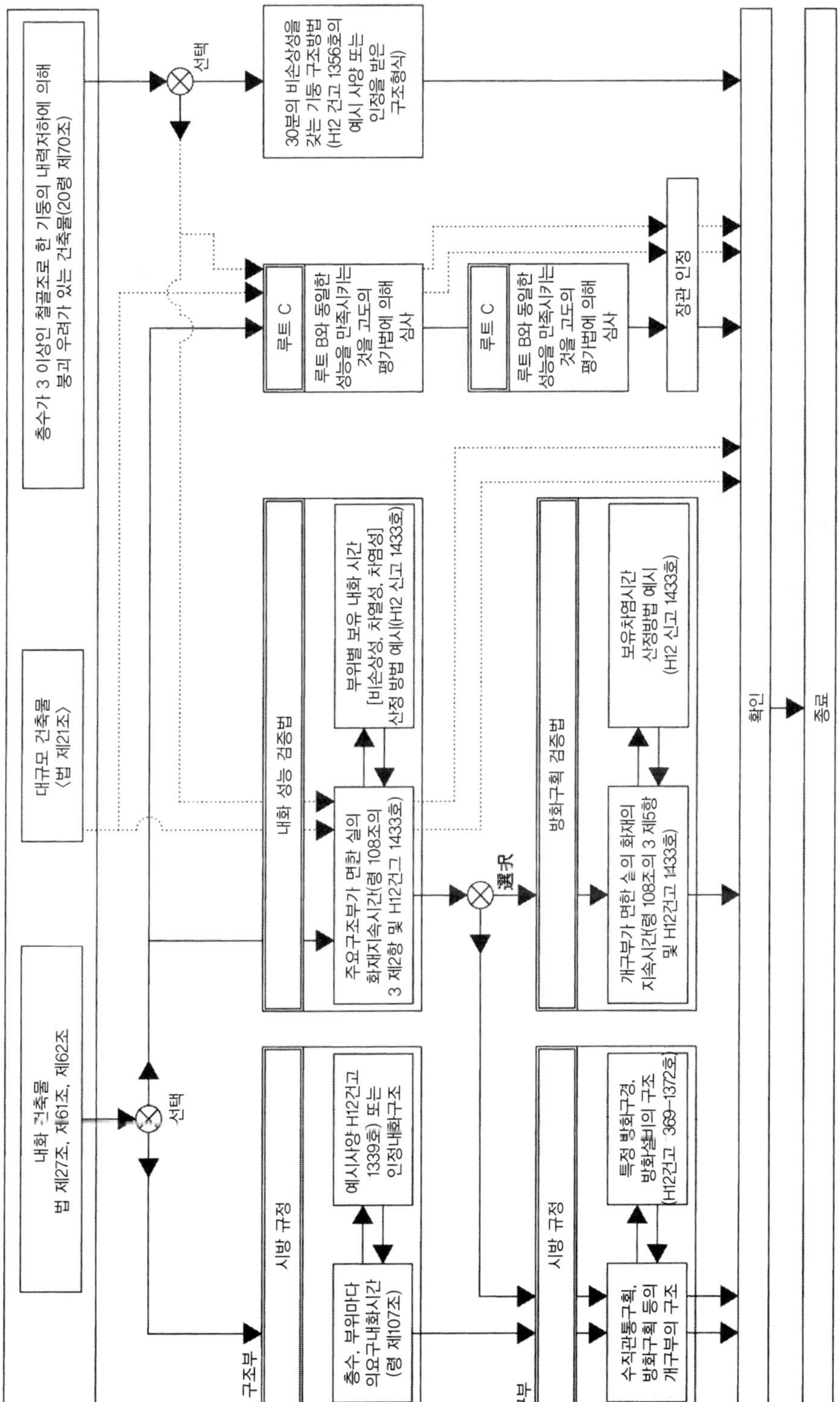

그림 8-28 일본의 내화설계 순서의 전체 개요[6]

어 시험에서 1시간 내화로 평가된 부재가 실제 화재 조건에서는 몇 시간 동안 화재를 견딜 수 있을지 정확히 알 수 없다. 현재는 화재안전공학 기술의 진보에 의해 대상 건축물의 조건에 따른 화재성상 예측이 가능해지고 있으므로, 그 예측기술을 이용하여 보다 합리적인 성능설계를 요구하는 움직임이 세계적인 흐름이 되고 있다.

전술한 4장의 06, '방화구획'의 항에 나타낸 바와 같이 성능설계를 할 경우 방화구획을 적절히 설정하고 화재범위를 한정하는 것이 중요하다. 상정된 화재에 대하여 방화구획을 넘어 연소확대되지 않음을 확인해야 한다. 그 후, 화재의 온도 이력을 구조 부재에 주어, 골조의 거동을 검증해 나간다. 일본의 내화설계 절차 중 하나의 예를 그림 8-29에 나타냈다.

일본에서는 2000년의 건축기준법 개정에 따라 내화성능 검증법이 도입되어 종래의 내화시험뿐만 아니라 계산에 의해 건축부재의 내화성능을 평가하는 것이 가능해졌다.

계산에 의한 평가에서는 구조 부재 등에 대한 외력으로서 화재의 온도와 지속시간을 설계 화재하중밀도하로 예측할 수 있다. 그리고 화재에 구조 부재 등이 이를

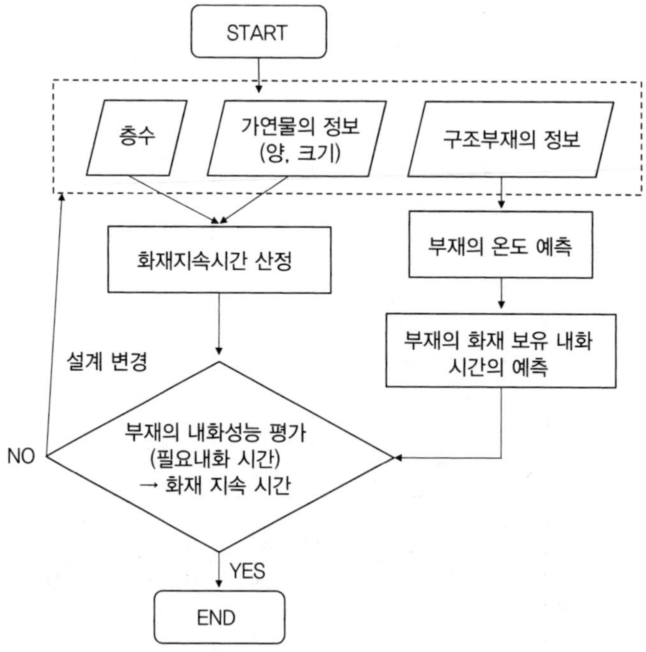

그림 8-29 내화설계 순서의 일례

견딜 수 있는지에 대한 여부는 예측되는 화재 외력하에서 구조 부재 등의 온도예측계산과 골조의 열응력 해석을 통해 판정할 수 있다. 보다 실무적이고 간편한 방법으로, 구조 부재 등을 대상으로 한 내화시간(표준 가열조건하의 시험·평가된 것)을 예측되는 화재조건하에서의 내화시간으로 하여 재계산하는 방법도 이용할 수 있다.

단, 유의해야 할 것은 내화성능 검증법에서 확인되는 안전은 어디까지나 규정된 설계 화재하중밀도 조건하에서의 안전 판정이라는 것이다. 실제 화재하중밀도는 동일 용도에서도 매우 넓은 범위로 분포되지만 설계 화재하중밀도는 그 범위인 하나의 값을 정한 것이므로 실제 화재하중밀도가 설계치를 상회할 수 있다. 지금까지 실시된 가연물 조사를 토대로 화재하중밀도의 분포를 추정해 내화성능 검증법의 설계 화재하중밀도와 비교한 것이 그림 8-30이지만, 화재하중밀도가 설계치를 초과할 확률은 공동주택과 물품판매점에서는 14%, 사무실 용도에서는 24%나 된다. 물론 실제 화재에서는 소방활동 등도 이루어지기 때문에 가연물이 모두 연소하는 것은 아니지만, 화재로 붕괴되는 경우에 큰 피해가 예상되는 건축물에서 내화성능 검증법에 의해 확인된 화재하중밀도를 초과할 확률이 있다는 것을 염두에 두고 내화설계를 실시하여야 한다.

구획 내 전체 화재가 환기 지배인 경우의 구획 조건과 온도 예측 결과의 예를 그

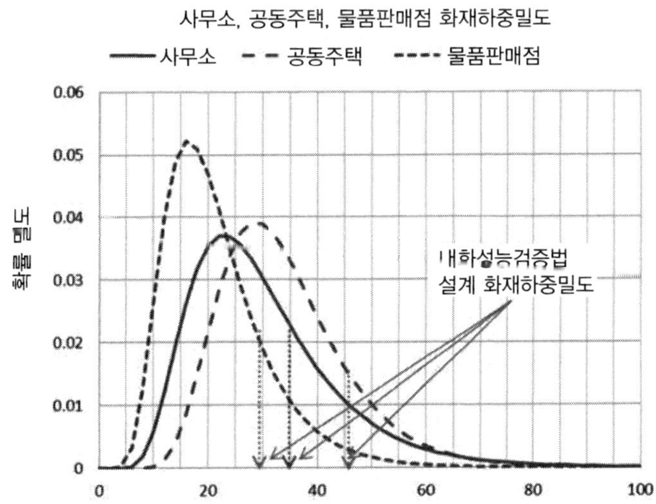

그림 8-30 화재하중밀도의 확률 분포와 설계 화재하중밀도[21]

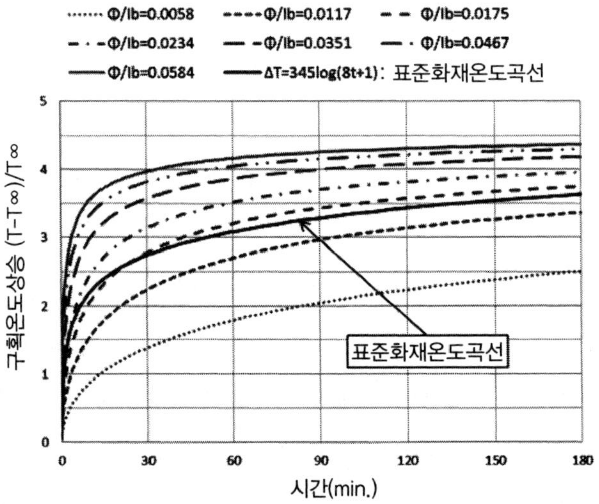

그림 8-31 환기 지배 구획 화재의 구획 조건과 온도 예측치

림 8-31에 나타냈다. 환기 지배의 구획 화재 온도는 구획 형상에 관한 파라미터 Φ와 구획 벽의 열관성으로 불리는 I_b에 의존한다. 이것들은 식 8-1에 나타난다. 단, A_w, H_w는 각각 구획의 개구부 면적, 개구부 높이, A_T는 구획 주벽의 총면적, k, ρ, c는 구획 주벽의 열전도율, 밀도, 비열이다.

$$\Phi = A_w\sqrt{H_w} / A_T$$
$$I_b = \sqrt{k\rho c} \qquad (8-1)$$

08 유지관리

내화성능은 실제 화재 시에 충분히 발휘되어야 하며, 시간이 경과함에 따라 그 성능이 열화되지 않아야 한다. 따라서, 계획적인 유지관리를 실시하여 내화성능을 유지할 필요가 있다. 강철구조의 내화피복 중 특히 내화도료에 대해서는 유지관리를 위한 점검방법이 일본건축마감학회의 '내화도료의 시공지침(안)·동 해설'[22]에 표 8-2와 같이 제시되어 있다.

표 8-2 내화도료의 유지관리를 위한 점검[22]

종류	대상	방법	시기	실시자
일상 점검	외관	육안	일상적으로 실시	– 건축물 관리자 – 건축물 소유자 또는 의뢰받은 자
정밀 점검	외관	육안 · 지촉	3~5년에 1회	– 건축물 소유자 – 건축물 관리자 또는 의뢰받은 자
임시 점검	전문 기술자에 의한 검토	전문 기술자에 의한 검토	– 일상점검에서 이상이 확인되었을 때 – 침수, 지진, 화재 등을 받았을 때	전문 기술자

09 설계 시 고려해야 할 포인트

내화설계상의 포인트는 다음과 같다.

(1) 내화성능, 내화시간

내화성능은 하중지지능력, 차열성, 차염성의 3가지 성능으로 나타난다. 요구 내화시간은 건물 층수, 부재에 따라 다르다는 점에 주의할 필요가 있다.

(2) 내화구조와 준내화구조의 차이

준내화구조는 가열 종료 시점까지만 하중지지능력을 만족하면 되지만, 내화구조는 가열 종료 후에도 하중지지능력을 만족시켜야 한다.

(3) 고온에서 건축재료의 성상

강재는 화재가 가열되면 약 30분 만에 화재온도와 같아지고 약 700℃의 임계점을 넘으면 강도 잔존율이 극히 줄어든다. 콘크리트는 고강도일수록 폭렬 위험이 커진다. 목재는 가열되면 탄화층이라는 다공질의 단열층이 형성돼 내부로의 탄화 진행이 억제된다.

(4) 구조 부재의 내화성능

프레임 구조가 화재에 노출되면 기둥, 보의 변형이 서로 작용한다는 점에 주의할 필요가 있다. 강철 구조에서는 단열성이 높은 재료로 내화피복할 필요가 있다. 분무, 와이어, 도료, 시트 등 내화를 위한 재료 및 공법은 다양하다. 철근콘크리트 구조에서는 폭렬을 방지하기 위해 유기 섬유가 유용하다. 목구조에서는 내화사양으로 대단면(대면) 구조, 내화피복, 불연약제의 함침 등을 생각할 수 있다.

(5) 내화 시험

ISO의 표준가열곡선에 따라 가열하여 각 부재의 내화성능을 파악한다. 각 부재와 상기 (1)의 3가지 성능 조합에 따라 그 내화시간이 다를 수 있다는 점을 주의한다.

(6) 시방설계와 성능설계의 차이

내화시험에 의한 성능평가는 표준가열로 이루어지지만 실제로는 화재실의 조건에 따라 화재성상이 다르다. 내화성능 검증법에서는 어디까지나 규정된 설계 화재하중밀도를 사용하지만 실제 화재하중밀도와의 편차가 크다. 화재의 온도와 지속시간은 화재실의 조건에 따라 다르기 때문에 내화성능 검증법에 의한 성능설계로는 부족할 수 있다. 또한 시방설계에서는 화재성상을 고려하지 않지만 건물이 붕괴했을 경우에는 지역에 미칠 영향을 고려하게 되고, 이로 인해 건물이 높고 커짐에 따라 요구 내화시간은 증가한다.

(7) 유지관리

내화성능을 유지해 가기 위해서는 계획적인 유지관리가 필요하다.

참고문헌

1. ISO 834-1: Fire -resistance tests - Elements of building construction -Part 1: General requirements, 1999.
2. JIS A 1304 建築構造部分の耐火試験方法, 2017.3
3. 日本建築学会: 火災安全設計の原則, 2013
4. 日本火災学会編: はじめて学ぶ建物と火災, 共立出版,2007
5. 日本建築学会: 鋼構造耐火設計指針, 2017.6
6. 国土交通省住宅局他：耐火性能検証法の解説及び計算例とその解説, 井上書院, 平成13年3月
7. 日本建築学会: 構造材料の耐火性ガイドブック, 2009
8. 吉田正友, 森田武:建築物の耐火対策, コンクリート工学, Vol.42, No.5, pp.121-124, 2004.5
9. 日本建築学会: 構造材料の耐火性ガイドブック, 2017
10. 日本建築学会: 鋼構造耐火設計指針, 1999.1
11. 井上秀之, 山崎庸行, 斎藤秀人, 西田朗, 熊谷仁志, 渡辺保: 爆裂防止用ポリプロピレン短繊維を混入した高強度コンクリートの性状に関する研究 その4 柱試験体の耐火試験, 日本建築学会大会学術講演梗概集 A, pp. 337-338, 1994.9
12. 堀内三郎監修: 新版 建築防火, 朝倉書店, 1994.9
13. (財)日本建築総合試験所: 機関誌 GBRC Vol.31, No.2, 2006.4
14. 国土交通省告示861号, 平成26年8月22日
15. 日本建築学会: 火災性状予測計算ハンドブック, 2018.3
16. 日本建築総合試験所: ホームページ(2018.9. 1アクセス) http://www.gbrc.or.jp/test_research/fire/fire01/#fire-construction
17. 日本建築総合試験所資料(柱設置時)
18. 大阪工業大学八幡工学実験場: 構造実験センター(2017.7.24アクセス) http://www.oit.ac.jp/japanese/yawata/facility/structural.html
19. 日本建築総合試験所資料
20. 吉田正友: コンクリート系構造部材の火害診断手法に関する研究, 学位論文, 1996.10
21. 田中哮義, 水上点晴, 新谷祐介: 火災荷重密度の確率分布を考慮した設計荷重密度と要求耐 火時間, 日本建築学会大会学術講演梗概集(防火), pp.225-226, 2016.8
22. 日本建築仕上学会:「耐火塗料の施工指針(案)・同解説」, 2010.10
23. 安部武雄, 古村福次郎, 戸祭邦之, 黒羽健嗣, 小久保勲: 高温度における高強度コンクリートの力学的特性に関する基礎的研究, 日本建築学会構造系論文集, 第515号, pp.163-168, 1999. 1

9장

소방활동의 확보

건축물은 법규에 따라 출화방지 및 화재확대방지를 위한 계획 및 설비가 준비되어 있어서 화재 위험을 줄이기 위해 노력하고 있다. 그러나 그렇다고 해서 화재안전에 대해서 전혀 문제가 없는 것은 아니다. 예를 들어 출화방지에 유의하고 있어도 방화(放火) 등을 완전하게 방지하는 것은 어렵고, 또한 출화한 경우에 소방용 설비 등이 작동하지 않거나 관리 · 운영의 미비 등으로 화재가 확대될 가능성이 있다. 그렇기 때문에 최후의 수단으로 소방대에 의한 소화 및 구조 등의 소방활동이 중요하다. 건물 내외에 소방활동 거점 및 소방활동상 필요한 시설을 적절하게 설치하는 등, 소방활동을 원활하게 할 수 있도록 계획하는 것도 방화 설계의 중요한 내용 중 하나이다.

01 소방활동의 사례

화재가 발생한 경우에는 재실자 등의 통보 및 소방 기관에 통보하는 화재속보설비에 의해 가장 가까운 소방기관에서 소방대가 출동하고, 소방활동이 이루어진다.

소방활동의 기본은 소화·연소확대 방지 활동에 의해 화재 피해를 줄이는 것이고 구조 활동과 피난 유도에 의해 재실자를 화재로부터 보호하는 것이며, 그중에서도 대피하지 못한 피난자를 찾아 구조하는 활동이 최우선적으로 행해진다. 건축기준법 및 소방법은 다양한 화재 교훈을 바탕으로 규제 내용이 개정되고 있다. 「법령 개정의 계기가 된 사례」 및 「법령을 경시함으로써 피해가 확대된 사례」를 살펴봄으로써 현재 법령을 준수한 설계·시공이 소방활동을 보다 용이하게 할 수 있다. 심각한 피해를 입었지만, 소방대의 소방활동과 구조 활동에 의해 많은 인명이 구조된 화재 사례의 일부를 다음과 같이 소개한다.

출화 방지 및 재실자에 의한 초기 소화도 중요하지만 이러한 사례와 같이 만일 출화 초기 소화로 대응할 수 없는 화재로 진전된 경우에, 소방대에 의한 소방활동이 중요하다는 사실은 말할 필요도 없다. 소방활동을 원활하게 할 수 있도록 방화대책을 충실히 함과 동시에 소방설비 등을 적정하게 유지하고 재실자를 정확하게 유도할 수 있는 계획을 세우는 것이 중요하다.

(1) 시로키야 화재

1932년 12월 13일 도쿄도 중앙구에서 일어난 시로키야 화재는 일본 최초의 빌딩 대화재로, 사망자 14명, 부상자 40명을 냈다. 소방법 제정은 1948년, 건축기준법 제정은 1950년이므로 당시에는 수직관통구획 및 방화구획 등의 법적 규제가 없었고, 경보 설비 및 피난기구 등의 설비 의무도 없었기 때문에 화재 인식이 지연되면서 대피하지 못한 피난자가 다수 발생하였다. 또한 사망자 1명은 초기 소화 중 일산화탄소 중독으로, 그 외 13명은 빗물받이 등을 사용하여 내려오다가 추락하거나 창문에서 뛰어내리다가 사망하였다. 다음은 소방활동의 개요이다. 소방대가 도착했을 때에는 각 층 창문에서 연기가 뿜어져 나오고, 4층 창문에서는 화염이 분출하는 상태였다. 상층부터 화세 제압을 시도하였으나, 관계자의 유도 등이 없어서 선착대가 4층이 끝인 막다른 계단을 올라갔다가 발길을 돌려 다시 5층으로 올라갔으나 이미 화연에 의해 진입이 불가능한 상태였다. 소방대가 도착하였을 때는 각 층 발코니에 대피하지 못한 사람들이 많이 있었기 때문에 인명 구조를 최우선으로 하고, 4~7층에 있었던 265명이 사다리차 및 소방대의 탈출 슈트에 의해 구조되었다. 33 m 옥상에 있었던 130명은 28 m급 사다리차로는 도달하지 않았기 때문에 소방대의 유도에 따라 실내 계단에서 구출되었다. 이 사례에서는 경보 설비 등이 설치되어 정상적으로 작동하고 관계자의 피난 유도가 정확하게 있었더라면 소방활동은 보다 용이하게 이루어지고 피해자는 감소했을 것이라고 사료된다.

(2) 센니치 백화점 화재

1972년 5월 13일 오사카부 오사카시에서 일어난 센니치 백화점 화재는 사망자 118명, 부상자 81명으로 집계되었다. 6층 이하가 백화점, 7층이 나이트클럽과 극장이라는 상가 빌딩 특유의 독립된 관리 권한으로 인해, 화재 인지 후 1층 보안실에서 7층 플레이타운까지는 통보 연락이 가지 않아 7층 재실자의 대피 행동이 늦어져 대참사로 이어졌다.

출화층인 3층 중앙부 2개소 에스컬레이터의 방화 셔터가 개방된 채로 있었기 때문에 4층 및 2층으로 연소가 확대되었지만, 5층은 소방대에 의한 제압 행동에 의해 연소를 막을 수 있었다. 소방대에 의한 구조 활동은 건물 부근의 구경꾼과 불법 주차에 의해 사다리차의 초기 행동에 제약이 있었으나, 소방대는 사다리차로 7층 창문에서 50명을 구출할 수 있었다. 이 사례에서는 관내의 통보 연락이 정확하게 이루어져 수직관통구획의 폐쇄도 확실하게 하였다면, 소방활동은 보다 용이하게 이루어지고 피해자는 감소했을 것이라고 사료된다. 또한, 건축기준법에서 수직관통구획의 방화문에 차연 성능, 연기 감지기 연동이 의무화된 것은 1973년이다.

(3) 호텔 뉴 재팬 화재

1982년 2월 8일 도쿄도 치요다구에서 일어난 호텔 뉴 재판 화재로 사망자 33명, 부상자 34명이 발생하였다. 방재 계획으로 정해진 관리나 운영이 이루어지지 않았고, 소방용 설비 등의 미설치 및 고장, 수직관통구획에 미비가 있는 등 방화구획이 완전히 설치되지 않은 문제점이 있었기 때문에 화재의 연소확대가 빨랐다.

특히 스프링클러 설비의 미비 및 방화구획이 불완전했던 점 등의 요인에 의해 출화층인 9층과 직상층인 10층에서 급격하게 연소가 확대되었지만, 9층보다 아래에는 큰 소손은 없었다. 소방대는 구조 활동을 최우선적으로 사다리차에 의해 20명, 특별 구조대 등에 의해 43명이 구조되었다. 이 사례에서는 법령대로 시공·유지 관리를 했더라면 소방활동은 보다 용이하게 이루어지고 피해자는 감소하였을 것이라고 사료된다.

02 소방 조직과 소방활동의 현황

소방활동에 종사하는 소방 조직에는 상비 소방 기관인 소방 본부와 소방서, 비상비 소방 기관인 소방단이 있다. 소방단은 소방 조직법에 규정된 공공기관이며, 소방단원은 재해 시에만 공무원이 되는 특별직 지방공무원이다. 소방단원에게는 일정한 보수 및 제복 등의 지급·대여와 함께 공적 보상 제도가 마련되어 있다. 한편, 자율 방재 조직은 재해 대책 기본법 제5조 2에 규정된 지역 주민에 의한 임의 방재 조직이다.

1. 상비 소방 조직

소방 본부는 소방 업무와 관련된 사무 일반을 하는 조직으로 명칭은 조례로 정해지지만, 대도시에서는 ○○시 소방국 등의 명칭이 많다. 규모가 작은 지역에서는 단독으로 소방 본부를 두지 않고 복수로 연합하여 소방 사무를 공동 처리하기 위해 조합 조직을 만들 수도 있다. 이때 소방 본부는 주로 ○○ 소방 조합이라는 명칭이 되는 경우가 많다. 소방서는 소방 본부 산하에 설치되며, 화재 예방, 경계, 진압, 구급, 구조, 각종 방재 활동을 위한 현장 조직이 된다. 상비 소방 조직의 정비 방침은 문헌 2에 나타나 있다.

2. 비상비 소방 조직

비상비 소방 기관인 소방단도 설치되어 있는데, 따로 본업을 가지면서도 비상근 특별직 지방공무원으로서 소방활동을 하는 조직이다. 상세한 것은 문헌 3을 참조 바란다.

3. 자위 소방 조직

자위 소방 조직은 화재 및 지진 등의 재해 시 초기 활동 및 응급 대책을 원활하게 하고, 건축물 이용자의 안전을 확보하기 위해 소방법 제8조 2의 5에 의거하여 설치된 것이며, 일정한 대규모·고층 건축물(크게는 ① 건축 층수가 11층 이상이고 연면적 10,000 m^2 이상 ②건물 층수가 5층 이상 10층 이하이고 연면적 20,000 m^2 이상 ③ 건물 층수가 4층 이상이고 연면적 50,000 m^2 이상)에는 설치가 의무화되어 있다. 상세한 것은 문헌 4를 참조 바란다.

03 소방활동의 시나리오

실제로 화재가 발생하면, 화재 통보를 받은 소방대는 소방활동을 위해 화재 건물로 급히 가서 소방활동을 한다. 본 절에서는 소방대 및 건물 관리자 측의 자위 소방 요원의 시나리오를 정리한다.

1. 화재 발생부터 통보와 출동까지

자율 소방 요원은 총괄 관리자 산하 자율 소방 업무별로 2명 이상으로 구성된 반이 배치되어 있으며, 화재를 인지함과 동시에 초기 화재반이 소화기 혹은 실내 소화전으로 초기 소화를 하고, 피난 유도반이 재실자를 안전하게 피난 유도하며, 부상자가 발생한 경우에는 응급 처치반이 부상자를 구출하고 구호한다. 연락 통보반은 그림 9-1의 「소방 기관에 대한 통보」를 함과 동시에 화재 정보를 수집하고 필요

개소에 전달한다. 소방 설비 작동 감시도 연락 통보반의 업무이다. 119 신고 혹은 소방 기관에 대한 화재알림장치에 의해 통보되면 소방대가 출동한다.

그 출동은 사전에 작성된 소방 계획의 경방(警防) 계획에 따라 결정된다. 경방 계획은 '화재 방어 계획'이라고도 불리며, 목조 건축물이 많은 지역 등의 대규모 화재로 이어질 위험성이 높은 지역으로 지정된 지역에서 효율적으로 소방활동을 하기 위해

① 활동 중점(지형, 도로 상황, 건물 상황, 수리 상황의 분석)

② 연소확대 방지 대책(소방대 도착 시 연소 범위를 사전에 예측하여 부서 부위 등을 구체적으로 계획)

③ 피난 유도 대책 등(연소를 상정하여 소방 경계 구획의 범위, 피난 장소·피난 권고 조치 등을 계획)

④ 지원 요청(필요 차량·기자재 등의 지원 요청에 대해서 계획)

⑤ 소방 수리

⑥ 소방단과의 연계

등이 사전에 책정되었던 것으로, 작은 화재 등에서도 화재 규모와 관계없이 정해진

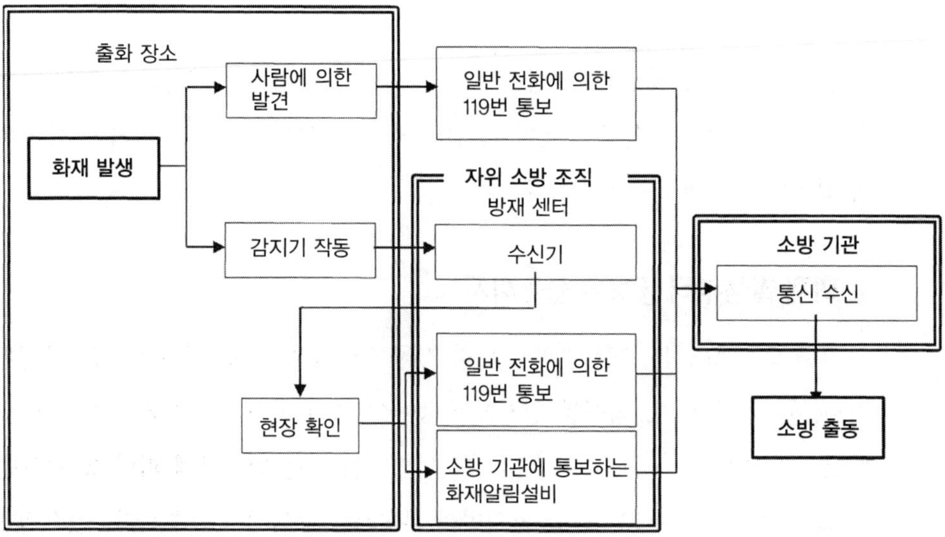

그림 9-1 화재발생에서 통보·출동까지의 흐름(자위 소방 조직이 소방 기관에 통보)

소방차의 대수 및 소방대원 수가 출동하게 되어 있다. 단, 통보 상황에 따라 화재 규모가 큰 경우에는 증원된다.

또한 일본 에도 시대의 화재를 감시하는 망루는 화재의 조기 발견 및 경종에 의한 경보에 사용되었다. 메이지 시대에 설치가 정해져 전후 소방단 설치 의무화에 따라 건조가 진행되었다. 현존하는 화재 감시 망루는 이 시기의 것이 대부분이나, 오늘날은 전화 보급에 따른 119번 통보로 대체되어 본래 용도로 사용되는 일은 거의 없으며, 노후화에 따라 철거가 진행되고 있다.

2. 출동에서 화재 건물 도착까지

화재 건물에 도착하면 소방 차량 진입로를 따라 부지로 들어가며, 소방차 전용 구역 등을 이용하여 소방활동을 시작한다. 도착 후, 방재센터(중앙관리실)가 있는 건물에서는 방재센터 요원(자위 소방 요원)과 연계함으로써 화재 정보 및 대피하지

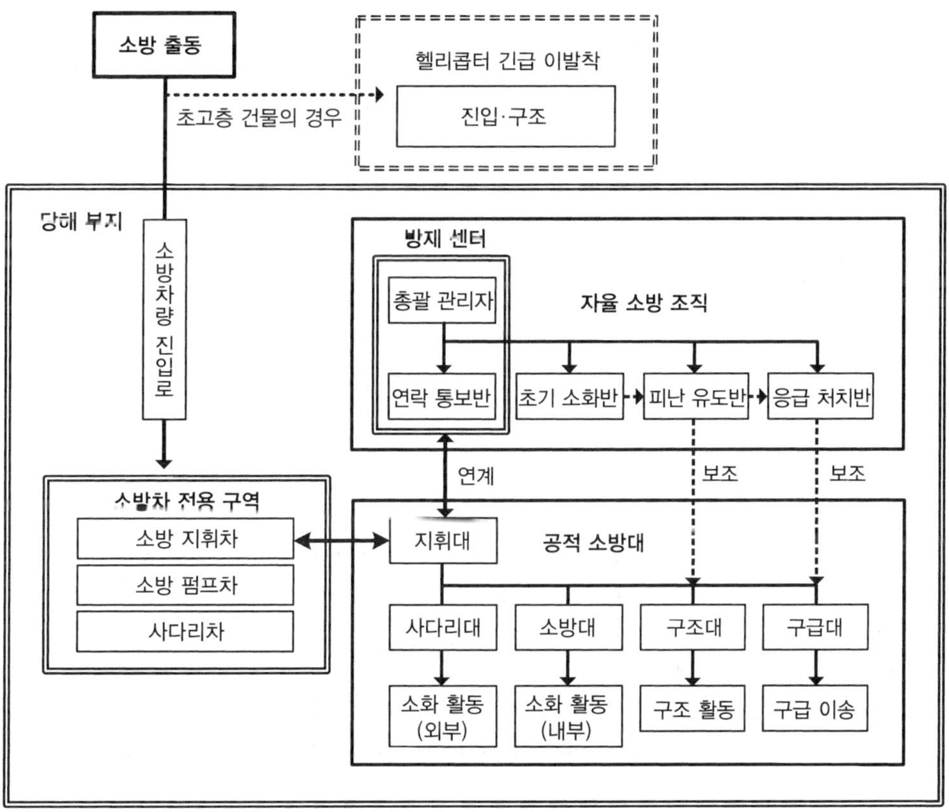

그림 9-2 출동에서 화재 건물 도착까지의 흐름

못한 피난자 유무를 입수하여, 소화 활동·구조 활동의 전략을 세우는 등의 업무를 한다. 그 후, 소방대·구조대·구급대로 나뉘어져 소방활동을 한다. 고층 건물의 경우에는 사다리차(사다리대)도 활용한다(그림 9-2).

화재 규모가 큰 경우에는 지휘대를 설치하고, 지휘차에서 각 대를 지휘한다. 소방대는 주로 화재 층에서 방수를 한다. 구조대는 대피하지 못한 재실자 검색(수색) 활동을 하고 부상자를 구조한다. 구급대는 화재에 의해 부상한 피난자 및 구조대에 의해 구출된 사람 등을 병원으로 이송한다. 의사에 가까운 응급처치를 할 수 있는 응급구조사를 대원으로 하는 곳도 있다. 화재 건물이 고층일 경우에는 사다리차를 이용하여 건물 창을 통해 방수 혹은 구급 활동을 한다. 자위 소방 요원은 이들 소방활동을 보조한다.

3. 소방대에 의한 소화 활동

소화대는 일반적으로 지휘대, 소방대, 구조대, 구급대, 사다리대로 구성되며, 표준 인원 구성은 문헌 2에 나타나 있다. 화재 실내에까지 진입하는 소방대원은 내열성 있는 방화복과 헬멧을 장착하고, 호흡 보조기구로서 봄베 및 호스를 장착하며, 기타 가반형 송풍기, 조명기구, 로프 등을 장비한다.

(1) 저층 건물의 경우(2층 이하)

저층 건물의 경우, 소방대는 현관 및 창 등의 1층 개구부에서 건물 내로 진입하여 출화점을 탐색한다. 창 등을 부수고 진입하는 경우도 있다. 문 및 창 등을 개방하기 전에는 개구부 문 등의 표면 온도를 손으로 확인하며, 진입할 실의 온도가 고

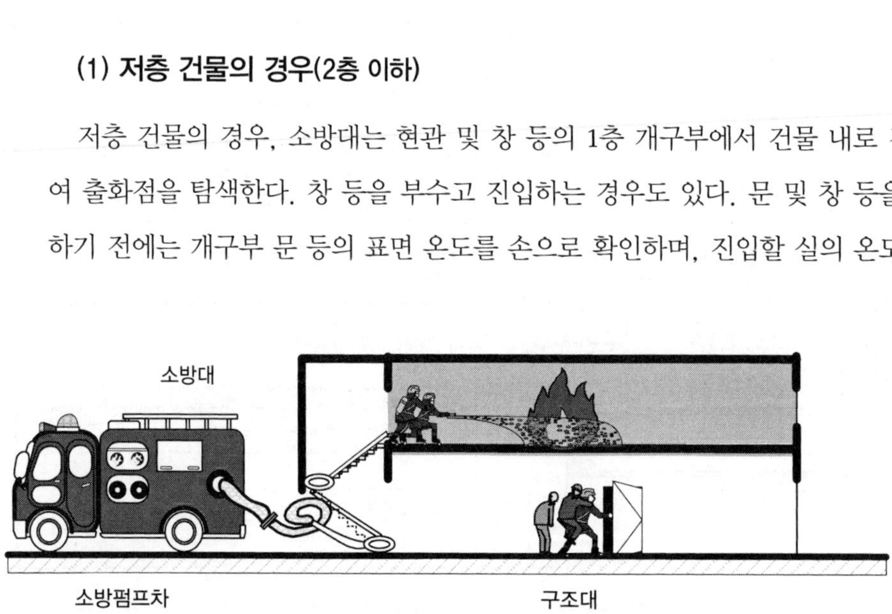

그림 9-3 저층 건물에서의 소방활동 이미지

온이 아님을 확인하고 고온의 경우는 진입을 중지한다. 문 표면 온도가 저온이라도 문 등을 개방할 때에는 '자세를 낮추고' 조작함으로써 백 드래프트 등에 의한 화염 분출의 위험을 피한다. 저층 건물의 경우, 소방대는 옥외를 소방활동 거점으로 하고, 출화점을 확인한 후 소방 펌프차에서 직접 호스를 연장하여 방수한다(그림 9-3). 소화 활동이 진행되고, 연소확대 위험성이 없어지면 '진압'으로 판단하여 잔화 처리를 하고, 재연소의 우려가 없어지면 '진화'로 평가한다.

(2) 중층 건물의 경우(3층~7층)

중층 건물의 경우, 소방대는 계단 혹은 비상용 진입로(후술할 04의 1. (2)의 ③) 등에서 건물 내로 진입하여 출화점을 탐색한다. 진입로가 막히거나 진입하기 어려운 경우에는 창 등을 파괴하고 진입하는 경우도 있다. 외부에서 진입, 혹은 건물 내의 실과 실 사이의 문을 개방하기 전에는 개구부 문 등의 표면 온도를 손으로 확인하며, 진입할 방의 온도가 고온이 아님을 확인하고 고온의 경우는 진입을 중지한다. 문 표면 온도가 저온이라도 문 등을 개방할 때에는 '자세를 낮추고' 동작함으로써 백 드래프트 등에 의한 화염 분출의 직격탄을 피한다. 소방대는 직하층의 복도 혹은 계단 내를 소방활동 거점으로 한다. 출화점을 확인한 후 소방펌프차에서 직접

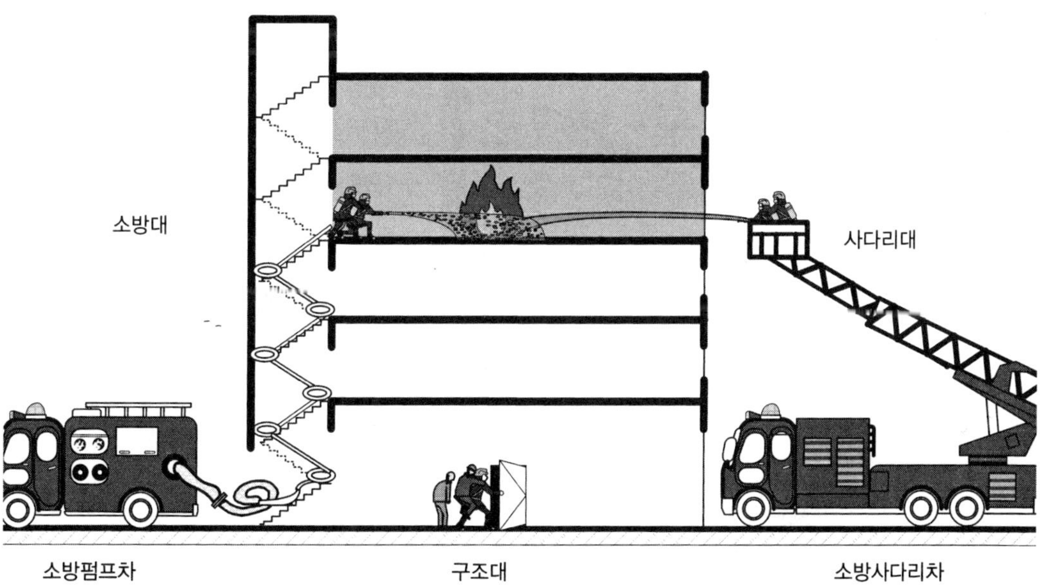

그림 9-4 중층 건물에서의 소방활동 이미지

호스를 연장하여 방수한다. 연결 송수관이 건물에 있는 경우에는 연결 송수관에 호수를 연결한다. 대규모 화재인 경우에는 사다리차에서도 방수한다(그림 9-4).

(3) 고층 건물의 경우(31 m보다 높은 건물)

건물 내부로 이동할 때에는 계단 및 비상용 엘리베이터를 사용한다. 연결 송수관에 연결하여 소화에 사용하는 호스도 장비로 준비한다. 호스 설치 의무가 있는 건물이라도 유지·관리가 잘 되어 있는지 알 수 없기 때문에 장비를 준비하여야 한다.

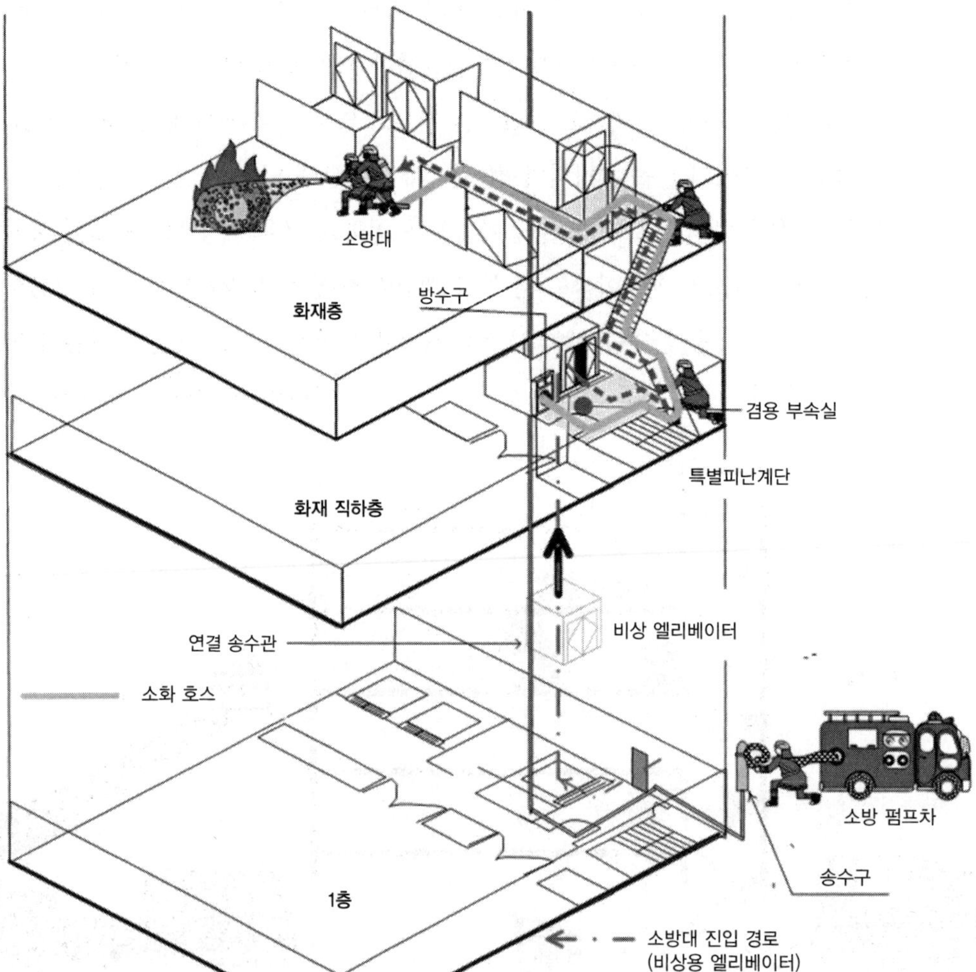

그림 9-5 고층 건물에서의 소방활동 이미지

소방대는 출화층의 직하층 또는 두 층 아래에서 비상용 엘리베이터를 내려 직하층의 특별피난계단의 부속실 등을 소방활동 거점으로 한다. 다음은 계단을 사용하여 출화층으로 이동하여 출화점을 탐색한다.

출화층의 문을 개방하기 전에는 개구부 문 등의 표면 온도를 손으로 확인하며, 진입할 방의 온도가 고온이 아님을 확인하고 고온의 경우는 진입을 중지한다. 문 표면 온도가 저온이라도 문 등을 개방할 때에는 '자세를 낮추고' 작동함으로써 백드래프트 등에 의한 화염 분출의 직격탄을 피한다. 출화점을 확인한 후 출하층 직하층에 설치된 소방활동 거점에 있는 연결 송수관에 호스를 연결하고, 출화층까지 호스를 가지고 가서 방수한다(그림 9-5).

4. 구조대에 의한 구조 활동

소방대의 소방활동은 구조대에 의해 대피하지 못한 피난자 및 부상자의 검색·구조 활동이 우선적으로 이루어진다. 구조대의 구성은 소방대와 거의 동일하다. 구조대는 건물 내부의 계단 및 비상용 엘리베이터와 더불어 외부에서는 건축기준법 시행령에 의한 비상용 진입로 및 대체 진입로, 소방법 시행령에 의한 피난상·소방

그림 9-6 구조대의 사다리차에 의한 구조 활동 이미지

활동상 유효한 개구부 등을 이용한다. 이들 진입로는 대피하지 못한 피난자의 구출 및 소방활동 중의 배연 등에도 사용된다. 소방차 전용 구역에서는 사다리차를 이용하거나(그림 9-6), 인접 건물에서 접근하거나 하여 건물 내의 대피하지 못한 피난자를 구출한다.

04 소방활동을 지원하는 설계

소방활동을 지원하는 설계는, 건축물 내외에 화재 시에는 소방활동 거점으로 이용할 수 있는 공간을 확보함과 동시에 소방활동상 필요한 설비를 갖추는 것이다. 본 절에서는 그 상세 내용에 대해 설명한다. 이 내용은 건축기준법 및 소방법에 의해 규정되어 있지만, 두말할 필요도 없이 법규를 준수하는 것만으로 충분한 안전성이 확보되는 것은 아닌 것에 주의하여야 한다.

1. 소방활동을 지원하는 시설

(1) 소방활동 거점

소방대가 출동 요청을 받고, 화재 현장에 도착하여 소방활동을 하는 경우, 화재가 발생한 부위 및 대피하지 못한 재실자가 있는 부분은 재실자뿐 아니라 소방대에게도 상당히 위험한 장소이며, 관계자 외에는 접근할 수 없다. 화재 상황을 파악하고, 일어날 수 있는 위험을 신중하게 피하면서, 대피하지 못한 피난자를 검색하고 신속한 소화활동을 위해서는 안전이 확보된 전진 기지로서 소방활동 거점이 필요하다.

일반 단독주택 등 저층 건물이면 부지상 및 주위 공용 도로를 소방활동 거점으로 할 수 있지만(그림 9-3), 건물이 고층이라서 지상에서의 소화 및 구조가 어려워지면 사다리차를 사용한 방수 및 건물 내 진입이 필요하게 되므로(그림 9-4), 사다리차를 설치하기 위한 소방차 전용 구역 및 비상용 진입로를 거점으로 준비할 필요가 있다. 또한 건물이 사다리차도 닿을 수 없을 만큼 고층일 경우, 소방활동 거점은 건물 내부에 두어야 하며, 보통은 비상용 엘리베이터 승강 로비, 특별피난계단의 부속실 및 층계참 등이 거점으로 사용된다(그림 9-5).

소방활동의 거점을 계획할 때 중요한 것은 먼저 거점을 화재 연기 및 열에서 안전하게 유지하는 것이며, 또한 소방활동 중에 화재의 예기치 못한 변화가 일어난 경우에도 대처할 수 있도록 계획해 두어야 한다. 화재는 플래시오버를 일으킬 수도 있으며, 구획이 파손되어 복도로 연기 유출이 급증하는 등 여러 가지 원인으로 소방대에 대한 위험이 급증하는 사태가 발생할 가능성이 있다. 이럴 때 소방대는 신속하게 철수해야 하므로 다음과 같은 계획이 중요하다.

① 소방활동 거점의 배치

소방활동 거점의 배치는 화재 시에 소방대가 소방활동을 할 가능성이 있는 위치에서 멀지 않도록 계획하는 것이 중요하다. 또한, 소방활동 거점이 출화점에 가까운 경우에는 거점 문이 고온이 되어 화재실 진입은 물론, 거점이 고온이 되어 소방활동에 사용할 수 없게 될 우려가 있기 때문에 각 층에 2개소는 필요하다. 2개소의 거점 위치는 건물 양 끝의 위치가 바람직하며(그림 9-7) 사무실 빌딩의 경우에는 건

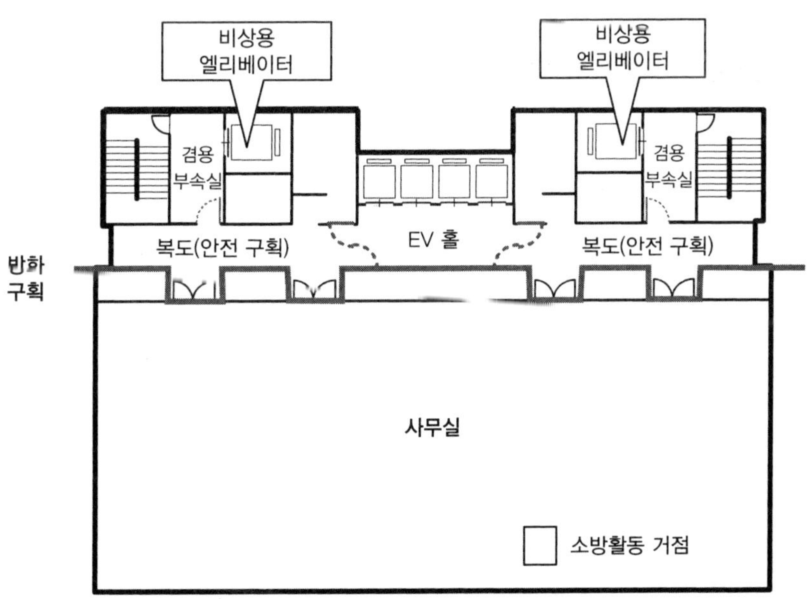

그림 9-7 사무소 빌딩 소방활동 거점 설치 예

물 양 끝부분 2개소 겸용 부속실이 소방활동 거점이 된다.

② 소방활동 거점과 계단

거점에서 계단으로 신속하게 이동할 수 있는 계획을 세우는 것이 중요하다.

비상용 엘리베이터와 계단을 시스템화하는 것은 법규에서는 규정되어 있지 않지만, 출화점에 대한 접근 및 철수가 신속하게 이루어질 수 있기 때문에 바람직한 계획이다(그림 9-7).

예를 들어 양자를 분리하여 설치하는 경우라고 하더라도 각 층에서 거실과는 방화구획된 복도(안전 구획)에서 접속하는 등, 항상 소방활동의 원활화를 위한 배치를 유념하여야 한다.

또한, 건축기준법에서는 건물 높이 31 m 이하 부분에 있는 3층 이상의 층에는 화재 시에 소방대가 사다리차를 사용하여 건물 내 진입을 도모하기 위한 비상용 진입로(후술 04의 1. (2)의 ③)가 요구되지만, 사다리차가 닿는 높이의 건물이라고 하더라도 부지의 조건 및 건물의 배치·형상에 따라서는 사다리를 놓을 수 없는 건물도 많다. 이러한 건물에서는 소화는 건물 내부에서밖에 할 수 없으므로 건물 특성에 맞는 비상용 엘리베이터 설치 및 소방활동 거점의 설치 위치에 대한 연구, 스프링클러의 설치 등을 검토할 필요가 있다.

(2) 소방활동 거점으로 진입

소방활동 거점에는 신속하게 도달하는 데 지장이 없어야 한다. 특히 높이 31 m 중층 건물에서는 비상용 진입로를 이용한 외부로부터의 접근이 중요하므로 소방차 전용 구역 설치 및 접근성을 확보하는 것이 중요하다. 아래에 고려해야 할 요점을 기재한다.

① 소방차 전용 구역

소방차 전용 구역은 화재 시 사다리차가 쉽게 소방활동을 할 수 있도록 설치된 공간을 말하며, 구조 활동 시 사다리차는 소방차 전용 구역에 주차하고, 거기에서 사다리를 올려서 건물 발코니 및 창을 통해 소방대가 건물 내로 들어가서 구조 활동을 하게 된다. 소방차 전용 구역의 설치 위치에 대해서는 사다리차 등에 의한 소방활동이 효과적으로 이루어지도록 하는 것을 염두에 두어, ① 쉽게 진입할 수 있어야 하고, ② 발코니, 비상용 진입구 또는 이를 대체하는 개구부에 사다리를 놓을 수 있어야 하며, ③ 건축물의 각 부분과의 거리가 사다리차의 유효한 활동 범위 내여야 할 것이 요구된다. 필요한 공산의 크기는 사다리차 종류에 따라 다르며, 각 소관할 소방에서는 부지 내 통로의 구조 기준이 정해져 있으므로 사전 협의가 중요하다. 그림 9-9에 사다리차 사용 범위도의 한 예를 나타낸다. 이 예에서는 건물 외벽에서 사다리차 중심부까지 11.2 m 이내가 되어야 한다(사다리차 사용 한계). 또한 사다리의 지상에서의 높이는 사다리차 중심부에서 약 3.4 m 위치에서 최대 높이 약 32.5 m가 된다. 사다리차의 소방차 전용 구역은 일반적으로 너비 6 m 이상, 길이 12 m 이상이며, 차량 중량(20 t)에 견디는 강도를 가져야 한다. 그림 9-9에 나타나듯이 높이, 수평 거리, 각도에 제한이 있으므로 사다리차를 건물에 붙이는 것을 설계 단계에서 확인할 필요가 있다. 또한, 사다리를 펼치는 과정에 전선이나 공작물 등의 방해가 있을 수 있으므로 충분한 현장 확인을 하여야 한다.

② 부지 내 통로

소방활동을 원활하게 함에 있어서는 소방활동차가 쉽게 부지 내에 진입하고 건축물에 접근할 수 있는 것이 중요하다. 그러기 위해서는 도로에서 건축물 출입구 등까지 사다리차를 포함한 대형차가 통행할 수 있는 부지 내 통로 확보가 필요하다(그림 9-8).

부지 내 통로는 충분한 폭(최저 4 m 이상)을 필요로 할 뿐 아니라 회전에 필요한 최소 회전 반경 및 차량 중량(20 t)에 견디는 강도를 가지는 구조여야 하며, 길의 경

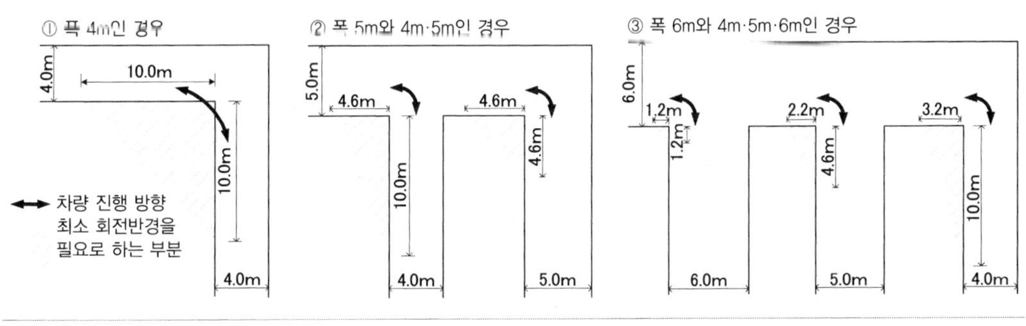

그림 9-8 도로 등 최소 회전 반경도(직각인 경우)

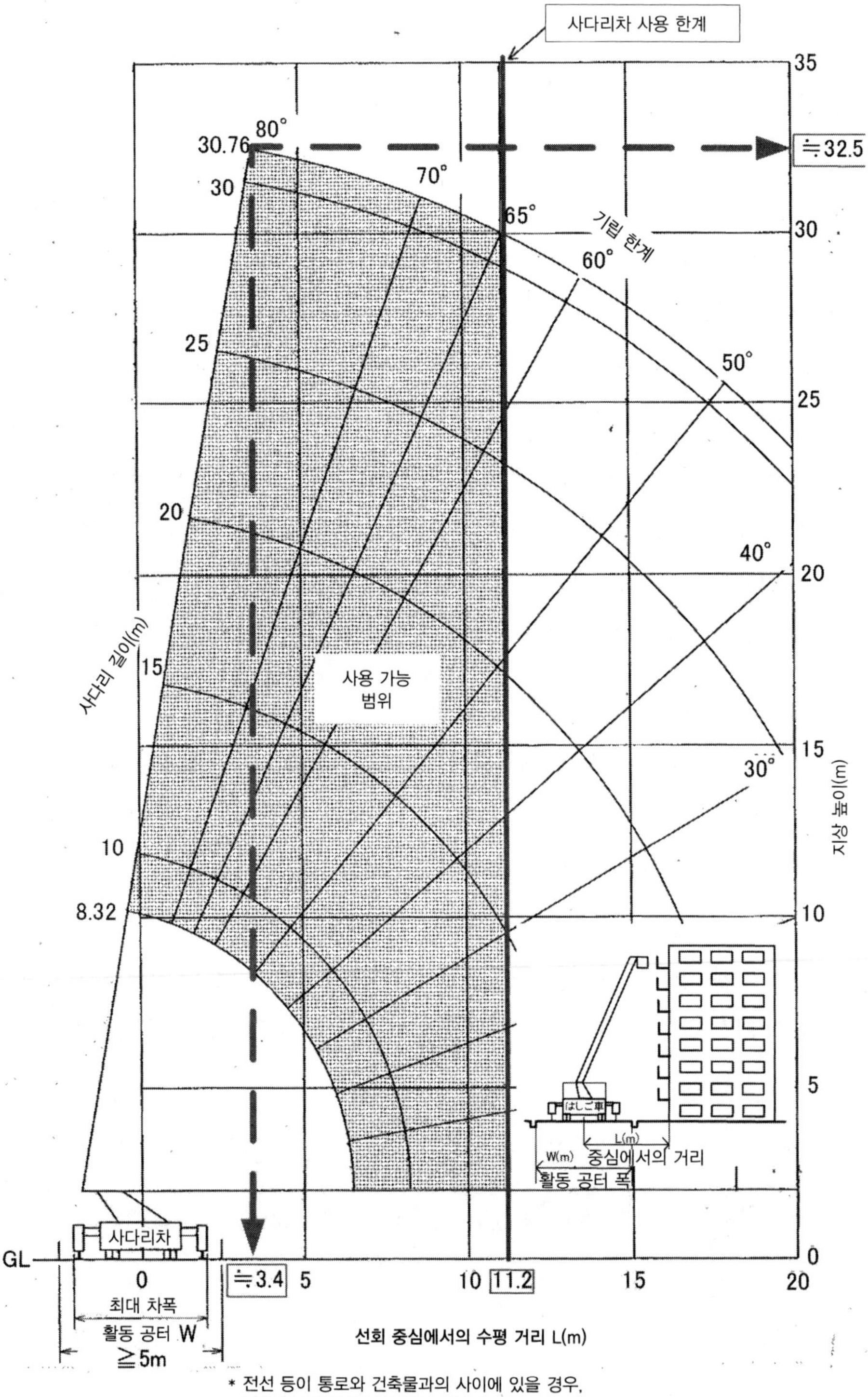

그림 9-9 사다리차 사용 가능 범위도 사례

사(5% 이하)도 정해져 있다. 각 소 관할 소방에서는 부지 내 통로 구조 기준이 정해져 있으므로 사전 협의가 중요하다.

③ 비상용 진입구

건물 내부로의 비상용 진입로 및 이를 대체하는 개구부(대체 진입로)는 소방대가 인명 구출과 소화 활동에 사용하기 위한 것으로, 소방법이 아닌 건축기준법에 의해 기준이 정해져 있다. 비상용 진입로, 대체 진입로 모두 공공도로에 접하는 외벽면이나 공공도로에 통하는 4 m 이상의 통로 등에 접하는 외벽면 중 어느 한 곳에 설치하여야 한다.

비상용 진입구는 40 m 이하 간격으로 설치하고(그림 9-10), 깊이 1 m 이상, 폭 4 m 이상의 발코니가 필요하다. 또는 표지로 적색등과 한 변이 20 cm인 삼각형의 적색 반사도료 표시가 요구된다(그림 9-11). 비상용 진입로로 대체되는 것으로 대체 진입로(그림 9-13)가 있는데, 간격은 10 m 이내로 1개 이상으로 되어 있다(그림 9-12). 통상적으로 외벽 창이 이용되고 있으며, 유리 종류, 두께에 따라서는 붙박이 창을 대체 진입로로 하는 경우도 있다.

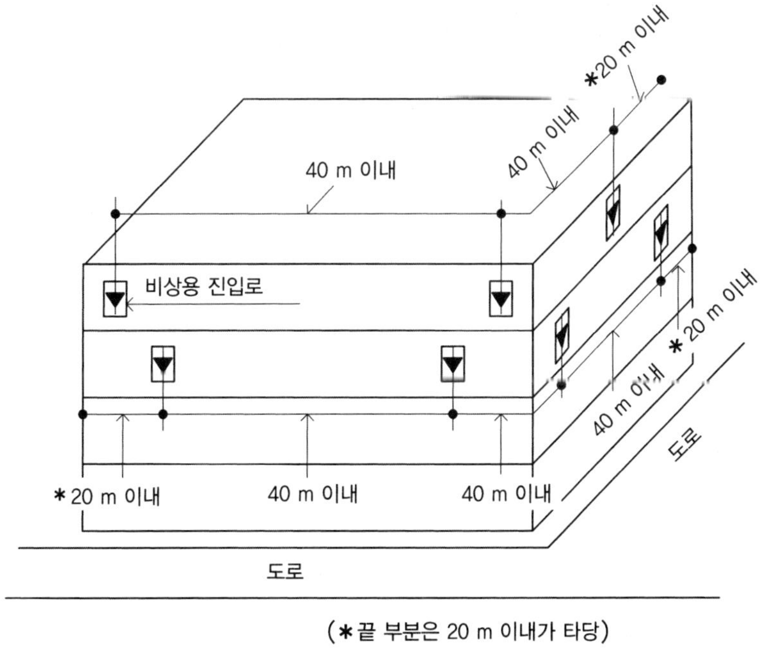

그림 9-10 비상용 진입구 설치 설명도

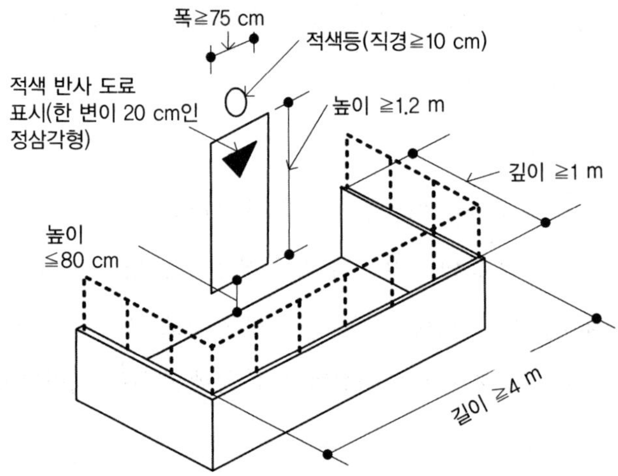

그림 9-11 비상용 진입로 설명도

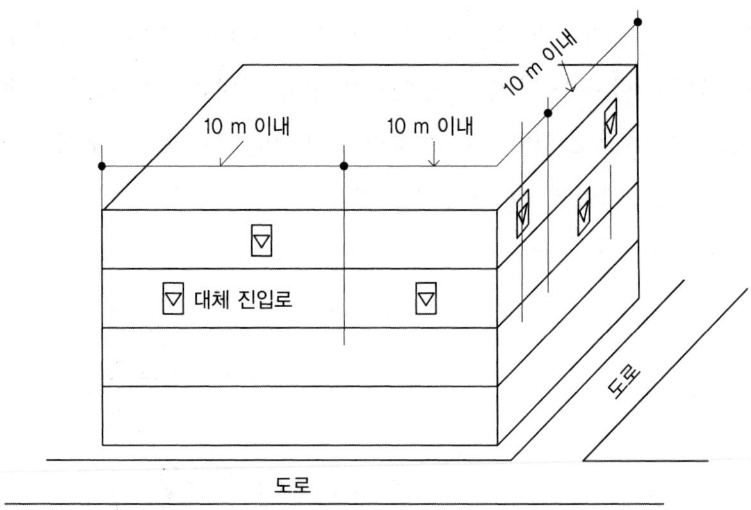

그림 9-12 대체 진입로 설치 설명도

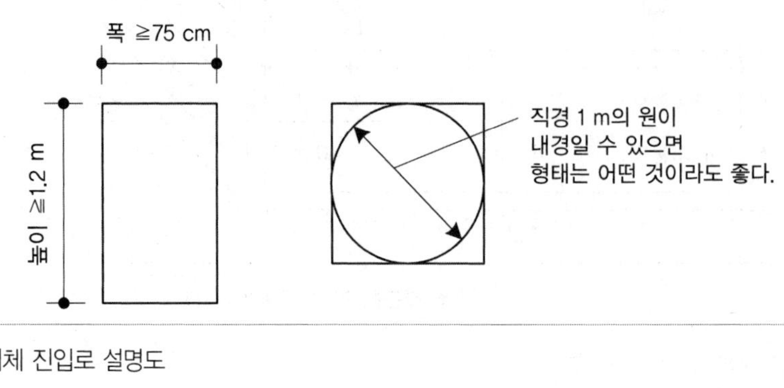

그림 9-13 대체 진입로 설명도

비상용 진입로에는 사다리차를 사용하여 접근한다. 그렇기 때문에 비상용 진입로는 사다리차에서 사다리가 닿는 위치에 설치하여야 한다. 또한 사다리차에서 방수하는 등의 직접 소화활동을 할 수도 있다.

④ 비상용 엘리베이터

소방 사다리차 사용 한도는 일반적으로 31 m~41 m 정도의 높이가 되므로 그 높이 이상의 고층 건축물에는 외부에서 직접적인 진입 수단이 없다. 그래서 소방이 진입을 필요로 하는 층이 고층일 경우에는 비상용 엘리베이터가 중요한 역할을 한다.

요구조자를 검색하고 신속하게 구조하기 위해서는 소방대원의 행동 범위를 최소화하는 것이 중요하므로 비상용 엘리베이터는 그 층의 각부에서의 거리를 짧게 배치하고, 2기 이상 설치할 경우에는 분산 배치가 필요하다. 비상용 엘리베이터에는 예비 전원, 복귀 장치, 중앙관리실과의 연락 전화 장치, 문이 열린 채로 운행이 가능한 승강 장치 등 엘리베이터로서의 기능 강화와 함께 승강 로비의 설치가 의무화되어 있으며, 고층 건축물의 소방활동은 이 승강 로비를 거점으로 이루어진다. 건축기준법에서는 피난 층에는 승강 로비 설치를 정하고 있으나, 고층 건축물의 경우에는 소방기관이 설치를 지도하는 경우가 있다.

(3) 방재센터

소방활동의 전진 기지(소방활동 거점)와는 별도로 소방대가 소방활동을 지휘하는 거점으로서 방재센터가 필요하다. 또한 방재센터는 상시 자위 소방 조직 거점이 된다.

방재센터(중앙관리실)는 건축물의 화재 발생 시 소방활동의 핵심이 되는 시설이며, 가종 방재 시설 등의 상태 확인, 방재 설비 기기 등의 기동의 확인 및 작동 실시 등 소방활동의 기점이 되는 장소이다. 방재센터의 설치 위치에 대해서는 피난층, 피난층의 직상 또는 직하에 설치하는 등 외부로부터의 접근성을 고려하며, 고층건축물, 대규모 건축물 등은 소방활동 시간이 길 것을 예상하기 때문에 충분한 면적을 확보하고 방화구획하는 등, 화재 및 연기의 영향을 받지 않도록 계획하는 것이 필요하다.

건축기준법 시행령 제20조 2로 비상용 엘리베이터 설치를 필요로 하는 건축물에는 중앙관리실을 설치하여야 한다. 소방법에서는 소방법시행규칙 제12조 제1항 제8호에 종합제어설비 등의 설치 기준이 나타나 있으며, 종합제어설비 등은 방재센터에 설치되어야 한다(상세한 내용은 04 2. (2)의 ⑥에 정리함).

(4) 소방활동의 방화구획

고층 건물이 화재 시 소방활동을 원활하게 하기 위해서 가장 유효한 설계 중 하나는 적절한 방화구획의 설정이다. 소방대의 안전을 확보하기 위해 소방활동 거점을 방화구획하는 것은 당연하지만, 소화 작업이 용이하도록 방화구획을 계획하는 것이 필요하다.

건축기준법에서 고층계 방화구획이 저층계와 비교하여 상당히 엄격하게 제한되는(후술의 면적 구획과 고층 구획) 것은 외부로부터의 소화 및 구조가 불가능하게 되어 소화 수단이 건물 내부 소화에만 한정되는 것을 고려하면 합리적인 대책이다. 내부 소화는 방수에 사용할 수 있는 호스를 수도 연결 송수관에 연결하여 사용하는 것에 한정되고, 화재실로의 방수도 실내 출입구로 한정된다. 따라서 큰 구획의 실에 화재가 발생하면 화세를 제압하기 위한 방수량의 부족 및 방수 사각지대가 발생할 우려가 있다. 특히 상면적이 커지기 쉬운 사무실 빌딩 네 모서리에 해당하는 실에는 출입구가 치우친 위치가 되기 쉬우므로 유효한 방수가 어려워질 우려가 있다.

방화구획에서 화재 규모를 작게 제한하는 것은 그만큼 신속·용이한 소화에 기여하고, 나아가서 인적·물적 피해의 경감으로 이어진다. 방화구획을 크게 계획할 경우에는 그에 걸맞는 소화력 증강을 도모하기 위해 계획해 두어야 한다.

방화구획의 종류 및 구체적인 내용은 아래에 기재한다. 방화구획의 이미지를 그림 9–14에 나타낸다.

• 면적 구획(방화구획)

화재확대를 방지하기 위해 일정한 면적별로 방화구획을 한다(건축기준법 시행령 제 112조 제1항~3항) .

주요 구조부를 내화 구조로 한 건축물에서는 면적 1,500 m^{2}별로 방화구획을 한다. 준내화 건축물에서는 용도, 방화 지역의 종류, 규모, 층수 등에 따라서 500 m^2, 1,000 m^2, 1,500 m^2 이하로 방화구획한다. 또한, 스프링클러 설비 등의 자동 소화

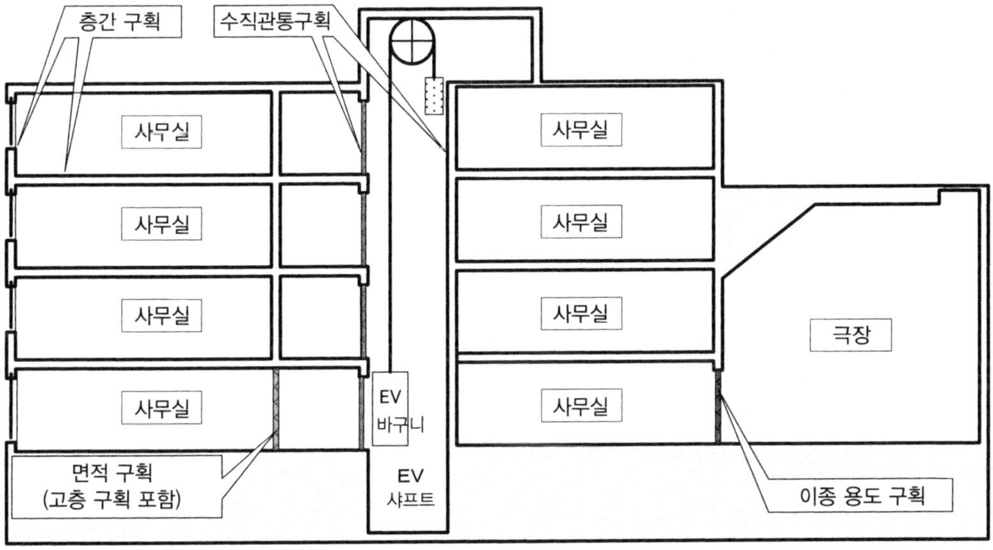

그림 9-14 방화구획 개념도

설비를 설치한 경우에는 구획하는 면적을 상기 면적의 2배까지 확대할 수 있다.

• 고층 면적 구획(방화구획)

건물 고층 부분에서는 화재확대에 의한 위험성이 높기 때문에 보다 작은 면적으로 방화구획한다(건축기준법 시행령 제112조 제5항~7항). 소방법에서는 11층 이상의 층에는 스프링클러 등의 자동소화설비를 의무화하였다. 건축기준법에서는 지상 31 m 이상의 층에 비상용 엘리베이터를 요구함과 동시에 11층 이상의 부분에 다음과 같은 방화구획을 정하고 있다.

건축물 11층 이상의 부분에서 내장 마감, 기초 모두 불연소 자재일 경우에는 500 m^2 이하, 내장 마감, 기초 모두 준불연 자재일 경우에는 200 m^2 이하, 내장 마감을 난연 자재로 한 경우에는 100 m^2 이하로 방화구획한다. 또한, 스프링클러 설비 등의 자동 소화 설비를 한 경우에는 구획하는 면적을 위 면적의 2배까지 확대할 수 있다.

• 층간 구획(차연 성능이 있는 방화구획)

각 층 바닥은 상층으로의 화재확대 및 연기 상층으로의 확산을 방지하기 위해 차연 성능을 가진 방화구획으로 한다. 조기에 상층부로 누연된 경우, 화재 상층 재실자가 위험에 노출될 뿐 아니라 출화점의 특정이 늦어짐으로써 소화 활동 및 구조 활동에 지장이 있게 된다.

- 수직관통구획(차연 성능이 있는 방화구획)

건물을 세로 방향으로 연결하는 공간은 건물 전체에 연기가 확산되는 것을 방지하기 하기 위해 차연 성능을 가진 방화구획으로 한다(건축기준법 시행령 제112조 제9항).

엘리베이터 및 에스컬레이터, 계단 등 복수 층에 걸친 수직관통공간은 차연 성능을 가진 방화구획을 함으로써 연기의 침입을 방지한다. 조기에 수직관통구획에 누연된 경우, 화재층의 상층계 모든 재실자가 위험에 빠질 뿐 아니라 출화점의 특정 및 요구조자의 파악이 현저하게 어려워지며, 소화 활동 및 검색 활동에 막대한 지장을 초래하게 된다. 고층 건물에서는 가장 중요한 방화구획이다.

- 이종 용도 구획(차연 성능이 있는 방화구획)

용도가 다르기 때문에 화재의 위험성·재실자의 피난 능력·관리 체재 등이 다른 경우에는 이종 용도 간의 연기 전파를 최대한 없애기 위해 용도별 차연 성능을 가진 방화구획으로 한다(건축기준법 시행령 제112조 제13항).

복합 건축으로 다른 용도의 공간이 인접해 있는 경우, 다른 공간에서의 화재 인지가 늦어져 연기가 전파되고, 피난에 지장이 생길 가능성이 높다. 가연물이 많은 화재 시에 발연량이 많은 물건판매점 및 실내 주차장, 대규모 주방 등은 다른 부분으로 연기를 확산하지 않도록 구획한다. 또한 불특정 다수가 모이는 극장·홀·전시장 등은 주로 다른 곳에서 연기의 침입을 막는 목적으로 차연 성능을 가진 방화구획으로 한다.

(5) 헬리콥터 긴급 이착륙장

초고층 건축물에서는 사다리차 등을 활용한 소방활동이 불가능하기 때문에 건축물의 옥상 부분에서 진입하거나, 옥상에서 구조가 필요한 경우도 있다. 이와 같은 건물에 대해서는 옥상에서 소방대의 진입을 위해 옥상 부분에 헬리콥터 긴급 이착륙장(그림 9-15) 등을 설치하는 것이 요구된다.

국내외의 고층 건축물의 화재 사례를 보면, 소방활동의 곤란성이 점점 증대되는 것이 지적되고 있으나, 1988년 로스엔젤레스 퍼스트 인터스테이트 은행 빌딩 초고

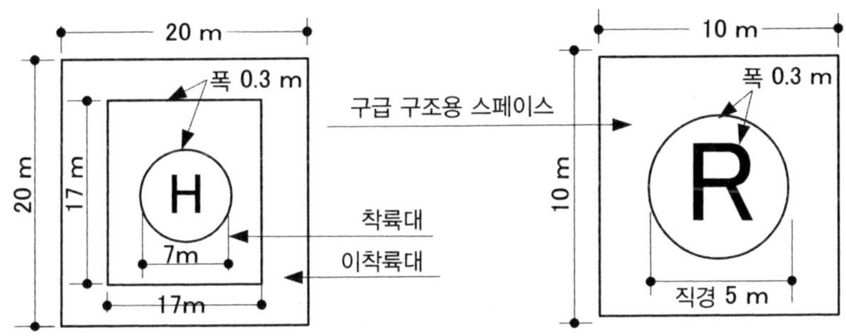

그림 9-15 긴급 이착륙장과 긴급 구조 공간

층 건축물 화재에서는 헬리콥터를 활용한 소방활동의 유효성이 증명되었다.

2. 소방활동상 필요한 설비

소방용 설비 등의 종류는「소방용으로 사용하는 설비」,「소화 활동상 필요한 설비」,「소방용수」3가지로 크게 구별된다(표 9-1). 제4장에서는 출화 방지 및 화재확대 방지 관점에서 주로「소방용으로 사용하는 설비」를 기술하였고, 본 장에서는 소방활동의 관점에서「소방용수」및「소방활동상 필요한 시설」에 대해서 기술한다.

(1) 소방용수

소방용수는 넓은 부지의 대규모 건축물의 연소 단계의 화재에 대해서 소방 수리를 얻는 것을 목적으로 한 것으로 방화 수조, 수영장이라는 상시 규정 이외의 수량을 얻을 수 있는 것, 하천, 호수와 늪 등 자연 수리로 상시 규정 이상의 수량을 얻을 수 있는 것을 말한다.

개발 행위 등의 방화 수조 등과의 겸용도 조건을 충족하면 가능하다.

소방용수는 소방차 전용 구간에서 인지하기 쉬운 곳에 있어야 하고, 화재 시의 채수가 용이하도록 소방 펌프 자동차가 2 m 이내에 접근할 수 있어야 한다.

소방용수를 필요로 하는 건축물 및 필요로 하는 수량을 표 9-2에 나타냈다. 1개의 소방용수의 유효 수량은 20 m^3 이상 필요하고 유수에 있어서는 매분 0.8 m^3의 수량을 20 m^3로 환산한다.

표 9-1 소방용 설비 분류

설비 분류		설비 명칭
소방용 설비	**소화설비** 물이나 기타 소화제를 사용하여 소화를 하는 기계 기구 또는 설비	1) 소화기 및 간이소화용구(물 양동이, 수조, 건조 모래, 팽창 질석 또는 팽창 진주암 2) 옥내소화전 설비 3) 스프링클러 설비 4) 특수한 소화설비(물분무 소화설비, 거품 소화설비, 불활성가스 소화설비, 할로젠화물 소화설비, 분말 소화설비) 5) 옥외소화전 설비 6) 동력소방펌프 설비
	경보설비 화재 발생 알림 기계 기구 또는 설비	1) 자동화재탐지설비 2) 가스누출화재경보설비 3) 누전화재경보기 4) 소방 기관에 통보하는 화재경보설비 5) 비상경보기구(경종, 휴대용 확성기, 수동식 사이렌 등)
	피난설비 화재 시 피난에 사용하는 기계 기구 또는 설비	1) 피난기구(미끄럼틀, 피난 사다리, 구조 복로, 완강기, 피난교 등) 2) 유도등(피난구 유도등, 통로 유도등, 객석 유도등) 3) 유도표지
소방용수		방화수조 또는 이를 대체하는 저수지 기타 용수
소화 활동상 필요한 시설		1) 배연 설비 2) 연결 살수 설비 3) 연결 송수관 4) 비상 콘센트 설비 5) 무선통신 보조설비

* 소방장 또는 소방서장이 그 방수 안전 성능에 대해서 소방령 제29조 4항 제1항의 규정에 의해 '필요로 하는 소방 안전성을 가진 소방용으로 사용하는 설비 등'이 '통상 사용되는 소방용 설비 등'(위 표 참조)과 동등 이상이라고 인정될 경우, 필요로 하는 방화 안전 성능을 가진 소방용으로 제공하는 설비 등은 소방법 제17조 제1항 법령에서 정하는 소방용 설비 등으로 간주한다(2003년 개정, 시행일은 2004년 6월 1일)

표 9-2 소방 수리의 수량

소방용수를 필요로 하는 건축물			필요로 하는 유효 수량
(1) 부지 면적 ≥20,000 m^2	내화 건축물	1,2층 합계 바닥면적 ≥ 15,000 m^2	바닥면적 7,500 또는 그 단수별 …… 20 m^3
	준내화 건축물	1,2층합계 바닥면적 ≥ 10,000 m^2	바닥면적 5,000 또는 그 단수별 …… 20 m^3
	기타 건축물	1,2층 합계 바닥면적 ≥ 5,000 m^2	바닥면적 2,500 또는 그 단수별 …… 20 m^3
(2) 높이 > 31 m 그리고 연면적(지층을 제외한 부분) ≥ 25,000 m^2			바닥면적 12,500 또는 그 단수별 …… 20 m^3

(2) 소방활동상 필요한 설비

소화 활동상 필요한 설비는 소방대에 의한 소화 활동을 지원하기 위해 설치하는 것으로 연결 송수관, 배연 설비, 연결 살수 설비, 비상 콘센트 설비, 무선통신 보조 설비, 종합 조작반이 이에 해당된다.

① 연결 송수관

7층 건물 이상 혹은 5층 건물 이상 그리고 상면적 6000 m^2 이상 등의 방수 대상물에 설치가 필요한 설비이다. 3층 이상의 층에 방수 대상물의 각 부분이 수평 거리 50 m로 내포될 수 있도록 방수구를 설치한다. 11층 이상의 부분에 설치하는 방수구는 쌍방형이 된다.

후술할 연결 살수 설치(04의 2. (2) ③)가 지층 화재에 대처하는 소방활동상 설비이며, 연결 송수관은 고층계의 화재에 대처하는 소화 활동상 필요한 설비이다.

기구는 소방 호스 수량에 상당하는 구경의 수관을 건축물에 배치해 놓고, 소방대 도착 후 즉시 소방 펌프차에서 주수하며, 3층 이상의 각 층에 설치된 방수구에 호스를 연결하여 방수하는 것이다. 연결 송수관에는 습식과 건식이 있으며, 습식

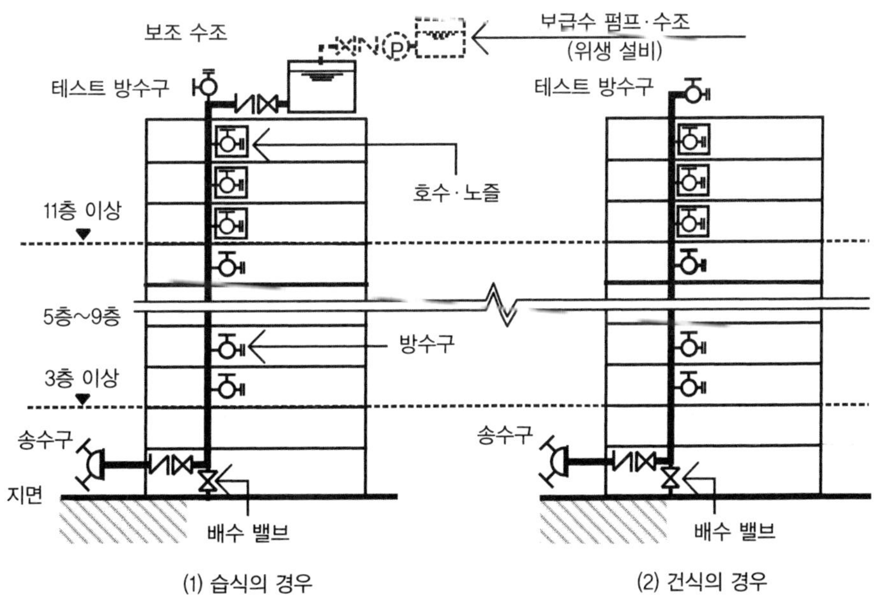

그림 9-16 연결 송수관의 개념도

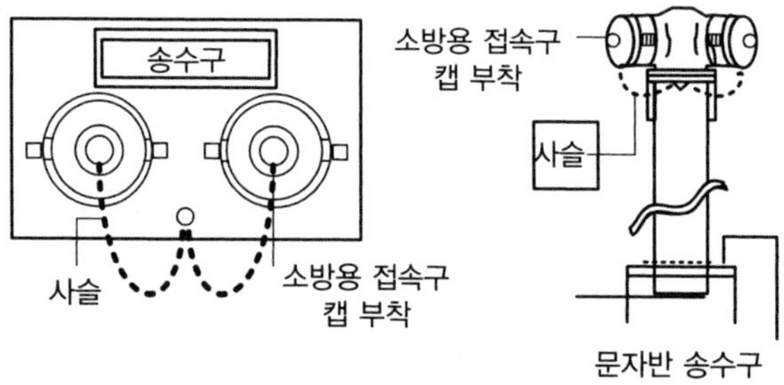

그림 9-17 연결 송수관의 송수구

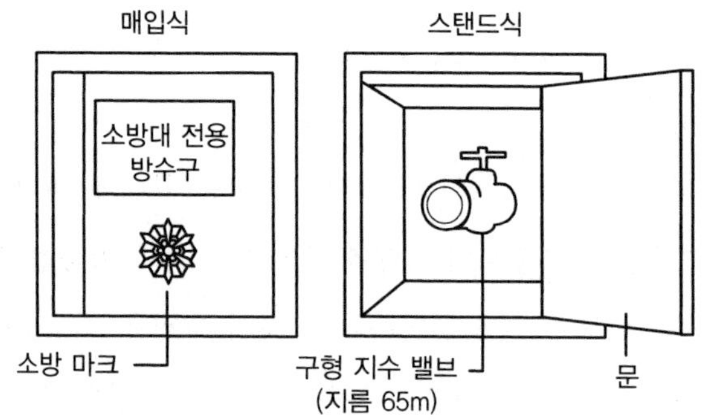

그림 9-18 연결 송수관의 방수구

배관은 항상 물이 보충되어 있으므로 방수가 신속하게 이루질 수 있다(그림 9-16). 그림 9-17에 송수구 그림, 그림 9-18에 방수구 그림을 나타낸다.

② 배연 설비

배연 설비는 소방법 및 건축기준법 양쪽에 규정되어 있으며, 설치를 필요로 하는 건축물의 설정은 기준이 다르다. 이는 소방법은 화재 시 소방대의 안전과 원활한 소방활동의 확보를 목적으로 하고 있기 때문에 긴 시간 배연이 작동할 수 있는 것이 필요한 데 비해, 건축기준법은 재실자의 안전과 원활한 초기 피난의 확보를 위해 배연 설비를 설치하도록 하고 있기 때문이다. 그림 9-19에 가압 팬의 예(배연기와 동일한 구조), 그림 9-20에 기계 배연구의 예를 나타냈다.

소방법에서 배연 설비의 설치가 요구되는 것은 특정 방수 대상물(물품판매점 등)의 연기가 체류하기 쉬운 지층 및 무창층이며, 건축기준법에서 정하는 내장 강화 등에 의해 배연이 면제되는 부위에도 설치가 필요하다. 배연 설비의 종류로는 자

그림 9-19 가압 팬의 예

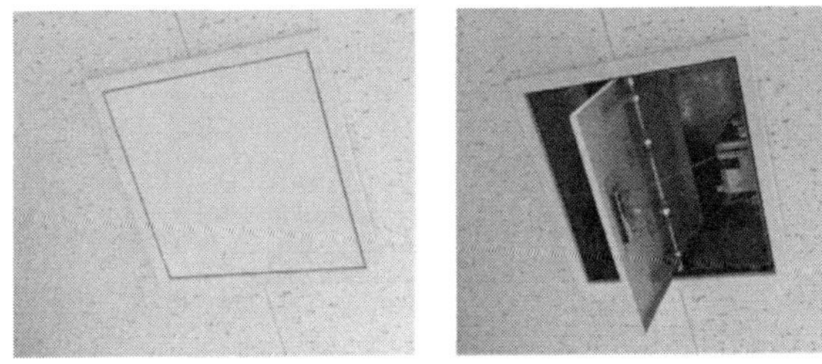

폐쇄 시　　개방 시

그림 9-20 기계배연구의 예

연배연(건축기준법령 제126조 3), 기계배연(건축기준법령 제126조 3), 압출배연 방식(2000년 건축기준법 고시 1437호), 가압방배연 설비(1969년 건축기준법 고시 1728호, 1970년 건축기준법 고시 1833)를 들 수 있는데, 그 구조는 건축기준법 및 소방법에서 기본적으로는 정합화가 도모되어 있다.

③ 연결 살수 설비

방화 대상물의 지층 상면적이 700 m^2 이상인 지층에 설치를 요하는 설비이다. 지층에서의 화재의 경우 외부 공기를 접하고 있지 않으므로 연기 배출이 지상보다 어렵고 소방대가 진입하기 어려운 점을 고려하여 지하 출하층에 진입하지 않아도 소화 활동이 가능하도록 하는 목직이다.

기구는 지층의 천정 또는 천정 안에 살수 헤드를 설치하고, 소방 펌프 차에서 건물에 설치한 송수구, 송구 배관을 통해 살수 헤드에서 살수하여 소화하는 것이다. 그림 9-21(1)에 개방형 연결 살수 설비의 개념도를 나타냈다. 개방형 연결 살수 설비는 하나의 배관 계통의 살수 헤드 수의 제한이 최대 10개이므로(약 250 m^2), 대규모 지하층에서는 송수구가 많아져서 송수 구획의 확인이 쉽지 않다. 단독 송수구에 선택 밸브로 송수 구획을 선택하는 방법도 있지만 송수 구획의 확인이 쉽지 않으므로 마찬가지다. 그림 9-22에 개방형과 폐쇄형의 연결 살수 설비 송수구를 나타내었다.

이 경우 소방대원은 출화 장소 및 경계구획도 양쪽을 확인하여 적절한 송수구를 선택하여야 한다. 폐쇄형 연결 살수 설비는 수원 및 가압 송수 장비가 아닌 것을 제외하면, 배관의 설계 자체는 스프링클러 설비와 거의 동일하다(그림 9-21(2)).

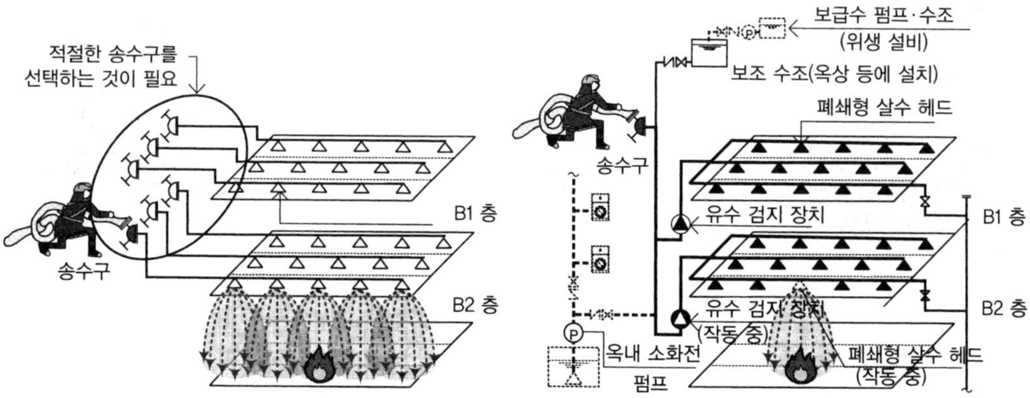

(1) 개방형 연결 살수 설비(구획마다 송수구 설치)　　(2) 폐쇄형 연결 살수 설비

그림 9-21 연결 살수 설비 개념도

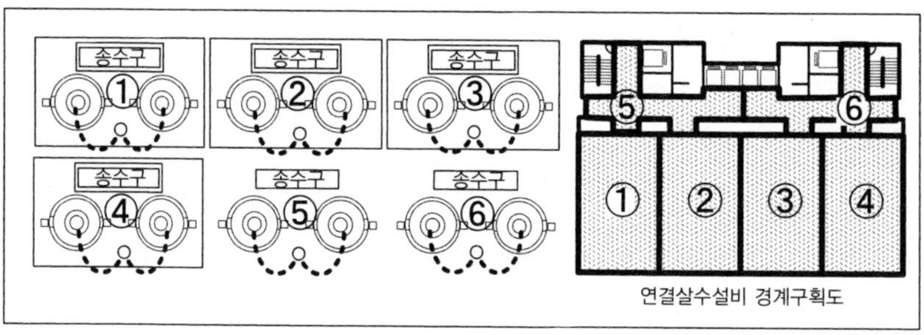

그림 9-22 연결 살수 설비 송수구 및 경계구획도 이미지(개방형)

출화점 부근의 폐쇄형 살수 헤드만이 작동하기 때문에 송수 시 출화점 확인이 불필요하다. 폐쇄형 연결 살수 설비에 실내 소화전의 배관을 접속하여, 스프링클러 설비에 의해 가까운 시스템을 권장하는 소방 기관도 있다. 송수구를 부속 설치한 스프링클러 설비, 물분무 소화설비, 거품 소화설비, 불활성가스 소화설비, 할로젠 화합물 소화설비 또는 분말 소화설비 등의 자동식 소화설비가 설치되는 경우, 그들의 유효 범위 부분에는 연결 살수 설비를 설치하지 않아도 된다.

④ 비상 콘센트 설비

11층 이상의 각 방화 대상물, 연면적 1,000 m^2 이상인 지하상가에 설치가 필요하다. 화재 시 소방활동으로 드릴 등의 전동 기구 및 가반형 송풍기 등의 전동기기를 사용해야 할 경우를 가정하여 의무화하고 있다. 비상 콘센트(그림 9-23)는 단상

교류 100 V로 15 A 이상의 전기를 공급할 수 있고, 비상 전원 차용 수전 설비, 자가 발전 설비, 축전지 설비, 또는 연료 전지 설비의 비상 전원으로 30분 이상 사용할 수 있는 것으로 매립식 보호함 안에 설치하게 되어 있다(그림 9-24).

⑤ 무선 통신 보조 설비

지하상가 연면적이 1,000 m^2 이상인 경우에 설치가 필요하다. 지하상가에서는

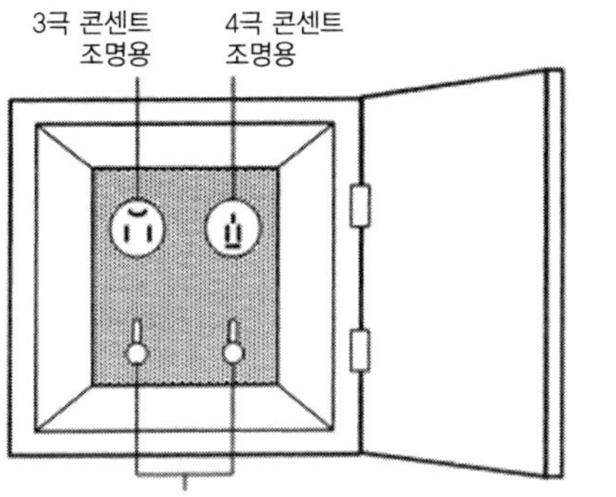

그림 9-23 비상용 콘센트

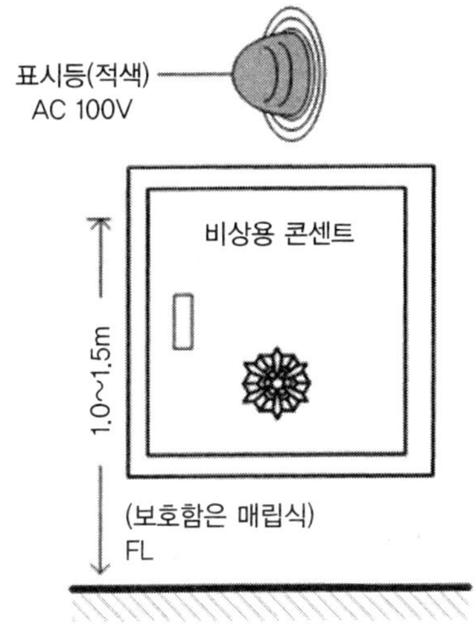

그림 9-24 비상용 콘센트 보호함의 예

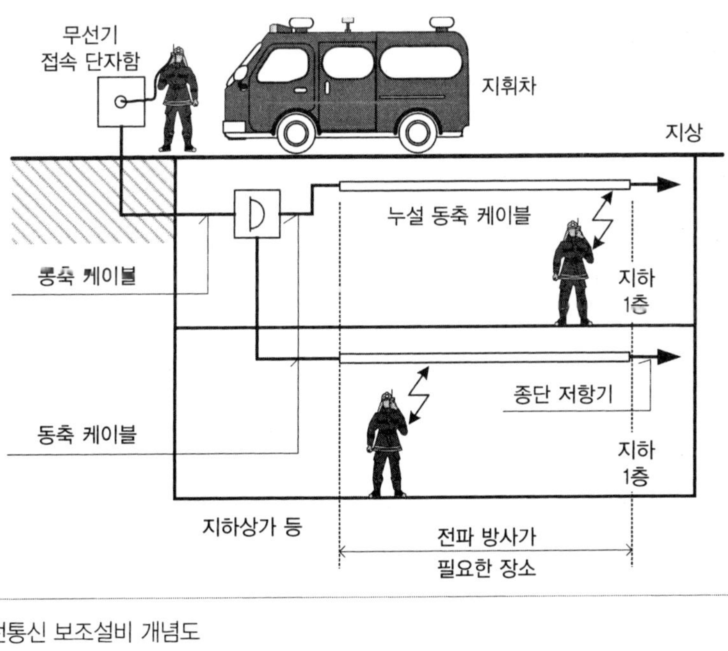

그림 9-25 무선통신 보조설비 개념도

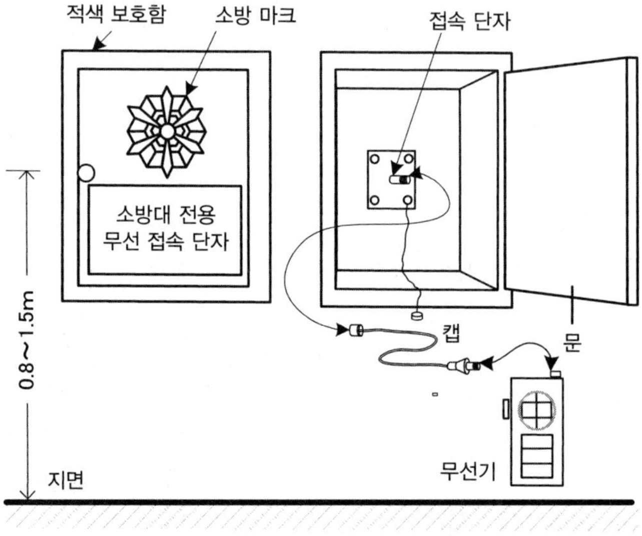

그림 9-26 무선기 접속 단자 보호함(좌: 외관, 우: 내관)

전파가 닿기 어렵고, 소방활동을 함에 있어서 소방대원 간 무선기를 사용한 정보 전달에 지장이 생길 경우를 상정한다. 지하상가 내부에 누설 동축 케이블 등을 설치하여, 지상 및 방재센터 등에 무선 접속 단자를 설치한다. 무선통신 보조설비란 누전 동축 케이블 등 및 무선 접속 단자로 구성된 것으로 혼합기, 분파기, 증폭기 등을 설치할 수 있다. 그림 9-25에 무선통신 보조설비 개요도를, 그림 9-26에 무선기 접속 단자 보호함 이미지를 나타냈다.

⑥ 종합제어설비

대규모 건축물에서는 화재 시 피난 유도 및 소방활동을 원만하게 하기 위해서 건물 전체의 상황을 파악하고 적절한 판단과 지시를 내려야 한다. 그러기 위해서는 중앙 관리실 및 방재센터에서의 소방용 설비 등을 원격감시하여 제어할 수 있는 기능이 필요하다.

건축기준법에서는 높이 31 m를 넘는 비상용 엘리베이터 설치가 필요한 건축물, 각 구조의 상면적 합계가 1,000 m^2를 넘는 지하상가에 설치하는 기계 환기 설비, 중앙 관리 방식의 공기 조화 설비의 제어, 작동 감시를 하는 건축물(건축기준법 시행령 제 20조 2 제1항 제2호)에 기계 환기 설비, 중앙 관리 방식의 공기 조화 설비, 배연 설비, 비상용 엘리베이터 등의 제어·작동 감시를 하기 위한 중앙 관리실이 요

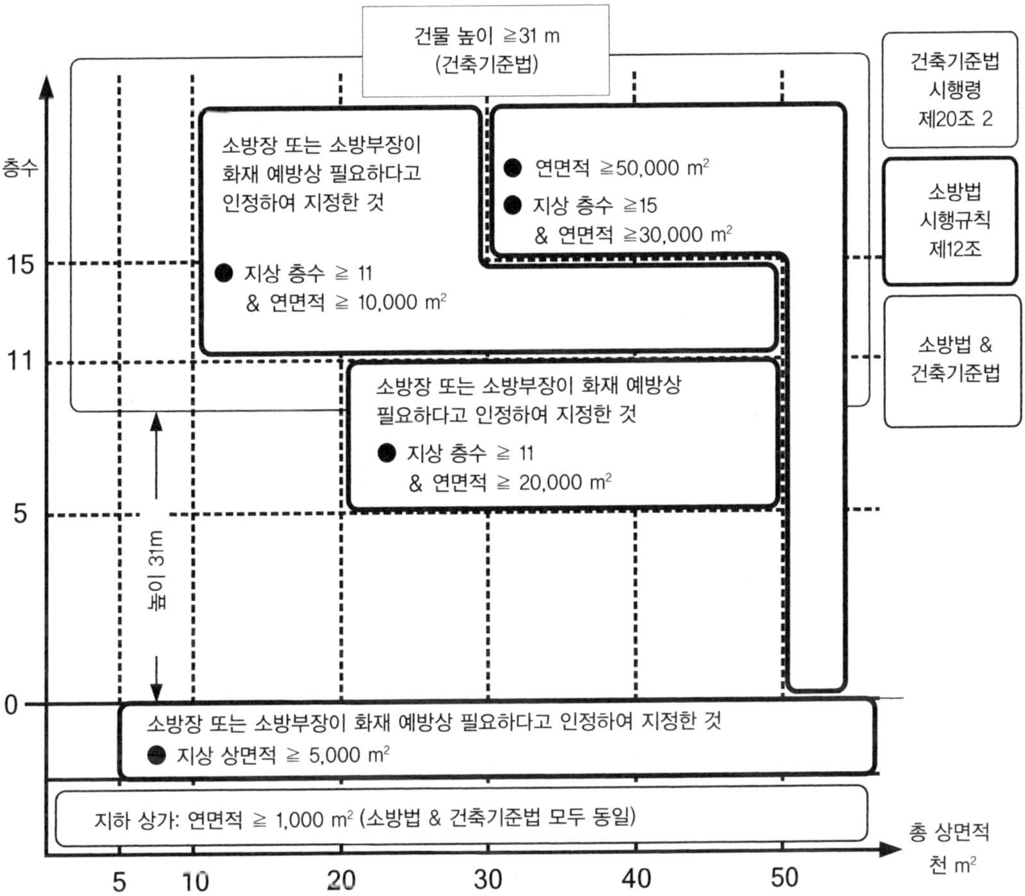

그림 9-27 방재센터의 설치기준(건축기준법 및 소방법)

구되며, 이를 소방법에서 방재센터로 표현하는 경우가 있다. 소방법에서는 소방법 시행 규칙 제12조 제1항 제8호에 종합 조작반 설치 기준이 나타나 있으며, 종합 조작반은 방재센터에 설치하는 것이 요구된다. 방재센터의 설치 기준은 그림 9-27과 같다.

종합제어설비란 '복수의 소방용 설비 등과 관련된 감시, 조작 등에 의해 방화 대상물 전체의 화재 발생, 화재확대 상황 등을 파악할 수 있는 기능을 비롯한 종합적인 관리 기능을 가지기' 때문에 보다 고도의 기능을 가지며, 복수의 소방설비 감시·조작 등을 하는 방재 표시 장치(R형 수신반), 소방 기간에 대한 화재 통보 장치, 비상 전화 마스터, 방재 모니터(디스플레이), 프린터 등으로 구성된다. 종합제어설비의 이미지는 그림 9-28에 나타냈다.

종합제어설비의 감시 및 제어 대상이 되는 주요 장치의 상세는 제5장 01의 8에 나타나 있지만, 소방활동과 관련된 기능으로는 다음 제어 기능 및 표시 기능이 있다.

- 배연구 원격 제어 및 개방 표시
- 가동식 방연 수직벽 및 방수호 = 방화 셔터, 방연 댐퍼(방화 방연 댐퍼)의 연기 감지기 연동 폐쇄 및 표시
- 화재 발생 장소, 배연구 및 방화호 등의 작동 표시(디스플레이 방식 등)
- 스프링클러 설비의 시동 표시
- 불활성가스 소화, 거품 소화 등의 소화설비의 시동 표시
- 옥내소화전의 시동 표시
- 비상용 엘리베이터의 복귀 장치 및 작동 상태의 감시 장치
- 비상용 엘리베이터와의 연락 전화
- 자가용 발전 설비의 시동 표시
- 연결 송수관 등의 방수구 설치 장소와의 통화

종합제어설비에는 자위 방위 조직의 활동에 기여하는 운용 관리 지원 기능으로서 자기 진단 기능 및 가이던스 기능, 시뮬레이션 기능 등이 있다. 또한, 소방활동 지원 기능으로서 화재 시에는 디스플레이에 화재층의 평면도가 표시되며, 작동한 감지기 및 방화호 등의 위치, 스프링클러 설비 등의 작동 범위가 표시된다. 이렇게 공설 소방대가 출화점 파악 및 건물 전체의 연기 확산 상황, 소화 설비의 작동 상황

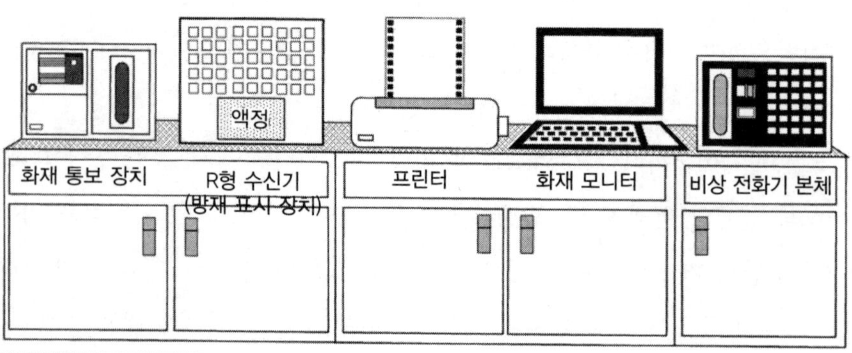

그림 9-28 종합제어설비의 이미지

그림 9-29 방재센터에 대형 방재 모니터를 설치한 예

을 확인하기 쉽게 되어 있다. 방재센터 내의 전원이 화재 정보를 공유하기 쉽도록 방재센터의 벽면 상부에 대형 화재 모니터를 설치한 예도 있다(그림 9-29).

05 설계 시 고려해야 할 포인트

소방활동을 담당하는 각각의 거점 시설, 소방 설비에 대해서는 소방법령에 의해 설치 기준 및 구조 기준이 세부적으로 규정되어 있으므로 각각의 내용을 잘 파악하고, 이들이 필요로 하는 의미를 충분히 이해하는 것이 중요하다.

또한, 소방 기관에 따라 보유하는 각종 소방 기자재가 다르기 때문에 각 시·도의 현지 상황에 맞는 지도가 이루어지므로 현지 소방 기관과 면밀한 사전 조정을 할 필요가 있다.

다음에 게재하는 것은 확보할 수 있으면 소방활동이 원활하게 이루어지므로 바람직한 내용이고, (*)에 대해서는 그림 9-7도 참조 바란다.

(1) 양방향 피난이 확보되어 있으면 소방대원의 퇴로 확보가 용이하다(*).

(2) 소방활동의 거점은 대피하지 못한 피난자의 검색 구조 및 소화 활동을 할 가

능성이 있는 장소를 가능한 한 가까이에서 보조할 수 있도록 배치한다.

(3) 직통 계단은 소방활동의 거점으로서의 역할도 고려하여 균형 있게 설치한다(*). 2개소 필요한 건물에서 더블 계단을 설치하는 것을 피한다.

(4) 비상용 엘리베이터 로비에는 위험이 닥쳤을 때 소방대가 신속하게 대피할 수 있도록 계단을 병설하는 것이 바람직하다(*). 최소한 비상용 엘리베이터 로비와 계단은 거실과는 방화구획된 복도(안전 구획)로 연결한다.

(5) 같은 층에 복수의 소방활동 거점이 있는 경우, 그들을 실내와는 방화구획된 복도(안전 구획)로 연결하는(*) 것이 바람직하다.

(6) 화재 규모가 지나치게 커지는 것을 방지하기 위하여 적절하게 방화구획을 설치하고, 개구부는 화재가 발생하였을 경우의 방수 경로로서 균등하게 배치한다.

(7) 소방차 전용 구역에 쉽게 진입할 수 있고, 발코니, 비상용 진입구 또는 이를 대신하는 개구부에 효율적으로 사다리를 설치할 수 있으며, 건축물의 각 부분과의 거리가 사다리차의 유효한 활동범위 내일 것이 요구된다. 부지 내에 소방용수가 있으면 소방차 전용 구역에서 소방용수의 위치를 확인하기 쉽고 펌프차가 쉽게 접근할 수 있는 것이 바람직하다.

참고문헌

1. 東京消防行政研究会: 火災の実態から見た危険性の分析と評価: 特異火災事例112, 1983年 4月
2. 総務省消防庁: 消防力の整備指針
https://www.fdma.go.jp/concern/law/kokuji/hen51/51010000070.htm(アクセス 2018/08/06)
3. 消防団の現状について: 総務省消防庁
http://www.soumu.go.jp/main_content/000376101.pdf(アクセス 2018/08/17)
4. 東京消防庁: 自衛消防組織の設置
http://www.tfd.metro.tokyo.jp/lfe/office_adv/jiei_shoubou/ (アクセス2018/08/06)

5. 一般財団法人日本消防設備安全センター: イラスト集
http://www.fesc.or.jp/ihanzesei/data/04_3.html (アクセス 2018/08/06)
6. 東京消防庁監修: 予防事務審査・検査基準 I 第10版, p105, 2012年 7月
7. 神戸市: 神戸市開発指導要綱第2部神戸市開発技術基準第8章防災計画
http://www.city.kobe.lg.jp/business/urban/development/img/bousai.pdf (アクセス 2018/08/06)
8. 建築申請実務研究会編: 建築申請 memo, 2018年 2月
9. 日本建築センター: 新・建築防災計画指針−建築物の防火・避難計画の解説書, 1995年 7月
10. 日本建築学会編: 建築法規用教材, 2018年 2月
11. 防災研究会 AFRI 編著: よくわかる消防設備, 2008年 9月
12. 日本建築学会: 建築物の煙制御計画指針, 2014年3月
13. 総務省消防庁: 総合操作盤の基準を定める件
http://www.fdma.go.jp/concern/law/kokuji/hen52/52030105020.htm(アクセス 2018/08/06)

주) 도시계획법에서는 무질서한 개발을 규제하기 위해 개발허가제도를 마련하고 있다. 일정 규모 이상의 개발 행위를 하기 위해서는 지사(지정 도시 등에서는 시장)로부터 개발 허가를 받아야 한다. 허가절차 시에는 소방기관과의 사전협의가 의무화되어 있는 경우가 많다. 그때 방화수조도 협의 대상이 된다.

10장

유지관리

건축물의 화재안전을 확보하기 위해서는 계획된 것이 그 의도대로 시공되고 준공 후에는 계획된 성능을 유지할 필요가 있다. 또 칸막이나 용도 등의 변경에서도 화재안전을 해치는 일이 없도록 관리해야 한다. 방화 · 방연구획이나 대피시설의 배치, 각종 방재설비의 설치와 같은 물적 대책을 실시할 뿐만 아니라 건축물의 올바른 사용법, 적절한 유지관리를 하는 것이 중요하다.

01 유지관리의 목적

큰 피해를 초래한 화재 사례에서는 유지관리면에 문제가 있었던 경우가 적지 않다(표 10-1). 계획된 방화대책이 언제라도 정상적으로 그 기능을 발휘하기 위해서는 적절한 유지관리가 필요하며, 방화대책이 효율적으로 작용하면 그 피해를 억제할 수 있다(표 10-2).

방화 대책에는 물적 대책(하드웨어)과 인적 체제(소프트)가 있으며 물적 대책(하드웨어)에는 피난시설과 같은 수동적인 대책과 방화설비, 배연설비, 감지경보설비, 소화설비 등의 능동적인 대책이 있다. 특히 화재 시에만 기능하는 능동적인 대책은 평상시에 그 기능을 확인하는 것이 어렵기 때문에, 화재가 발생했을 경우 그 본래의 성능을 발휘할 수 있도록 적절하게 보수 · 점검하고 기능유지에 노력하는 것이 매우 중요하다. 물론 수동적인 대책에 대해서도 부적절한 사용법이나 변경 등에 의해 계획된 성능을 해치는 일이 없도록 유지 관리할 필요가 있다.

또한 이들 시설 · 설비를 화재 시에 효율적으로 활용할 수 있는 인적 체제(소프트)를 정비해 화재 시에 시설 직원 등이 조기에 감지, 소화, 대피 유도 등의 초동 대응을 신속히 실시할 수 있을 것으로 기대되고 있다. 물적 대책(하드웨어)과 인적 체제

표 10-1 유지관리의 결함이 원인인 화재사례[1]

사례	화재개요		화재 피해 방지상의 문제점
	소손정도	사상자	
카나이 빌딩 [매장 등 복합용도] 화재 (1996년 1월 9일)	내화조 지상 6층 건물 3, 6층 부분 692 m^2 부분소	사망자 12명 부상자 17명	· 자동화재경보설비가 설치되어 있었지만 수신기의 전원이 꺼져 있었기 때문에 화재 인지가 늦었다. · 4명이 각 층의 방화관리자로 되어 있었지만 상호 연락이 없고 훈련, 방재교육 등도 이루어지지 않아 초기 대응이 늦어져 피난유도도 이루어지지 않았다
쿠마모토 다이요 백화점 [백화점] 1997년 11월 29일	내화조 지상 9층 건물 2~9층 부분 12,581 m^2	사망자 103명 부상자 12명	· 계단 내에 집적되어 있던 상품이 불타 위층으로 급속히 연소확대되었다. · 자동화재경보설비는 공사 중이어서 감지하지 못하고 비상방송도 이루어지지 않았다.

표 10-2 적정한 유지관리로 피해가 경감된 화재 사례[1]

사례	화재개요		화재 피해 방지상의 문제점
	소손정도	사상자	
아츠카와야마토관 [여관]화재 (1969년 11월 19일)	목조 지상 4층 건물 3층 부분 1,983 m^2 소손	사망자 1명 부상자 14명	· 한밤중, 취침 중의 화재에도 불구하고 야간 경비원이 조기에 발견하여 필요한 조치를 취했다. · 자동화재경보설비가 작동해서 전관에 울리고, 화재가 보고되었다. · 종업원이 피난 유도에 임했다. · 피난기구가 잘 정비되어 종업원의 유도에 의해 활용되었다.
타테야마이토우야 [백화점]화재 (1973년 12월 7일)	내화조, 일부 목조 지상 4층 건물 1층 부분 2,045m^2 전소	사망자 0명 부상자 5명	· 피난훈련의 실시 직후로, 패닉 상태에 빠지지 않고, 자동화재경보설비로 화재를 깨달은 종업원이 적절한 피난유도를 실시했다.

(소프트)에 의한 방재 관리·유지 보전이 실행될 수 있어야 건축물의 종합적인 방재 성능이 확보된다.

02 방화대책(하드)의 유지관리

화재가 발생하면 폐쇄식 방화문이 수시로 화재감지기 등의 신호를 받아 자동으로 작동하며 방화구획을 형성한다. 방화대책 중에는 그림 10-1과 같이 화재감지기 등의 신호에 의한 연동제어를 하는 설비가 있다. 이 연동기구에 문제가 있으면 화재 시 방화·방연구획 형성에 실패하고 연소확대를 막을 수 없어 재소자의 피난에 미치는 영향이 커지므로 관리에 충분히 유의해야 한다.

화재 진전에 관련된 주요 유지관리 항목은 그림 10-2와 같다. 화재를 감지한 후 구획을 형성할 때까지는 방재설비기기(하드웨어)의 점검이 주를 이루며, 출화방지나 피난경로 확보에서는 인적 대응(소프트)에 의존하는 곳이 많다.

방화구획은 건축물 방화대책의 기본이 되는 대책이다. 그러나 방화구획의 개구

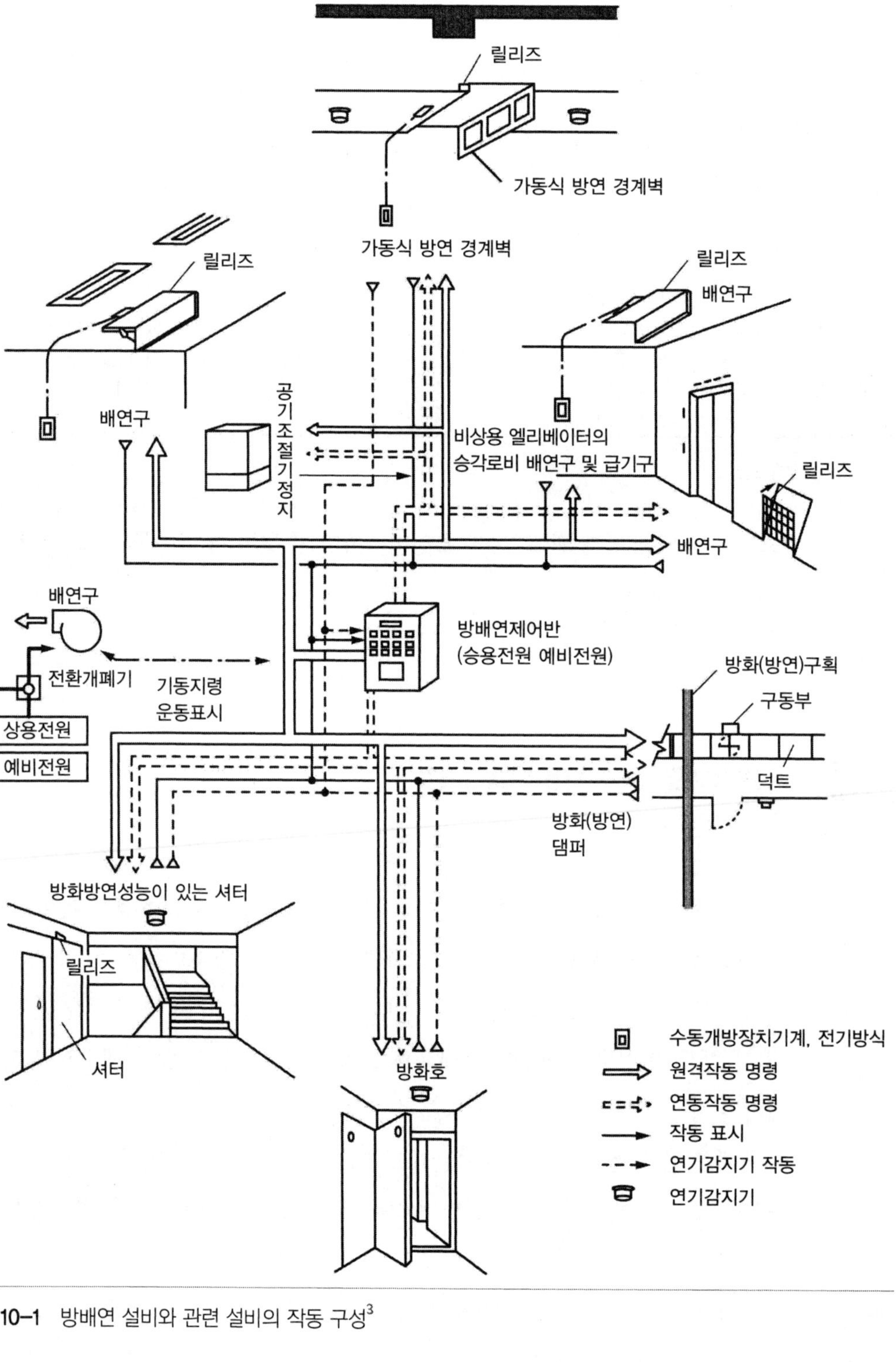

그림 10-1 방배연 설비와 관련 설비의 작동 구성[3]

부에 설치하는 방화문이나 방화셔터 등의 방화설비가 화재 시에 폐쇄되지 않아 큰 피해를 초래한 사례도 많다.

일상적으로 개방되고 있지만 화재 시에는 폐쇄하고 방화구획을 구성하는 부재의 대표적인 예가 방화셔터와 수시 폐쇄식 방화문이다. 방화셔터는 일상의 개방성 · 공간의 일체성을 확보하는 관점으로부터 대면적의 개구부를 몇 개의 셔터로 구획하는 경우도 드물지 않다. 한편 수시 폐쇄식 방화문은 일상적인 왕래가 많을 것으로 예상되는 동선에 설치되는 경우가 많다. 이러한 방화시설은 평상시에는 천장이나 벽에 설치되었기 때문에 화재 시 방화시설이 폐쇄되는 것을 일반인이 상상하기 어렵다. 때문에 방화셔터 직하나 수시 폐쇄식 방화문의 폐쇄를 방해하는 위치에 물품이 놓일 우려가 있다.

방화훈련 등의 기회를 이용하여 방화설비가 실제로 폐쇄되는 곳을 확인하고 폐쇄장애가 되는 물품을 방치하지 않도록 바닥에 방화문이 폐쇄되는 궤적의 범위나

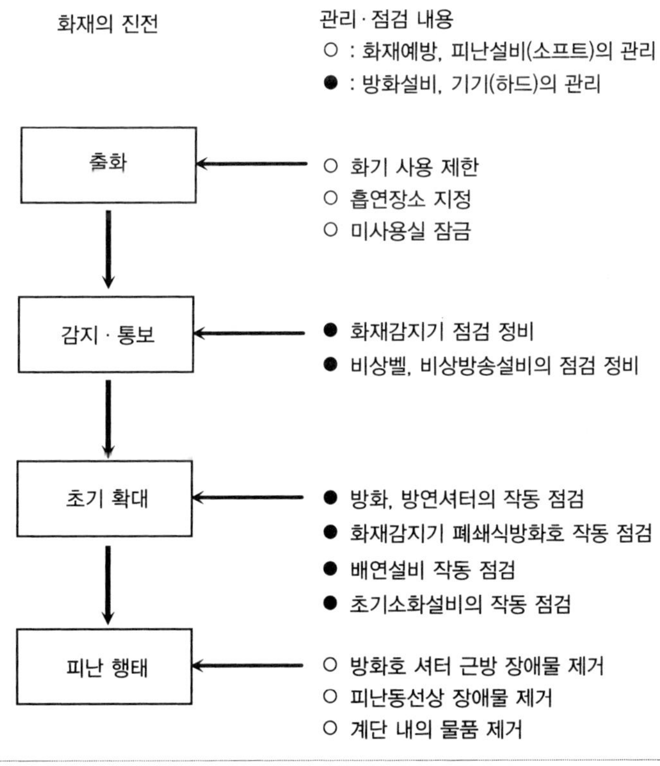

그림 10-2 화재 진전에 관련된 유지관리 항목[2]

방화셔터가 강하하는 위치 등을 표시하면 효과적이다.

실제 정기점검기록 분석에 따르면 방화셔터나 수시 폐쇄식 방화문의 폐쇄 문제는 어떤 빈도로든 일어나는 것으로 나타났다. 방화구획을 구성하는 방화설비의 매수가 많을 경우에는 일정한 비율로 폐쇄장애가 일어나는 것을 상정하고, 그 경우에도 필요한 안전성을 확보할 수 있는 방재계획을 짜는 것이 바람직하다.

03 인적 대응(소프트)에 의한 유지관리

1. 출화방지에 대한 관리

건물화재의 주요 발화 원인은 그림 1-2에 나타낸 바와 같이 풍로, 담배, 방화가 상위를 차지한다. 풍로, 담배를 출화 원인으로 하는 화재가 발생하는 실은 주방이나 흡연실 등이다. 화재에 이르는 경과를 보면 주방에서는 불을 붙인 채 그 장소를 떠나고, 그 문에 과열 혹은 가연물에 접촉, 낙하하는 등 화재에 이르는 상황이 떠오른다.

한편, 건물 내에서의 방화는 사람들 눈에 잘 띄지 않는 장소에서 일어나는 경우가 많다. 거실은 사람이 재실하고 있는 경우가 많고 회의실, 응접실 등도 사용하지 않으면 잠그는 등 비교적 관리가 이루어지고 있다. 한편 창고, 수납실 등의 수납 관련 실은 사람의 눈이 닿지 않고 누구나 자유롭게 출입할 수 있는 상태에서는 은신 흡연이나 방화의 우려가 있으므로 주의하여야 한다.

2. 피난경로 확보에 대한 관리

상업시설에서는 평소 관람객이 출입하지 않는 후방통로 끝에 피난계단이 배치돼 있는 경우가 적지 않다. 후방통로는 종업원의 동선임과 동시에 판매품의 반입동선이기도 해, 후방통로상에 일시적으로 판매품을 비축하는 등 부적절하게 사용하고 있는 예도 볼 수 있다. 피난경로상에 가연물을 집적하는 것은 피해야 하는 게 가장 좋지만, 여의치 않다면 필요한 피난경로의 폭을 확보하기 위해 물품의 일시적 보관 장소를 울타리로 구분하거나 바닥에 페인트로 표시하는 등 눈으로 볼 수 있도록 피난통로와 구별해야 한다.

04 용도변경 및 개수에 대응

건축물의 방화 성능이 갈수록 열화되는 것은 점검 등을 통해 개선될 수 있지만 용도 변경이나 개수에 따라서도 방화 성능은 달라진다. 또한 때로는 법령에 의한 규제가 강화되고 건축물에 요구되는 방화성능 수준이 변화한다. 따라서 항상 적시에 요구되는 방화성능에 대응한 유지관리가 요구된다. 칸막이 변경이나 용도변경 및 개수 등에 의해 당초의 방재계획이 무너지지 않았는지 정기적으로 재검토할 필요가 있다.

1. 칸막이 변경에 따른 유의점

스프링클러 설비는 바닥면 부근에 있는 가연물에 효과적으로 방수할 수 있도록 헤드가 설치되어 있다. 칸막이를 변경할 때는 헤드 종류에 따라 살수장애가 발생하지 않도록 확인할 필요가 있다. 그림 10-3은 헤드 부근에 보나 방연 처짐벽이 있는 경우의 기준, 그림 10-4는 헤드의 배치 기준이며, 표준형 헤드와 소방법 시행규칙 제13조의 3 제2항 제1호에 규정하는 '숙박실 등'에 설치되는 소구획 헤드와는 약간 다르다. 또, '숙박실 등'에는 숙박실, 병실, 담화실, 오락실, 거실, 침실, 교양실, 휴게실, 면회실 및 휴양실 등이 포함된다.

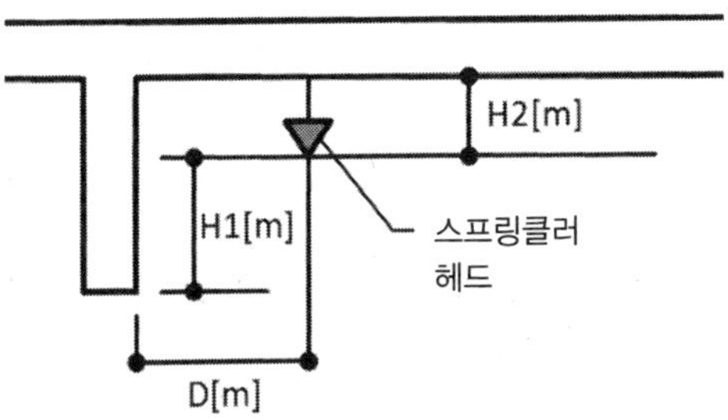

D[m]	H1[m]	H2[m]
0.75 미만	0.00	0.30 이하 (천장이 불연재료인 경우의 공장은 0.45 이하)
0.75 이상 1.0 미만	0.10 미만	
1.0 이상 1.5 미만	0.15 미만	
1.5 이상	0.30 미만	

그림 10-3 보, 처짐벽 등이 있는 경우의 표준형 헤드 배치

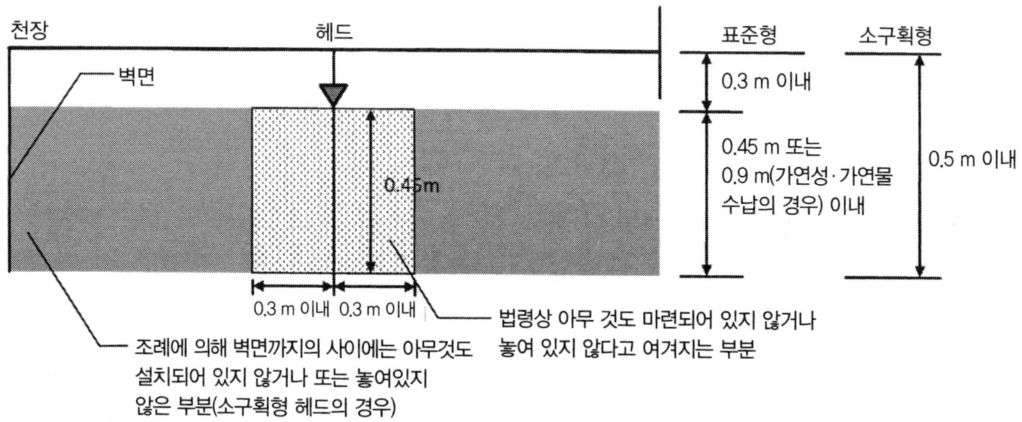

그림 10-4 헤드의 배치

자연배연설비가 설치되어 있는 건물에서는 방연구획의 바닥면적과 자연배연구 개구면적의 관계에 주의하여야 한다. 예를 들어 그림 10-5와 같이, 1층에 2개의 세입자가 입주하고 있던 곳에, 임대 B를 한층 더 분할해 합계 3개의 세입자가 입주하는 경우를 생각해보자. 임대 B는 원래 2곳에 설치한 자연배연구로 규정된 개구면적을 확보하였으나 분할하여 각각 규정된 개구면적을 확보할 필요가 있으며 부담면적이 한쪽으로 치우치면 개구면적이 부족하므로 주의가 필요하다.

기계배연설비가 설정되어 있는 경우에도 마찬가지로 칸막이벽의 위치를 변경한 경우에 방연구획에 배연구가 없어지거나 배연구까지의 거리가 규정을 넘어서는 일

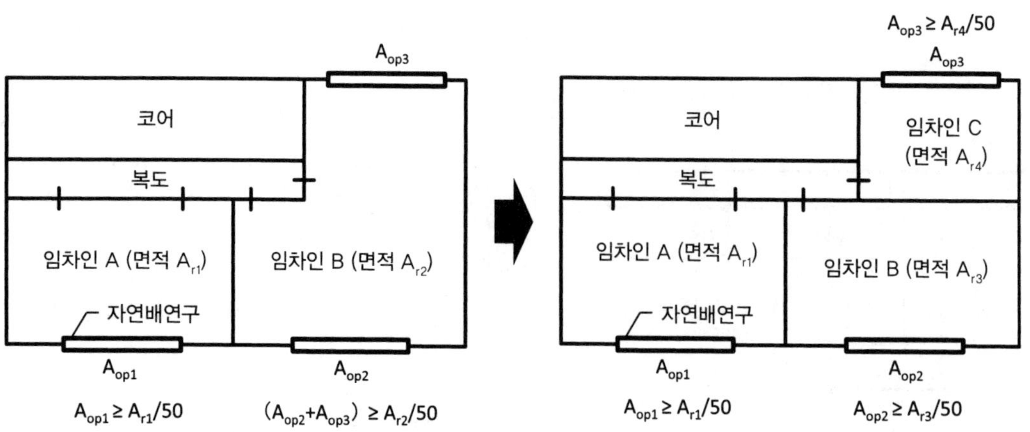

그림 10-5 칸막이 변경에 따른 방연구획과 자연배연구 면적

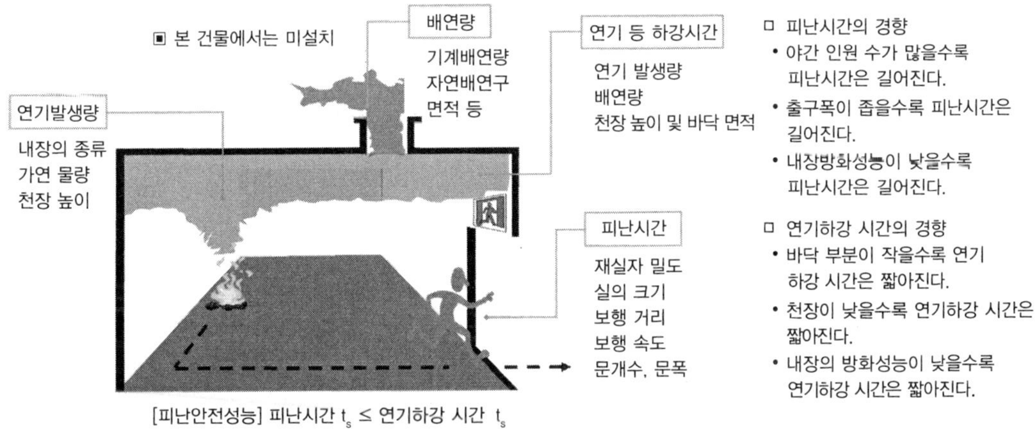

그림 10-6 거실 대피 안전성에 영향을 주는 매개변수[4]

이 없도록 주의가 필요하다. 그 밖에 방연 처짐벽이 도중에 끊어져 버리거나 수동 개방 장치가 막혀 버리지 않도록 주의해야 한다.

2. 성능검증을 적용한 건축물

층 피난 또는 전관 피난안전검증을 적용한 건축물은 성능평가를 한 계획에 변경이 있으면 실사 칸막이 변경 등 작은 변경이라도 피난안전성능이 달라질 수 있으므로 다시 검증할 필요가 있다. 준공 후에는 임차건물의 필요에 따라 사무실 칸막이 위치 변경이 많아 거실 용도(재실자 밀도, 가연물량), 천장 높이, 피난출구의 폭과 위치 등이 변경되면 그림 10-6과 같이 피난안전성에 영향을 미치기 때문에 주의가 필요하다.

05 유지관리에 관한 법제도와 절차

1. 정기 보고제도

건축기준법 제8조에는 "건축물의 소유자, 관리자 또는 점유자는 그 건축물의 부지, 구조 및 건축설비를 상시 적법한 상태로 유지하도록 노력하여야 한다."라고 되어 있다. 즉, 건물을 소유·관리하고 있는 사람이 적절한 유지관리를 하도록 요구되고 있다. 건축물의 화재안전을 확보하기 위한 다양한 방화대책에 대해서도 그 성능이 적절히 발휘될 수 있도록 하는 정기적인 점검제도가 있다. 여기에서는 건축기준법과 소방법 관련 점검제도의 개요를 나타낸다.

(1) 건축기준법에 의한 정기 보고제도

건축기준법 제12조에서 ① 건축물, ② 건축설비(급배수설비, 환기설비, 배연설비, 비상조명장치), ③ 승강기 등 ④ 방화설비에 대해서 경년열화 등의 상황을 정기적으로 점검하는 제도가 마련되어 있다.

구체적으로는 그림 10-7과 같이 일정한 조건을 만족시키는 건축물 등의 소유자·관리자의 의무로서 전문 기술을 가진 자격자에게 건축물 등을 조사·검사하게 하고, 그 결과를 특정 행정청(건축 사무 주관자를 두고 있는 지방공공단체의 장)에 보고하도록 정하고 있다.

정기보고 대상이 되는 건축물·건축설비·승강기·방화설비는 그림 10-8과 같으

표 10-3 취침용도 복지시설 상세[5]

취침용 복지 시설	비고란
서비스 고령자용 주택	공동주택, 기숙사, 유료 양로원 중 하나에 해당
치매 고령자 그룹홈, 장애인 그룹홈	기숙사에 해당
조산 시설, 유아원, 장애아 입소 시설	
조산소	
맹도견 훈련 시설	
구호 시설, 후생 시설	
노인 단기 입소 시설	
소규모 다기능형 주택개호·간호 소규모 다기능형 주택개호 사업소	노인 단기입소시설에 해당
노인 주간 서비스 센터(숙박 서비스를 제공하는 것에 한함)	노인 단기 입소 시설과 유사한 것에 해당
양로원, 특별 양로원, 경비 양로원, 유료 양로원	
모자 보건 시설	
장애인지원시설, 복지홈, 장애복지서비스(자립훈련 또는 취업이행지원을 하는 사업으로 한정)의 사업소(이용자의 취침용으로 제공하는 것에 한한다)	

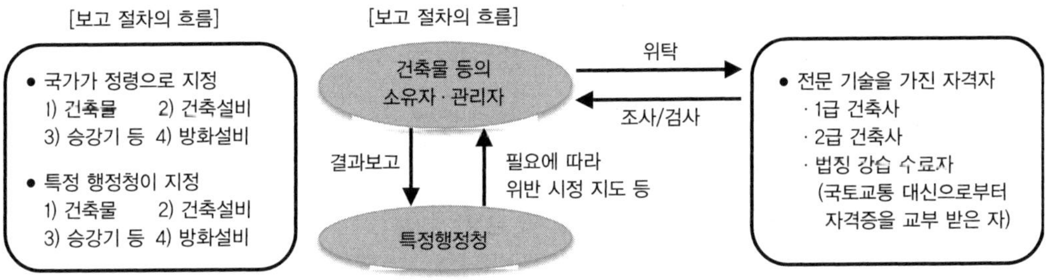

그림 10-7 건축기준법의 정기보고 흐름[5]

A. 건축물[※1] 대상 용도	대상 용도의 위치 규모[※2](어느 하나에 해당하는 것)
극장, 영화관, 연극장	① 3층 이상 층에 있는 것 ② 객석 바닥면적이 200 m^2 이상인 것 ③ 주층(사용 공간)이 1층이 아닐 때 ④ 지하층에 있는 것
관람장(야외 관람장 제외), 공회당, 집회장	① 3층 이상 층에 있는 것 ② 객석 바닥면적이 200 m^2 이상인 것 ③ 지하층에 있는 것
병원, 유상 진료소, 여관, 호텔, 취침용 복지시설(별지)	① 3층 이상 층에 있는 것 ② 2층 바닥면적이 300 m^2 이상인 것[※3] ③ 지하층에 있는 것
체육관, 박물관, 미술관 ,도서관, 볼링장, 스키장, 스케이트장, 수용장, 스포츠의 연습장(학교에 부속된 것은 제외)	① 3층 이상 층에 있는 것 ② 바닥면적이 2,000 m^2 이상인 것[※3]
백화점, 시장, 전시장, 카바레, 카페, 나이트클럽, 바, 댄스홀, 유기장, 공중목욕탕, 대기실, 음식점, 물품판매점	① 3층 이상 층에 있는 것 ② 2층 바닥면적이 500 m^2 이상인 것 ③ 바닥면적이 3,000 m^2 이상인 것 ④ 지하층에 있는 것

※1) 해당하는 용도 부분이 피난층에만 있는 것은 대상에서 제외
※2) 해당하는 용도 부분의 바닥면적이 100 m^2 이상인 것에 한정
※3) 병원, 유상 진료소에 대해서는 2층 부분에 환자 수용시설이 있는 것에 한정

B. 승강기

대상	예외
• 엘리베이터 • 에스컬레이터 • 소화물 전용 승강기(플로어 타입)	• 주호 내에서만 승강하는 엘리베이터 • 공장 등에 설치되는 전용 엘리베이터(「노동안전위생법 시행령」 제12조제1항제6호에 규정하는 엘리베이터)

C. 방화설비 (방화문, 방화셔터)

대상	예외
• 상기 A의 건축물 방화설비 • 병원, 유상 진료소는 취침용 복지시설[※4]의 방화설비	• 상시 폐쇄식[※5]의 방화설비 • 방화 댐퍼 • 외벽 개구부의 방화설비

※4) 해당하는 용도 부분의 바닥면적 합계가 200 m2 이상인 것
※5) 평상시에는 폐쇄된 상태로 되어 있으며, 개방해도 도어 클로저 등으로 자동적으로 폐쇄 상태로 돌아오는 방식의 것

D. 작업물 허용

• 관광용 엘리베이터 및 에스컬레이터
• 롤러코스터 등의 고가 놀이 시설
• 회전목마, 관람차 등의 원동기에 의한 회전운동을 하는 놀이 시설

그림 10-8 정기보고 대상이 되는 건축물 · 건축설비 · 승강기 · 방화설비[5]

며 피난 시 안전 확보 차원에서 방화설비에 대해서는 불특정 다수의 사람이 이용하는 건축물에 설치된 설비 및 고령자 등 자력 피난이 어려운 사람이 취침 용도로 이용하는 시설(표 10-3)에 설치된 설비가 대상이 된다.

(2) 소방법으로 인한 소방용 설비 등의 점검

소방법에서는 연면적 1000 m^2 이상인 방화대상물 및 실내계단(피난경로)이 1개인 특정 방화대상물이 대상이 된다. 점검은 기기점검(외관 또는 간이 조작에 의한 확인을 하는 점검)을 6개월에 1회, 종합점검(실제로 소방설비를 작동시켜 종합적인 기능을 확인하는 점검)을 1년에 1회 실시할 필요가 있으며, 표 10-4와 같이 그 결과를 특정 방화대상물이라면 1년에 1회, 비특정 방화대상물은 3년에 1회 보고할 필요가 있다.

(3) 방화설비의 점검

건축기준법의 방화설비 점검은 화재감지기와 연동 폐쇄하는 설비를 대상으로 한다. 방화설비를 작동시키기 위한 감지기나 연동제어기는 소방용 설비 등으로 자리매김되어 있으나 그림 10-9와 같이 건축기준법과 소방법의 양 법률에서는 점검의 목적이나 대상이 다르다. 건축기준법의 방화설비 점검은 화재 시 방화구획을 확실히 형성해 연소확대를 방지하는 동시에 안전한 피난경로를 확보할 목적으로 실시

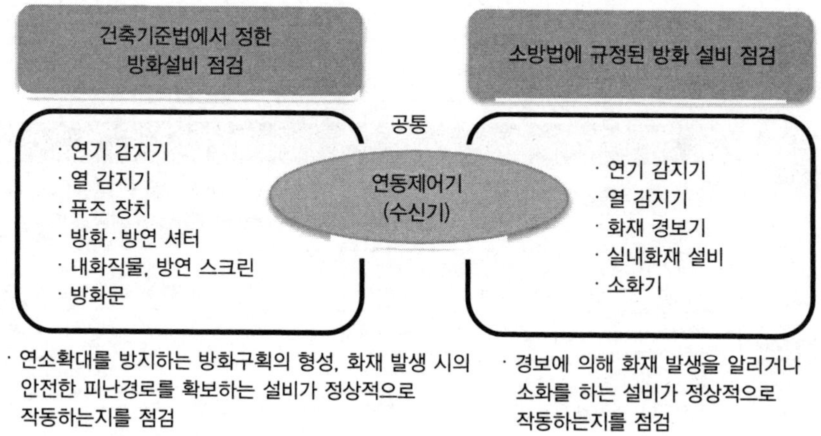

그림 10-9 정기보고의 대상이 되는 건축물·건축설비·승강기·방화설비[6]

표 10-4 방화대상물의 점검기간

: 특정 방화 대상물

항		방화 대상물의 용도	점검 결과 보고기간
1	가	극장, 영화관, 연극장	1년에 1회
	나	공회당, 집회장	
2	가	카바레, 카페, 나이트클럽, 기타 이와 유사한 것	
	나	유기장(국내 성인오락실과 유사) · 댄스홀	
	다	성매매 관련 특수 영업을 영위하는 점포	
	라	노래방, 인터넷 카페, 만석다방, 개인용 비디오 등	
3	가	대기, 요리 후 및 기타 이와 유사한 것	
	나	음식점	
4		백화점, 마켓, 기타 물품판매점 및 전시장	
5	가	여관, 호텔	
	나	기숙사, 하숙집, 공동주택	3년에 1회
6	가	병원, 진료소, 조산소	1년에 1회
	나	치매 그룹홈, 노인 단기 입소 시설, 특별 양호 · 양호 노인홈, 유료 노인홈(고간호도) 유아원, 지적 장애아 시설, 장애인 지원 시설 유료 노인홈(저간호도)	
	다	노인 주간 서비스, 노인 복지 서비스, 아동 양호 시설, 장애인 지원 시설, 유료 양로원(저돌봄도), 지적 장애아 통원 시설, 보육원	
	라	유치원, 특별지원학교	
7		초등학교, 중학교, 고등학교, 대학, 전공학교(전문대학)	3년에 1회
8		도서관, 박물관, 미술관	
9	가	공중목욕탕 중 증기 · 열기욕탕(사우나 · 슈퍼목욕탕 등)	1년에 1회
	나	가에 열거한 공중목욕탕 이외의 공중목욕탕	3년에 1회
10		역, 패스 터미널, 나루터 등	
11		신사, 사원, 교회 등	
12	가	공장, 작업장	
	나	영화 스튜디오, TV 스튜디오	
13	가	자동차 차고, 주차장	
	나	비행기 또는 헬리콥터의 격납고	
14		창고	
15		전 각 호에 해당하지 않는 사업소(사무실, 미용실, 침구원)	
16	가	복합용도 방화대상물 중 그 일부가 (1)항부터 (4)항까지, (5)항 가, (6)항 또는 (9)항 가에 열거된 방화 대상물	1년에 1회
	나	가에 열거한 복합용도 방화대상물 이외의 복합용도 방화대상물	3년에 1회
16의 2		지하상가	1년에 1회
16의 3		건축물의 지하도((16의2)항에 열거한 것의 각 층을 제외한다.)에서 연속해서 지하도에 면해서 설치된 것과 해당 지하도를 합친 것((1)항부터 (4)항까지, (5)항 가, (6)항에 또는 (9)항에 열거한 방화 대상물의 용도로 제공되는 부분이 있는 것에 한한다.)	
17		중요문화재, 중요유형민속문화재, 사적 등의 건조물	3년에 1회
18		연장 50 m 이상의 아케이드	

된다. 방화설비 점검과 소방설비 점검은 한 가지에 국한되는 것이 아닌 두 가지 모두를 시행해야 한다.

2. 용도변경 절차

용도(유사 용도, 피난 시설의 차이)를 변경하는 경우, 확인신청이 필요한지는 그림 10-10에 나타내는 흐름으로 확인한다.

표 10-5에 나타내는 용도로 제공하는 특수건축물로, 그 용도로 제공하는 부분의 바닥면적 합계가 100 m^2를 초과하는 것으로 용도변경을 할 경우에는 확인신청이 필요하다. 단, 표 10-6의 각 호의 유사 용도로 변경하는 경우에는 확인신청이 불필요하다. 또한 개별 안건에 따라 세세한 상황이 다르다고 생각되므로 실제 확인신청의 필요 여부는 감독하는 특정 행정청에 확인해야 한다.

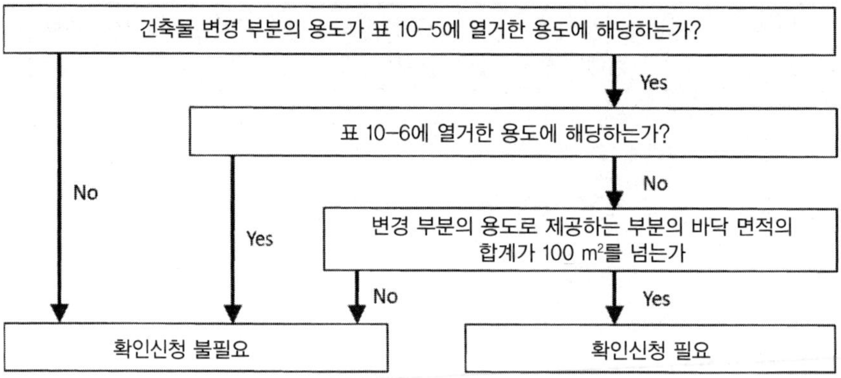

그림 10-10 용도변경에 따른 확인신청 필요 여부 확인 흐름

표 10-5 확인신청이 필요한 용도(일본 건축기준법 별표 제1, 시행령 제115조의3

	용도
(1)	극장, 영화관, 연예장, 관람장, 공회당, 집회장, 기타 이와 유사한 것
(2)	병원, 진료소(※). 호텔, 여관, 하숙, 공동주택, 기숙사, 아동복지시설 등
(3)	학교, 체육관, 박물관, 미술관, 도서관, 볼링장, 스키장, 스케이트장, 수영장, 스포츠 연습장
(4)	백화점, 마켓, 전시장, 카바레, 카페, 나이트클럽, 바, 댄스홀, 유기장, 공중욕탕, 대기실, 음식점, 음식점, 물품판매를 하는 점포
(5)	창고
(6)	자동차 차고, 자동차 수리 공장, 영화 스튜디오, 텔레비전 스튜디오

※ 환자 수용시설이 있는 것에 한정. 이하 동일

표 10-6 확인신청이 필요 없는 유사용도(시행령 제137조의[17]

	용도
1	극장, 영화관, 연극장
2	공회당, 집회장
3	진료소(※), 아동복지시설 등
4	호텔, 여관
5	하숙집, 기숙사
6	박물관, 미술관, 도서관
7	체육관, 볼링장, 스키장, 스케이트장, 수영장, 골프 연습장, 배터리 연습장
8	백화점, 마켓, 기타 물품판매를 하는 점포
9	카바레, 카페, 나이트클럽, 바
10	대기·요리점
11	영화 스튜디오, 텔레비전 스튜디오

※ 환자 수용시설이 있는 것에 한정. 이하 동일

☆ 1종 저층 주거전용 지역 내에 3호, 6호에 열거하는 것, 1, 2종 중 고층 주거전용 지역 내 혹은 공업 전용 지역 내에 7호에 열거하는 것이 있을 경우에는 확인 신청이 필요하다.

표 10-7 소급 적용되는 방화대피규정(법 제87조 제3항)

법 제27조 내화 건축물로 해야 하는 특수건축물
법 제28조 제1항 및 제3항 거실의 채광 및 환기
법 제29조 지하층에서의 주택 등의 거실
법 제30조 연립주택 또는 공동주택 각 호의 경계벽
법 제35조 특수건축물 등의 피난 및 소화에 관한 기술적 기준
법 제35조의2 특수건축물 등의 내장
법 제35조의3 무창문의 거실 등의 주요 구조부

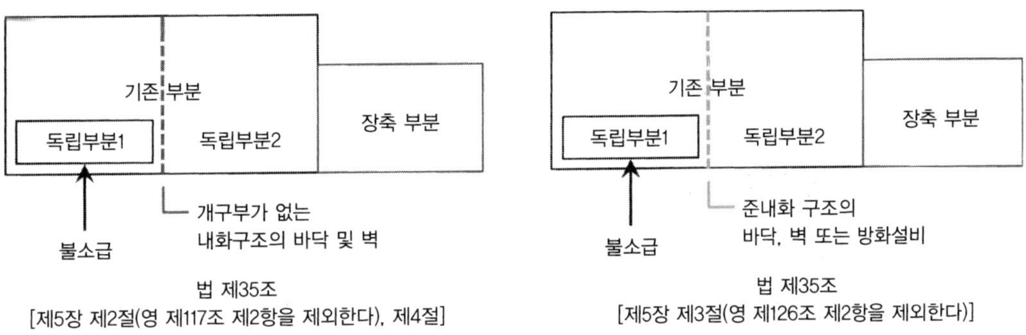

그림 10-11 대피·배연 규정의 독립부분 개념

용도변경으로 확인신청이 필요한 경우, 기존 소급되는 방화대피 규정은 표 10-7과 같다. 기존 소급되는 범위에 대해서는 반드시 건축물 전체가 아니라 그림 10-11과 같이 둘 이상의 독립부분이 구축되는 경우에는 용도 변경하는 독립부분만이 소급적용의 범위가 된다.

06 설계 시 고려해야 할 포인트

(1) 구획 형성의 신뢰성 확보

화재감지기와 연동되는 방화문이나 셔터의 폐쇄 장애에는 두 가지 원인이 있다. 하나는 설비기기이기 때문에 경년열화에 따른 부품의 손상 및 폐쇄기구의 불량에 의한 것이며, 이는 적정한 유지관리로 방지할 수 있다. 다른 하나는 방화문이나 셔터의 가동 궤적 근방에 장애물이 방치됨으로써 발생하는 폐쇄 장애이다. 이것은 일상에서도 순찰 등으로 어느 정도는 예방할 수 있을지도 모르지만, 화재감지기 연동의 방화문이나 셔터 근방에 장애물이 아예 놓이지 않는 대책을 설계 단계부터 고려해야 한다. 예를 들어 아트리움 등 개방된 공간을 구획하는 셔터라면 난간 바깥쪽(통풍 측)에 셔터를 내리거나 상업시설의 매장을 종단하도록 설치되는 면적구획에서 셔터의 강하 위치를 바닥면에 표시해 종업원 등에게 시각적인 주의 환기를 촉구할 수 있다.

무엇보다 연소확대 방지나 피난안전에 중요한 구획을 다수의 수시 폐쇄식 방화문·셔터로 구획하는 경우에는 신뢰성의 관점에서 폐쇄 장애가 생기지 않도록 설계상의 노력이 요망된다.

(2) 피난경로의 유지

피난경로에는 원칙적으로 가연물이나 통행에 장애가 되는 물품을 두어서는 안 된다. 건축 계획에서는 방문객의 동선과 직원 동선을 명확하게 나누는 것이 일반적이며, 직원 동선의 끝에 피난계단이 설치되는 곳이 많다. 대표적인 예가 연회장 서비스 동선이나 상업시설 직원 동선이다. 이들 시설에서는 편의를 위해 후방통로 내에 이용 빈도가 높은 물품이나 상품이 저장되는 경우가 많다.

피난경로에 이러한 물품이 방치되는 것은 결코 바람직한 일이 아니지만, 미리 사용하기에 불편함이 없는 만큼 피난경로의 분할, 충분한 폭 확보, 통행 부분과 하수도 시설의 명확한 차별화 등을 충분히 검토해 둘 필요가 있다.

(3) 용도변경을 고려한 피난시설 계획

건축기준법은 용도에 따라 직통 계단에 이르는 보행 거리나 계단의 폭 등, 피난시설에 요구하는 기준을 정하고 있다. 일반적으로는 재실자 밀도가 높은 용도일수록 규제는 엄격하지만, 규제가 느슨한 용도에서 규제가 엄격한 용도로 변경할 때 개수가 곤란한 경우가 많다. 향후 건축 개보수 등을 예측하기는 어렵지만, 계단 폭을 미리 넓게 확보해 두거나 직통 계단에 이르는 보행거리에 대해서도 층의 규모를 고려해 여유 있는 계단 배치를 해 두는 등 건축주와 장래 계획을 협의하여 계획하는 것이 좋다.

(4) 주요 구조부의 내화성능에 관한 유지관리

주요 구조부의 내화성능 확보는 방화구획을 보유해 대피경로를 확보할 뿐만 아니라 소방대의 진입을 지원해 원활한 검색 · 구조 활동 및 소화활동에 기여하는 것으로 재소자의 인명안전 및 재산 피해의 최소화에 있어 중요한 부분이다. 따라서 화재 시 그 성능이 충분히 발휘되어야 하며 시간이 지남에 따라 그 성능이 열화해서는 안 된다. 특히 강구조의 내화피복으로 이용되는 내화도료는 도막이 얇아 경년열화의 영향을 받기 쉽다. 따라서 유지관리를 위한 점검에 대해서는 8장의 08절을 참조하기 바란다.

참고문헌

1. 日本建築学会関東支部防火専門研究委員会: 防火年表改訂版, 2007.3
2. 日本建築学会編: 図解火災安全と建築設計, p.49, 朝倉書店, 2009.3

3. 日本建築センター刊: 1987年版 新 排煙設備技術指針, 1987.5

4. 建築 設備維持保全推進協会: 避難安全検証・耐火性能検証を行った建物のリニューアルの進め方, p.8, 2005.5

5. 国土交通省：新たな定期報告制度の施行について, 2016.6.18アクセス http://www.mlit.go.jp/jutakukentiku/build/jutakukentiku_house_tk_000039.html

6. ビューローベリタスジャパン: 防火設備が新たに定期報告制度の対象に, 2017.6.18.アクセス, http://www.bureauveritas.jp/newsletter/160610/002/

本書作成関係委員

（五十音順、敬称略）

防火委員会

委員長　萩原一郎
幹　事　尾崎文宣　土屋伸一
委　員　（略）

火災安全設計小委員会

主　査　松山　賢
幹　事　城　明秀　山口純一
委　員　大宮喜文　北堀　純　許　雷　田村祐介
土屋伸一　野竹宏彰　萩原一郎　原田和典
福井　潔　北後明彦　峯岸良和

デザイナーのための建築火災安全入門出版準備WG

主査　田中哮義
幹事　秋月有紀　角谷三夫
委員　鍵屋浩司　小林陽一　仁井大策　萩原一郎
樋本圭佑　福井　潔　松山　賢
水野雅之（～2018年4月）　峯岸良和
森山修治（2018年5月～）　山口純一
山田　茂　吉田正友

各章執筆主担当

第1章　秋月有紀、田中哮義
第2章　仁井大策、田中哮義、角谷三夫、秋月有紀
第3章　秋月有紀、田中哮義
第4章　小林陽一、森山修治、田中哮義
第5章　万本　敦、小林陽一、森山修治、田中哮義
第6章　田中哮義
第7章　田中哮義、久次米真美子、秋月有紀
第8章　吉田正友、近藤史朗
第9章　森山修治、森山博、田中哮義、
第10章　土屋伸一、萩原一郎

執筆協力者

関澤　愛、中道明子、中屋成人、森田芳次、湯谷孝夫

PBD를 위한 건축화재안전설계 포인트

저 자 일본건축학회
역 자 한국화재소방학회
발 행 인 김지영
발 행 처 자유아카데미
주 소 경기도 파주시 회동길 37-42
파주출판도시
전 화 031-955-1321
팩 스 031-955-1322
홈페이지 www.freeaca.com
전자우편 main@freeaca.com (대표)
editor@freeaca.com (편집)
crm@freeaca.com (영업)
등 록 제406-2003-017호, 1980. 7. 12
제 1 판 2023년 2월 25일 발행

ISBN 979-11-5808-427-1 93540